现代食品科学技术著作丛书

TECHNOLOGIES

PROCESSING

EMERGING DAIRY

# 乳品加工新兴技术

主编
[澳] 大卫迪塔·达努塔
（Nivedita Datta）
[美] 皮吉·M.汤姆索亚
（Peggy M. Tomasula）

主译
胡 刚 黄 锐

WILEY

中国轻工业出版社

## 图书在版编目（CIP）数据

乳品加工新兴技术/（澳）大卫迪塔·达努塔（Nivedita Datta），（美）皮吉·M. 汤姆索亚（Peggy M. Tomasula）主编；胡刚，黄锐主译. —北京：中国轻工业出版社，2023.9

（现代食品科学技术著作丛书）

ISBN 978-7-5184-4297-3

Ⅰ.①乳…　Ⅱ.①大…　②皮…　③胡…　④黄…　Ⅲ.①乳制品—食品加工　Ⅳ.①TS252.42

中国国家版本馆 CIP 数据核字（2023）第 012147 号

责任编辑：张　靓

文字编辑：王宝瑶　王庆霖　　责任终审：白　洁　　整体设计：锋尚设计
策划编辑：罗晓航　王宝瑶　　责任校对：吴大朋　　责任监印：张　可

出版发行：中国轻工业出版社（北京东长安街 6 号，邮编：100740）

印　　刷：三河市万龙印装有限公司

经　　销：各地新华书店

版　　次：2023 年 9 月第 1 版第 1 次印刷

开　　本：787×1092　1/16　印张：19.5

字　　数：445 千字

书　　号：ISBN 978-7-5184-4297-3　定价：128.00 元

邮购电话：010-65241695

发行电话：010-85119835　传真：85113293

网　　址：http://www.chlip.com.cn

Email：club@chlip.com.cn

如发现图书残缺请与我社邮购联系调换

211603K1X101ZYW

# 本书翻译人员

主　　译　胡　刚［中垦牧乳业（集团）股份有限公司］

　　　　　黄　锐（中垦华山牧乳业有限公司）

参译人员　（排名不分先后）

　　　　　曹晓倩（渭南职业技术学院）

　　　　　曹艳妮（中垦华山牧乳业有限公司）

　　　　　刘晓雪（中垦华山牧乳业有限公司）

　　　　　高晓峰（中垦华山牧乳业有限公司）

　　　　　卢友庆（中垦华山牧乳业有限公司）

　　　　　严　薇（中垦华山牧乳业有限公司）

　　　　　运登飞（中垦华山牧乳业有限公司）

　　　　　周　颖（中垦华山牧乳业有限公司）

审　　稿　林树斌（广东省农垦总局）

　　　　　顾佳升（中国奶业协会乳品加工委员会）

顾　　问　陈历俊（国家母婴乳品健康工程技术研究中心）

　　　　　王千六（重庆市农业投资集团有限公司）

　　　　　邱太明［中垦牧乳业（集团）股份有限公司］

# 本书编写人员

**Laetitia M. Bonnaillie**

Dairy and Functional Foods Research Unit, United States Department of Agriculture, Agricultural Research Service, Eastern Regional Research Center, Wyndmoor, PA, USA, Wyndmoor, PA, USA

**Jayani Chandrapala**

Advanced Food Systems Research Unit, College of Health and Biomedicine, Victoria University, Melbourne, Victoria, Australia

**Paul Chen**

Department of Bioproducts and Biosystems Engineering and Department of Food Science and Nutrition, University of Minnesota, St Paul, MN, USA

**Yanling Cheng**

Department of Bioproducts and Biosystems Engineering and Department of Food Science and Nutrition, University of Minnesota, St Paul, MN, USA

**Nivedita Datta**

College of Health and Biomedicine, Victoria University, Melbourne, Victoria, Australia

**Shaobo Deng**

Department of Bioproducts and Biosystems Engineering and Department of Food Science and Nutrition, University of Minnesota, St Paul, MN, USA

**Poornimaa Harimurugan**

College of Health and Biomedicine, Victoria University, Melbourne, Victoria, Australia

**Sinead P. Heffernan**

School of Food and Nutritional Sciences. University College Cork, Ireland

**Thom Huppertz**

NIZO food research, Ede, The Netherlands

**Alan L. Kelly**

School of Food and Nutritional Sciences, University College Cork, Ireland


**Yun Li**

Department of Bioproducts and Biosystems Engineering and Department of Food Science and Nutrition, University of Minnesota, St Paul, MN, USA


**Xiangyang Lin**

Department of Bioproducts and Biosystems Engineering and Department of Food Science and Nutrition, University of Minnesota, St Paul, MN, USA


**Xiaochen Ma**

Department of Bioproducts and Biosystems Engineering and Department of Food Science and Nutrition, University of Minnesota, St Paul, MN, USA


**Lloyd Metzger**

Dairy Foods Research Center and Department of Dairy Science, South Dakota State University, Brookings, SD, USA


**Vijay K. Mishra**

College of Health and Biomedicine, Victoria University, Melbourne, Victoria, Australia


**Daniel M. Mulvihill**

School of Food and Nutritional Sciences, University College Cork, Ireland


**Enzo A. Palombo**

Department of Chemistry and Biotechnology, Faculty of Science, Engineering and Technology, Swinburne University of Technology, Australia


**Moushumi Paul**

Dairy and Functional Foods Research Unit, United States Department of Agriculture, Agricultural Research Service, Eastern Regional Research Center, Wyndmoor, PA, USA, Wyndmoor, PA, USA


**Lata Ramchandran**

College of Health and Biomedicine, Victoria University, Melbourne, Victoria, Australia


**John A. Renye, Jr**

Dairy and Functional Foods Research Unit, United States Department of Agriculture, Agricultural Research Service, Eastern Regional Research Center, Wyndmoor, PA, USA, Wyndmoor, PA, USA

**Dolores Rodrigo**

Instituto de Agroquimicay Tecnologia de Alimentos ( IATA - CSIC ), Paterna ( Valencia) , Spain

**Roger Ruan**

Department of Bioproducts and Biosystems Engineering and Department of Food Science and Nutrition, University of Minnesota, St Paul, MN, USA

**Fernando Sampedro**

Center for Animal Health and Food Safety ( CAHFS) , College of Veterinary Medicine, University of Minnesota, St Paul, MN, USA

**George A. Somkuti**

Dairy and Functional Foods Research Unit, United States Department of Agriculture, Agricultural Research Service, Eastern Regional Research Center, Wyndmoor, PA, USA, Wyndmoor, PA, USA

**John Tobin**

Moorepark Food Research Centre, Fermoy, County Cork, Ireland

**Peggy M. Tomasula**

Dairy and Functional Foods Research Unit, United States Department of Agriculture, Agricultural Research Service, Eastern Regional Research Center, Wyndmoor, PA, USA, Wyndmoor, PA, USA

**Michael H. Tunick**

Dairy and Functional Foods Research Unit, United States Department of Agriculture, Agricultural Research Service, Eastern Regional Research Center, Wyndmoor, PA, USA, Wyndmoor, PA, USA

**Diane L. Van Hekken**

Dairy and Functional Foods Research Unit, United States Department of Agriculture, Agricultural Research Service, Eastern Regional Research Center, Wyndmoor, PA, USA, Wyndmoor, PA, USA

**Daniela D. Voigt**

School of Food and Nutritional Sciences, University College Cork, Ireland

**Bogdan Zisu**

School of Applied Sciences, College of Science, Engineering and Health, RMIT University, Melbourne, Victoria, Australia

# 译者序

本书涵盖了很多前沿的乳品加工替代技术，在前十章中，除了第 2 章的欧姆热处理（电阻加热）、微波加热和射频加热属于"热加工工艺"外，其余均为"非热工艺"。虽然有些技术在乳品行业目前没有广泛应用而仅限于实验室阶段，或者在其他食品产业已得到了广泛应用但未在乳制品行业广泛推广等，但是随着技术的创新、加工工艺的完善和装备加工精度的提高，组合加工工艺将成为未来发展的趋势。

1990 年，首批用高压处理的商业食品在日本上市。截至今日，这类产品的数量已经大大增加。消费者对健康、零添加、保留更多活性营养物质且货架期长的产品需求一直存在。乳品新兴加工技术的作用有：微波对乳进行巴氏杀菌用于延长巴氏杀菌乳和其他乳制品的货架期；基于欧姆加热与脉冲电场杀菌的技术可杀灭食品中的微生物；欧姆加热杀菌技术更适用于电导率较高、黏度较高、颗粒直径较大的食品（包括液体食品），而脉冲电场杀菌技术则适用于电导率偏低、黏度小、颗粒细小或无颗粒的液体食品，两者在功能上具有一定的互补性；脉冲电场和微滤联用处理也可以延长产品的货架期；集中高强度电场对乳进行巴氏杀菌与传统巴氏杀菌乳的工艺相比所制产品货架期更长，集中高强度电场具有低温特性，因此可以成为液体食品保鲜的有效栅栏技术；超声处理可以消除以分散气泡形式存在的气体和溶解在溶液中的气体；使用低能超声脉冲进行分批超声处理可以去除复原脱脂乳中 80% 的泡沫，超声工艺与热杀菌联合使用时，可以人人提高细菌的致死率；超声波的应用也已被证明能提高超滤或微滤过程通量和提高膜淤堵的清洁效率，诸如以上组合工艺还可以尝试新的组合设计。

国内介绍传统乳制品加工技术的书籍不少，但是关于替代传统"加热工艺"处理的新技术的书籍较少。本书的翻译旨在学习借鉴国外新知识、新技术，向行业人员传递新的信息，便于普通技术人员阅读，以期乳制品行业为广大消费者开发出更加优质的创新产品，为国内设备制造商和研究机构提供新的思路，在传统工艺的基础上结合新的技术设计出新的工艺，满足客户需求。本书的翻译及出版有望填补乳制品新兴技术信息和研究成果的空白，为乳品生产加工新技术应用和新产品的开发提供参考。

我们与中国轻工业出版社合作，积极联系和申请取得本书的翻译版权。经过一年多对原文和译文的反复斟酌和精推细敲，在诸位译者共同的努力下完成了本书的翻译。在此，首先感谢所有译者对本书翻译工作的付出。感谢重庆市农业投资集团有限公司总经理王千六对本书翻译工作的支持和帮助；感谢国家母婴乳品健康工程技术研究中心主任教授级高工陈历俊、西北农林科技大学食品学院王新教授为本书提出的建议。感谢广东省农垦总局高级畜牧师林树斌、中国奶业协会乳品加工委员会高级工程师顾佳升审阅译稿。感谢美国蒙特利尔大学理工学院化学工程系研究员王昌盛博士、西北农林科技大学"优质乳工程人才培养基地"平台对本书翻译工作的支持；感谢中国轻工业出版社编辑的精心编校。

因时间仓促，限于译者水平，本书错误和不足之处在所难免，敬请广大专家和读者批评指正。

译　者

# 序

乳的营养价值被人们熟知，乳品也被全球消费者视为首选的健康产品之一。我国乳业起步较晚，对乳制品的营养、新型加工技术和工艺以及产业链的复杂程度认识不足，科研院所深入开展的相关研究成果在企业实际生产中的应用和转化较慢。

2012年以来我国原乳质量大大提高，奶牛的饲养成本也持续增高，但作为产业链的中端和终端，工艺改进、新产品创新变化并不明显。加工企业运用新技术和研发新工艺的速度较慢，面对终端激烈的市场竞争，产品同质化等问题凸显。特别是在加工关键技术的应用和创新方面远落后于欧美国家。目前全球经济复杂多变，中国消费者对营养健康的渴求越来越强，因此我国乳企的发展蓝海依然存在。

这是一本关于乳制品新兴加工技术的专业书籍，由澳大利亚维多利亚大学健康与生物医学学院的 Nivedita Datta 和美国农业部农业研究服务中心乳制品和功能性食品研究中心的 Peggy M. Tomasula 联合编写。本书第1章至第10章提供了可减少传统热加工过程对营养、产品感官和天然活性成分不利影响的新兴加工方法和新兴的非热处理方法。其中，新兴热处理方法包括电阻加热、微波加热和射频加热。新兴的非热处理技术包括微滤、高静水压、微射流高压均质、脉冲电场、高功率超声、紫外线和脉冲光、二氧化碳处理、集中高强度电场以及提高乳、乳制品保质期和安全性的化学防腐剂替代物细菌素栅栏因子的应用等。第11章介绍了有机和传统乳制品在营养含量、健康、结构/功能声称方面的监管状况，乳中的生物活性化合物、脂肪酸、维生素和矿物质，以及有机饲养和传统饲养、巴氏杀菌等引起的乳中活性物质的变化。

鲜乳在加工过程中乳清蛋白的热稳定性一直是加工工艺的一大难题。可利用超声将发生聚集的高黏度乳清蛋白溶液剪切处理，这样的乳清蛋白溶液不受进一步加热（称为后加热）的影响，不会重新发生聚集。这个方法在生产上具有潜在的应用前景，可通过最大限度地减少热处理过程中发生的乳清蛋白沉淀提高加工效率。比如，可以考虑优化羊乳超高温瞬时杀菌（UHT）产品的加工工艺等。

作为中国农垦乳业联盟的重要成员，中垦牧乳业（集团）股份有限公司的技术创新团队一直坚持创新发展的理念，始终致力于低温巴氏鲜乳等优质乳制品的研发及加工工艺的改进，为促进行业的发展，为满足消费者日益增长的对营养健康的需求和美好生活的向往做出了积极的贡献。

衷心希望本书的编译出版，能够为乳品行业的技术研发人员、加工工艺设计人员、上下游配套企业以及科研人员和食品相关专业师生提供有益的参考和帮助。

中国农垦乳业联盟主席：

2022 年 12 月

# 前言

因为乳和乳制品含有大量的生物活性化合物，涉及乳的蛋白质、肽、脂肪酸、维生素和矿物质等多种营养素，所以它们作为功能性食品吸引了广大消费者的注意。已证明乳和乳制品能支撑健康的骨骼、牙齿和肌肉。乳可向成人提供每日所需的维生素 $B_{12}$、提供每日所需约 30% 的维生素 $B_2$ 以及数量可观的其他 B 族维生素。

尽管干酪、酸乳和冰淇淋等乳制品的消费量持续增长，但近年来液态乳的消费量有所下降，许多消费者认为与当前市场上的其他饮料相比，液态乳的口感和风味寡淡。饮料除了要具有一些健康和营养益处外，还要美味和解渴，并能提供方便。如果乳基饮品具有更长的冷藏或稳定的保质期，则可以开发出更多的乳基产品，以满足不同消费者的需求。高温短时（High temperature，short time，HTST）巴氏杀菌用于乳加工以提高乳的微生物安全性并延长其冷藏保质期，但其用于生产特色乳饮料或产品时，并不一定能生产出延长货架期（Extended shelf life，ESL）或货架期稳定的产品。

本书汇集了有关替代技术的最新研究成果信息，这些替代技术具有一定的潜力，可以单独使用或与其他加工技术联合使用，例如，在生产延长货架期（ESL）乳或货架期稳定产品的传统巴氏杀菌或灭菌过程中使用。新兴乳制品加工技术包括：脉冲电场、高静水压力、高压均质、欧姆和微波加热、微滤、高功率超声、紫外线和脉冲光处理、二氧化碳处理以及食品级乳酸菌产生的细菌素（乳和乳制品或后加工乳保鲜的栅栏技术的组成部分）的应用。由于消费者对生物活性化合物越来越重视，因此本书概括了由于饮食制度和其他特征不同的牧草喂养的奶牛所产牛乳中发现的其他生物活性化合物；本书还讨论了乳中生物活性化合物带来的许多健康益处以及它们在加工过程中的稳定性。毫无疑问，本书的出版将给乳品行业提供新的发展机会。

本书的主要重点是替代技术对乳和乳制品安全性的影响，同时也讨论了其对改善品质等的其他影响。事实上，尽管有些技术可能永远不会在巴氏杀菌或灭菌处理中得到应用，但依然非常值得考虑，因为它们可能会引起乳成分的物理变化，从而有利于新型乳、乳制品和新乳基配料产品的开发。本书还介绍了一些其他的会受到影响的特征。

有关乳的替代加工技术及其对乳和乳制品的物理、化学和功能特性影响的报告分散在数量浩瀚的文献之中。本书把各研究机构的有效信息整合到一起，将为整个食品工业和包括乳品行业在内的最终用户带来巨大利益。

Nivedita Datta

澳大利亚维多利亚大学

Peggy Tomasula

美国农业部/农业科学研究院/东部地区研究中心

# 目录

7　紫外线与脉冲光技术在乳品加工中的应用

Nivedita Datta、Poornimaa Harimurugan 和 Enzo A. Palombo

8　二氧化碳：乳加工的一种替代方法

Laetitia M. Bonnaillie 和 Peggy M. Tomasula

**9 集中高强度电场非热杀菌在乳中的应用**

Shaobo Deng、Paul Chen、Yun Li、Xiaochen Ma、Yanling Cheng、Xiangyang Lin、
Lloyd Metzger 和 Roger Ruan

**10 乳酸菌细菌素的栅栏技术及其在乳制品中的应用**

John A. Renye，Jr 和 George A. Somkuti

**11 有机乳和传统乳中有益化合物的利用**

Michael H. Tunick、Diane L. Van Hekken 和 Moushumi Paul

# 1 精细膜过滤技术在乳品工业中的应用

Peggy M. Tomasula 和 Laetia M. Bonnaillie

*Dairy and Functional Foods Research Unit*，*United States Department of Agriculture/Agricultural Research Service/Eastern Regional Research Center*，*USA*

## 1.1 引言

### 1.1.1 膜的类型

以压力驱动的错流或切向流精细膜过滤技术从 20 世纪 60 年代问世后，在食品加工业中变得越来越重要。目前乳品工业精细膜过滤技术主要应用于酪蛋白和乳清蛋白的分离、乳清蛋白浓缩、乳清脱盐、乳中的体细胞和细菌的去除、乳浓缩以节省运输成本（Pouliot，2008；Gésan-Guiziou，2010）。膜技术可单独或与浓缩工序结合应用于乳粉生产，并且越来越多地用于含乳饮料、发酵乳制品和酸乳等新产品的开发。膜技术还能用于在线清洗（CIP）或加工中使用的水的回收（Alvarez 等，2007；Luo 等，2012）。

乳品工业所用的膜有四种类型：反渗透（Reverse osmosis，RO）、纳滤（Nanofiltration，NF）、超滤（Ultrafiltration，UF）和微滤（Microfiltration，MF）。错流膜的工艺参数如图 1.1 所示。在压力驱动下，流速为 $Q_F$ 的料液平行于膜表面流经膜管。进料压力 $P_F$ 必须克服料液的渗透压 $P_{\pi F}$（Cheryan，1998）。错流速度（The crossflow velocity，CFV）是料液平行于膜表面流经膜管的速度，具有冲刷作用，可最大程度地减少料液颗粒在膜表面的淤积。

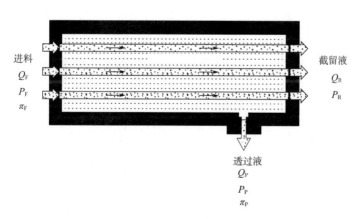

进料 $Q_F$ $P_F$ $\pi_F$

截留液 $Q_R$ $P_R$

透过液 $Q_P$ $P_P$ $\pi_P$

图 1.1 装有多条膜管的错流微滤壳体剖面图（错流过滤参数）

部分分子较小的进料以流速 $Q_P$ 和压力 $P_P$ 流过膜壁，称为透过液。$Q_P$ 常被称为渗透通量（Permeate flux，标示为 $J$），是单位时间内通过单位膜面积的透过液的体积。如果进料与大气相通，则 $P_P$ 的表压读数为零。进料的剩余部分称为截留液，以 $Q_R$ 的流速和 $P_R$ 的压力从膜的末端流出。截留液可全部或部分再循环回到进料中。透过液和截留液中颗粒的大小分布取决于膜的孔径分布。压力驱动力为跨膜压差（The transmembrane pressure，TMP），如式（1.1）所示：

$$TMP = （P_F-P_R）/2-P_P \qquad (1.1)$$

表 1.1 列出了乳的营养成分、体细胞和可能存在于乳中的各种微生物（如细菌、孢子、酵母菌和霉菌）的大小，以及用于将它们与其他乳成分分离的相应类型的膜。表 1.1 中细菌和芽孢尺寸范围比较大，是考虑到其可能的长度和宽度（Garcia 等，2013）。表中也列出了各种膜的工作压力范围和可替代的分离技术。小于表 1.1 中孔径的颗粒从滤液中流走，大于孔径的颗粒则保留在截留液中。反渗透膜和纳滤膜一般按制造商自定的脱盐标准进行分级。超滤膜通常按截留分子质量（Molecular weight cut-off size，MWCO）进行分级，微滤膜则按孔径进行分级。

表 1.1　　　　膜的孔径和工作压力范围，乳成分大小范围和替代加工方法

| 膜类型/孔径 | 工作压力范围/kPa | 乳成分 | 乳成分大小 | 替代加工方法 |
|---|---|---|---|---|
| 微滤 0.1~10μm（100~1000kDa） | 10~350 | 体细胞 | 8~10μm | 离心 |
| | | 脂肪 | 0.1~15μm，平均 3.4μm | |
| | | 细菌/芽孢 | 0.2~10μm | |
| | | 酵母菌/霉菌 | 1~10μm | |
| 微滤/超滤 | | 酪蛋白胶束 | 0.110μm，平均 0.02~0.3μm | |
| | | 免疫球蛋白 | 150~900kDa | |
| 超滤 0.001~0.1（1~500kDa） | 30~1050 | 乳清蛋白 | 0.03~0.06μm | 离心 |
| | | α-乳清蛋白 | 14kDa | |
| | | β-乳球蛋白 | 18kDa | |
| | | 牛血清清蛋白（Bovine serum albumin，BSA） | 66kDa | |
| | | 乳铁蛋白 | 86kDa | |
| | | 糖巨肽（Glycomacropeptide，GMP） | 8~30kDa | |
| | | 酶 | 13~100kDa | |
| 纳滤（0.2~2kDa） | 1000~4000 | 乳糖 | 0.35kDa | 蒸发、蒸馏 |
| | | 盐 | | |

续表

| 膜类型/孔径 | 工作压力范围/kPa | 乳成分 | 乳成分大小 | 替代加工方法 |
|---|---|---|---|---|
| | | 维生素 | | |
| 反渗透 | 1300~8000 | 水 | | 蒸馏、蒸发、透析 |
| | | 离子 | | |

注: 括号中是相应的分子质量范围。

资料来源: Brans 等, 2004; Garcia 等, 2013。

反渗透膜可用于浓缩乳或干酪乳清, 可节省运输成本, 更主要是能保留乳中溶质, 仅允许水通过膜。纳滤膜也称为"渗漏的反渗透膜", 因为单价离子可与水一起通过膜, 在乳制品厂中也可用于浓缩 (如用于乳清脱盐), 从干酪乳清中脱盐提纯乳糖或用于降低水的硬度 (Cheryan, 1998; Pouliot, 2008; Gésan-Guiziou, 2010)。反渗透膜和纳滤膜的驱动力是渗透压。超滤是乳品工业中最常用的膜技术工艺, 根据膜截留孔径的大小, 可得到含有蛋白质和脂肪的截留液, 而透过液中则含有矿物质、非蛋白氮和乳糖。超滤可用于酪乳的蛋白质标准化、乳清浓缩、生产低乳糖牛乳和分离乳清蛋白。在用超滤生产乳清蛋白浓缩物时, 一般先用微滤对乳清进行预处理, 去除脂肪、酪蛋白和细菌 (Cheryan, 1998)。微滤也用于去除乳中的细菌及从乳中提取酪蛋白和乳清蛋白, 其用途根据膜孔径不同而异。

目前, 微滤在乳品行业的应用还不普遍, 膜的安装面积为 $15000m^2$, 而超滤膜的安装面积为 $350000m^2$ (Garcia 等, 2013)。本章综述了微滤研究中所用到的理论和实验技术, 然后重点介绍了乳微滤除菌生产延长乳货架期 (Extended shelf life, ESL) 的现状, 介绍了利用微滤工艺从乳中分离高附加值馏分及其应用新进展, 也对液态乳加工厂的温室气体排放、能源耗用和预估成本与采用微滤工艺的相同工厂进行了比较。

### 1.1.2　微滤膜

乳制品工业中使用的膜是半透膜, 针对某一用途有不同的孔径和孔径分布。用于乳制品加工的微滤膜对孔径分布有明确的规定, 且由陶瓷材料或聚合材料制成。乳微滤膜多数是管状膜 (陶瓷膜), 少数也采用缠绕膜 (Spiral-Wound, SW) (聚合物), 以与实验室、中试车间和规模化生产的设备相匹配。

陶瓷膜具有两层不对称结构。上面一层非常薄, 也称为表层或有效层, 是膜淤堵性能的决定因素 (取决于孔径和孔径分布)。淤堵会降低渗透通量, 也可能阻碍或改变进料组分向透过液的渗透。其底层是膜的大孔支撑结构 (图1.2)。陶瓷膜由金属氧化物 (如氧化锆、二氧化钛、氧化铝和二氧化硅) 制成, 并制成管状。用于乳制品生产的微滤膜通常由 $\alpha$-氧化铝制成。聚合物缠绕 (SW) 微滤膜多数用聚偏二氟乙烯 [Poly (vinylidene fluoride), PVDF] 制成。对微滤膜的生产方法本文不作讨论, 详情可参考其他文献 (如: Cheryan, 1998)。

不论哪种类型, 乳品工业的膜都必须能够耐受化学制剂和高温循环的清洗过程。聚偏二氟乙烯 (PVDF) 缠绕 (SW) 膜可以承受高达60℃的温度, 但易受化学清洗液损害, 只能使用约一年 (Cheryan, 1998)。陶瓷膜比缠绕式膜贵, 能承受高达约95℃的高温, 但其实际耐温上限取决于垫圈和"O"形圈对高温和化学清洗液的耐受性。陶瓷膜可以使用长达 10 年（Cheryan，1998）。

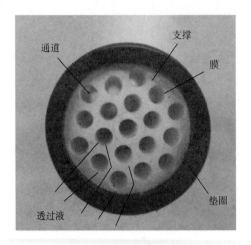

图 1.2　陶瓷膜管的横截面

乳品加工一般选用亲水性膜，可最大程度减少与疏水性蛋白的结合，以防导致淤堵并影响膜的渗透性能（Bowen，1993）。亲水性膜表面张力高，可将水分子吸引到表面，有助于防止蛋白质淤堵。陶瓷膜是天然亲水的，因为其由亲水的金属氧化物制成。聚偏二氟乙烯（PVDF）膜是疏水性的，但也可以通过改性减小膜的疏水性（Liu 等，2011）。

除亲水性外，已证明膜的电荷、表面粗糙度和形态特性以及膜孔的大小和弯曲程度也会影响蛋白质淤堵的程度（Bowen，1993；Cheryan，1998）。例如，乳的 pH 一般为 6.6，许多乳蛋白带负电荷。因此，带负电荷的膜比带正电荷的膜更适合于乳品加工。然而，乳中的许多离子，特别是钙离子会结合到膜上，进而促进带负电的蛋白质和磷酸盐的结合（Bowen，1993）。

选择性也是选用膜时重要的考虑因素。选择性可受孔径分布、跨膜压力和淤堵的影响（Brans 等，2004）。孔径分布过大会导致乳成分不能按预期透过或截留，影响透过液的组成。陶瓷膜的跨膜压不均一，通常是由高渗透通量所需的高错流速度引起的，可导致渗透通量发生变化，进而导致膜表面和孔内的淤堵，造成乳成分不能按预期透过和截留。

20 世纪 80 年代后期，Alfa‑Laval 公司研发出均一跨膜压（the Uniform transmembrane pressure，UTP）工艺，以解决乳微滤中跨膜压不均的问题（Sandblom，1978；Malmberg 和 Holm，1988；van der Horst 和 Hanemaaijer，1990）。该工艺称为"Bactocatch"，Bactocatch 工艺通过加装一个循环泵使透过液与截留液并流再循环通过膜的透过液侧。向透过液侧投放塑料球可以减少所需的透过液量，从而减小了泵的规格。改动之后，膜两侧压力差下降趋于恒定，渗透通量可达到约 500L/（$m^2 \cdot h$），乳蛋白几乎完全透过，细菌完全被截留，持续时间可长达 10h，极少发生淤堵（Saboya 和 Maubois，2000）。但由于加装了透过液循环泵，该方法的运行成本较高。

最近，又出现了梯度渗透（Graded permeability，GP）膜（Pall corporation）和恒通量微

滤膜（Isoflux 膜）（Tami industries）。这些膜工艺与 Bactocatch 工艺不同，不需要加装泵来维持均一的渗透通量和低淤堵。GP 膜的支撑结构位于活性膜层周围，该支撑结构具有纵向渗透梯度，可维持整个膜长度方向上的跨膜压从始至终恒定。Isoflux 膜通过改变活性膜层的厚度维持跨膜压的稳定，从而维持整个膜长度方向上渗透通量的恒定。如今微滤工厂要么使用均一跨膜压（UTP）工艺，要么使用 GP 膜和 Isoflux 膜。

用于处理乳的陶瓷膜是多通道管式的，最长可达 1.2m，有 3~39 个管（图 1.2）。管道内侧通常是圆形的，内径为 2~6mm。Isoflux 膜管有雏菊、向日葵和大丽花等形状的多管道构造，其管道大致是三角形，这样设计使每根膜管有更大的表面积，从而提高了渗透通量。也有的膜是采用星形管道，因为星形比圆形的表面积大。

在小规模的中试试验中，一般是在一个壳体中放置一根膜管，再安装在配套的微滤设备中。在大型的中试设备或每小时处理几吨乳的商业化生产单位中，一般是将几根膜管放置在一个壳体内再安装。商业化工厂一般会用多个壳体。配置不同，计算错流速度的方法也不一样。

对于一根膜管，错流速度的计算方法如式（1.2）所示：

$$CFV = Q_F/3600A_{xs} \tag{1.2}$$

式中　　　　$Q_F$——管道的进料流速；

$A_{xs}$（$=\pi d^2/4$）——直径为 $d$ 的单根管的横截面积。

如果一根膜有多条管道，如图 1.2 所示，则可表示为 $A_{xs} = n\pi d^2/4$，其中 $n$ 为管道数。对一个壳体中有几个膜元件的膜组件（Membralox，2002），$A_{xs} = Nn\pi d^2/4$，其中 $N$ 为壳体内膜的数量。

### 1.1.3　中试车间测试

乳微滤常用 1.4μm 膜，工作温度在 40~55℃，50℃最为常见。错流速度为 5~9m/s，选择错流速度和跨膜压差以优化渗透通量。对于均一跨膜压（UTP）工艺，跨膜压差通常在 30~50kPa（Cheryan，1998；Brans 等，2004），但对于 GP 膜和 Isoflux 膜工艺，跨膜压差要高一些，报道值为 50~200kPa，根据错流速度不同而异（Fritsch 和 Moraru，2008；Skrzypek 和 Burger，2010；Tomasula 等，2011）。一般膜孔较小的跨膜压差值较大（Tomasula 等，2011；Adams 和 Barbano，2013）。去除乳中的细菌和芽孢时，乳必须先脱脂，因为细菌和芽孢与脂肪球大小有交叉（表 1.1）。脱脂乳微滤常用 1.4μm 膜，但有时也会选用 0.8μm 膜，因为能更有效地去除芽孢（Tomasula 等，2011）。

中试车间微滤工艺示意图如图 1.3 所示。有几家公司可提供乳微滤批量式或连续式中试试验所需的设备模组。这些设备模组便于清洗，通常包括一个 115L 或 190L 的进料罐、一个或多个膜组件、一个变频调速循环泵、一个热交换器、用于测量进口和出口压力的压力表和传感器、热电偶、流量计、控制透过液和截留液流的阀门以及过程控制设备。错流速度由循环泵和截留液阀门控制。许多模组也配备了一个非必需的反向脉冲系统，可将膜上的淤堵物洗脱，再被清洗液冲走，这是通过在滤液侧施加压力使 $P_P > P_F$ 完成的。脉冲的频率和持续时间可以改变。反向脉冲仅限于在中试中使用。

乳微滤中试系统启用前，应根据制造商的说明对膜进行清洗。然后，通过微滤水测定纯水渗透通量（the Clean water flux，CWF），确保通量与之前的试验测定值大致相同。

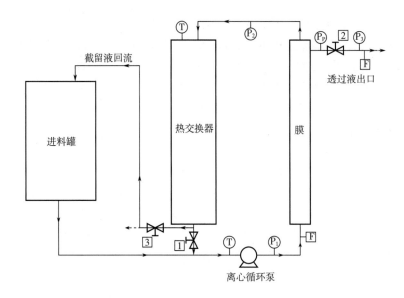

$P_1$、$P_2$、$P_3$ 和 $P_P$—压力表；1、2、3—阀门；T—温度热电偶。

图 1.3　截留物全部回流的分批式微滤工艺示意图

$$CWF = Q_f \cdot \mu / (TMP \cdot A) \qquad (1.3)$$

式中　$Q_f$——水的流速，L/h；

　　　$\mu$——水的黏度，在 20℃ 下为 0.001Pa·s；

　　　$A$——膜的过滤面积，$m^2$。

如果纯水渗透通量与之前的值不一致，应根据制造商的说明对膜进行清洗后再次测试。如不能洗净则说明膜可能有不可逆的淤堵。测试完纯水渗透通量后，将脱脂乳装入储存罐中，加热到 50℃ 再泵到滤膜过滤。通过一定时间内透过液的质量可计算出试验渗透通量 $J$，单位为 L/($m^2$·h)，通常称为 LMH。

$$J = 透过液质量（kg）/(A\rho t) \qquad (1.4)$$

式中　$A$——膜的表面积，$m^2$；

　　　$\rho$——在微滤温度下透过液的密度，$kg/m^3$；

　　　$t$——时间，h。

试验处理工艺通常是批量式的，大部分截留液回流到进料罐，透过液则被收集起来。要达到一定的体积浓缩倍数（Volume concentration reduction，VCR），例如 20 倍或 20 倍以上的 VCR，可用式（1.5a）计算：

$$VCR = V_F / V_R = V_F / (V_F - V_P) \qquad (1.5a)$$

式中　$V_F$——进料量；

　　　$V_R$——截留量；

　　　$V_P$——透过量。

连续处理工艺的体积浓缩倍数 VCR 如式（1.5b）所示：

$$VCR = (Q_P + Q_R) / Q_R \qquad (1.5b)$$

式中　$Q_P$——透过液的流速；

　　　$Q_R$——截留液的流速。

VCR 也可以称为体积浓缩系数或浓缩系数。

开发乳中各种成分与膜相互作用下渗透通量（$J$）的相关性和预测模型的相关研究一直没有间断（Kromkamp 等，2007；Kuhnl 等，2010）。选择合适的膜微滤做前处理，应该对膜进行中试，检验其与生产速率、透过液组分、质量属性和工艺的经济性要求是否相符，也可向供应商咨询。

## 1.2　微滤的原理和模型

对于流体通过微孔膜的理想情况，渗透通量（$J$）可由达西定律算出（Cheryan，1998），见式（1.6）：

$$J = TMP/\mu R_m \tag{1.6}$$

式中　$\mu$——溶液黏度；

$R_m$——膜对纯水的固有阻力。

由于边界层的形成、浓差极化和淤堵效应可在膜表面起到第二层膜的作用，所以对乳这样的流体，渗透通量通常要低于理想值（Schulz 和 Ripperger，1989；Merin 和 Daufn，1990；Bowen，1993；James 等，2003）。除了前面讨论的由于蛋白质-膜相互作用而产生的淤堵外，其他引起淤堵的原因有：膜孔堵塞，导致膜孔部分或完全封闭；颗粒的沉积或饼层的形成使膜表面层增厚，随着时间的推移，成为渗透流的一个额外阻力；由于浓差极化而产生的大分子凝胶的形成（Belfort 等，1994；Bacchin 等，2006）。

乳微滤中温度对渗透通量的影响包含在式（1.6）的黏度项中。随着温度的升高，乳的黏度降低，导致渗透通量升高（Whitaker 等，1927；Alcântara 等，2012）。乳的黏度也可随 pH 和贮存时间变化（McCarthy 和 Singh，1993）。由于黏度下降，乳微滤在 53℃ 的渗透通量比在 6℃ 时高约 85%（Fritsch 和 Moraru，2008）。

乳在 40~55℃ 进行微滤时，黏度从 0.00104Pa·s 变成 0.00077Pa·s（Whitaker 等，1927），这表示在这个温度范围内黏度相差约为 25%。然而，温度的升高也会导致蛋白质的扩散率升高，这可能会降低浓差极化和淤堵，但也可能增加膜的内部淤堵（Marshall 等，1993）。

乳在高错流速度下流过微滤膜有助于防止颗粒在膜表面淤积，但也与边界层的形成有关（由于膜壁上的剪切应力）（Cheryan，1998）。边界层的物料速度分布为从膜壁处的最小速度到某点的近似主体速度。由于膜是多孔的，靠近膜壁乳流的水含量由于透过液的流走而减少，同时乳蛋白浓度升高——这就是浓差极化，也称为凝胶层或饼层，是由于乳蛋白的动态可逆层而形成的（图1.4）。该层可通过合理选择工作参数，如错流速度和跨膜压差去除。

膜的淤堵可能可逆，也可能不可逆。可逆的淤堵层表现为随着微滤运行时间延长渗透通量缓慢下降，并且仅凭改变错流速度或跨膜压力很难逆转。如前所述，可以使用反向脉冲将其逆转，尽管这种技术对于持续运行的微滤并不总是成功的。

对于微滤膜，有人提出假设（Field 等，1995；Howell，1995），在特定的错流速度下，渗透通量是跨膜压差的线性函数，直到在 $TMP_{crit}$ 处达到临界通量（$J_{crit}$）为止。跨膜压差高

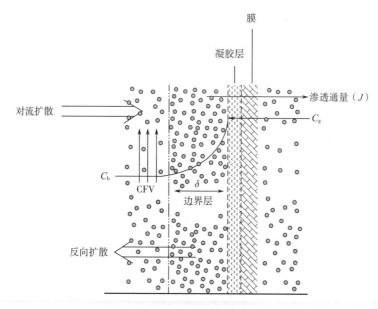

图 1.4　浓差极化示意图

于 $TMP_{crit}$ 时，滤膜开始产生淤堵，但也进一步增大渗透通量。有报道提出了强、弱两种 $J_{crit}$，强 $J_{crit}$ 的特征是渗透通量与跨膜压差呈线性关系，与水微滤时观察到的相似；弱 $J_{crit}$ 也是线性关系，但是膜的各种相互作用使渗透通量低于水的渗透通量值。

有人已经描述了微滤在三个不同区域中渗透通量与跨膜压差的函数关系（Field 等，1995；Howell，1995；Brans 等，2004）。在亚临界区域（$TMP<TMP_{crit}$）（在图 1.5 中的 1 区或压力控制区）的乳微滤对膜的最优选择性最理想，产生的淤堵最少。尽管选择性是最佳的，但由于渗透通量较低，所以需要更大的膜表面积（Brans 等，2004）。跨膜压差不变，提高错流速度或温度也可增加渗透通量。在图 1.5 中的 2 区，有 $TMP>TMP_{crit}$ 且 $J>J_{crit}$ 时，渗透通量虽是最优，所需的膜表面积更小，但其选择性不是最优。随着跨膜压差进一步增大至大于 $TMP_{crit}$，渗透通量接近极限值 $J_{lim}$，此时渗透通量与跨膜压差无关，而淤堵或凝胶层厚度增加。膜的过滤能力随后因淤堵而达到饱和状态（Belfort 等，1994；Bacchin 等，2006），并且渗透通量变得与膜孔径大小无关。乳微滤去除细菌和浓缩酪蛋白都在图 1.5 中的 1 区与 2 区的交界处至 2 区的范围内进行（Brans 等，2004），在 3 区，随着淤堵层的堆积，淤堵物可能会被压实，由于膜孔的阻塞使渗透通量进一步降低（Chen 等，1997），需要反向脉冲来控制淤堵。渗透通量也可能突然下降。在跨膜压差降低后，曲线会出现滞后，并且渗透通量不会恢复到其初始值（Chen 等，1997；Guerra 等，1997；Tomasula 等，2011）。

有人已经建立了半经验模型和经验模型，以了解亚临界区中渗透通量与跨膜压的依赖关系以及随着 $J_{crit}$ 和 $J_{lim}$ 的接近，从压力控制区向与压力无关的传质控制区的特征转变。这些模型有三种通用类型：薄膜或凝胶极化理论模型，确定 $J_{lim}$ 的渗透压模型和阻力模型。有人也介绍了这些模型的修改版本，但此处不作讨论（Bowen 和 Jenner，1995）。

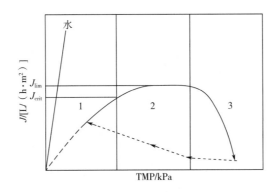

图 1.5　渗透通量（$J$）与跨膜压差（TMP）的关系

注：压力控制区大致在 1 区，传质控制区大致在 2 区，TMP 不变，CFV 或温度升高也会使 $J$ 升高。

### 1.2.1　凝胶极化模型

薄膜理论模型首先应用于超滤（Bowen 和 Jenner，1995），该模型假设乳的溶质颗粒通过对流扩散从主流向膜表面迁移，并通过反向扩散返回主流（图 1.4）。在稳态下，形成边界层，厚度为 $\delta$。传质系数由式（1.7）得出：

$$k = D/\delta \tag{1.7}$$

式中　$D$——扩散系数。

如果膜表面的溶质颗粒（如乳蛋白或酪蛋白）达到了临界浓度（Guerra 等，1997；Tomasula 等，2011），则可能会形成限制透过物流动的凝胶层。渗透通量由式（1.8）得出（Cheryan，1998）：

$$J = k\ln\ (C_{\mathrm{g}}/C_{\mathrm{b}}) \tag{1.8}$$

式中　$C_{\mathrm{g}}$——膜表面的溶质浓度或凝胶浓度；

　　　　$C_{\mathrm{b}}$——溶液（乳）主流中的溶质浓度。

如果未形成凝胶层，则将 $C_{\mathrm{g}}$ 称为 $C_{\mathrm{M}}$，指紧靠膜处的浓度。该模型的渗透通量可预测极限通量 $J_{\mathrm{lim}}$。

用层流 Leveque 公式或湍流 Dittus-Boelter 公式可计算与舍伍德数（$Sh$）相关的 $k$ 值（Bowen，1993），但不是错流速度的准确表达式，其他经验表达式可能更合适。对于由雷诺数 $N_{Re} > 4000$ 定义的湍流，Dittus-Boelter 表达式见式（1.9）（Cheryan，1998）：

$$Sh = 0.023\ (N_{Re})^{0.8}\ (Sc)^{0.33} \tag{1.9}$$

式中　$N_{Re} = D_{\mathrm{h}}V\rho/\mu$；

　　　　$Sc$（施密特数）$= \mu/\rho D$

　　　　$D_{\mathrm{h}}$（液压直径）$= 4$（过流断面/管道的湿周）。

当膜表面上的凝胶层浓度为恒定 $C_{\mathrm{g}}$ 时，凝胶极化模型可用于估算 $J_{\mathrm{lim}}$。但是，由于缺少压力项，也没有考虑其他工作参数，所以不能描述 $J < J_{\mathrm{crit}}$ 的情况（Samuelsson 等，1997；Cheryan，1998；Ripperger 和 Altmann，2002）。

### 1.2.2　渗透压模型

渗透通量的渗透压模型（Jonsson，1984；Wijmans 等，1984；Prádãnos 等，1995）考虑

了工作参数和 Darcy 公式中的渗透压项 $P_{\pi M}$（Bowen，1993；Cheryan，1998）：

$$J = （TMP-\Delta P_{\pi M}）/R_m \qquad (1.10)$$

$\Delta P_{\pi M}$ 是跨膜渗透压差，但对于浓缩的溶质，例如乳微滤时，靠近膜表面的乳蛋白或酪蛋白，可以近似地用 $P_\pi$ 表示，并根据维里系数（Virial coefficients）$A_n$ 计算（Cheryan，1998）见式（1.11）：

$$P_{\pi M} = A_1 C_M + A_2 C_M{}^2 + A_3 C_M{}^3 + \cdots \qquad (1.11)$$

式中　$C_M$——靠近膜表面的浓度，可以根据薄膜理论［式（1.8）］计算。

用纯水测得的固有膜阻力记为 $R_m$。根据 $C_M$ 的值，式（1.11）的高阶项可能变得很重要，增大 $P_{\pi M}$ 的值，使其接近跨膜压差，会导致渗透通量减小。

凝胶极化和渗透压模型对于理解 $J_{lim}$ 对工作参数的依赖关系很有用。凝胶极化模型虽然可用于预测渗透通量对 $C_b$ 或错流速度的依赖关系，但需要有适当的 Sherwood 相关来估计 $k$ 值，且仅适用于 2 区，即图 1.5 中与传质有关的区域。渗透压模型假设蛋白质不发生沉积或吸附，而是依靠可得到的渗透压数据来计算式（1.10）中的跨膜压差。所以目前尚未有可用于预测图 1.5 三个区域的渗透通量的统一模型。

### 1.2.3　串联阻力模型

Darcy 定律提出的串联阻力模型是最常用于描述渗透通量的试验值与时间的函数关系的模型，见式（1.12）：

$$J = （TMP-\Delta P_\pi）/\mu R_{total} \qquad (1.12)$$

如果 $\Delta P_\pi$ 忽略不计，则有式（1.12a）：

$$R_{total} = R_m + R_d \qquad (1.12a)$$

式中　$R_{total}$——总水力阻力 $m^{-1}$，可以从在相同工作参数下进行的几次乳微滤试验获得渗透
通量的最终平均值估算得出；

　　　$R_m$——由纯水渗透通量（式 1.3）算得的清洁膜阻力；

　　　$R_d$——包括由可逆淤堵产生的阻力 $R_{f,rev}$ 和由不可逆淤堵产生的阻力 $R_{f,irrev}$，见式
（1.12b）：

$$R_d = R_{f,rev} + R_{f,irrev} \qquad (1.12b)$$

有些模型进一步对 $R_{f,rev}$ 和 $R_{f,irrev}$ 进行界定，把吸附、膜孔堵塞和其他可能的淤堵类型的影响都考虑进去（Bowen 和 Jenner，1995）。$R_{f,rev}$ 是在微滤过程中由主要发生在图 1.5 1 区的膜对乳成分的吸附所致，可从 $R_{total}$ 和 $R_m$ 的值计算得出，因为在图 1.5 1 区 $R_{f,irrev}$（在试验中通过改变错流速度或跨膜压差无法消除的淤堵）可以忽略不计。试验上，$R_{f,irrev}$ 的大小可通过在乳微滤试验后用去离子水冲洗膜约 20min 消除 $R_{f,rev}$ 测得（Tomasula 等，2011），$J_{f,irrev}$ 即为清洗后膜的渗透通量值。如果存在不可逆淤堵，则可根据式（1.12a）和式（1.12b）算出 $R_{f,irrev}$。$R_{f,irrev}$ 主要发生在图 1.5 的 3 区，确定在 3 区的阻力可能需要使用式（1.12）中的渗透压项 $\Delta P_\pi$，这在高跨膜压差时很重要。

图 1.5 为 $J > J_{lim}$ 时 3 区的不可逆淤堵的示例。有人认为，在这种情况下，主要由酪蛋白组成的凝胶层的压实增加了跨膜的水力阻力。这将导致膜表面的渗透压上升至接近跨膜压差，导致渗透通量减小（Tomasula 等，2011）。

为了证明酪蛋白沉积在膜上的压力影响，有人通过使用聚醚砜（Polyethersulfone，PES）

超滤膜进行微滤试验，对酪蛋白随压力变化而压缩和松弛的现象进行观察。进料是分散在超滤脱脂乳透过液中的天然磷酸酪蛋白粉末或酪蛋白酸钠粉末。通过酪蛋白沉积物的流动阻力取决于酪蛋白胶束的内部孔隙率，该孔隙率由压缩的程度控制（Pignon 等，2004；Qu 等，2012）。临界渗透压 $P_{crit}$ 也定义为酪蛋白胶束达到临界浓度的压缩压力，以及开始形成不可逆沉积物的相变点。在未来的试验中，将研究错流速度和跨膜压差对错流乳微滤中酪蛋白沉积物的影响以及 $P_{crit}$ 的性质。

# 1.3　微滤的应用

## 1.3.1　浓缩胶束酪蛋白和乳清蛋白的生产

浓缩乳清蛋白是通过干酪乳清超滤生产的。生产浓缩乳清蛋白还有一种方法是用脱脂乳而不是干酪乳清作为料液进行微滤，在截留液中可得到酪蛋白，在透过液中可得到天然乳清蛋白（Serum proteins，SPs）。浓缩物中的酪蛋白呈天然胶束状态，与用酸从乳中沉淀析出发生变性的酸凝酪蛋白不同。天然乳清蛋白是干酪生产副产品加工乳清浓缩蛋白的潜在替代品，此外还具有未变性或不含任何干酪生产残留产品和较低脂肪含量的优点。膜分离酪蛋白和乳清浓缩蛋白也可以根据不同用途进行干燥或混合。

均一跨膜压（UTP）的概念以及梯度渗透（GP）膜和 Isoflux 膜的开发促进了直接从脱脂乳或全脂乳生产胶束酪蛋白和乳清蛋白的工艺改进。早期研究中使用了聚合物膜，但由于孔径分布较宽，容易淤堵而且选择性低（Brans 等，2004）。由于聚合物缠绕（SW）膜的成本低于陶瓷微滤膜，所以已经展开了许多新研究来确定聚偏二氟乙烯（PVDF）SW 膜在乳成分分离中的效果。

从脱脂乳中去除天然酪蛋白胶束的早期研究使用孔径范围为 0.05~0.2μm 的陶瓷膜（Brans 等，2004），但据报道渗透通量值较低。有人发现，尽管跨膜压差和孔径都不相同，但由于报道的渗透通量值总是相近，所以才要在与压力无关的区域（图1.5 的 2 区）中进行微滤，而且渗透通量很可能等于 $J_{crit}$。当将 Kenics 静态混合器插入 0.1μm 膜中以改变膜的流体动力学时可观测到更高的渗透通量。

Zulewska 等（2009）对 3 种类型的膜去除脱脂乳中的乳清蛋白（SP）的效率进行了比较，3 种膜分别是 0.1μm 的均一跨膜压（UTP）膜、0.1μm 梯度渗透（GP）微滤膜和 0.3μm 的聚偏二氟乙烯（PVDF）缠绕式（SW）膜。三种处理工艺均为连续进料和出料，3 倍浓缩因子。UTP、GP 和 SW 工艺的乳清蛋白去除率分别为 64.4%、61.04% 和 38.6%，而理论乳清蛋白去除率为 68.6%。各个工艺中酪蛋白与乳清蛋白的相对比例分别为 93.93/6.07、93.14/6.86 和 90.03/9.97，而脱脂乳中为 82.93/17.08。UTP、GP 和 SW 膜的渗透通量为 54.1kg/（m²·h）、71.8kg/（m²·h）和 16.2kg/（m²·h），表明 UTP 陶瓷膜去除乳清蛋白最有效，但是在微滤试验中由于 $J$ 较高，所以 GP 膜可去除更多的乳清蛋白，不过 UTP 的透过液比较清，GP 膜的透过液相比之下略微混浊。结论是，使用 SW 膜须有更大的膜面积或有多个渗滤步骤，才能达到与 UTP 和 GP 膜类似的乳清蛋白去除效果。

另外，Hurt 等（2010）证明了采用 0.1μm 微滤陶瓷膜，且在级与级之间采用水渗滤的三级 3×UTP 系统去除乳清蛋白（SP）的效果，以确定相对于理论值的乳清蛋白去除量。与理论值分别为 68%、90% 和 97% 相比，第一、第二和第三阶段的乳清蛋白累积去除率分别为 64.8%、87.8% 和 98.3%。相比之下，使用 0.3μm 膜的缠绕（SW）膜系统估计需要 8 个阶段以上，才能从脱脂乳中去除 95% 的乳清蛋白，其中包括 5 个水渗滤阶段（Beckman 等，2010）。透过 SW 膜的 SPs 减少是由酪蛋白淤堵造成，淤堵使水力阻力增大（Zulewska 和 Barbano，2013）。

随后使用 0.14μm Isoflux 膜进行的试验（Adams 和 Barbano，2013）显示，经过 3 个阶段后乳清蛋白（SP）去除效率（70.2%）与缠绕（SW）膜（70.3%）相似。梯度渗透膜的去除效率为 96.5%。预计 Isoflux 膜的去除效率与梯度渗透膜相似。对 Isoflux 膜在试验中性能表现，作者提出了几个原因，包括：部分孔径过小不利于乳清蛋白的通过；反向流条件和选择层的修改导致膜的有效表面积减小；膜管的形状易于淤堵，对乳清蛋白有排斥作用。

Karasu 等（2010）发现缠绕（SW）膜的性能类似于陶瓷膜，但是在工业规模应用中，除非使用较短的膜长度，否则很难实现高液压压降和低跨膜压差。对于陶瓷膜，Piry 等（2012）构建了一个包含四个部分的模组件以评估膜长度对淤堵、渗透通量和 β-乳球蛋白（β-LG）渗透的影响。β-LG 的最大渗透率取决于沿膜的位置。

（1）酪蛋白胶束和乳清浓缩蛋白的质量　使用胶束酪蛋白浓缩物（Micellar casein concentrates，MCCs）作为货架期稳定的高蛋白饮品的配料时，它在灭菌工艺中的稳定性至关重要。Sauer 和 Moraru（2012）发现灭菌后 MCC 变得不稳定。UHT 处理可诱导胶束酪蛋白浓缩物（MCC）凝结，同时蒸煮会导致粒径增大，这可能是由于磷酸钙的溶解度降低和酪蛋白胶束的解离所致。当 pH 上升或温度下降，或两者同时发生时，MCC 仍是稳定的，不过 MCC 胶束的组成和尺寸与原先的 MCC 胶束不同。

将同一种乳通过膜技术生产的 34% 的乳清浓缩蛋白（Serum proteins concentrate，SPC）与干酪副产物生产的浓缩乳清蛋白（Whey protein concentrate，WPC）进行比较（Evans 等，2009），SPC 的脂肪和钙含量较低，pH 较高，且不含干酪制作中产生的糖巨肽。重新水化到固形物含量为 10% 时，SPC 溶液澄清，而 WPC 溶液浑浊。感官上的差异与脂肪含量和发酵剂产生的物质有关，虽然差异很小，却很明显。与市售 WPC 相比，用相同乳制成的 SPC 和 WPC 的风味差异不大。

（2）工业上的进展　Skrzypek 和 Burger（2010）报道，波兰和捷克有四家使用 0.14μm Isoflux 膜的工厂，用于脱脂乳生产胶束酪蛋白浓缩物（MCC）的标准化或生产 Quark 干酪时脂肪的标准化。Quark 是一种采用传统方法制作的未经成熟的酸性白色干酪，生产中会产生因环境法规的原因而无法处置的酸性乳清副产物。使用体积浓缩倍数为 1.6~2 的微滤获得的膜分离酪蛋白可以将 Quark 生产过程产生的酸乳清量减少 40%~60%。作者指出，淡乳清透过液的微滤产品还可用于喷雾干燥乳粉生产中的蛋白质标准化和其他乳基产品的蛋白质标准化。

Skrzypek 和 Burger（2010）还报道了体积浓缩倍数为 2~6 的工业化生产的胶束酪蛋白浓缩物（MCC），分别相当于截留液中真蛋白（TP）含量 49%~72%，酪蛋白与真蛋白的比值超过 90%，工厂的产能范围为 10000~23000L/h，这取决于所需的体积浓缩倍数（VCR）。工厂采用了 4 个 50m² 的微滤模组件，每个模组件采用两级微滤膜。乳清蛋白（SP）透过液经纳滤浓缩后喷雾干燥，或与乳或乳衍生物混合后再喷雾干燥。

使用聚合物膜微滤获得的含有 24% $\alpha$-乳清蛋白（$\alpha$-LA）和 65% $\beta$-LG 的天然乳清蛋白（Whey protein，WP），与干酪 WP 相比，表现出较好的体外功能特性（Shi 等，2012）。结果表明，微滤获得的天然 WP 的抗肥胖效果不如 $\alpha$-LA，但其所含的 $\alpha$-LA 在减肥过程中可防止饮食引起的肥胖。

（3）生产胶束酪蛋白浓缩物（MCC）和乳清蛋白（SP）的替代工艺　旋转盘、旋转膜和振动系统仍在开发（Jaffrin，2008），例如，在乳微滤中，有人用一个转盘式的试验膜组件，以 45℃的巴氏杀菌脱脂乳为原料来生产 MCC 和 SP，该膜组件有 6 个孔径为 0.2 $\mu$m 的陶瓷圆盘，可绕圆柱形外壳内的轴旋转（Espina 等，2010）。在乳微滤之后，再用动态超滤膜过滤分离乳清蛋白 $\alpha$-LA 和 $\beta$-LG。跨膜压差低至 60kPa，并且是内、外半径和膜片角速度的函数。体积浓缩倍数为 1 时，渗透通量最高 [90~95L/（$m^2 \cdot h$）]。据报道酪蛋白的截留率高达 99%，$\alpha$-LA 和 $\beta$-LG 的透过率则分别为 80% 和 98%。

### 1.3.2　延长保质期乳

以高质量原乳为原料，用标准容器无菌充填和包装（非无菌包装），在储藏流通过程中控制得当，并保证温度在 6℃ 以下，延长保质期乳的保质期可从几天到 28 天（Goff 和 Griffiths，2006），还有产品保质期长达 45 天（Rysstad 和 Kolstad，2006）。乳货架期是通过细菌总数超过 20000CFU/mL（FDA，2011）之前的保存时间确定的。根据 Saeman 等（1988）的研究，保质期由蛋白质水解决定，当酪蛋白下降超过真蛋白（CN% TP）的 4.76% 时就会产生异味。维持乳冷藏温度在 4℃ 以下，可实现乳的最长保质期。

延长货架期乳（ESL）在工业上被称为超巴氏杀菌（UP）乳，乳在 ≥137.8℃ 下加热 2s 以上再进行非无菌包装。超高温（UHT）灭菌乳也是延长货架期乳，如经无菌灌装保质期可达到六个月。延长货架期乳也可以是原料乳经过 70~85℃ 的预热处理后，再经过 125℃、4s 热处理，或经 127℃、5s 热处理（Goff 和 Griffiths，2006）。然而，尽管热处理确保了乳的安全性，但也带来如蒸煮味、功能特性受损、干酪制作能力丧失的影响。残留在牛乳中灭活的细菌可能带有一些有活性的酶，导致货架期缩短。不幸的是，延长货架期（ESL）乳的杀菌温度也可激活芽孢杆菌的芽孢（Goff 和 Griffiths，2006），有一些芽孢能在冷藏温度下萌发和生长，不被其他微生物的竞争影响。延长货架期（ESL）乳或超高温灭菌（UHT）乳在热处理之前使用离心除菌（te Giffel 和 van der Horst，2004）或微滤可以降低细菌和芽孢的水平。离心除菌不在本章详细讨论。然而，在乳分离之前串联安装两台分离机，在巴氏杀菌之前可将细菌总数降低 90%，并将蜡样芽孢杆菌（*Bacillus cereas*）芽孢数量减少到每 10mL 中少于一个芽孢。据称经过该处理的乳保质期为 20 天，其味道与高温短时（HTST）杀菌乳相似。

使用微滤加 HTST 杀菌工艺生产的延长货架期乳，工业上只能微滤处理脱脂乳，因为细菌、芽孢和乳脂肪球的尺寸有交叉，如表 1.1 所示。微滤设备安装在分离机之后杀菌工序之前。膜孔径通常为 1.4 $\mu$m，但也可以使用 0.8 $\mu$m 的膜。截留液的体积范围为从体积浓缩倍数为 200 时占脱脂乳进料约 0.5% 到体积浓缩倍数为 20 时占进料 5%，截留液中含有浓缩过程中从脱脂乳中除去的体细胞和大部分细菌（Elwell 和 Barbano，2006；Hoffman 等，2006）。在使用 1.4 $\mu$m 膜，进料温度 50℃ 的均一跨膜压（UTP）工艺中乳微滤的典型工作参数是跨膜压差约为 50kPa，错流速度为 6~9m/s，10h 运行平均渗透通量为 500L/（m² · h）（Saboya 和 Maubois，2000）。关于利用 Isoflux 膜或梯度渗透膜进行乳微滤的工作参数的研究报道较少（Fritsch 和 Moraru，2008；Tomasula 等，2011），但是除了较高的跨膜压差值外（可能为 50~200kPa，依错流速度不同而异），工作参数和渗透通量均在 Saboya 和 Maubois（2000）报道的 UTP 工艺工作参数范围之内。Caplan 和 Barbano（2013）报道了使用 1.4μm 膜的微滤，然后在 73.8℃ 进行 HTST 巴氏杀菌 15s 而生产的脱脂乳和 2% 脂肪乳的货架期为 90 天。

在现有的 HTST 液乳加工工艺中，加入微滤工艺可能有几种不同的配置。可以将截留料液添加到稀奶油中，在 130℃ 下热处理 4s，然后添加到脱脂乳的透过液中，再进行均质化和 HTST 巴氏杀菌。或者可以将稀奶油添加到透过液中，同时将高温处理过的截留液添加到多余的稀奶油中，然后在 130℃ 的温度下进行 4s 热处理。截留液也可送回分离机（te Giffel 和 van der Horst，2004），也可以在 143℃ UHT 加热处理 1.1s，然后丢弃或在其他地方使用（Hoffman 等，2006）。此工艺的其他修改也有报道，例如在体积浓缩倍数为 20 的第一阶段之后增加另一个体积浓缩倍数为 10 的微滤阶段，以将截留液体积减少至进料的 0.5% 左右，在这种情况下截留料液的浓缩倍数为 200 且不会被使用。Hoffmann 等（2006）提出过不同的乳微滤工艺，没有使用截留液来制作延长货架期乳。

用 1.4μm 膜进行微滤，可得到不含体细胞，细菌数平均降低 2.6~5.6 个对数值的透过液（Trouvé 等，1991；Pafylias 等，1996；Elwell 和 Barbano，2006）。据报道滤液中细菌芽孢数可减少 2~3 个对数值（Elwell 和 Barbano，2006；Hoffman 等，2006）。虽然滤液中不含体细胞，但截留液中所含的体细胞可能仅有原来体细胞数量的 25%（Elwell 和 Barbano，2006），这可能是在截留液侧受到剪切应力的作用所致，剪切应力可由膜本身产生或由泵在将截留液送回膜时产生。

Lindquist（2002）提出了使用 0.8μm 膜的乳微滤工艺，该工艺被称为利乐 Ultima 工艺（Maubois，2011）。在 50℃ 下以 400L/（m² · h）的渗透通量进行微滤，可获得无菌的透过液，肉毒梭菌（*Clostridum botulinum*）的 $D$ 值为 13（根据细胞体积计算），而短小芽孢杆菌（*Bacillees pcmilus*）的 $D$ 值为 9。将乳透过液与经 UHT 处理的稀奶油无菌混合进行脂肪标准化，随后进行均质，然后在 96℃ 下再进行 6s 的热处理使内源性酶失活。据报道，这样生产出来的乳制品经无菌包装后，在 20℃ 下保质期为 180 天。但目前该工艺尚未工业化。

Skrzypek 和 Burger（2010）报告说，在奥地利、德国和瑞士有 10 多条乳微滤生产线，安装在标准的 HTST 巴氏杀菌生产线中，可处理乳 15000~35000L/h。生产的乳保质期为 20~25 天。这些工厂使用孔径为 1.4μm 的 Isoflux 膜对脱脂乳流进行微滤，稀奶油流加入截留液后最高加热至 135℃。将稀奶油流/截留液汇入透过液中，再进行巴氏杀菌，生产出延长货架期乳。据报道，其细菌清除量从每毫升 6 万~16 万降至 10 万以下，对应的细菌数对数值减少 4.20~3.78lg/mL。在乳微滤/HTST 巴氏杀菌之前，好氧芽孢数为 40~210 个/mL，相当于 1.60~2.32lg/mL，只有 3/35 的分析显示透过液中含芽孢 1 个/mL。

Schmidt 等（2012）对用微滤加 HTST 巴氏杀菌工艺生产后，分别储存于 4℃、8℃ 和 10℃ 中的延长货架期乳的生物多样性进行了研究，以研究细菌数量、微生物多样性和酶质量的变化。在货架期结束时，对五家制造商的市售延长货架期乳样品的生物多样性进行了分析。尽管微滤将微生物减少了约 6 个对数值（CFU/mL），细菌数在 1~8 个对数值（CFU/mL），仍有 8% 的样品变质 [细菌数>6 个对数值（CFU/mL）]。后来发现腐败菌群为后加工污染，它们导致了酶促腐败和变味，包括鞘氨醇单胞菌属（*Sphingomonas*）、嗜冷杆菌属（*Psychrobacter*）、金黄杆菌属（*Chryseobacterium*）和不动杆菌属（*Acinetobacter*），能形成芽孢的蜡状芽孢杆菌（*Bacillus cereus*）和类芽孢杆菌属（*Paenibacillus*）。在 13 个分离菌株中，只有 3 个被鉴定为耐冷基因型。总体而言，即使在同一个批次的样品中，微生物负荷和微生物菌落的差异也是不同的。作者认为这是由于在延长货架期乳处理后细菌数较低的情况下，乳包装中初始微生物随机变化的结果。因此，在冷藏期间会观察到不同的细菌种群，并且偶尔会出现大量致病菌。

通常认为乳微滤是一个非热处理工艺。虽然微滤是在 40~55℃进行，一般认为由于微滤后的 HTST 巴氏杀菌温度较低，所以能耗和相关的二氧化碳（$CO_2$）排放量也小于单独在较高温度下进行 HTST 巴氏杀菌产生的排放量。有人用最近开发的液态乳计算机加工模型（Tomasula 和 Nutter，2011；Tomasula 等，2013，2014）模拟了利用微滤/HTST 加工液态乳的工艺（图 1.6），对能源消耗、温室气体（Greenhouse gas，GHG）排放和运行成本加以比较，以对单独使用 HTST 杀菌法的工厂进行改造。假设乳加工量为 27000L/h，采用两个串联的微滤处理膜组件，每个膜组件都有一个可装 1.4μm 膜的外壳。乳离开脂肪分离机后在 55℃进入第一个微滤膜组件，第一个膜组件的截留液再送至第二个膜组件。假定第一个膜组件的体积浓缩倍数为 20，第二个膜组件的体积浓缩倍数为 10，则总的体积浓缩倍数为 200。将来自两个膜组件的透过液与稀奶油流混合均质，然后在 72℃ HTST 巴氏杀菌生产全脂乳。占总进料量约 0.5% 的截留液当作废液处理。结果表明，从乳罐到工厂冷库采用微滤/HTST 工艺的电力和天然气消耗分别为 0.16MJ/L 和 0.13MJ/L，乳的温室气体为 40.7g $CO_{2e}$/kg 乳。仅采用 77℃的 HTST 巴氏杀菌，电力和天然气消耗为 0.14MJ/L 和 0.13MJ/L，乳的温室气体为 37.6g $CO_{2e}$/kg 乳（Tomasula 等，2014）。在 HTST 之前使用电量增加微滤，天然气的使用因再生效率降低也会增加，这是因为有 0.5% 的截留液浪费，这也导致乳的总流速降低。因此，由于较低的流速，现有的巴氏杀菌系统中较少有能量再生。这两种方案的生产成本差异约为每升 0.10 美分，这在 Skrzypek 和 Burger（2010）报告的范围内。

采用微滤/HTST 工艺生产的产品货架期比较长，也许可以弥补与仅采用 HTST 杀菌相比的温室气体排放量的小幅增长（3.1g $CO_{2e}$/kg 乳）。供应链环节的损失和浪费以及消费环节的损失可能多达约 0.5kg $CO_{2e}$/kg 乳，这是由于零售环节会产生 12% 的损失，消费者习惯（如加热、变质和浪费）会造成额外 20% 的损失（Thoma 等，2013），因此，采用微滤/HTST 工艺生产的产品因具有较长的货架期，而且可以减少零售和消费环节的损失。

法国监管机构允许出售未经巴氏杀菌的微滤全脂乳，也称为延长货架期生鲜乳或"Marguerite"乳。具体做法是将稀奶油流进行热处理（95℃，20s），再与透过液混合，稍微均质后无菌罐装，小于 6℃冷藏保存。据报道，其货架期约 15 天（Saboya 和 Maubois，2000；Gésan-Guiziou，2010）。利用过程模拟，单微滤处理的能源和天然气用量为 0.29MJ/L，稀奶油的保持时间为 15s，以便与此处介绍的其他模型进行比较。温室气体排放量为 41.4$CO_{2e}$/kg乳。相对于 HTST 巴氏杀菌工艺，温室气体排放量增加是由于微滤的用电量增加。天然气使用量为 0.14MJ/kg。

由于细菌和芽孢与脂肪球的大小互有交叉，为了解决微滤必须用脱脂乳的问题，有人开发了一种新工艺（Maubois，2011；Fauquant 等，2012），在采用 0.8μm Membralox 膜进行微滤 [其中有一例温度为 50℃，渗透通量为 200L/（$m^2$·h）] 之前，将全脂乳均质两次，在均一跨

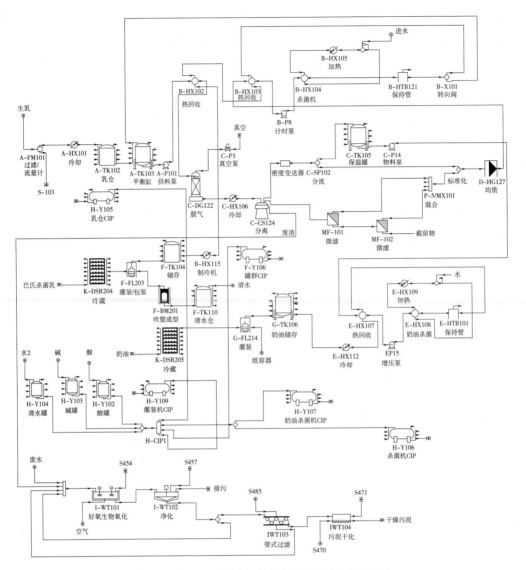

图1.6　含均质和微滤单元的乳品加工厂生产工艺流程图

膜压（UTP）工艺中使脂肪球小于0.3μm。由于脂肪球尺寸缩小，它们能够通过膜而大多数细菌被截留下来。脂肪标准化的乳经72℃、20s杀菌后，如果储存在4℃条件下货架期可以达到30天。如果将脂肪标准化乳在96℃、6s杀菌处理后，可获得20℃下180天的货架期。设备持续运行8h后未观察到明显的淤堵，乳风味与巴氏杀菌乳相同。此工艺不适用于生产生乳产品。微滤之后巴氏杀菌对于破坏天然脂肪酶是无法避免的，后者会引起均质乳的脂肪分解。

（1）质量与安全　以乳果糖、糠氨酸、$\beta$-LG和乳过氧化物酶作为评价指标来衡量乳受热的质量状况（Lan等，2010）。乳果糖不存在于生乳中，是通过加热使乳糖异构化而形成。$\beta$-LG含量有随热处理降低的趋势，因为热处理会导致$\beta$-LG变性，而糠氨酸则因美拉德反应而形成。乳过氧化物酶用作评价指标以表明乳受热强度在80℃以上。Hoffman等（2006）测定了包括生乳、脱脂乳、乳经微滤的透过液和截留液、经微滤处理后再HTST杀菌的延长货架期乳以及经UHT处理的截留液的其中一些指标水平。透过液的$\beta$-LG不受微滤或微滤与热处理相结合工艺的影响，但截留液经 UHT 处理会使 $\beta$-LG 降低 90%。而糠氨酸表明稀奶油受到加热处理，乳果糖指标显示其数值与 HTST 巴氏杀菌乳一致。

微滤除了比单独采用 HTST 工艺处理的牛乳有更长的货架期外，还可以去除乳中的体细胞而防止与体细胞数高低有关的大部分脂肪分解（游离脂肪酸增加）和乳蛋白的水解（Ma 等，2000），不过乳中天然存在的蛋白酶引起的蛋白质水解（酪蛋白被纤溶酶分解）仍然存在，也会导致异味的产生（Santos 等，2003；Elwell 和 Barbano，2006）。有人建议用于微滤的生乳体细胞应小于 100000 个/mL，以保持低浓度的活性纤溶酶，该酶可通过微滤膜且能耐受巴氏杀菌。

微滤后进行 HTST 杀菌能显著降低乳中的微生物数量（Trouvé 等，1991；Pafylias 等，1996；Elwell 和 Barbano，2006；Tomasula 等，2011）。然而，很少有研究确定微滤在消除令人关注的人类病原体方面的功效，这些病原菌引起的中毒在生乳中偶有报道，如单核细胞增生李斯特氏菌（*Listeria monocytogenes*）、沙门氏菌属（*Salmonella*）或大肠杆菌（*E. coli*）O157：H7，可被巴氏杀菌杀灭。由于这些病原体呈棒状，宽度约为 0.5μm，长度约为 1.5μm（Garcia 等，2013），微滤将阻止大多数病原体进入透过液，而巴氏杀菌法可杀灭透过液中那些病原体（Holsinger 等，1997）。使用 Bactocatch 方法，可使接种脱脂乳的单核细胞增生李斯特氏菌、伤寒沙门氏菌（*Salmonella tgphimurium*）、流产布鲁氏菌（*Brucella abortu*）和结核分枝杆菌（*Mycobacterium tuberculosis*）分别减少 3.4、3.5、4.0 和 3.7 个对数值（Madec 等，1992；Saboya 和 Maubois，2000）。然而，杆状细菌芽孢在巴氏杀菌后仍能存活（Tomasula 等，2011），并在冷藏过程中死亡或生长（Novak 等，2005）。

很少有研究确定使用梯度渗透膜或 Isoflux 膜的微滤工艺去除乳中细菌芽孢的效果。在一项保护乳在巴氏杀菌之前免于被故意投入危险微生物（清除乳中的污染物质检查方法）的研究中，研究人员评估了微滤对去除生乳中接种的炭疽芽孢杆菌（*Bacillus anthracis*，BA）（Sterne）芽孢的影响（Tomasula 等，2011）。芽孢的长度在 1.09 ~ 2.13μm，直径在 0.66~1.09μm（Carrera 等，2007）。以每毫升接种了 6.5 个对数值炭疽芽孢杆菌芽孢的乳为例，采用 0.8μm 膜进行微滤截留液保留了 5.91±0.05 个对数值 BA 芽孢/mL，采用 1.4μm 膜进行微滤，截留液保留了 4.50±0.35 个对数值的 BA 芽孢/mL。0.8μm 膜的工作参数是在 50℃，错流速度为 6.2m/s，跨膜压差为 127.6kPa，平均渗透通量为 273L/（m²·h）。1.4μm 膜的工作参数是错流速度为 7.1m/s，跨膜压差为 127.6kPa，平均渗透通量约为 200L/（m²·h）。运行 200min 后，使用 1.4μm 膜的酪蛋白占粗蛋白的百分比下降了 1.5%，用 0.8μm 膜的则下降了 4.3%。对于微滤运行大于 10min 的情况，尽管在微滤之后对乳进行 HTST 杀菌，0.8μm 膜（未测试 1.4μm 膜）或相关的循环流泵送似乎有助于冷藏期间炭疽芽孢杆菌芽孢的形成。天然含有极少其他芽孢杆菌属芽孢的生乳微滤不会出现这种现象。

Head 和 Bird（2013）研究了干物质含量在 5% ~ 15% 的乳蛋白分离物（Milk protein isolate，MPI）料液中去除嗜冷菌芽孢的情况。将蜡状芽孢杆菌的芽孢接种到 MPI 料液中，作为蜡状芽孢杆菌芽孢的替代品，并使用 0.8μm 和 1.4μm 的梯度渗透膜、未进行梯度渗透修饰的 2μm 和 5μm 膜和仅由支撑层组成的 12μm 膜进行微滤。结果表明，12μm 膜在错流速度为 1.4m/s 时对 10% 和 15% 的高干物质料液效果最好，芽孢分别减少 2.6 和 2.1 个对数值，蛋白质的渗透率分别为 90% 和 96.5%，渗透通量分别为 123L/（m²·h）和 27L/（m²·h）。

建议将反向脉冲作为提高渗透通量和蛋白质渗透的一种方法。

### 1.3.3 乳的微滤冷加工工艺

"冷巴氏杀菌"一词通常是指用于去除乳中的细菌和芽孢以生产延长货架期乳，或者在生产普通干酪或生乳干酪之前使用的乳微滤工艺（Brans等，2004）。"冷巴氏杀菌"也可用于任何乳品加工过程中的脱脂乳的预处理，以去除影响终产品在延长储存期质量和安全（如脱脂乳粉）的体细胞和细菌。

为了获得超过50℃微滤乳的货架期和质量优势，有人对小于6.7℃的温度下对乳进行微滤加工以保持乳的生鲜状态进行了研究（Fritsch和Moraru，2008）。在低温下处理还可以避免出现在较高温度微滤时细菌可能会沉积在大量膜表面上形成生物膜的问题。

在错流速度为7m/s，跨膜压为60~80kPa，温度为6℃的条件下去除营养细胞、芽孢和体细胞。与55℃下乳微滤渗透通量约为350L/（m² · h）相比，上述条件下的渗透通量约为50L/（m² · h）。为了增加6℃时的渗透通量，使用了$CO_2$反向脉冲技术；反向脉冲通过清除外周膜管中的淤堵可使渗透通量增加20%。建议改进反向脉冲技术，包括在膜的壳体和膜周围增加进样口以提高渗透通量。

也有人将脉冲电场（Pulsed electric field，PEF）处理与微滤工艺（1.4μm膜）相结合，用于对乳进行冷杀菌，有先微滤后脉冲电场处理（微滤/PEF）和先脉冲电场处理后微滤（PEF/微滤）两种不同的加工顺序（Walkling-Ribiero等，2011），这将在第5章中进一步详细讨论。乳微滤是在35℃且渗透通量值为660L/（m² · h）的条件下进行的。微滤/PEF工艺在最高温度49℃下处理乳，乳中的天然微生物嗜温好氧菌数减少了4.8个对数值。在最高49℃的工艺条件下，乳的PEF/微滤处理使接种的天然微生物减少了7.1个对数值。PEF/微滤处理的乳和HTST巴氏杀菌乳在4℃下的保质期均为7天。尽管凭直觉我们可能会认为微滤/PEF顺序对于减少乳中的微生物会更有效，但是作者认为PEF可能诱导了微生物的聚集，从而使微生物对数值更高。

Woychik等（1992）观察到低温会使β-酪蛋白从酪蛋白胶束中释放出来，于是应用脱脂乳的微孔超滤技术来促进从乳中去除β-酪蛋白。其采用的是0.1μm或0.2μm的平板聚偏二氟乙烯（PVDF）膜。透过液中酪蛋白/乳清蛋白比为0.7~0.9，滞留液中的比率为5~7。透过液中的$\alpha_{s2}$-酪蛋白含量高于截留液，而β-酪蛋白的含量低于截留液。有人提出可将该截留液作为人乳的替代物。van Hekken和Holsinger（2000）也用这种工艺来生产富含β-酪蛋白的独特凝乳，这种凝乳具有仿造山羊乳干酪的潜力。有人还开发了一种使用缠绕式（SW）膜的微滤工艺，其透过液含乳清蛋白和β-酪蛋白（Lucey，2012，Lucey和Smith，2012）。其建议用途包括强化婴儿配方乳粉、改善干酪的可溶性和苦味，在发泡和乳化应用中用β-酪蛋白替代酪蛋白酸钠。他们也发现利用这种微滤工艺可对全脂乳的组分进行分离。

### 1.3.4 全脂乳或脱脂乳中脂肪的分离和分馏

在低错流速度条件下，采用微滤替代离心法将乳分离成脱脂乳和稀奶油，可以减少对脂肪球膜的损伤，并提高稀奶油的稳定性（Brans等，2004）。这个过程也可能比离心法更节能。

尽管分离天然酪蛋白和乳清蛋白成分的方法已经工业化，但根据乳脂肪球的大小进行分离的方法仍在发展之中。脂肪球的大小在 0.1~15μm，平均为 3.4μm（表 1.1）。由于不同乳脂肪球的成分差异的影响，它们对食品功能特性的贡献以及它们在健康和营养方面的作用尚不清楚（Singh，2006）。

Goudéranche 等（2000）使用 2μm 的"特殊"陶瓷膜对全脂乳进行微滤，在不破坏乳脂肪球膜（Milk fat globule membrane，MFGM）的情况下，制备了含有较大和较小乳脂肪球的两种组分。Michalski 等（2006）利用孔径为 2~12μm 的膜对乳脂微滤工艺进行优化。脂肪球的大小会影响干酪的特性（Michalski 等，2003，2007），较小的乳脂肪球在制备质地更细的产品时很有用。Lopez 等（2011）通过利用类似的微滤技术优化选择小的乳脂肪球（约 1.6μm）和大的乳脂肪球（约 6.6μm），发现乳脂肪球的成分因大小而异。乳脂肪球越小，其极性脂肪含量越高，磷脂酰胆碱和鞘氨酰胺在乳脂肪球膜中所占比例越低，脂肪酸构成也存在差异。据推测，乳脂肪球的大小可能在婴儿胃肠道内传递生物活性化合物的过程中起作用。

0.5μm 膜的微滤可用于从脱脂乳中获得有价值的乳脂肪球膜，脱脂乳比全脂乳富含更多的乳脂肪球膜（Astaire 等，2003；Morin 等，2007；Jiménez-Flores 和 Brisson，2008）。研究表明，脱脂乳粉、乳清粉和稀奶油粉（Whey cream powders）的微滤，再加上超临界流体萃取（Supercritical fluid extraction，SFE），可以将脂质浓缩以获取可能的新成分（Spence 等，2009a，2009b，2009c），其中磷脂（Phospholipids，PL）浓缩了 5 倍。乳脂肪球膜有许多保健功效，似乎也可抑制轮状病毒的活性（Fuller 等，2013）。

### 1.3.5　乳生物活性化合物的分离

微滤膜（单独使用或与其他类型的膜和单元操作结合使用）也已用于从乳、初乳和乳清中提取生物活性成分。这些能影响人类健康的生物活性物质可添加到食品或消费品中，以促进人体健康。有人介绍过用超滤膜或微滤膜分离生长因子，如类胰岛素 IGF-I 和 IGF-II、表皮生长因子 EGF、转化生长因子 TGF-β1 和 TGF-β2、碱性成纤维细胞生长因子 bFGF 和血小板衍生生长因子 PDGF（Pouliot 和 Gauthier，2006，Gauthier 等，2006，Akbache 等，2009）。生长因子可用于治疗炎症性胃肠疾病、伤口愈合、骨组织再生和皮肤疾病。Ollikainen 等（2012）发现，如果在初始微滤工艺步骤中使用巴氏杀菌乳，则最终 TGF-β2 生长因子的回收率为 83%，而如果使用非巴氏杀菌的乳则为 93%。Ben Ounis 等（2010）采用 0.8μm 的膜微滤工艺从乳清分离蛋白（Whey protein isolation，WPI）中分离出 TGF-β2。调整 pH 和离子强度以及添加 λ-角叉菜胶可加快这种生长因子的去除，免疫球蛋白中也富含该生长因子。

从乳清中生产富含生物活性肽的浓缩物也可以将微滤作为第一道工序以减少微生物污染。微滤的使用避免了热处理过程中化合物生物活性的潜在变化（Tavares 等，2012）。

### 1.3.6　其他应用

Skrzypek 和 Burger（2010）还报道了使用 Isoflux 膜（1.4μm）来减少干酪盐水中的细菌和芽孢，盐水将在干酪制造的加盐过程被重复使用。据报道，霉菌、酵母菌和大肠杆菌去除率约为 100%，细菌总数减少超过 99.9%。微滤提供了一种环保无害地解决盐水处理问题的办法，也淘汰了以前采用的高劳动强度的方法。

微滤的使用不仅限于乳。Beolchini 等（2004，2005）对利用微滤减少乳和羊乳中细菌的效果进行了研究。延长山羊、绵羊和其他动物（如骆驼）乳的保质期可能是令人感兴趣的，因为这些乳类通常仅在产区才有销售。微滤生产延长货架期产品将有助于满足消费者对这些独特乳制品的需求，并能增加养殖方的收益。

# 1.4 提高膜性能的办法

Brans 等（2004）讨论了文献报道中提出的通过减少淤堵改善膜性能的各种方法，包括：振动模块、旋转盘、冲刷颗粒和气团以提高膜的剪切应力（Jaffrin，2008；Ahmad 等，2010；Espina 等，2010）；利用湍流促进器（Popovic 和 Tekic，2011）、脉动错流和超声波（Mirzaie 和 Mohammadi，2012）加速膜附近的反向转运；利用电场从膜上排斥带电粒子。使用这些方法的缺点包括高能耗、高投资、难以清洁、设备磨损以及难以扩大规模。

# 1.5 微筛

微筛技术是有希望增加渗透通量，取代使用陶瓷管或缠绕式（SW）膜的乳常规微滤工艺的技术。微筛由氮化硅或聚合物制成。为了制造氮化硅微筛，使用光刻技术来生产厚度为 $1\mu m$ 的硅晶片。根据制造商（Sievecorp，Inc.）介绍，微筛由 15cm 的筛片叠装而成，每叠有 45 个筛片。每个筛片每小时可以处理 165L 液体，每叠筛片每小时可以处理约 7500L 液体，液体最大黏度为 $0.04Pa \cdot s$，其颗粒负荷要保持在 1g/L 以下。微筛的孔径有 $0.35\mu m$ 孔或 $0.35\mu m$ 刻缝、$0.45\mu m$ 孔或 $0.45\mu m$ 刻缝、$0.8\mu m$ 孔或 $0.8\mu m$ 刻缝。需要频繁地反向脉冲以防止淤堵并控制浓差极化效应。相对于传统膜，微筛的优势在于其可控的孔径和一致的形态。

Brito-de la Fuente 等（2010）使用中试工厂错流微筛膜系统确定了工艺变量对工业 UHT 处理全脂乳的微滤的影响，在 40℃ 下加工了 5L 乳。膜的刻缝宽为 $0.8\mu m$，表面积为 $4cm^2$。在跨膜压差值较低，在 7~15kPa 的情况下，得到的渗透通量在 $5000 \sim 27000L/(m^2 \cdot h)$，比用陶瓷膜进行脱脂乳微滤报道的渗透通量值至少大 10 倍，运行时间可超过 2h。跨膜压差和反向脉冲频率是控制淤堵最重要的变量，未发现乳成分的黏度和粒度分布发生变化。与 HTST 法相比，制造商报告的微筛能耗为 30kJ/kg，而 HTST 法报告的能耗为 220kJ/kg。尽管报道称微筛的能源需求很低，这一步骤后仍需要进行巴氏杀菌步骤。此外，微筛微滤工艺的投资和运营成本未见报道。

在试验之前，对微筛进行预处理以诱导疏水性硅材料的亲水性。乳微滤运行后，在 50℃ 下用碱性清洗剂清洁微筛，并在每次试验之前和之后测试膜的完整性。

Girones i Nogue 等（2006）报道了聚醚砜（PES）聚合物微筛在 7℃ 下使用 $2\mu m$ 的膜微滤处理脱脂乳的性能。据报道，聚醚砜微筛的生产成本低于硅微筛，是使用相分离微成型技术制造的，孔径范围为 0.5~5μm。用于试验的错流模块有效膜面积为 $0.5×10^{-4}m^2$，管道高度为 700μm。施加不同的反向脉冲频率以防止淤堵。报道的工作压力为 2kPa，渗透通量为 1600L/(m²·h)。由此得出结论，尽管膜的孔径更小，但是其可以截留细菌，仍会使生产率高于传统的微滤。但为防止渗透通量下降，必须使用反向脉冲。

据报道，使用氮化硅或聚醚砜微筛均无法截留乳蛋白。与错流微滤相比，硅微筛和聚合物微筛表现出卓越的性能。微筛可能是乳微滤的未来，但在启动/关闭操作、卫生以及微滤后乳的质量和安全性确认方面仍需要研究，以验证其与传统错流微滤的性能差别。

## 1.6 结论

尽管微滤是一项成熟的技术，但与超滤相比，它在乳品行业的应用增长有限。随着膜制造技术的进步，现在可以使用低淤堵的膜，以确保维持跨膜压力，从而确保整条膜的渗透通量。使用孔径范围 0.1~10μm 的膜进行微滤可用于多种领域。利用最小的孔径，可以浓缩胶束酪蛋白和乳清蛋白，这为市场上开发新饮料和配料提供了可能，并且可用于开发这些蛋白质的功能特性和健康益处。人们正在探索各种孔径的膜以分离乳脂肪球来改善乳制品的质地，并生产不同大小的乳脂肪球和乳脂肪球膜，以更好地了解其在健康和营养方面的作用。微滤的最大优势在于其能够物理清除可导致乳变质的微生物。微滤作为 HTST 或 UHT 热处理之前的加工步骤，可改善延长货架期乳和乳饮料的感官特性。较长的货架期也是一个优点，因为它可以开发有针对性的营养益处的产品，例如针对特定人群（例如儿童、老人或锻炼后的人群）的产品。较长的货架期也将有助于其他动物来源乳的进一步销售和分销。此外，延长货架期乳的生产可能有助于降低因零售和消费者浪费而导致的温室气体排放。

渗透通量的增加将减少因电力消耗而产生的运营成本。未来将出现管状陶瓷膜或缠绕式（SW）膜的替代品，例如微筛技术，已证明其渗透通量是传统膜的 10 倍以上。还需要开展其他研究来开发抗淤堵、抗化学和抗热降解并具有主动和被动特性的膜以提高其选择性，从而使乳中的所有必需营养成分都能得到利用。

## 致谢

作者感谢 Winnie Yee 女士对计算机模拟模型的贡献，感谢 Dina Grimes 女士对数字图形图表的帮助。

## 声明

本文所提及商品名称或工业产品的目的仅为提供特定信息，并不意味着美国农业部的推荐或认可。美国农业部是一个机会均等的提供者和雇主。

# 参考文献

[1] Adams, M. C. and Barbano, D. M. Serum protein removal from skim milk with a 3 - stage, 3x ceramic Isoflux membrane process at 50℃. *J Dairy Sci*, 2013, 96: 1-15.

[2] Ahmad, A. L. , Ban, Z. H. and Ooi, B. S. A three - dimensional unsteady hydrodynamic profile of a reciprocating membrane channel. *J Membr Sci*, 2010, 365: 426-437.

[3] Akbache, A. , Lamiot, E. , Moroni, O. *et al.* Use of membrane processing to concen-trate TGF-β2 and IGF-1 from bovine milk and whey. *J Membr Sci*, 2009, 326: 435-440.

[4] Alcântara, L. A. P. , Fontan, R. D. I. , Bonomo, R. C. F. *et al.* Density and dynamic viscosity of bovine milk affect by temperature and composition. *Int J Food Engin*, 2012, 8: 1-12.

[5] Alvarez, N. Gésan - Guiziou, G. and Daufin, G. The role of surface tension of reused NaOH on the cleaning efficiency in dairy plants. *Int Dairy J*, 2007, 17: 404-411.

[6] Astaire, J. C. , Ward, R. , German, J. B. and Jimenez-Flores, R. Concentration of polar MFGM lipids from buttermilk by microfiltration and supercritical fluid extraction. *J Dairy Sci*, 2003, 86: 2297-2307.

[7] Bacchin, P. , Aimar, P. and Field, R. W. Critical and sustainable fluxes: theory, experiments and applications. *J Membr Sci*, 2006, 281: 42-69.

[8] Ben Ounis, W. S. , Gauthier, S. F. , Turgeon, S. L. and Pouliot, Y. Separation of transforming growth factor-beta2 (TGF-beta 2) from whey protein isolates by crossflow microfiltration in the presence of a ligand. *J Membr Sci*, 2010, 351: 189-195.

[9] Beckman, S. L. , Zulewska, J. , Newbold, M. and Barbano, D. M. Production efficiency of micellar casein concentrate using polymeric spiral - wound microfiltration membranes. *J Dairy Sci*, 2010, 93: 4506-4517.

[10] Belfort, G. , Davis, R. H. and Zydney, A. L. The behavior of suspensions and macromolecular solutions in crossflow microfiltration. Review. *J Membr Sci*, 1994, 96: 1-58.

[11] Beolchini, F. , Veglio, F. and Barba, D. Microfiltration of bovine and ovine milk for the reduction of microbial content in a tubular membrane: a preliminary investigation, *Desalination*, 2004, 161: 251-258.

[12] Beolchini, F. , Cimini, S. , Mosca, L. *et al.* Microfiltration of bovine and ovine milk for the reduction of microbial content: Effect of some operating conditions on permete flux and microbial reduction, *Sep Sci Technol*, 2005, 40: 757-772.

[13] Bowen, R. Understanding the flux patterns in membrane processing of protein solutions and suspensions, *TIBTECH*, 1993, 11: 451-460.

[14] Bowen, W. R. and Jenner, F. Theoretical descriptions of membrane filtration of colloids and fine particles: An assessment and review, *Adv Colloid Interface Sci*, 1995, 56, 141-200.

[15] Brans, G. , Schroën, C. G. P. H. , van der Sman, R. G. M. , and Boom, R. M. Membrane fractionation of milk: state of the art and challenges, *J. Membrane Sci*, 2004, 243: 263-272.

[16] Brito - de la Fuente, E. B. , Torrestiana - Sánchez, B. , Martínez - González, E. and MainouSierra, J. M. Microfiltration of whole milk with silicon microsieves: Effect of process variables, *Chem Eng Res Des*, 2010, 88 (5-6A): 653-660.

[17] Caplan, Z. and Barbano, D. M. Shelf life of pasteurized microfiltered milk containing 2% fat, *J Dairy Sci*, 2013, 96: 8035-8046.

[18] Carrera, M., Zandomeni, R. O., Fitzgibbon, J, and Sagripanti, J. -L. Difference between the spore sizes of *Bacillus anthracis* and other *Bacillus* species. *J Appl Microbiol*, 2007, 102: 303-312.

[19] Chen, V., Fane, A. G., Madaeni, S. and Wenten, I. G. Particle deposition during membrane filtration of colloids: transition between concentration polarization and cake formation, *J Membr Sci*, 1997, 125: 109-122.

[20] Cheryan, M. *Ultrafiltration and Microfiltration Handbook*. Technomic Publishing Co, Lancaster, PA. 1998.

[21] Elwell, M. W. and Barbano, D. M. Use of microfiltration to improve fluid milk quality, *J. Dairy Sci.*, 2006, 89 (E. Suppl.): E10-E30.

[22] Espina, V., Jaffrin, M. Y., Ding, L. and Cancino, B. Fractionation of pasteurized skim milk proteins by dynamic filtration, *Food Res Int*, 2010, 43: 1335-1346.

[23] Evans, J., Zulewska, J., Newbold, M. et al. Comparison of composition, sensory, and volatile components of thirty-four percent whey protein and milk serum protein concentrates, *J Dairy Sci*, 2009, 92: 4773-4791.

[24] Fauquant, J., Robert, B. and Lopez, C. Method for reducing the bacterial content of a food and/or biological medium of interest containing lipid droplets, US Patent 2012/0301591 A1. 2012.

[25] FDA (Food and Drug Administration) (2011 revision). Grade "A", Pasteurized Milk Ordinance. US Department of Health and Human Services, Public Health Service, Food and Drug Administration. http://www.fda.gov/downloads/Food/FoodSafety/Product-SpecificInformation/MilkSafety/NationalConferenceonInterstateMilkShipments NCIMSModelDocuments/UCM291757.pdf. (last accessed 27 December 2014).

[26] Field, R. W., Wu, D., Howell, J. A. and Gupta, B. B. Critical flux concept for microfiltration fouling, *J Membr Sci*, 1995, 100: 259-272.

[27] Fritsch, J. and Moraru, C. I. Development and optimization of a carbon dioxide-aided cold microfiltration process for the physical removal of microorganisms and somatic cells from skim milk, *J Dairy Sci*, 2008, 91: 3744-3760.

[28] Fuller, K. L., Kuhlenschmidt, T. B., Kuhlenschmidt, M. S. et al. Milk fat globule membrane isolated from buttermilk or whey cream and their lipid components inhibit infectivity of rotavirus in vitro, *J Dairy Sci*, 2013, 96: 3488-3497.

[29] Garcia, L. F. Blanco, S. A. and Rodriguez, F. A. R. Microfiltration applied to dairy streams: removal of bacteria. *J Sci Food Agric*, 2013, 93: 187-196.

[30] Gauthier, S. F., Pouliot, Y. and Maubois, J. L. Growth factors from bovine milk and colostrums: composition, extraction and biological activities, *Lait*, 2006, 86: 99-125.

[31] Gésan-Guiziou, G. Removal of bacteria, spores and somatic cells from milk by centrifugation and microfiltration techniques. In: *Improving the Safety and Quality of Milk: Milk Production and Processing* (ed. M. W. Griffiths). Woodhead Publishing, Cambridge, 2010, 349-372.

[32] Gironès i Nogué, M., Akbarsyah, I. J., Bolhuis-Versteeg, L. A. M et al. Vibrating polymeric microsieves: Antifouling strategies for microfiltration, *J Membr Sci*, 2006, 285: 323-333.

[33] Goff, H. D. and Griffiths, M. W. Major advances in fresh milk and milk products: Fluid milk products and frozen desserts, *J Dairy Sci*, 2006, 89: 1163-1173.

［34］ Goudéranche, H. , Fauquant, J. and Maubois, J. L. Fractionation of globular milk fat by membrane filtration, *Lait*, 2000, 80: 93-98.

［35］ Guerra, A. , Jonsson, G. Rasmussen, A. *et al.* Low cross-flow velocity microfiltration of skim milk for removal of bacterial spores. *Int Dairy J*, 1997, 7: 849-861.

［36］ Head, L. W. and Bird, M. R. The removal of psychrotropic spores from milk protein isolate feeds using tubular ceramic microfilters, *J Food Process Eng*, 2013, 36: 113-124.

［37］ Hoffman, W. C. Kiesner, C. , Clawin-Rädecker, I. *et al.* Processing of extended shelf life milk using microfiltration. *Int J Dairy Technol*, 2006, 59: 229-235.

［38］ Holsinger, V. H. , Rajkowski, K. T. and Stabel, J. R. Milk pasteurization and safety: a brief history and update, *Rev Sci Tech Off Int Epiz*, 1997, 16: 441-451.

［39］ Howell, J. A. Sub-critical flux operation of microfiltration. *J Membr Sci*, 1995, 107: 165-171.

［40］ Hurt, E. , Zulewska, J. , Newbold, M. and Barbano, D. M. Micellar casein concentrate production with a 3x, 3-stage, uniform transmembrane pressure ceramic membrane process at 50℃ , *J Dairy Sci*, 2010, 93: 5588-5600.

［41］ Jaffrin, M. Y. Dynamic shear - enhanced membrane filtration: A review of rotating disks, rotating membranes and vibrating systems, *J Membr Sci*, 2008, 324: 7-25.

［42］ James, B. J. , Jing, Y. and Chen, X. D. Membrane fouling during filtration of milk - a microstructural study, *J Food Eng*, 2003, 60: 431-437.

［43］ Jiménez - Flores, R. and Brisson, G. The milk fat globule membrane as an ingredient: why, how, when? *Dairy Sci Technol*, 2008, 88: 5-18.

［44］ Jonsson, G. Boundary layer phenomena during ultrafiltration of dextran and whey protein solutions, *Desalination*, 1984, 51: 61-77.

［45］ Karasu, K. , Glennon, N. , Lawrence, N. D. *et al.* A comparison between ceramic and polymeric membrane systems for casein concentrate manufacture, *Int J Dairy Techol*, 2010, 63: 284-289.

［46］ Kromkamp, J. , Rijnsent, S. , Huttenhuis, R. *et al.* Differential analysis of deposition layers from micellar casein and milk fat globule suspensions onto ultrafiltration and microfiltration membranes, *J Food Engin*, 2007, 80: 257-266.

［47］ Kuhnl, W. , Piry, A. , Kaufman, V. *et al.* Impact of colloidal interactions on the flux in cross-flow microfiltration of milk at different pH values: A surface energy approach, *J Membr Sci*, 2010, 352: 107-115.

［48］ Lan, X. P. , Wag, J. Q. , Bu, D. P. *et al.* Effects of heating temperatures and addition of reconstituted milk on the heat indicators in milk, *J Food Sci*, 2010, 75: C653-658.

［49］ Lindquist, A. Method for producing sterile, stable milk, US Patent 6372276, Assignee Tetra Laval Holdings and Finance S. A. 2002.

［50］ Liu, F. , Hashim, N. A. , Liu, Y. *et al.* Progress in the production and modification of PVDF membranes. Review, *J Membr Sci*, 2011, 375: 1-27.

［51］ Lopez, C. , Briard-Bion, V. , Ménard, O. *et al.* Fat globules selected from whole milk according to their size: Different compositions and structure of the biomembrane, revealing sphingomyelin - rich domains, *Food Chem*, 2011, 125: 355-368.

［52］ Lucey, J. Use filtration technology to produce functional beta-casein. Emerging Food R&D Report, Food Technology Intelligence, Midland Park, NJ. 2012.

［53］ Lucey, J. and Smith, K. Separating milk into different value added fractions-What are the opportunities?

14th Annual Dairy Ingredients Symposium, 2012.

[54] Luo, J., Ding, L, Wan, Y. *et al.* Fouling behavior of dairy wastewater treatment by nanofiltration under shear-enhanced extreme hydraulic conditions, *Sep Purif Technol.*, 2012, 88: 79-86.

[55] Ma, Y., Ryan, C., Barbano, D. M. *et al.* Effects of somatic cell count on quality and shelf-life of pasteurized fluid milk, *J Dairy Sci*, 2000, 83: 264-274.

[56] Madec, M. N., Mejean, S. and Maubois, J. L. Retention of Listeria and Salmonella cells contaminating skim milk by tangential membrane microfiltration ("Bactocatch" process), *Lait*, 1992, 72: 327-332.

[57] Malmberg, R. and Holm, S. Producing low bacteria skim milk by microfiltration, *North Eur Food Dairy J*, 1988, 1: 75-78.

[58] Marshall, A. D., Munro, P. A. and Trägardh, G. The effect of protein fouling in microfiltration and ultrafiltration on permeate flux, protein retention and selectivity: A literature review, *Desalination*, 1993, 91: 65-108.

[59] Maubois, J.-L., Emerging technologies and innovation in milk processing, http://simleite. com/home/palestras/simleite10. pdf. (last accessed 27 December 2014).

[60] McCarthy, O. J. and Singh, H. Physico-chemical properties of milk. In: *Advanced Dairy Chemistry*, *Vol. 3*, *Lactose*, *Water*, *Salts and Minor Constituents* (eds P. L. H. McSweeney and P. F. Fox). Springer, New York, NY, 1993: 713.

[61] Membralox, Membralox Users Manual. Pall Corp, Port Washington, NY. 2002.

[62] Merin, U. and Daufin, G. Crossflow microfiltration in the dairy industry: state-of-the-art. *Lait*, 1990, 70: 281-291.

[63] Michalski, M. C., Gassi, J. Y., Famelart, M. H. *et al.* The size of native milk fat globules affects physic-chemical and sensory properties of Camembert cheese, *Lait*, 2003, 83: 131-143.

[64] Michalski, M. C., Leconte, N., Briard-Bion, V. *et al.* Microfiltration of raw whole milk to select fractions with different fat globule size distributions: Process optimization and analysis, *J Dairy Sci*, 2006, 89: 3778-3790.

[65] Michalski, M. C., Camier, B., Gassi, J.-Y. *et al.* Functionality of smaller vs. control native milkfat globules in emmental cheeses manufactured with adapted technologies, *Food Res Int*, 2007, 40: 191-202.

[66] Mirzaie, A. and Mohammadi, T. Effect of ultrasonic waves on flux enhancement in microfiltration of milk, *J Food Engin*, 2012, 108: 77-86.

[67] Morin, P., Britten, M., Jiménez-Flores, R. and Pouliot, Y. Microfiltration of but-termilk and washed cream buttermilk for concentration of milk fat globule membrane components, *J Dairy Sci*, 2007, 90: 2132-2140.

[68] Novak, J. S., Call, J. E., Tomasula, P. M. and Luchansky, J. B. An assessment of pasteurization treatment of water, media, and milk with respect to bacillus spores, *J Food Prot*, 2005, 68: 751-757.

[69] Ollikainen, P., Muuronen, K. and Tikanmäki, R. Effect of pasteurization on the distribution of bovine milk transforming growth factor-β2 in casein and whey fractions during micro- and ultrafiltration processes, *Int Dairy J*, 2012, 26: 141-146.

[70] Pafylias, I., Cheryan, M. Mehaia, M. A. and Saglam, N. Microfiltration of milk with ceramic membranes, *Food Res Int*, 1996, 29: 41-146.

[71] Pignon, F., Belina, G., Narayanan, T. *et al.* Structure and rheological behavior of casein micelle suspensions during ultrafiltration process, *J Chem Phys*, 2004, 121: 8138-8146.

[72] Piry, A., Heino, A., Kuhnl, W. *et al.* Effect of membrane length, membrane resistance, and filtration conditions on the fractionation of milk proteins by microfiltration, *J Dairy Sci*, 2012, 95: 590-1602.

[73] Popovic, S. and Tekic, M. N. Twisted tapes as turbulence promoters in the microfiltration of milk, *J Membr Sci*, 2011, 384: 97-106.

[74] Pouliot, Y. Membrane processes in dairy technology-From a simple idea to worldwide panacea, *Int Dairy J*, 2008, 18: 735-740.

[75] Pouliot, Y. and Gauthier, S. F. Milk growth factors as health products: Some technological aspects, *Int Dairy J*, 2006, 6: 1415-1420.

[76] Prádãnos, P., de Abajo, J., de la Campa, J. G. and Hernández, A. A comparative analysis of flux limit models for ultrafiltration membranes, *J Membr Sci*, 1995, 108: 129-142.

[77] Qu, P., Gesan-Guiziou, G. and Bouchoux, A. Dead-end filtration of sponge-like colloids: The case of casein micelle, *J Membr Sci*, 2012, 417-418: 10-19.

[78] Ripperger, S. and J. Altmann. Crossflow microfiltration-state of the art, *Sep Purif Technol*, 2002, 26: 19-31.

[79] Rysstad, G. and Kolstad, J. Extended shelf life milk - advances in technology, *Int J Dairy Technol*, 2006, 59: 85-96.

[80] Saboya, L. V. and Maubois, J. - L. Current developments of microfiltration technology in the dairy industry, *Lait*, 2000, 80: 541-553.

[81] Saeman, A. I., Verdi, R. J., Galton, D. M. and Barbano, D. M. Effect of mastitis on proteolytic activity in bovine milk, *J Dairy Sci*, 1988, 71: 505-512.

[82] Samuelsson, G., Huisman, I. H., Trägårdh, G. and Paulsson, M. Predicting limiting flux of skim milk in crossflow microfiltration, *J Membr Sci*, 1997, 129: 277-281.

[83] Sandblom, R. M. Filtering process. Alfa-Laval AB, assignee. US Patent No. 4, 1978: 105, 547.

[84] Santos, M. V., Ma, Y., Caplan, Z., and Barbano, D. M. Sensory threshold of off-flavors caused by proteolysis and lipolysis in milk, *J Dairy Sci*, 2003, 86: 1601-1607.

[85] Sauer, A. and C. I. Moraru. Heat stability of micellar casein concentrates as affected by temperature and pH, *J Dairy Sci*, 2012, 95: 6339-6350.

[86] Schmidt, V. S., Kaufmann, V., Kulozik, U. *et al.* Microbial diversity, quality and shelf life of microfiltered and pasteurized extended shelf life (ESL) milk from Germany, Austria and Switzerland, *Int J Food Microbial*, 2012, 154: 1-9.

[87] Schulz, G. and Ripperger, S. Concentration polarization in crossflow microfiltration, *J. Membr. Sci*, 1989, 40: 173-187.

[88] Shi, J., Ahlroos-Lehmus, A., Pilvi, T. K. *et al.* Metabolic effects of a novel microfiltered native whey protein in diet-induced obese mice, *J Funct Foods*, 2012, 4: 440-449.

[89] Singh, H. The milk fat globule membrane-A biophysical system for food applications, *Curr Opin Colloid Interface Sci*, 2006, 11: 154-163.

[90] Skrzypek, M. and Burger, M. ISOFLUX ceramic membranes - Practical experiences in dairy industry, *Desalination*, 2010, 250: 1095-1100.

[91] Spence, A. J., Jimenez - Flores, R., Qian, M. and Goddick, L. The influence of temperature and pressure factors in supercritical fluid extraction for optimizing nonpolar lipid extraction from buttermilk powder, *J Dairy Sci*, 2009a, 92: 458-468.

[92] Spence, A. J., Jimenez - Flores, R., Qian, M. and Goddick, L. Phospholipid enrichment in sweet

and whey cream powders using supercritical fluid extraction, *J Dairy Sci*, 2009b, 92: 2373-2381.

[93] Spence, A. J., Jimenez-Flores, R., Qian, M. and Goddick, L. Short communication: Evaluation of supercritical fluid extraction aids for optimum extraction of nonpolar lipids from buttermilk powder, *J Dairy Sci*, 2009c, 92: 5933-5936.

[94] Tavares, T. G., Amorim, M., Gomes, D. *et al.* Manufacture of bioactive peptide-rich concentrates from whey: Characterization of pilot process, *J Food Eng*, 2012, 110: 547-552.

[95] te Giffel, M. C. and van der Horst, H. C. Comparison between bactofugation and microfiltration regarding efficiency of somatic cell and bacteria removal. *Bull Int Dairy Fed*, 2004, 389: 49-53.

[96] Thoma, G., Popp, J., Nutter, D. *et al.* Greenhouse gas emissions from milk production and consumption in the United States: A cradle-to-grave life cycle assessment circa 2008, *Int Dairy J*, 2013, 31: S3-S14.

[97] Tomasula, P. M. and D. W. Nutter. Mitigation of greenhouse gas emissions in the production of fluid milk, *Adv Food Nutr Res*, 2011, 62: 41-88.

[98] Tomasula, P. M., Mukhopadhyay, S., Datta, N. *et al.* Pilot-scale crossflow-microfiltration and pasteurization to remove spores of *Bacillus anthracis* (Sterne) from milk, *J Dairy Sci*, 2011, 94: 4277-4291.

[99] Tomasula, P. M., Yee, W. C. F., McAloon, A. J. *et al.* Computer simulation of energy use, greenhouse gas emissions, and process economics of the fluid milk process, *J Dairy Sci*, 2013, 96: 3350-3368.

[100] Tomasula, P. M., Datta, N., Yee, W. C. F. *et al.* Computer simulation to predict energy use, greenhouse gas emissions and costs for production of fluid milk using alternative processing methods, *J. Dairy Sci*, 2014, 97: 4594-4611.

[101] Trouvé, E., Maubois, J. L. Piot, M. *et al.* Rétention de différentes espèces microbiennes lors de l'épuration du lait par microfiltration en flux tangentiel, *Lait*, 1991, 71: 1-13.

[102] van der Horst, H. C. and Hanemaaijer, J. H. Cross-flow microfiltration in the food industry. State of the Art, *Desalination*, 1990, 77: 235-258.

[103] Van Hekken, D. L. and Holsinger, V. H. Use of cold microfiltration to produce unique beta-casein enriched milk gels, *Lait*, 2000, 80: 69-76.

[104] Walkling-Ribiero, M., Rodríguez-González, O., Jayaram, S. and Griffiths, M. W. Microbial inactivation and shelf life comparison of 'cold' hurdle processing with pulsed electric fields and microfiltration, and conventional thermal pasteurization in skim milk. *Int J Food Microbiol*, 2011, 144: 379-386.

[105] Whitaker, R., Sherman, J. M. and Sharp, P. F. Effect of temperature on the viscosity of skimmilk, *J Dairy Sci*, 1927, 10: 361-371.

[106] Wijmans, J. G., Nakao, S. and Smoulders, C. A. Flux limitation in ultrafiltration: osmotic pressure model and gel layer model, *J Membr Sci*, 1984, 20: 115-124.

[107] Woychik, J. H., Cooke, P. and Lu, D. Microporous ultrafiltration of skim milk, *J. Food Sci*, 1992, 57: 46-48, 58.

[108] Zulewska, J., Newbold, M. and Barbano, D. M. Efficiency of serum protein removal from skim milk with ceramic and polymeric membranes at 50℃, *J. Dairy Sci*, 2009, 92: 1361-1377.

[109] Zulewska, J. and Barbano, D. M. Influence of casein on flux and passage of serum proteins during microfiltration using polymeric spiral-wound membranes at 50℃, *J. Dairy Sci*, 2013, 96: 2048-2060.

# 2 乳品加工中的热加工新工艺

Vijay K. Mishra 和 Lata Ramchandran

*Collegeof Health and Biomedicine，Victoria University，Australia*

## 2.1 引言

　　加热处理生乳是一种最古老、最常见的加工方法，目的是使乳适合人类食用或便于进一步加工成各种产品。加热处理除了保证乳的饮用安全外，还可以杀灭乳中的腐败微生物和钝化乳中的酶活性来延长乳的货架期，改善乳制品成分的功能性。大多数国家在法规上都要求"每一滴"乳都必须加热到特定的温度并保持一定的时间，才能被称为经过加工的乳。另外，热处理也会带来一些物理和化学变化，这些变化可能是我们想要的，也可能不是我们想要的。热处理还有许多其他用途，包括乳的浓缩和干燥、在干酪制作中可促进乳清分离以及在酸乳和冰淇淋生产过程中可改善产品的黏度和质构。乳制品加工过程中热处理及目的见表 2.1。蒸汽或热水为各种热处理的应用提供了所需的能源。乳及其成分的不良变化会对乳和乳制品的颜色、风味和营养价值产生不利影响，影响程度取决于热处理的强度。这些变化包括褐变、蒸煮味或加热味的形成、维生素的损失等（Vasavada，1990；Fu，2004；Ahmed 和 Ramaswami，2007；Ansari 和 Datta，2007；Lima，2007；Marra 等，2009）。

| 表 2.1 | | 乳制品加工中常用的热处理 | | |
| --- | --- | --- | --- | --- |
| 热处理工艺 | 温度/℃ | 时间 | 目的 | 参考文献 |
| 预热杀菌 | 65 | 15s | 破坏嗜冷菌并稳定蛋白质 | Vernam 和 Sutherland，1996 |
| 低温巴氏杀菌 | 63～66 | 30min | 破坏乳和乳制品中的病原体 | Chandan，2008；Vernam 和 Sutherland，1996 |
| | 72～75 | 15～20s | | |
| 高温巴氏杀菌 | 85 | 20～1200s | 破坏病原体；使高黏度产品，如奶油中的酶失活 | Chandan，2008；Vernam 和 Sutherland，1996 |
| 瓶装乳灭菌 | 110～120 | 20～40min | 破坏所有病原体和腐败细菌 | Vernam 和 Sutherland，1996 |
| 超高温处理 | 130 | 30s | 破坏所有病原体和腐败细菌，包括芽孢 | Chandan，2008；Vernam 和 Sutherland，1996 |
| | 140～145 | 2～6s | | |
| 超巴氏杀菌 | 137.8 | 2～4s | 货架期比 HTST 巴氏杀菌法更长 | Chandan，2008 |
| 蒸发和浓缩 | 45～54.6（在真空下） | 足以浓缩到某一固体浓度 | 蒸发 | Farkye，2008 |
| 灌装炼乳灭菌 | 115～121 | 15～20min | 破坏细菌芽孢，酶 | Farkye，2008 |

续表

| 热处理工艺 | 温度/℃ | 时间 | 目的 | 参考文献 |
|---|---|---|---|---|
| 炼乳蒸发前预热 | 93~100 或 115~128 | 10~25min 或 1~6min | 减少微生物数，钝化酶，稳定蛋白质，降低生产淡炼乳和炼乳的黏度 | Farkye，2008 |
| 生产乳粉浓缩前热处理 | 72~120 | 15~1800s | 减少微生物数，钝化酶，稳定蛋白质或控制蛋白质变性 | Augustine 和 Clark，2008；Vernam 和 Sutherland，1996 |
| 浓缩乳在喷雾干燥器中热处理 | 70~95（出口）和 180~230（入口） | 几秒钟 | 干燥 | Vernam 和 Sutherland，1996 |
| 预热冰淇淋混合料加快混合速度 | 45 | 几分钟 | 使混合料更柔滑 | Kilara 和 Chandan，2008 |
| 干酪的热烫 | 40 | 足以排出乳清 | 乳清分离，最终产品水分和干酪形体的控制 | Vernam 和 Sutherland，1996 |
| 用于酸乳的乳热处理 | 80 | 30min | 改善酸乳的黏度和质地，同时减少微生物数 | Vernam 和 Sutherland，1996 |

随着消费者对产品新鲜度的意识和需求不断提高，推动了乳品行业探索和开发可替代的热处理加工技术，这些技术不仅可以确保产品的安全性，还可以延长货架期，保留营养成分，并保持所加工产品的新鲜度和健康功能。提高加工效率和加工经济性也是这些新技术的驱动因素。这催生了一些新型的热处理技术，跟传统的热处理工艺一样，这些技术主要还是通过产品的升温来达到加工的效果（Proctor，2011）。

电加热法一直被作为替代乳品加工中的传统热处理方法的重要的新型热处理技术来进行研究，被称为容积热处理法，因为热量在牛乳或乳制品中产生，并导致温度升高，有助于食物的保存和改善加工效果。电加热方法有欧姆热处理（直接热处理）和介质热处理（间接热处理）。与欧姆热处理不同，间接热处理法（微波和射频）首先将电能转换成电磁辐射，电磁辐射与产品成分相互作用产生热量；直接热处理（欧姆）是将电能直接转换为热能，具有较高的加热效率。这些技术的优势主要包括：

①加热速度快，对产品的热损害小；

②减少处理时间从而提高生产效率；

③由于能量和加热效率更高，可降低运营成本；

④营养成分损失少；

⑤不需要热传导面，减少受热面淤堵，设备能长时间高效运行；

⑥不存在受热面与食物接触过度加热的问题；

⑦过程控制简单且维护成本低；

⑧清洁安全；

⑨环保。

本章重点介绍欧姆、微波和射频热处理方法在乳和乳制品的保存和加工中的应用。

## 2.2 欧姆热处理（电阻加热）

欧姆热处理（Ohmil heating，OH）也称为电阻热处理或焦耳热处理，早在十九世纪初期就用于乳的巴氏杀菌，但是因加工成本高且电极惰性材料供应短缺，阻碍了其发展。如今因为欧姆热处理法固有的工艺优势（例如加热均匀和升温速度快）可提高产品的质量，并且产品的质地、营养和感官特性变化非常小，所以人们对该方法重新产生兴趣。其应用主要集中在水果、蔬菜和肉类等非乳制品的加工上（Parrot，1992；Kim 等，1996；Lima，2007；Vicente 等，2006，2012）。

在传统的乳制品加工当中，热交换引起的淤堵现象是一个严重的问题。Bansal 和 Chen（2005）综述了乳品流体热交换淤堵的机理。在常规加热工艺条件下，由于表面结垢而使传热效率差，会造成乳制品出现受热不足和过热的缺陷，降低传热效率；增加换热器中的压降，会导致与能源相关的成本显著增加，生产效率降低，并对环境造成影响。由于欧姆加热不存在低热导率的局限，所以淤堵现象有望会减少，而且能量转换效率>90%，设备运行成本较低（Tham 等，2006）。

### 2.2.1 原理

欧姆加热采用与食品直接接触的电极，在给定电导性的电场中实现。电流通过流体时，以乳为例，则乳作为电阻，导致瞬时温度升高，从而起到在数秒钟内对乳进行巴氏杀菌的作用（Parrot，1992；Vicente 和 Castro，2007）。乳和乳制品中的导电成分通常是水和盐。电流通过导电材料遵循欧姆定律（电压＝电流×电阻），忽略损耗的情况下，产生的热量可通过式（2.1）得到：

$$Q = RI^2 \qquad\qquad (2.1)$$

式中　$Q$——乳体系中产生的热量；

　　　$R$——产品的电阻；

　　　$I$——通过产品的电流。

热量产生的速度主要取决于产品的电阻，也取决于系统的热容量、流量和滞留时间。

式（2.2）表示流体受热时的热生成率：

$$\dot{u} = |\nabla V|^2 \sigma \qquad\qquad (2.2)$$

式中　$\dot{u}$——给定体积产品产生热量的比率；

　　　$\nabla V$——电压梯度；

　　　$\sigma$——流体的电导率。

食品欧姆加热处理的基本原理和模型已在其他地方进行了详细介绍（Sastry 和 Palaniappan，1992；Palaniappan 等，1992；Ruan 等，2004；Vincente 等，2006；Lima，2007；Vincente 和 Castro，2007）。在 20V/cm 电场强度下产生的热量范围通常为 0.02～5W/cm³，实际数值因产品不同而异。

### 2.2.2 影响欧姆加热的因素

欧姆加热处理食品时，升温速率受到许多因素的影响。

（1）食品电导率 食品的电导率（Electrical conductivity，EC）可以用式（2.3）来确定（Ruan 等，2004；Lima，2007）。

$$\sigma = \frac{l}{AR} \tag{2.3}$$

式中 $\sigma$——电导率，S/m；

$l$——路径长度，m；

$A$——截面积，$m^2$；

$R$——电阻，$\Omega$。

由于乳中含有带电的化合物而具有导电特性，特别是离子如钠离子、钾离子和氯离子（Mabrook 和 Petty，2003）。导电性的变化也被用于检测乳房炎（Nielen 等，1992），因为乳房炎会导致乳的成分发生变化。乳在 18℃ 时的电导率为 4~6mS/cm（Anon，2013）。发酵过程导致的酸度变化、可电离成分的存在（盐含量）、温度、状态和其他成分、泌乳阶段、季节、饲料和电场强度均会影响电导率和欧姆热处理的加热效率。与欧姆热处理有关的食品（包括一些乳制品）电学性质在别处已进行了综述（Sastry，2005）。图 2.1 是用 Ruhlman 等（2001）的数据绘制的全脂乳、脱脂乳和巧克力乳的电导率与温度的函数图。

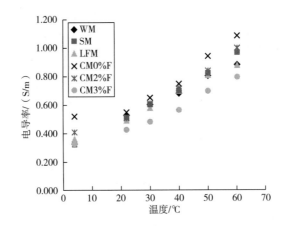

图 2.1 温度对全脂乳（WM）、脱脂乳（SM）、低脂乳（LFM）和巧克力乳（CM0% F，CM2% F 和 CM3% F）电导率的影响

[资料来源：Sastry（2005）与 Ruhlman 等（2001）的数据。]

随着温度升高电导率也升高。巧克力乳中的脂肪、悬浮的可可固体成分和其他成分会影响电导率。在固定温度下，脱脂乳的电导率高于全脂乳（脂肪含量更高）。根据 Mabrook 和 Petty（2003）的研究，乳中离子成分是影响乳和乳制品电导率值的主要因素。包括乳在内的液体的电导率会随着温度的升高呈线性增加，并且可以通过式（2.4）比较准确地进行测算：

$$\sigma_{T} = \sigma_{r} \left[ 1 + m \left( T - T_{r} \right) \right] \tag{2.4}$$

式中，$\sigma_{T}$ 和 $\sigma_{r}$ 分别为产品在温度（$T$）和参考温度（$T_{r}$）下的电导率，$m$ 为温度与电导率关系曲线的斜率（Sastry 和 Palaniappan，1992；Sastry，2005）。Icier（2009）及 Icier 和 Tavman（2006）给出了温度对乳清溶液（8% ~ 24% 溶质）和冰淇淋混合物（Maras 冰淇淋和标准冰淇淋混合物）电导率影响的试验数据。作者以式（2.5）的形式展示他们的数据，报告了在 20 ~ 80℃ 下不同电压和溶质浓度下 $\sigma_0$ 和 $m$ 的拟合值（Icier 和 Tavman，2006；Icier，2009）。

$$\sigma = \sigma_0 + mT \tag{2.5}$$

（2）粒子取向特性  粒子相对于电场方向的取向会影响食品的加热速率。当粒子与电场平行时，加热会更有效。同样地，液体中颗粒越小，样品的加热速度越快（Vincente 和 Castro，2007）。然而，只有当固体粒子的长宽比大于 1 时，粒子的几何形状才产生影响。

（3）加热器的场强和结构  当增加电场强度或施加电压梯度时，可减少液体加热时间（Icier，2009）。图 2.2 对此进行了说明。例如，恒定固形物浓度的乳清溶液在高场强（40V/cm）电场下比在低场强（20V/cm）电场下升温所需的时间要短。场强的影响还取决于溶液中的固形物含量。例如，随着乳清溶液中固体浓度的增加，场强对提高乳清溶液温度的作用明显减弱（Icier，2009）。

加热器的几何形状对加热的速率和均匀性有显著影响。连续型和静态型的流体欧姆热处理系统已有使用和研究（Sastry 和 Palaniappan，1992，Vicente 等，2006，2012）。加热器由一组连接在一起的电极组成，并封装在一个绝缘室中。电极之间的距离和尺寸也会影响热处理。在连续流动系统中，产品可以向上或向下流动，从而产生搅拌效果。几何形状会影响电极参数（电流和电压）。在两个几何形状（平行或交叉）中，对流体施加呈直角电场（交叉场）更适合热处理液态乳制品，可确保受热均匀（Tham 等，2006）。电极的类型、数量及其表面也会影响热处理。除腐蚀程度外，电极材料在加热和淤堵性能方面也存在差异（Ayyadi 等，2004；Samaranayake 和 Sastry，2005；Stancl 和 Zitney，2010）。因为石墨电极不容易淤堵，且能提高乳的加热特性（Stancl 和 Zitney，2010），所以人们发现石墨电极优于不锈钢和锡电极。现已知频率会影响电导率并因此影响加热效果，但关于频率影响的信息很少。

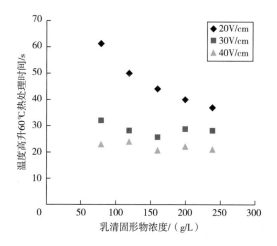

图 2.2  电压梯度和乳清固形物浓度对达到 60℃ 温差（20 ~ 80℃）所需加热时间的影响
（资料来源：Icier，2009。）

（4）产品特性　乳和乳制品成分多种多样，其所含水、蛋白质、脂肪、碳水化合物（乳糖）和矿物质的浓度各不相同。热处理效果主要与电导率和电压梯度的相对影响有关。如上所述，脂肪含量越高，热处理速率就越低。从组成成分的角度来看，水和离子成分是影响温度升高的关键因素。热量的产生还取决于特定乳制品配方中每种组分的比热容、黏度和密度。只有当配方组分不均匀时，导热性才会影响加热；液体中存在固相颗粒的配方，加热也会不均匀，这已被 Sastry 和 Palaniappan（1992）所证实。

### 2.2.3　欧姆热处理的应用及对乳制品质量的影响

与传统热处理相比，欧姆加热处理由于热转换效率更高，可以在更短的时间内达到高温。乳制品的加热速度可以达到 8~40℃/s（Tham 等，2006）。人们发现它对加热含颗粒的液体具有明显的优势。欧姆热处理的商业应用主要在非乳制品的加工中，例如番茄酱、全蛋液、鱼酱和肉制品。表2.2列出了欧姆热处理在乳制品加工中的应用及优势。

Anderson 和 Finkelstein（1919）和 Getchell（1935）报告了在乳的巴氏杀菌中用电的情况，采用220V，15kW 交流电将乳加热至72℃，并在此温度下保持15s，类似于传统高温短时巴氏杀菌（HTST）条件（Getchell，1935）。但这一工艺未继续使用，主要是因为用电成本太高，电极质量太差。1938年，采用低频交流电导杀菌法的欧姆热处理对乳进行巴氏杀菌已在美国商业化，但此后的商业推广并不太成功。英国一个由食品加工者、设备制造商、原料供应商、学术界和政府联合组成的联盟进行了一项中试试验，对应用 5kW 连续式欧姆热处理系统开发的货架期质量稳定的产品（如干酪）进行了评估。研究得出的结论是该工艺在提高食品质量的技术方面和经济上都是可行的（Parrot，1992）。Ruan 等（2004）预测，随着电极和设备设计的发展，欧姆热处理工艺在乳加工中的应用可能会增加。

欧姆热处理已专门用于加热非牛顿流变特性的食品，例如高黏度冰淇淋混合物（Icier 和 Tavman，2006）和浓度高达 25% 的乳清蛋白溶液（Icier，2009）。Icier 和 Tavman（2006）将 6 种不同的电压梯度（10~60V/cm）施加于标准冰淇淋混合物（9.8% 脂肪，63.3% 水，23.4% 碳水化合物，3.4% 蛋白质和 0.1% 灰分）和 Maras 冰淇淋（3.3% 脂肪，66% 水，26.7% 碳水化合物，2.6% 蛋白质和 1.4% 灰分）中，证实在 10~60V/cm，两种混合物的加热时间随着施加电压梯度的增加而减少。在这个电压梯度范围内，Maras 冰淇淋将温度从 4℃提高到 80℃所需的加热时间明显低于标准冰淇淋混合物，这是成分差异造成的，特别是在标准冰淇淋混合物中脂肪和灰分含量较高。与普通冰淇淋相比，Maras 冰淇淋对电压梯度变化更为敏感。已知传统热处理会导致乳清蛋白变性，降低它们功能性成分的价值，与传统热处理相比，采用欧姆热处理时，乳清蛋白溶液（溶质质量浓度 80~240g/L）对温度变化的敏感性较低。基于此观察，Icier（2009）预测欧姆热处理也可用于需要加热乳清的加工过程中。欧姆热处理过程中乳清溶液的一致性系数与电导率呈显著负相关（Icier，2009）。

表2.2　　　　　　　　　　　　　欧姆热处理在乳品加工中的应用及优势

| 加工应用 | 优势 | 参考文献 |
| --- | --- | --- |
| 乳的巴氏杀菌 | 提升品质 | Anderson 和 Finkelstein，1919；Getchell，1935 |
| 乳清溶液的热处理 | 改善乳清蛋白对高温的敏感性，改善剪切敏感产品的加工处理 | Icier，2009 |

续表

| 加工应用 | 优势 | 参考文献 |
|---|---|---|
| 冰淇淋混合物的热处理 | 加热冰淇淋混合物 | Icier 和 Tavman，2006 |
| 乳的热处理 | 灭活微生物和减少蛋白质变性 | Sun 等，2008 |
| 替代巴氏杀菌法 | 钝化乳酶、碱性磷酸酶 | Castro 等，2004 |
| 细菌和酵母菌的热灭活 | 提升品质 | Mainville 等，2001 |
| 全脂、脱脂乳和低脂乳的热处理 | 避免淤堵和乳成分的热损失 | Ayadi 等，2003；Bansal 和 Chen，2006；Tham 等，2006，2009；Stand 和 Zitny，2010 |
| 山羊乳的巴氏杀菌 | 避免因游离脂肪酸的形成而酸败 | Pereira 等，2008 |

在不改变产品结构情况下，科学家们采用静态加热处理系统（Mainville 等，2001）应用 150V 电压将产品温度升高至 50℃、60℃和 72℃，研究了欧姆加热处理对减少开菲尔酸乳中活菌数量的影响。产品在以上温度下保持 10s，并与其他热处理的效果进行比较，包括高压蒸汽灭菌法（110℃、3min）。72℃热处理能有效灭活酵母菌和乳酸杆菌。然而，这两种热处理都引起了蛋白质和脂质微观结构的显著变化。

欧姆热处理乳和乳制品品质方面的研究有限。使用热交换器进行乳巴氏消毒和灭菌时，加热面淤堵一直是一个主要的缺陷。欧姆加热由于没有加热面，升温速度快，有望减少淤堵。与传统表面加热相比，欧姆加热处理，具有温度比乳的本体温度更低的优势，有望减少在传统表面加热中见到的淤堵现象。这促使人们开展了一系列研究，探索欧姆加热处理乳和乳制品的淤堵情况（DeAlwis 等，1990；Ayadi 等，2004，2005；Bansal 和 Chen，2006；Tham 等，2009；Stancl 和 Zitny，2010）。但是，Bansal 和 Chen（2006）发现这种优势无法持续很长时间，因为电极上的沉积和过热同样会导致淤堵，这取决于工作电源的频率和温度。研究发现，在 10kHz 时电极腐蚀和淤堵比在 50Hz 时要低。因此，建议使用更高的频率。乳在欧姆加热期间的温度升高会影响蛋白质变性和聚集，Ayadi 等（2004）发现，在连续式欧姆热处理系统中，加热以乳清蛋白为基础的流体模型会在电极上产生明显淤堵，导致系统加热性能下降，其表现是 4~6h 用电量增加。在淤堵形成过程中，关键性能指标（压力下降值和温度升高值）均增大，在试验结束时达到了沸点（300kPa、135℃），电极上有明显沉积，降低了加热性能。Vicente 等（2012）预测欧姆加热处理工艺可用于减少乳制品中蛋白质变性。例如，Sun 等（2008）根据美拉德反应终末产物和可溶性色氨酸荧光分析法（FAST）分析指标得出结论，欧姆加热处理和传统热处理对乳蛋白质变性没有显著差异。Castro 等（2004）报道了欧姆加热处理用于乳制品加工对食品酶，包括碱性磷酸酶和 $\beta$-半乳糖苷酶的钝化效果。Pereira 等（2008）未发现山羊乳中脂质的水解，因为用传统热处理和欧姆热处理（电压梯度为 14.4V/cm）在 72℃、15s 下巴氏杀菌后，游离脂肪酸含量没有差异。

## 2.3　微波加热和射频加热

微波炉于 1947 年问世，现在是世界上大多数国家的普通家用电器。有人对微波加热（Microwave heating，MWH）在食品加工中的应用（如烹煮、巴氏杀菌、灭菌和干燥）进行了综述（Chandrasekaran 等，2013），并在几本书中进行了介绍（Datta 和 Ananatheswaran，2001；Schubert 和 Regier，2005；Tewari 和 Juneja，2007；Sumnu 和 Sahin，2012）。同样，Marra 等（2009）、Vicente 和 Castro（2007）、Zhao（2006）以及 Zhao 和 Ling（2012）也对射频加热（Radio frequency heating，RFH）处理在食品中的应用进行了综述。微波热处理已成为研究最为广泛的热处理技术，可替代乳制品传统热处理工艺，延长乳和乳制品货架期（Salazer-Gonzalez 等，2011）。与欧姆加热处理不同，在加工的食品中，微波热处理不需要电极来产生热量，在 20V/m 电场强度下发热量通常可高达 $1 \sim 16W/cm^3$（Datta 和 Hu，1992）。

射频加热处理使用的电磁波频率低于微波频率，波长较长，以确保这些电磁波比微波在食物中有更好的穿透性（Marra 等，2009）。据报道，该系统比微波加热系统更容易构建（Rowley，2000）。使用射频加热处理系统的记录可以追溯到 1940 年，据称加工的食物品质要比传统热处理食物更好（Zhao 和 Ling，2012）。

### 2.3.1　原理

微波（Microwaves，MW）和无线电波（Radiowaves，RW）是一种电磁辐射。表 2.3 所示为电磁波谱波长和频率的特征。微波和无线电波的波长分别为 $10^9 \sim 10^6$ Å 和 $>10^9$ Å。微波和无线电波的频率分别是 $3 \times 10^9 \sim 3 \times 10^{12}$ Hz 和 $<3 \times 10^9$ Hz。加工应用的频率有限制，只允许限定的频率用于加热处理，这些将在后文讨论（Piyasena 等，2003；FDA，2000；Awuah 等，2007）。Zhao 和 Ling（2012）总结了各种电磁加热处理方法的差异。

表 2.3　　　　　　　　　　　　　电磁波谱特征

| 类型 | 波长/Å | 频率/Hz |
| --- | --- | --- |
| 无线电波 | $>10^9$ | $<3 \times 10^9$ |
| 微波 | $10^9 \sim 10^6$ | $3 \times 10^9 \sim 3 \times 10^{12}$ |
| 红外线 | $10^6 \sim 7000$ | $3 \times 10^{12} \sim 4.3 \times 10^{14}$ |
| 可见光 | $7000 \sim 4000$ | $4.3 \times 10^{14} \sim 7.5 \times 10^{14}$ |
| 紫外线 | $4000 \sim 10$ | $7.5 \times 10^{14} \sim 3 \times 10^{17}$ |
| X 射线 | $10 \sim 0.1$ | $3 \times 10^{17} \sim 3 \times 10^{19}$ |
| γ 射线 | $<0.1$ | $>3 \times 10^{19}$ |

微波和无线电波分别由磁控管或速调管和三极管通过电极产生（Marra 等，2009）。这些辐射可以穿透食品体系并与食品成分相互作用，在食品内部产生热量，这种加热方式通常

称为立体式加热。其能效高，热处理时间短（Fu，2004；Zhu 等，2007）。微波和射频热处理的两个关键机制是电介质和离子的相互作用。然而，在射频频率范围内，溶解离子比水偶极子对热处理的贡献更大（Marra 等，2009）。大多数乳制品的关键成分是水，可起偶极子作用。介质加热主要是由水的偶极旋转引起的，其中，水分子在振荡电磁场作用下高频振荡，由于强烈摩擦而产生热量，损耗系数越高，升温速率越快，由此产生的热量发生传导和对流（Salazar-Gonzalez，2012）。此外，食品中存在的离子（例如钠和氯离子）由于在微波辐射的影响下发生振荡迁移而引起离子传导或离子漂移，导致离子位移极化，进而导致多次碰撞和氢键破坏，也会产生热量（Vincente 和 Castro，2007；Marra 等，2009；Salazar-Gonzalez，2012）。

影响食品介电加热的两个关键机制是与食品的偶极和离子相互作用（Buffer，1993；Ohlsson 和 Bengtson，2001）。微波和射频加热处理时食品中的立体式产热可以使用式（2.6）估算（Buffer，1993；Datta 和 Anantheswaran，2001；Ohlsson 和 Bengtson，2001）：

$$E = 2P_\pi f \varepsilon_0 \varepsilon'' E^2 \tag{2.6}$$

式中　$E$——给定体积的产热率，$W/m^3$；

　　　$f$——频率；

　　　$\varepsilon_0$——自由空间介电常数；

　　　$\varepsilon''$——介电损耗系数；

　　　$E$——电场强度，$V/m$。

该公式只适用于特定位置，因此在实际应用中存在局限性（Vicente 和 Castro，2007）。然而，它为系统（频率和电场强度）和材料参数（介电损耗因子）在介电加热下产生热量的影响提供了基础。对于给定的能量输入，频率越高需要的磁场强度越低。还有一个需要考虑的重要方面是波的穿透深度，电磁波会与介电成分（水）相互作用产生热量，热量最终在乳制品中消散（取决于其热特性）。对于包括乳在内的可泵送的液体物料，能量穿透深度可以用式（2.7）来估算（Coronel 等，2003；Kumar 等，2007）：

$$\delta_p = \frac{\lambda}{2P_\pi \sqrt{\left[ 2\varepsilon' \left[ \sqrt{1 + \left( \frac{\varepsilon''}{\varepsilon'} \right)^2} - 1 \right] \right]}} \tag{2.7}$$

式中　$\delta_p$——穿透深度，m，对应于表面值的功率降 $e^{-1}$（入射量的37%）；

　　　$\lambda$——波长；

　　　$\varepsilon''$——相对介电损耗系数；

　　　$\varepsilon'$——介电常数。

该公式可用于计算液体巴氏杀菌和连续流微波热处理灭菌系统的管道尺寸。高频下的穿透深度较低。在介电损耗系数>25 时，穿透深度范围可以为 0.6 ~ 1cm（Venkatesh 和 Raghavan，2004；Sosa-Morales，2010）。对于水，915MHz 微波的穿透深度大约是 2450MHz 微波穿透深度的 10 倍，射频的穿透深度更大。

### 2.3.2　影响微波加热和射频加热的因素

通常认为，微波产生的热量不均匀会在产品内部产生温度梯度，这反过来可使立体式产热发生改变。影响热处理效果的主要因素可以分为与系统有关的因素（例如频率）和与热处理的目标产品有关的因素。这些因素可以通过协同作用或拮抗作用影响加热效果，如下所述。

（1）频率　微波热处理食品的频率选择是很重要的，因为它会影响介电特性和辐射的穿透深度。一般来说，频率越低，穿透深度越深（Fu，2004；Datta 等，2005；Salazar-Gonzalez，2012；Sosa-Morales 等，2010）。由于频率较低，无线电波的穿透力大于微波，因此无线电波对于固体是首选。由此可见，对于大样品，低频微波辐射是最有效的。食品加工的微波和射频允许使用的频率分别为 915MHz、2450MHz、13.56MHz 和 27.12MHz、40.68MHz（Piyasena 等，2003；FDA，2000；Awuah 等，2007），虽然取决于加热温度，但是，高达 150MHz 的射频热处理频率也被使用。通常，2450MHz 的频率通常用于 0.6~10cm 的穿透深度，但 915MHz 的频率在美国和澳大利亚的工业应用是合法和允许的（Fu，2004）。由于只有很少的频率专用于食品和乳制品工业加热，其应用和相关理论处理方式的报道仅限于这些频率。

（2）成分　乳和乳制品的成分取决于几个因素，会随着乳的类型、泌乳期、季节、品种和喂养方式的变化而变化。在加工的不同阶段，成分的变化以及不同的热处理工艺都需要考虑。温度上升取决于介电特性（介电常数和损耗系数），而介电特性又取决于成分。表 2.4 列出了一些乳制品在 20℃ 下，主要是 2450MHz 和 915MHz 频率的介电特性。介电常数和损耗系数分别表示乳制品在受到介质加热时以热量的形式储存能量和消散能量的能力。介质加热过程中产生的热量取决于产品中水、脂肪、蛋白质和矿物质的含量。食品中最重要的介电成分是自由水、盐和蛋白质（Datta 等，1995，2005；Mudgett，1995；Datta 和 Antheswaran，2001；Vincente 和 Castro，2007）。随着自由水含量的增加，介电常数和损耗系数也随之增加。对于含水量在 20%~30% 的食品，所产生的热量随含水量增加而增加。脂肪对热量产生的贡献相对很小。在微波环境下，由于乳中存在蛋白质和离子成分，导致其加热速度比水快（Kudra 等，1991）。黄油中盐的存在会影响其介电特性（Ahmed 等，2007）。在恒温恒湿条件下，随着黄油中盐含量的增加，$\varepsilon'$ 和渗透深度逐渐降低，$\varepsilon''$ 逐渐增加（Ahmed 等，2007）。最重要的是，盐的存在不仅降低了微波在 915MHz 和 2450MHz 频率下的穿透深度，也缩小了由频率引起的差异（Ahmed 等，2007）。Mudgett（1995）解释了盐对含水食品体系介电特性影响的机理。Ahmed 和 Luciano（2009）的研究表明，浓度和温度对 $\beta$-乳球蛋白分散液的介电特性有显著影响。在 80℃ 变性温度下，介电常数和损耗系数均增大。

一些学者对基于成分的介电特性预测进行了综述（Calay 等，1995；Datta 等，1995；Mudgett，1995）。Chandrasekaran 等（2013）、Marra 等（2009）、Meda 等（2005）、Sosa Morel 等（2010）、Tang（2005）、Venkatesh 和 Raghavan（2004）对介电特性及其对食品介电加热的相关性进行了全面讨论，并在食品微波加工专著中做了论述（Decareau，1985；Buffer，1993；Datta 和 Anantheshwaran，2001；Schubert 和 Regier，2005）。如 2.3.1 所述，加工者可根据这些属性来估计产热量。

（3）温度　食品在微波和射频加热处理期间温度会发生变化，进而影响介电特性，从而影响加热效率。通常，温度升高会降低介电常数，并增大损耗系数，如图 2.3 中所示为以 915MHz 频率加热 1.5% 乳。Kumar 等（2007）将静态和连续流动条件以及 915MHz 下，脱脂乳的介电试验数据作为温度的函数，拟合为具有高相关系数的二阶多项式（$r^2 \geq 0.903$）。据报道，具有相似介电常数的不同产品在恒定频率和相似功率输入下的温度升高是相同的

（Coronel 等，2003），渗透深度随温度升高而降低（Vasavada，1990；Ahmed 等，2007；Vincente 和 Castro，2007；Ahmed 和 Luciano，2009），这意味着介质加热过程中产生的热量取决于温度。Wang 等（2003a）使用乳清蛋白凝胶和液体乳清蛋白混合物证明了介电常数，介电损耗和穿透深度随温度的变化而显著变化（温度范围 20～121.1℃，频率范围 27～2450MHz），并提出在微波频率下，加热不均匀的可能性极小。在后来的一项研究中，有人发现对于同质产品（如脱脂乳）温度在 20～120℃ 时介电损耗和穿透深度没有差异（Kumar 等，2007）。

表2.4　　　　　　　　　　　乳制品在 20℃ 微波加热的相关介电特性

| 频率/MHz | 产品 | 常数系数 | 损耗系数 | 参考文献 |
|---|---|---|---|---|
| 2450 | 乳（1% 脂肪） | 70.6 | 17.6 | Kudra 等，1992 |
| | 乳（3.25% 脂肪） | 68 | 17.6 | Kudra 等，1992 |
| | 乳糖溶液（4%） | 78.2 | 13.8 | Kudra 等，1992 |
| | 乳糖溶液（7%） | 77.3 | 14.4 | Kudra 等，1992 |
| | 乳糖溶液（10%） | 76.3 | 14.9 | Kudra 等，1992 |
| | 酪蛋白酸钠溶液（3.33%） | 74.6 | 15.5 | Kudra 等，1992 |
| | 酪蛋白酸钠溶液（6.48%） | 73 | 15.7 | Kudra 等，1992 |
| | 酪蛋白酸钠溶液（8.71%） | 71.4 | 15.9 | Kudra 等，1992 |
| | 乳糖 | 1.9 | 0 | Kudra 等，1992 |
| | 酪蛋白酸钠 | 1.6 | 0 | Kudra 等，1992 |
| | 乳脂肪 | 2.6 | 0.2 | Kudra 等，1992 |
| | 混合干酪（0 脂） | 43 | 43 | Datta，2005 |
| | 混合干酪（12% 脂肪） | 30 | 32 | Datta，2005 |
| | 混合干酪（24% 脂肪） | 20 | 22 | Datta，2005 |
| | 混合干酪（36% 脂肪） | 14 | 13 | Datta，2005 |
| 915 | 脱脂乳（零脂肪） | 66.5 | 15.1 | Coronel 等，2003 |
| | 乳（1.5% 脂肪） | 68.7 | 15.8 | Coronel 等，2003 |
| | 乳（4% 脂肪） | 68.9 | 15.5 | Coronel 等，2003 |
| | 巧克力乳（1.5% 脂肪） | 66.5 | 16.9 | Coronel 等，2003 |
| 915 | 乳清蛋白凝胶 | 59.0 | 34.8 | Wang 等，2003a |
| | 液体乳清蛋白混合物 | 61.6 | 33.5 | Wang 等，2003a |
| 1800 | 乳清蛋白凝胶 | 57.2 | 23.3 | Wang 等，2003a |
| | 液体乳清蛋白混合物 | 58.9 | 23.1 | Wang 等，2003a |
| 915 | 干酪酱 | 42.9 | 46.2 | Wang 等，2003a |
| 1800 | 干酪酱 | 39.4 | 27.9 | Wang 等，2003a |
| 915 | 无盐黄油* | 25.6 | 4.9 | Ahmed 等，2007 |

续表

| 频率/MHz | 产品 | 常数系数 | 损耗系数 | 参考文献 |
|---|---|---|---|---|
| | 黄油* | 12.5 | 36.4 | Ahmed 等，2007 |
| 2450 | 无盐黄油* | 24.5 | 4.3 | Ahmed 等，2007 |
| | 黄油* | 9.0 | 15.5 | Ahmed 等，2007 |
| 2450 | 乳清粉（3%水） | 1.93 | 0.017 | Rzepecka 和 Pareira，1974 |
| 915 | β-乳球蛋白（5%） | 59.9 | 4.6 | Ahmed 和 Luciano，2009 |
| | β-乳球蛋白（10%） | 44.3 | 4.0 | |
| | β-乳球蛋白（15%） | 61.6 | 8.0 | |
| 2450 | β-乳球蛋白（5%） | 58.4 | 8.4 | Ahmed 和 Luciano，2009 |
| | β-乳球蛋白（10%） | 43.7 | 6.8 | |
| | β-乳球蛋白（15%） | 62.3 | 10.0 | |

注： * 为30℃时的数据。

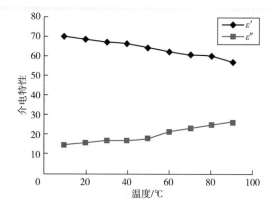

图2.3　915MHz下温度对1.5%脂肪乳的介电常数（$\varepsilon'$）和介电损耗（$\varepsilon''$）的影响
（资料来源：Coronel 等，2003。）

（4）产品成分以外的参数　样品的质量、密度和几何形状会影响微波和无线电波输入的功率和波长，进而影响加热效率。密度与食物的介电常数呈正相关，因此与食物的升热速率呈正相关（Vincente 和 Castro，2007）。功率吸收与被加热产品体积有很大关系（Mudgett，1986；Buffer，1993）。此外，形状不规则会导致加热不均匀，这是微波热处理中一个众所周知的问题（Vasavada，1990；Salazar-Gonzalez 等，2012），尤其是对于有边缘的固体。

产品的比热容、电导率、导热系数以及黏度会影响产品的加热效率。比热容值低的产品升温更快。例如，尽管乳脂对介电特性的贡献很小，但由于其比热容值明显小于其他乳成分，因此其加热速度更快（表2.4）。相反，较高离子电导率值会提高加热速率。研究一致表明，在微波和射频热处理条件下，乳中因含有离子组分和蛋白质，所以加热速率比水高（Kudra 等，1991；Awuah 等，2007）。然而，由于酸度升高导致的乳中离子含量增加，可能不会因为电磁辐射的穿透性减小而导致产热增加（Firouzi 等，2005）。加热期间这些性质的变化对无线电波和微波热处理有显著影响。在加工过程中，随着食品温度升高，包括穿透深度在内的介电特性会随温度而变化。加热过程中的相变会影响加热速率以及加热的均匀性（Vincente

和 Castro，2007）。已经有人报道过黄油熔化过程中相变对加热的影响（Ahmed 等，2007）。

（5）热处理系统和流量条件　系统配置（烤箱）及其特性会影响加热速率和加热方式。磁控管容量、烤箱腔体、放置位置等都是关键变量，这些变量将影响已知体积受热产品的升温速度。功率测试通常用于表明在给定体积的产品上有多少功率下降。这些影响在一些出版物中已被讨论过（Decareau，1985；Buffer，1993；Datta 和 Anantheshwaran，2001；Housova 和 Hoke，2002）。对烤箱加热速率和加热不均匀性的评价也有人进行过研究（Pitchai 等，2012）和综述（Vadivambal 和 Jayas，2010）。

由于温度分布不同，分批和连续流动条件下的介电加热会导致不同的加热结果（Kudra 等，1991；Koutchma 等，2001；Kumar 等，2007；Villamiel 等，2009；Lin 和 Ramaswamy，2011），这取决于加热样品和电磁场之间的相互作用以及物料是静态还是流动的。在涉及一个普通家用烤箱的研究中，不涉及物料流动，因此会影响温度上升和温度曲线。流动条件（层流或湍流）也会影响加热均匀性。由于连续流动系统能更好地产生和分配热量，所以比批量式系统更有效（Villamiel 等，2009）。根据几位研究人员的报告，使用恒定功率水平，流速越高，温度上升幅度就越小（Kudra 等，1991；Koutchma 等，2001；Coronel 等，2003；Villamiel 等，2009）。因此，Kumar 等（2007）建议设计多相系统的连续流动系统时，最好是使用在连续流动条件下测得的食品介电特性参数。

### 2.3.3　在乳和乳制品中的应用及对品质的影响

微波通常用于食品的热处理、预煮、回火、热烫、巴氏杀菌、灭菌、干燥、解冻和冷冻干燥（Vincente 和 Castro，2007）。表 2.5 列出了微波和射频在乳品加工中的应用。报告的大多数应用是研究调查的结果。微波在巴氏杀菌和灭菌中的应用较为常见。无论是在间歇模式下使用传统的微波炉，还是使用一定持续时间的连续流动系统进行乳巴氏杀菌，以达到预期的无菌状态，都已被报道多年（FDA，2000）。人们发现，微波热处理和射频热处理都能对乳进行巴氏杀菌，因为它们都能使乳中的磷酸酶失活，这在许多国家是验证巴氏杀菌是否充分所必需的。研究证明，在连续模式下使用微波加热处理有明显优势，其与传统巴氏杀菌法相比，达到同等致死率的时间更短，加热更均匀，因此有助于提高乳整体品质。除了达到所需的微生物保障之外，用微波对乳进行巴氏杀菌，还能杀灭嗜冷菌，因此乳的保质期比传统的巴氏杀菌乳更长（Chiu 等，1984），下面章节将介绍研究层面上的各种应用。

表 2.5　　　　　　　　　　微波和射频加热在乳品加工中的应用及优势

| 加工应用 | 优势 | 参考文献 |
| --- | --- | --- |
| **微波热处理** | | |
| 解冻以提高浓缩效率 | 缩短解冻时间，快速浓缩乳清 | Aider 等，2008 |
| 乳的连续巴氏杀菌 | 安全，保持营养品质 | Albert 等，2009 |
| | 减少热处理时间 | Chiu 等，1984 |
| | 延长货架期 | |
| | 改善感官属性 | Chiu 等，1984；Lopez - Fandino 等，1996；Villamiel 等，1996；Ansari 和 Datta，2007 |
| | 降低乳清蛋白变性 | |

续表

| 加工应用 | 优势 | 参考文献 |
|---|---|---|
| | 减少维生素的损失 | Villamiel 等，1996；Sierra 等，1999； |
| | 提高安全性 | Sierra 和 Vidal-Valverde，2000； |
| | | Korzenszky 等，2013 |
| 与 UHT 条件相似的乳灭菌方法 | 颜色和味道变化较小 | Clare 等，2005 |
| | 储存期间无异味产生 | Wang 和 Guohua，2005 |
| 脱脂乳的冷冻干燥 | 快速干燥 | |
| 泡沫乳的冷冻干燥 | 快速干燥和提高品质 | Souda 等，1989；Sochanski 等，1990 |
| 印度软干酪（印度干酪）的表面巴氏杀菌 | 延长货架期 | Uprit 和 Mishra，2004 |
| 农家干酪的表面处理 | 延长货架期 | Herve 等，1998 |
| 农家干酪和卡门贝尔干酪的内包装热处理 | 方便加工，延长货架期，提高品质 | Tochman 等，1985；Stehle，1980 |
| 酸乳的后处理巴氏杀菌 | 延长货架期 | Sarkar，2006 |
| 填充冰淇淋馅料产品热处理 | 防止冰淇淋在三明治和糕点产品中融化 | Sato，2009；Michael，2009 |
| 干酪凝块热烫拉伸 | 凝乳中固体物质的有效回收和残留酶的减少 | Isse 和 Savoie，2008 |
| 仿干酪膨化 | 达到酥脆 | Arimi 等，2008a，2008b，2012；O'Riordan 等，2009 |
| 乳清蛋白凝胶 | 凝胶结构差异化 | Gustaw 和 Mleko，2007 |
| 基于乳清蛋白的婴儿配方乳粉的热处理 | 美拉德褐变产物减少 | Laguerre 等，2011 |
| **射频热处理** | | |
| 巴氏杀菌乳 | 减少加热时间，提高质量 | Awuah 等，2005 |
| 干酪通心粉杀菌 | 提高质量 | Wang 等，2003b |

　　Clare 等（2005）报道利用微波对乳进行灭菌，目的是比较其与传统 UHT 工艺的有效性，后者使用间接蒸汽来达到预期的无菌效果。他们用微波（915MHz，60kW 系统）升至类似于 UHT 处理脱脂乳和巧克力乳的高温条件（137.8℃、10s），达到了相似的致死率，作者发现微波热处理是可行的，并且将来可以取代传统 UHT 工艺。

　　微波热处理也可用于延长巴氏杀菌乳和乳制品的货架期（Chiu 等，1984；Villamiel 等，1996）。Uprit 和 Mishra（2004）报道了短时微波处理（120W 持续 1min）将印度干酪货架期从 9 天增加到 18 天的方法。Languerre 等（2011）得出结论，类似于 UHT 处理，微波加热处理可用于婴儿食品的灭菌和保持婴儿食品的营养品质。他们建议使用较高的微波功率，缩短处理时间，以获得最佳效果。

Tochman 等（1985）对包装在聚苯乙烯和聚丙烯桶及柔性袋中的软干酪使用两个功率水平（0.5kW 和 2.8kW）进行加热，将温度从 37℃提高到 82.2℃，发现在 48.8℃的低功率微波源可获得最佳品质的干酪。

低温浓缩是将溶液中的水冷冻，然后分离浓缩物的一种方法。Aider 等（2008）比较了重力法和微波辅助解冻冷冻溶液以制备乳清浓缩物两种方法。微波辅助解冻效率与重力法效果相当，具有快速和使浓缩物中的固形物纯度更高的优势。

微波的不同加热效应已被用于开发各种使用乳制品成分的独特产品。Sato（2009）申请了一项专利，将冷冻的冰淇淋三明治放在微波烤箱中加热，解冻面包的同时不会融化冰淇淋，方法是将二者用特殊的薄片分开，该薄片应在食用前丢弃。Michael（2009）在一项专利中使用了类似的概念，他描述了一种含有冰淇淋的冷冻糕点产品的生产过程。Isse 和 Savoie（2008）使用微波将帕斯塔菲拉塔凝乳加热到 51.6~74℃，以提高成形和冷却前固形物的回收率，更好地控制水分含量。

O'Riordon 等（2009）申请了一项利用微波加热将乳和非乳成分制作成香脆口感的膨化零食的专利。该团队还发表了一系列文章，报道了抗性淀粉的作用（Arimi 等，2008a，2008b）、蛋白质与淀粉的比例（Arimi 等，2011）、微波辅助膨化仿制干酪的水分迁移率和水分含量（Arimini 等，2008b，2010）。仿制干酪产品的松脆性取决于干酪的蛋白质、脂肪和水分含量。随着蛋白质淀粉比例降低和贮藏时间的延长，干酪的硬度随着水分流动性的增加而降低，而干酪质构膨胀主要是由于蛋白质水合网引起的（Arimi 等，2011）。可接受的松脆度与微波满功率加热 58.1s 相对应（Arimi 等，2012）。

乳清蛋白的凝胶形成能力是乳清蛋白在许多应用中所要求的功能特性之一。热凝胶的形成取决于蛋白质浓度、温度、pH 和离子的存在。Gustaw 和 Mleko（2007）比较了传统热处理（缓慢加热）和微波加热（快速加热）方法对分散在 0.05~0.5mol/L 盐溶液中的乳清分离蛋白（10%蛋白质）凝胶结构和硬度的影响。也评估了不同 pH（3~10）对蛋白质在 0.1mol/L 盐溶液中分散的影响。凝胶形成的加热条件为 100W 功率微波加热 3min 和传统热处理 80℃、30min，然后在 4℃冷却过夜，未见微波色散温度的报道。使用微波热处理时，在 pH 为 3 和 10 时，微波加热的凝胶结构较细、质地较硬。在 pH 为 4~9 时效果相反，微波加热的凝胶加热速度快，硬度显著降低。

微波加热可用于乳脱水（Chandrasekaran 等，2013；Datta 和 Anatheswaran，2001；Fu，2004），例如，Wang 和 Guohua（2005）证实了在介电材料存在的情况下，微波加热可以减少脱脂乳冷冻干燥的时间。在相同条件下，干燥时间由传统真空冷冻干燥所需的 455min 缩短到 288.2min。Souda（1989）和 Sochanski 等（1990）利用乳的发泡来增强传热和传质，以改善微波环境下的干燥过程。

与传统热处理相比，微波热处理乳制品温度上升更快速，可以在更短的时间内获得相同或更好的微生物致死率，从而使产品保持更好的整体质量。在过去的几年中，已经有许多研究报告了介电加热（微波和射频）在乳巴氏杀菌中的应用（FDA，2000；Ahmed 和 Ramaswami，2007；Awuah 等，2007；Villamiel 等，2009；Salazar-Gonzalez 等，2012；Korzenszky 等，2013）。下一节将讨论微波和射频加热处理下，对公共卫生有重要意义的细菌热灭活。围绕介电加热对乳和乳制品质量影响的研究，仅限于液态乳巴氏杀菌和灭菌以及少数以乳或乳蛋白为主要原料的婴儿配方乳粉中使用的加热条件的研究（Tessler 等，2006；

Languerre 等，2011）。由于热效应取决于加热温度和时间以及这个组合实现的方式，因此这些因素会影响微生物的灭活和乳品质的损失。传统巴氏杀菌是温和的热处理方式，并且被公认品质损失最小，不管是感官损失还是营养损失。对于等效热处理，当微波热处理用于巴氏杀菌时也是如此。乳的主要成分是蛋白质（酪蛋白和乳清）、脂肪、碳水化合物（乳糖）、水、维生素和矿物质。在这些成分中，乳清蛋白和硫胺素对热最敏感，因此，通常被用作乳质量热损失的指标。众所周知，长货架期乳或 UHT 乳由于热诱导引起乳清蛋白变性会产生风味缺陷，美拉德反应产物形成导致的褐变也会影响其风味，因为长货架期乳或 UHT 乳采用高于巴氏杀菌的温度进行灭菌（Tamime，2009）以达到货架期稳定的目的。

在微波加热巴氏杀菌和随后的储存过程中，乳不会发生褐变、产生蒸煮味或烧焦味以及其他风味缺陷（Lopez-Fandino 等，1996；Valero 等，2000）。Villamiel 等（1996）报道采用微波间歇加热时，由于加热速度较快，乳中的乳糖与传统热处理相比发生了更多的化学变化。然而，Valero 等（2000）报告用连续流动微波加热系统和传统热处理工艺处理乳，在82℃和92℃处理15s，即使在4.5℃下储存15d之后，乳中半乳糖、葡萄糖和肌醇的浓度也没有变化。对于巴氏杀菌乳，所有样品中的乳果糖（因热而形成的乳糖异构体）含量均低于50mg/L（Valero 等，2000）。Meissner 和 Erbersdobler（1996）比较了微波加热和传统热处理的乳（80~90℃，15~420min），发现美拉德反应产物（糠氨酸、羟甲基糠醛和乳果糖）的含量没有差异。这表明采用微波加热的巴氏杀菌过程，必需氨基酸（例如赖氨酸）损失的可能性较小。

脂类在热作用下可以发生物理和化学转化。这种劣变可以表现为游离脂肪酸的增加、反式脂肪酸的形成、自氧化以及与乳的其他成分的反应，特别是蛋白质通过美拉德反应发生褐变。结果表明，微波煮沸后乳中反式脂肪酸的含量（31%）比传统巴氏杀菌法（19%）更高，而盐腌白干酪中共轭亚油酸的含量在微波煮沸后降低了21%，微波加热10min后降低了53%（Herzallah 等，2005）。在微波加热的乳中发现蛋白质-脂质复合物存在，其浓度取决于微波作用的强度和时间（Kuncewicz 等，2002）。一些作者证明，在520W（90℃）和1170W（90℃）微波加热的乳样品中，蛋白质-脂质复合物的含量从生乳的0.315g/100g分别增加到0.432g/100g和0.805g/100g。但他们没有与传统加热处理进行比较。Al-Rowaily（2008）证明，在95~96℃通过传统热处理和微波加热乳5min，除三丁酸值外，过氧化值、对茴香胺值、游离脂肪酸百分比和总氧化值方面没有差异。Menendez-Carreno 等（2008）比较了微波加热（900W、1.5min 和2min）和在电热板上电加热（90℃、15min）对商业乳样品中植物固醇含量的影响。结果表明热处理强度（温度和时间）影响固醇的降解。微波加热处理1.5min、2min 和热板加热后，总固醇的残留量分别为71%、34% 和40%。

酪蛋白和乳清蛋白以不同的比例和形式存在于乳中。两者均以其营养价值而闻名，并被用作婴儿食品中的关键成分。在这两种蛋白中，酪蛋白比乳清蛋白具有显著的耐热性。正常的高温短时巴氏杀菌不会影响干酪蛋白的营养价值和功能。在乳清蛋白中，$\beta$-乳球蛋白是最热敏的，因此，它经常被用于评价乳和乳制品的热处理效果。图2.4对比了微波加热处理和传统热处理方式在72~85℃和保温时间0~25s条件下对$\beta$-乳球蛋白变性率的影响（Villamiel 等，2009）。在这两种热处理方法中，$\beta$-乳球蛋白变性取决于温度和保温时间。随着温度上升和时间延长变性不断增加；然而，当使用微波加热时，变性程度较低。此外，间歇式微波加热系统比连续式变性更多。连续微波加热系统优于或等同于传统热处理（Lopez-Fandino 等，1996；Villamiel 等，2009）。另外，乳采用间歇式微波巴氏杀菌比传统热处理引起了更多的乳清蛋白变性（Merin 和 Rosenthal，1984；Villamiel 等，1996），这可能是由于加热不均匀造成的。乳是婴儿配方食品中用来满足婴儿营养需求的关键原料之一。在一些较早的研究中，人们担心微波加热会诱导 $L$-氨基酸外消旋成不容易消化的 $D$-氨基酸（Lubec 等，1989；Lubec，1990）。现已证明，在正常的微波热处理下，没有证据表明乳和婴儿食品中的氨基酸会异构化（Fay 等，1991；Marchelli 等，1992；Vasson 等，1998；Albert 等，2009）。当以总蛋白质和样品为基础表示氨基酸含量时（Albert 等，2009），传统热处理和微波热处理乳之间氨基酸含量没有变化。Jonker 和 Penninks（1992）在 Winstar 大鼠喂养试验的基础上得出结论，用传统热处理或微波炉加热至 80℃，5min 并保温 2min 的酪蛋白溶液中净蛋白质利用率、消化率和生物学价值无差异。总之，传统热处理工艺与微波加热处理的乳营养价值相当或更好。因此，微波热处理有潜力取代乳和乳制品（包括婴儿食品）的传统巴氏杀菌处理。

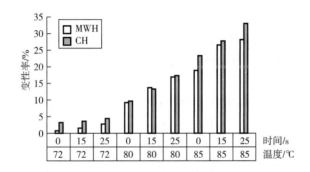

图 2.4　不同时间和温度微波（MWH）处理和传统热处理（CH）对乳中 $\beta$-乳球蛋白变性率的影响
（资料来源：Villamiel 等，2009。）

El-Shibiny 等（1982）发现，利用 2.4kW 的烤箱，微波热处理导致 33%～40% 的乳清蛋白变性，凝乳酶凝乳时间增加，凝乳的形成速率降低，这在干酪制作中相当重要。后来 Vasavada 等（1995）反驳了这一观点，他们认为微波加热处理乳的凝乳特性优于传统热处理乳。然而，在进一步的研究中，Villamiel 等（1996）和 de la Fuente 等（2002）发现两种热处理方法在凝乳特性方面没有差异，这证实了微波加热处理在干酪制作中的可行性。

据报道，批量式微波加热（700W、2450MHz）处理乳 2min（$T=56℃$）和 4min（$T=80℃$）后，乳中的 $\alpha$-生育酚、视黄醇和核黄素（维生素 $B_2$）均未损失（Medrano 等，1994）。也有报道称，在微波炉中对乳进行加热处理不会损害维生素 A、维生素 E、维生素 $B_1$、维生素 $B_2$ 和维生素 $B_6$（Sieber 等，1996）。Sierra 等（Sierra 等，1999；Sierra 和 Vidal-Valverde，2000）发现，与传统热处理方式相比（板式换热器，最终温度为 80℃），通过连续流动微波系统（2450MHz，100% 功率，最终出口温度 85℃，流速 91mL/min，不保温和在出口温度下保温 40s）加热处理的乳维生素 $B_1$ 和维生素 $B_2$ 含量没有降低，这是因为在加热过程中没有与乳接触的热表面。当在传统热处理和微波加热处理中都有保温时段时，硫胺素（维生素 $B_1$）的损失是相似的（Sierra 等，1999）。与传统热处理一样，微波加热处理乳也能破坏维生素 $B_1$，其影响与温度和时间成正比（Vidal-Valverde 和 Redondo，1993）。

Villamiel 等（1996）基于连续流动微波巴氏杀菌与传统高温短时巴氏杀菌比较发现乳刚热处理后和储存 6 天后的感官质量无差异。尽管微波加热处理后乳中残留的蛋白质水解活性增加，但在 4.5℃ 下储存 10 天仍未发现任何感官缺陷。同样，Valero 等（2000）发现，在相似条件下储存 17 天后，经微波巴氏杀菌的乳在味道、气味、风味和 pH 方面没有差异。因此，可以采用微波巴氏杀菌法延长乳的货架期。

Clare 等（2005）发现经过微波加热（60kW，915MHz）的脱脂乳，与传统 UHT 加工（通过间接注入蒸汽达到 137.8℃，保温 10s）的脱脂乳相比，在贮存 3 个月的时间内，灭菌效果、纤溶酶完全失活情况均一样，感官品质属性也相近。因此，可能通过微波加热代替 UHT 工艺。然而，这些作者得出的结论是，与普通巴氏杀菌乳相比，这两种加工方法产生的硫醇水平明显更高。传统 UHT 和微波热处理在储存期间内样品的感官质量下降是相似的。

射频热处理作为非乳食品加工的一种潜在方式已经过测试。射频热处理升温速度快，穿透深度大，可能比微波加热更有优势，特别是在处理体积更大的固体或液体需要更大的穿透深度时。已有报道的用途包括水果、蔬菜、肉类及烘焙产品的热烫、巴氏杀菌、灭菌、解冻和干燥等（Marra 等，2009）。虽然这些设备的加热效率比较高，但运行成本也较高，所以射频热处理一直仅限于试验研究中使用。

射频热处理对微生物和食品成分，特别是乳的影响没有被详细研究。Awuah 等（2005）报告称在连续流动系统（2kW，27.12MHz）中，射频有效地破坏了乳中的病原体代替物，如李斯特氏菌和大肠杆菌 K-12，并且可以有效地对乳进行巴氏杀菌。大肠杆菌 K-12 对射频作用的敏感性高于李斯特氏菌。然而，在常用的工作条件下，射频杀灭微生物的非热效应几乎可以忽略不计（Vincente 和 Castro，2007）。Lagunas-Solar 等（2005）认为被沙门氏菌、大肠杆菌 O157：H7、副结核分枝杆菌（*Mycobacterium paratuberculosis*）等细菌病原体感染的牧场废水回收前用射频处理可能是经济可行的。采用研究型射频系统，当温度达到 60~65℃ 时，1min 内病原体完全失活（Lagunas-Solar 等，2006）。

## 2.4 乳制品的微生物安全性

如何有效地灭活影响公众健康的微生物而保证产品质量是确保乳制品安全的关键问题之一。通过直接（欧姆加热）和间接（微波和射频）加热，微生物主要被热灭活。然而，非热作用的效果，如能量的选择性吸收、电穿孔法、细胞和细胞膜的损伤等其他灭活机制也被报道（Kozempel 等，1998，2000），但尚未得出结论（Koutchma 等，2001；Lin 和 Ramaswami，2011）。一些证据表明，在较低频率（50~60Hz）下，细胞轻度电穿孔可以补充欧姆加热期间占主导的热效应（Ruan 等，2004）。Geeveke 等（2000）发现，在 18MHz 和 0.5kV/cm 电场强度下对液体进行射频处理，对大肠杆菌 K-12、李斯特氏菌和酵母菌没有任何非热致死作用。一般认为，电磁方式（欧姆、微波和射频）的保存和加工效果主要是由于产品温度的升高而产生的，就像常规加热的情况一样。因此，可以采用类似于传统热处理的方法来评估对微生物的影响。

为了建立工艺计算，例如通过加热进行巴氏杀菌和灭菌中，目标微生物的耐热性、生理阶段（营养或芽孢）和产品的热穿透特性的数据被用来预测致死率。假定微生物或酶在特定温度下因受热而被破坏，遵循如下化学反应动力学公式：

$$\frac{dN}{dt} = -kN^n \tag{2.8}$$

$$k = 2.303/D \tag{2.9}$$

$$\lg \frac{D}{D_r} = -\frac{T - T_r}{z} \tag{2.10}$$

$$F_0 = \int_0^t 10^{\frac{T-T_r}{z}} dt \tag{2.11}$$

式中　$N$——微生物的数量或酶的浓度；

　　　$t$——热处理时间；

　　　$k$——致死（反应）常数；

　　　$n$——反应的阶数；

　　　$z$——温度系数。

$n$ 通常取一阶。$k$ 和 $D$（在规定温度下将微生物数减少一个数量级所需的时间）是相关的［式（2.2）］，对几种重要的微生物的 $k$ 和 $D$ 已有广泛报道（FDA，2000；Anantheswaran 和 Ramaswami，2001）。多年来已经收集了大量证据（Geeraerd 等，2004；Peleg，2004），证据表明，认为微生物热失活呈线性关系显然过于简单化，会导致错误。$D$ 和 $D_r$ 分别是在给定温度（$T$）和参考温度（$T_r$）下的 1/10 的时间。通过绘制不同温度下的 $D$ 值，得出了温度变化对微生物存活的影响。直线斜率便于 $z$ 值（温度系数）的计算，如式（2.10）所示。可能需要对 $D$ 值和 $z$ 值进行修正，以考虑微波和射频热处理升温和降温期间的热效应（Tajchakavit 和 Ramaswamy，1995；Ahmed 和 Ramaswami，2007；Lin 和 Ramaswami，2011）。

细菌和营养素的 $z$ 值通常分别约为 10℃ 和 25℃（Datta 和 Hu，1992），意味着微生物比营养物质对热更敏感。这是利用热量来保证食品微生物安全性而不破坏营养物质的基础。当产品被加热时，热处理的程度可用时间–温度积分来计算 $F_0$ 值［见式（2.11）］，用于实现在乳制品巴氏杀菌或灭菌时，关注特定微生物的冷点温度达到目标致死率。巴氏杀菌或灭菌所需的常规加热循环可分为四个阶段：升温到所需温度的时间、平衡稳定的时间、达到工艺要求的保持时间和降温冷却时间。每一个阶段都有助于致死率提高。由于在电介质和欧姆热处理中产品升温速度快，第一阶段的持续时间（升温时间）是微不足道的，因此，对 $F_0$ 值的贡献很小（Datta 和 Hu，1992），与传统热处理系统相比，在保持产品质量属性方面具有显著的优势。电介质加热的其余加热处理循环阶段持续时间估计与传统热处理法类似（Harlfinger，1992）。

表 2.6 和表 2.7 分别比较了碱性磷酸酶和几种微生物分别进行欧姆加热和介电加热（微波和射频）的失活动力学数据。数据清楚地表明，通过非传统热处理获得的 $D$ 值明显低于欧姆加热或介电加热温度。这表明使用非传统热处理灭活微生物和酶的一个显著优势。在某些情况下，数值降低了一个数量级，说明可能可以利用介电加热处理对乳制品

进行巴氏杀菌和乳制品保存。研究还表明,由于均匀的受热和温度分布(可能是由于液体的连续搅拌),从连续流动加热模式计算的 $D$ 值明显低于使用分批模式时的 $D$ 值(Koutchma 等,2001)。

热加工中温度上升是微生物失活的关键机制,识别最冷点,并确保产品在该冷点达到所需温度以保证致死率是乳制品行业必须遵守的最重要的法规要求。根据传热方式的不同,在传统热处理情况下,冷点的位置是固体产品的几何中心或是在未搅拌液体的中心位置下方。在立体式加热处理方法中,冷点位置的确定并不简单,因为热量在产品内以不同的速率连续产生;这些速率受多种因素的影响,包括产品组成、频率、设备设计和功率水平等。Coronel 等(2003)研究了连续流动管状微波热处理系统在 915MHz 下,脱脂乳流速为 2L/min 和 3L/min 时乳的温度分布。对于管的横截面(内径为 0.039mm,长度为 0.124m)和层流条件,热点和冷点均取决于流速和入口温度。在微波热处理系统中,冷点的位置更靠近管壁。欧姆加热和微波加热一样,存在失控加热的情况,很难预测其冷点的位置(FDA,2000)。详情可参阅美国食品与药物管理局(FDA)网站上的详尽的讨论文件。近年来,一些研究人员试图通过测定美拉德褐变反应产物(通常称为 M1 和 M2)的量确定冷点。后来,有人在不同的食物模型中采用计算机视觉技术来找出微波加热条件下的冷点(Pandit 等,2007)。

表 2.6　　　　传统热处理(CH)和欧姆加热(OH)的热失活动力学比较

| 微生物或酶 | 基质 | 温度/℃ | $D$/min | | $Z$/℃ | | 参考文献 |
| --- | --- | --- | --- | --- | --- | --- | --- |
| | | | CH | OH | CH | OH | |
| 枯草芽孢杆菌 | 营养肉汤 | 88 | 32.8 | 30.2 | 8.74 | 9.16 | Cho 等,1999 |
| (*Bacillus subtilis*) | | 92.3 | 9.87 | 8.55 | | | |
| (芽孢) | | 95 | 5.06 | | | | |
| | | 95.5 | | 4.38 | | | |
| | | 97 | 3.05 | | | | |
| | | 99.1 | | 1.76 | | | |
| 好氧菌 | 乳 | 57 | 11.25 | 8.64 | 10.1[*] | 10.7[*] | Sun 等,2008 |
| | | 60 | 9.39 | 6.18 | | | |
| | | 72 | 0.44 | 0.38 | | | |
| 嗜热链球菌 | | 70 | 7.54 | 6.59 | 6.3[*] | 6.2[*] | Sun 等,2008 |
| (*Streptococcus thermophilus*) | 乳 | 75 | 3.3 | 3.09 | | | |
| | | 80 | 0.2 | 0.16 | | | |
| 大肠杆菌 | 山羊乳 | 55 | 10.9 | 14.2 | 19.5[*] | 8.5[*] | Pereira 等,2007 |
| | | 63 | 3.9 | 1.9 | | | |
| | | 65 | 3.5 | 0.86 | | | |
| 碱性磷酸酶 | 乳 | 55 | 35.46 | 31.75 | 9.05 | 9.3 | Castro 等,2004 |
| | | 60 | 19 | 11 | | | |
| | | 65 | 3.54 | 2.89 | | | |
| | | 70 | 0.91 | 0.89 | | | |

续表

| 微生物或酶 | 基质 | 温度/℃ | D/min | | Z/℃ | | 参考文献 |
|---|---|---|---|---|---|---|---|
| | | | CH | OH | CH | OH | |
| ε-半乳糖苷酶 | 肉汤 | 65 | 182 | | 5.12 | 5.08 | Castro 等，2004 |
| | | 70 | 33.9 | | | | |
| | | 72 | 12.8 | 9.70 | | | |
| | | 75 | 2.99 | 2.77 | | | |
| | | 78 | 0.52 | 0.64 | | | |
| | | 80 | 0.50 | 0.28 | | | |

注：＊为根据 D 值数据计算。

根据在欧姆加热和传统热处理条件下大肠杆菌和酵母菌的死亡动力学比较，Palaniappan 等（1992）得出结论，在欧姆加热中，热效应是微生物失活的主要原因。表 2.6 比较了欧姆加热对乳品加热应用中各种重要的微生物和酶的失活效果。通常，如 D 值所示，细菌和酵母菌的耐热性在较高温度下显著降低，而在较低温度范围内，动力学参数（D 值，k 值）没有显著差异，这表明失活的关键机理仍然是热效应。有趣的是，在两种加热处理方式下，大多数细菌和酶的 z 值都相似。一些研究表明，电可以对微生物的失活产生额外的影响（Cho 等，1999），可能是由于电穿孔降低了它们的耐热性，这意味着可能使用欧姆加热处理作为传统热处理的预处理，以提高其有效性，并减少热处理的温度和持续时间。在相同的温度变化过程条件下，Sun 等（2008）报道，在70℃和80℃条件下，乳中可存活的好氧菌和嗜热链球菌的 D 值显著低于通过传统热处理获得的 D 值。有人提出在欧姆加热处理中用选择性吸收电磁能来提高杀灭微生物的热效应（Palaniappan 和 Sastry，1990），选择性吸收电磁能在确保乳制品安全方面应具有附加优势。

表 2.7 传统（CH）和微波（MW）以及射频（RF）热处理在不同温度下的 D 值的比较

| 酶或微生物 | 系统 | 温度/℃ | D/s | | 参考文献 |
|---|---|---|---|---|---|
| | | | CH | MW（2450MHz）或 RF | |
| 碱性磷酸酶（MW） | 乳在连续流动系统中 | 60 | 1250 | — | Lin 和 Ramaswami，2011 |
| | | 65 | 182.7 | 17.6 | |
| | | 67 | 16.6 | 6.3 | |
| | | 70 | 8.9 | 1.7 | |
| 大肠杆菌 K-12（MW） | 果汁在连续流动系统中 | 55 | 44.7 | 12.98 | Ramaswami 等，2000 |
| | | 60 | 26.8 | 6.31 | |
| | | 65 | 2.0 | 0.78 | |
| 大肠杆菌 K-12（MW） | 水 | 55 | 170（B） | 20（CMHHC） | Koutchma 等，2001 |
| | | 60 | 73（CHHC） | 13（CMHC） | |
| | | 65 | 18.0（B） | 8.3（CMHHC） | |
| | | | 18.0（CHHC） | 6.3（CMHC） | |
| | | | 2.0（B） | 2.0（CMHHC） | |
| | | | 3.0（CHHC） | 0.78（CMHC） | |

续表

| 酶或微生物 | 系统 | 温度/℃ | D/s | | 参考文献 |
| | | | CH | MW（2450MHz）或 RF | |
|---|---|---|---|---|---|
| 大肠杆菌 K-12（RFH 27.12MHz） | 乳在连续流动系统中 | 54.2 | — | 56.3 | Awuah 等，2005 |
| | | 59 | — | 24.1 | |
| | | 62.1 | — | 14.9 | |
| | | 65.2 | — | 7.6 | |
| | | 60.6 | — | 11.3 | |
| | | 62.2 | — | 6.5 | |
| | | | — | | |
| 非致病性李斯忒氏菌（Listeria innocua）（RFH 27.12MHz） | | 54.2 | — | 67.6 | |
| | | 59 | — | 60.2 | |
| | | 62.1 | — | 41.9 | |
| | | 65.2 | — | 11.8 | Awuah 等，2005 |
| | | 60.6 | — | 39.0 | |
| | | 62.2 | — | 17.6 | |
| | | | — | | |

注：B—水浴间歇热处理；CHHC—具有加热-保持-冷却装置的连续流；CMHHC—连续流微波炉加热-保温-冷却系统；CMHC—连续流微波炉加热-冷却系统。

据报道，微波在灭活乳制品中的微生物和酶方面与传统热处理工艺一样有效。表 2.6 给出了微波和传统热处理下对乳品加工中重要细菌和酶的热失活动力学的比较。数据表明，在相同温度下，细菌对微波热处理更敏感，因为其 $D$ 值始终较低。这种模式取决于是在连续还是分批条件下的动力学测定。在 70℃ 左右，微波处理的 $D$ 值减小，传统热处理的 $D$ 值是微波处理的 5 倍，特别是碱性磷酸酶的钝化，这是衡量乳巴氏杀菌是否充分的指标。这项技术还有一个好处，可对产品进行包装后再巴氏杀菌，可用于制造某些类型的酸乳和经过加工的乳或由于表面微生物生长而易于快速变质的产品，例如某些软质干酪。

除了与加热相关的微生物失活，其他可能有助于微生物失活的非热机制包括电穿孔、细胞膜破裂和磁场耦合（Khalil 和 Villota，1989；Kozempel 等，2000；Ramaswami 等，2000）。这些效应可以对热效应起到补充作用。根据碱性磷酸酶（用于评估乳巴氏杀菌的充分性）的失活动力学数据，Lin 和 Ramaswami（2011）证明连续流动的微波加热处理的热效应比传统等效巴氏杀菌乳的热效应提高了一个数量级。连续流动微波系统与间歇式系统相比，无论是从杀灭所关注的微生物角度还是从保留品质属性的角度来看，都具有很大优势。然而，微波加热会使食品受热不均匀，尤其是在固体食品中，会导致食品中出现冷点，致使微生物和病原体存活，从而导致食品安全风险（Vincente 和 Castro，2007）。一些研究（Cho 等，1993；Knutson 等，1988）表明，在微波炉中以正常巴氏杀菌所使用的温度和时间加热乳无法灭活鼠伤寒沙门氏菌等病原体，还有一些人认为微波加热处理对其他乳源性病原体如单核细胞增生李斯特氏菌（*Listeria monocytogenes*）、金黄色葡萄球菌（*Staph. aureus*）、大肠杆菌造成亚致死性损伤（Stearns 和 Vasavada，1986；Galuska 等，1989）。微波加热处理乳体积的变化也被观察到影响单核增生李斯特菌的失活（Cho 等，1993）。然而，据报道，加热至95℃会使干酪乳清中的噬菌体完全失活（Vasavada，1990）。这可能是由于这些学者所使用的试验条件不同所致，如表 2.6 和表 2.7 所示，这是造成差异的原因之一。

尽管射频热处理具有加热快、穿透深度大、对乳制品品质影响小的优点，在乳和乳制品的巴氏杀菌和灭菌方面的应用是有前途的，但目前的应用仅限于实验室规模。与微波相比，射频热处理快，穿透深度大，有利于加热，特别是当加热更大体积的固体或液体需要更高的穿透深度时。射频加热处理对微生物和食物成分，特别是乳的影响还没有被详细研究。Awuah 等（2005）报道，使用连续流动系统（2kW、27.12MHz）射频热处理能有效杀灭乳中的病原体代替物，如非致病性李斯特氏菌和大肠杆菌 K-12，并且可以有效地对乳进行巴氏杀菌。大肠杆菌 K-12 比李斯特氏菌对射频热处理更敏感。然而，在通常的操作条件下，射频热处理对微生物失活的非热效应几乎可以忽略不计（Vincente 和 Castro，2007）。在一项研究中，使用射频热处理对干酪通心粉和乳清蛋白凝胶进行灭菌研究，Wang 等（2003b）报告说，射频（27MHz）热处理 30min 内提供的 $F_0$ 值为 10min，而传统蒸馏法则为 90min。这意味着在取得同等致死率的情况下，射频热处理可以显著减少加热时间，提高产品品质（感官和营养）。

## 2.5 结论

人们将会继续对本章讨论的可替代热处理技术进行研究，以满足消费者对新鲜、健康而不损害安全性的产品的需求。这些技术带来的几个优点与乳制品中热量的产生有关。由于使用连续流动系统可以显著降低乳和乳制品中微生物的 $D$ 值和 $z$ 值，所以可以大大降低巴氏杀菌和灭菌的处理温度和时间。尽管破坏机理仍被认为是热效应，但已经有人提出了非热效应的存在，只是还需要更多确凿的证据。在任何情况下，从实用的角度来看，非热效应的存在都应使乳制品更安全，同时确保与传统加热方法相比，乳制品具有相同或更高的整体质量。然而，这些技术在乳品行业的应用还存在一些障碍。许多出版物已经讨论过这些问题（FDA，2000；Vicente 等，2006；Zhao，2006；Ahmed 和 Ramaswami，2007；Marra 等，2009；Villamiel 等，2009；Salazar-Gonzalez 等，2012），主要障碍包括缺乏关于处理乳制品安全性的通用信息或验证程序、加工设备投资大、运行成本高、缺乏设计加工工艺和设备所需性能的数据。显然，冷点的不可预测性可能会使乳制品的安全性受到威胁。乳及其大量加工产品加热现象的复杂性也限制了其在乳品工业中的应用。缺乏对这些技术进行建模所需的试验数据，同时也缺乏了解和减小热处理不均匀的工程智能化技术，都加剧了这些问题的难度。更具体地说，缺乏可描述食品的电学特性与瞬态时间-温度曲线（决定产品质量和食品安全）关系的预测模型，也是这些技术发展的主要障碍。失控和不均匀加热的可能性尚未完全被了解，需要进一步研究。

众所周知，乳品行业和消费者对采用新技术持保守态度。然而，替代热技术领域的研究还远不够。由于与传统方法相比，所具有的优越性和显著的成本优势，诸如射频和微波辅助反应等应用将继续增强，未来将有创新的机会，特别是在使用热量的工艺强化方面。例如，可以将立体式热处理与传统热处理相结合使用以提高干燥速率。利用射频和微波热处理技术改进乳制品加工废水处理工艺，在降低微生物数量和提高污泥稳定性以供进一步加工处理等方面都具有广阔的应用前景。有必要深入研究乳制品中的温度分布、应用条件下微生物（腐败菌和致病菌）失活的动力学、对营养成分的影响以及这些技术对各种乳成分的影响。这些研究对于证明使用这些技术加工乳制品的安全性和营养方面都具有重要意义。

# 参考文献

［1］Ahmed, J. and Ramaswami, H. S. Microwave pasteurization and sterilization of foods, in *Handbook of Food Preservation*, 2nd edn (ed. M. S. Rahman). CRC Press, 2007: 691-711.

［2］Ahmed, J. and Luciano, G. Dielectric properties of $\beta$-lactoglobulin as affected by pH, concentration and temperature. *Journal of Food Engineering*, 2009, 95: 30-35.

［3］Ahmed, J., Ramaswami, H. S. and Raghavan, V. G. S. Dielectric properties of but-ter in the MW frequency range as affected by salt and temperature. *Journal of Food Engineering*, 2007, 82: 351-358.

［4］Aider, M., de Halleux, D. and Melnikova, I. Gravitational and microwave-assisted thawing during milk whey cryoconcentration. *Journal of Food Engineering*, 2008, 88: 373-380.

［5］Al-Rowaily, M. A. Effect of heating treatments, processing methods and refrigeration of milk and some dairy products on lipid oxidation. *Pakistan Journal of Nutrition*, 2008, 7 (1): 118-125.

［6］Albert, Cs, Mandoki, Zs, Csapo-Kiss, Zs and Csapo, J. The effect of microwave pasteurization on the composition of milk. *Acta Univ. Sapientiae*, *Alimentaria*, 2009, 2: 153-165.

［7］Anantheswaran, A and Ramaswami, H. Bacterial destruction and enzyme inactivation in microwave heating, in *Handbook of Microwave Technology for Food Appli cations* (eds A. K. Data and A. Anantheswaran). Marcel Dekker, Inc, New York, 2001: 191-213.

［8］Anderson, A. K. and Finkelstein, R. A study of the electropure process of treating milk. *Journal of Dairy Science*, 1919, 2: 374.

［9］Anon Lactoscan: Conductivity measurement. http://www.lactoscan.com/usefull_info/english/conduct.html (last accessed 29 December 2014.) 2013.

［10］Ansari, M. I. A. and Datta, A. K. Preservation of liquid milk using emerging technologies. *Indian Dairyman*, 2007, 59: 59-65.

［11］Arimi, J. M., Duggan, E., O'Riordan, E. D. *et al*. Microwave expansion of imitation cheese containing resistant starch. *Journal of Food Engineering*, 2008a, 88 (2): 254-262.

［12］Arimi, J. M., Duggan, E., O'Sullivan, M. *et al*. Effect of refrigerated storage on water mobility and microwave expansion of imitation cheese containing resistant starch. *Journal of Food Engineering*, 2008b, 89 (3): 258-266.

［13］Arimi, J. M., Duggan, E., O'Riordan, E. D. *et al*. Effect of moisture content and water mobility on microwave expansion of imitation cheese. *Journal of Food Chemistry*, 2010, 121 (2): 509-516.

［14］Arimi, J. M., Duggan, E., O'Sullivan, M. *et al*. Effect of protein: starch ratio on microwave expansion of imitation cheese-based product. *Food Hydrocollods*, 2011, 25 (5): 1069-1076.

[15] Arimi, J. M. , Duggan, E. , O'Sullivan, M. *et al.* Crispiness of a microwave – expanded imitation cheese: mechanical, acoustic and sensory evaluation. *Journal of Food Engi neering*, 2012, 108 (3): 403–409.

[16] Augustin, M. A. and Clarke, P. T. Dry milk products, in *Dairy Processing and Quality Assurance* (eds R. C. Chandan, A. Kilara and N. Shah). John Wiley & Sons, Ltd, 2008: 319–336.

[17] Awuah, G. B. , Ramaswamy, H. S. , Economides, A. and Mallikarjun, K. Inactivation of *Escherichia coli* K–12 and *Listeria innocua* in milk using radio frequency (RF) heating. *Innovative Food Science and Emerging Technologies*, 2005, 6: 396–402.

[18] Awuah, G. B. , Ramaswamy, H. S. and Economides, A. Thermal processing and quality: Principles and overview. *Chemical Engineering and Processing*, 2007, 46: 584–602.

[19] Ayadi, M. A. , Bouvier, L. , Chopard, F. *et al.* Heat treatment improvement of dairy products via ohmic heating processes: thermal and hydrodynamic effect on fouling, in *Heat Exchanger Fouling and Cleaning: Fundamentals and Applications* (eds P. Watkin – son, H. Müller – Steinhagen and M. Reza Malayeri), ECI Symposium Series, Volume RP1. http://dc. engconfintl. org/heatexchanger/19 (last accessed 29 December 2014). 2003.

[20] Ayadi, M. A. , Leuliert, J. C. , Chopard, F. *et al.* Continuous ohmic heating unit under whey proetein fouling. *Innovative Food Science and Emerging Technologies*, 2004, 5: 465–473.

[21] Ayadi, M. A. , Leuliert, J. C. , Chopard, F. *et al.* Experimental study of hydrodynamics in a flat ohmic cell–impact on fouling of dairy products. *Journal of Food Engineering*, 2005, 70 (4): 489–498.

[22] Bansal, B. and Chen, X. D. Fouling of heat exchanges by dairy fluids. ECI Symposum Series, Vol RP2. Retrieved from https://researchspace. auckland. ac. nz/ bitstream/handle/2292/4462/ECI_2005_23. pdf? sequence=1 (last accessed 7 January 2015). 2005.

[23] Bansal, B. and Chen, X. D. Effect of temperature and power frequency on milk fouling in an ohmic heater. *Food and Bioproduct Processing*, 2006, 84 (C4): 286–291.

[24] Buffler, C. R. *Microwave Cooking and Processing.* Van Nostrand Reinhold, NY. 1993.

[25] Calay, R. K. , Newborough, M. , Probert, D. and Calay, P. S. Predictive equations for the dielectric properties of foods. *International Journal of Food Science and Technology*, 1995, 29: 699–713.

[26] Castro, I. , Macedo, B. , Teixeira, J. A. and Vicente, A. A. The effect of electric field on important food processing enzymes: Comparison of inactivation kinetics under conventional and ohmic heating. *Journal of Food Science*, 2004, 69: 696–701.

[27] Chandan, R. C. Dairy processing and quality assurance: An overview, in *Dairy Processing and Quality Assurance* (eds R. C. Chandan, A. Kilara and N. Shah). John Wiley & Sons, Ltd, 2008: 1–40.

[28] Chandrasekaran, S. , Ramanathan, S. , and Basak, T. Microwave Food Processing–A review. *Food Research International*, 2013, 52: 243–261.

[29] Chiu, C. P, Tateishi K. , Kosikowski. , F. V and Armbruster, G. Microwave treatment of pasteurized milk. *Journal of Microwave Power*, 1984, 19: 269–272.

[30] Cho, K. , Marth, E. H. and Vasavada, P. C. Use of microwave energy to inactivate *Listeria monocytogenes* in milk. *Milchwissenschaft*, 1993, 48: 200–203.

[31] Cho, H. – Y. , Yousef, A. E. and Sastry, S. K. Kinetics of inactivation of *Bacillus subtilis* spores by continuous or intermittent ohmic and conventional heating. *Biotechnology and Bioengineering*, 1999, 62: 368–372.

[32] Clare, D. A. , Bang, W. S. , Cartwright, G. *et al.* Comparison of sensory, microbiological and biochemical

parameters of microwave versus indirect UHT fluid skim milk during storage. *Journal of Dairy Science*, 2005, 88: 4172-4182.

[33] Coronel, P., Simunovic, J. and Sandeep, K. P. Temperature profiles within milk after heating in a continuous-flow tubular microwave system operating at 915 MHz. *Journal of Food Science*, 2003, 68 (6) 1976-1981.

[34] Datta, A. K. and Anantheswaran, R. C. *Handbook of Microwave Technology for Food Applications*. Marcel Dekker, Inc, New York. 2001.

[35] Datta, A. K. and Hu, W. Quality optimisation of dielectric heating processes. *Food Technology*, 1992, 46: 53-56.

[36] Datta, A. K., Sun, E. and Solis, A. Food dielectric property data and their composition - based prediction, in *Engineering Properties of Foods*, 2nd edn (eds M. A. Rao and S. S. H. Rizvi). Marcel Dekker, Inc, New York, 1995: 457-494.

[37] Datta, A. K., Sumnu, G. and Raghavan, G. S. V. Dielectric properties of foods, in *Engineering Properties of Foods* (eds M. A. Rao, S. S. H. Rizvi and A. Datta). Taylor and Francis, 2005: 501-566.

[38] Decareau, R. V. *Microwave in Food Processing Industry*. Academic Press, Orlando, FL. 1985.

[39] El-Shibiny, S., Sabour, M. M., El-Alamy, H. A. and Alam S. Effect of microwaves on buffalo's milk. *Egyptian Journal of Dairy Science*, 1982, 10: 29-34.

[40] Farkye, N. Y. Evaporated and sweetened condensed milks, in *Dairy Processing and Quality Assurance* (eds R. C. Chandan, A. Kilara and N. Shah). John Wiley & Sons, Ltd, 2008: 309-318.

[41] Fay, L., Richli, U. and Liardon, R. Evidence for the absence of amino acid isomerisation in microwave-heated milk and infant formulas. *Journal of Agricultural and Food Chemistry*, 1991, 39: 1857-1859.

[42] Firouzi, R., Shekatforoush, S. S. and Mojaver, S. Destruction effect of microwave radiation on *Listeria monocytogenes* biotype 4A in milk. *Advances in Food Science*, 2005, 27: 131-134.

[43] FDA (Food and Drug Administration) Kinetics of microbial inactivation for alternative food processing technologies. Retrieved from http://www. fda. gov/food/ foodscienceresearch/safepracticesforfoodprocesses/ ucm100158. htm (last accessed on 25/7/2013.) 2000.

[44] Fu, Y. C. Fundamental and industrial applications of microwave and radio frequency in food processing, in *Food Processing: Principles and Applications* (eds J. S. Smith and Y. H. Hui). Blackwell Publishing, IA, 2004: 79-100.

[45] de la Fuente, M. A, Olano, A. and Juarez, M. Mineral balance in milk heated using microwave energy. *Journal of Agricultural and Food Chemistry*, 2002, 50: 2274-2277.

[46] Galuska, P. J., Kolarik, R. W., Vasavada, P. C. and Marth, E. H. Inactivation of *Listeria monocytogenes*. *Journal of Dairy Science*, 1989, 72: 139.

[47] Geeraerd, A. H., Valdramidis, V. P. Bernaerts, K. and Van Impe, J. F. Evaluating microbial inactivation models for thermal processing, in *Improving the Thermal Processing of Foods* (ed. P. Richardson). Woodhead Publishing Ltd, Cambridge, UK, 2004: 427-453.

[48] Getchell, B. E. Electric pasteurization of milk. *Agriculture Engineering*, 1935, 16 (10): 408-410.

[49] Geveke, D. J., Kozempel, M., Scullen, O. J. and Brunkhorst, C. Radio frequency energy effects on microorganism in foods. *Innovative Food Science and Emerging Technologies*, 2000, 3: 133-138

[50] Gustaw, W and Mleko, S. Gelation of whey proteins by microwave heating. *Milch-wissenchaft*, 2007, 62 (4): 439.

[51] Harlfinger, L. Microwave sterilization. *Food Technology*, 1992, 46 (12): 57–61.

[52] Herve, A. G., Tang, J., Luedecke, L. and Feng, H. Dielectric properties of cottage cheese and surface treatment using microwaves. *Journal of Food Engineering*, 1998, 37: 389–410.

[53] Herzallah, S. M, Humeid, M. A. and Al–Ismail, K. M. Effect of heating and processing methods of milk and dairy products on conjugated linoleic acid and trans fatty acid isomer content. *Journal of Dairy Science*, 2005, 88 (4): 1301–1310.

[54] Housova, J. and Hoke, K. Microwave heating–influence of oven and load parameters on the power absorbed in the heated load. *Czech Journal of Food Science*, 2002, 20 (3): 117–124.

[55] Icier, F. Influence of ohmic heating on rheological and electrical properties of reconstituted whey solutions. *Food and Bioproducts Processing*, 2009, 87: 308–316.

[56] Icier, F. and Tavman, S. Ohmic heating behaviour and rheological properties of ice cream mixes. *International Journal of Food Properties*, 2006, 9: 679–689.

[57] Isse, M. G. and Savoie, L. Process for making pasta filata. US Patent 2008/0131557 A1. 2008.

[58] Jonker, D. and Penninks, A. H. Comparative study of the nutritive value of casein heated by microwave and conventionally. *Journal of Science of Food and Agriculture*, 1992, 59: 123–126.

[59] Khalil, H. and Villota, R. The effect of microwave sub–lethal heating on the ribonucleic acids of *Staphylococcus aureus*. *Journal of Food Protection*, 1989, 52: 544–548.

[60] Kilara, A. and Chandan, R. C. Ice cream and frozen desserts, in *Dairy Processing and Quality Assurance* (eds R. C. Chandan, A. Kilara and N. Shah). John Wiley & Sons, Ltd, 2008: 357–386.

[61] Kim, H. J, Choi, Y. M, Yang, E. C. S. *et al*. Validation of OH for quality enhancement of food products. *Food Technology*, 1996, 50: 253–261.

[62] Knutson, K. M., Marth, E. H. and Wagner M. K. Use of microwave ovens to pasteurize milk. *Journal of Food Protection*, 1988, 51: 715–719.

[63] Korzenszky, P., Senbery, P. and Geczi, G. Microwave milk pasteurisation without food safety risk. *Portavinarstvo*, 2013, 7 (1): 45–48.

[64] Koutchma, T., Le Bail, A. and Ramaswami, H. S. Comparative experimental evaluation of microbial destruction in continuous flow microwave and conventional heating systems. *Canadian Biosystems Engineering*, 2001, 43: 3.1–3.8.

[65] Kudra, T., van de Voort, F. R., Raghavan, G. S. V. and Ramaswami, H. S. Heating characteristics of milk constituents in microwave pasteurisation system. *Journal of Food Science*, 1991, 56 (4): 931–934.

[66] Kudra, T., Raghavan, V., Akyel, C. *et al*. Electromagnetic properties of milk and its constituents at 2.45 GHz. *Journal of International Microwave Power Institute*, 1992, 27 (4): 199–204.

[67] Kumar, P., Coronel, P., Simunovic, J. and Sandeep K. P. Measurement of dielectric properties of pumpable food materials under static and continuous flow conditions. *Journal of Food Science*, 2007, 72: E177–183.

[68] Kuncewicz, A., Michalak, J., Panfil–Kuncewicz, H. *et al*. Influence of microwave heating on the formation of proteolipids in milk. *Milchwissenschaft*, 2002, 57: 250–253.

[69] Kozempel, M., Annous, B. A., Cook, R. D. *et al*. Inactivation of microorganisms with microwaves at reduced temperature. *Journal of Food Processing*, 1998, 61: 582–585.

[70] Kozempel, M., Cook, R. D, Scullen, O. J. and Annous, B. A. Development of a process for detecting non–thermal effects of microwave energy on microorganisms at low temperature. *Journal of Food Processing*

*and Preservation*, 2000, 24: 287-301.

[71] Laguerre, J. -C., Pascale, G. -W., David, M. *et al.* The impact of microwave heating of infant formula modrl on neo-formed contaminant formation, nutrient degradation and spore destruction. *Journal of Food Engineering*, 2011, 107: 208-213.

[72] Lagunas-Solar, M. C., Cullor, J. S., Zeng, N. X. *et al.* Disinfection of dairy and animal farm wastewater with radiofrequency power. *Journal of Dairy Science*, 2005, 88 (11): 4120-4131.

[73] Lima, M. Food preservation aspects of ohmic heating, in *Handbook of Food Preservation* (ed. M. S. Rahman). CRC Press, FL, 2007: 741-750.

[74] Lin, M. and Ramaswamy, H. Evaluation of phosphatase inactivation kinetics in milk under continuous flow microwave and conventional heating conditions. *International Journal of Food Properties*, 2011, 14: 110-123.

[75] López-Fandiño, R., Villamiel, M., Corzo, N. and Olano, A. Assessment of thermal treatment of milk during continuous microwave and conventional heating. *Journal of Food Protection*, 1996, 59: 889-892.

[76] Lubec, G. D-amino acids and microwaves. *Lancet*, 1990, 335: 792.

[77] Lubec, G., Wolf, C. and Bartosch, B. Amino acids isomerisation and microwave exposure. *Lancet*, 1989, 334: 1392-1393.

[78] Mabrook, M. F. and Petty, M. C. Effect of composition on the electrical conductance of milk. *Journal of Food Engineering*, 2003, 60: 321-325.

[79] Mainville, I., Montpetit, D., Durand, N. and Farnworth, E. R. Deactivating the bacteria and yeast in kefir using heat treatment, irradiation and high pressure. *International Dairy Journal*, 2001, 11: 45-49.

[80] Marchelli, R., Dossena, A., Palla, G. *et al.*, D-Amino acids in reconstituted infant formula: A comparison between conventional and microwave heating. *Journal of the Science of Food and Agriculture*, 1992, 59: 217-226.

[81] Marra, F., Zhang, L. and Lyng, J. G. Radio frequency treatment of foods: Review of recent advances. *Journal of Food Engineering*, 2009, 91: 497-508.

[82] Meda V., Orsat, V. and Raghavan, G. S. V. Microwave heating and dielectric properties of foods, in *The Microwave Processing of Foods* (eds H. Schuder and M. Regier). CRC Press, Woodhead Publishing Ltd., Cambridge, 2005: 61-75.

[83] Medrano, A., Hernandez, A., Prodanov, M. and Vidal-Valverde, C. Riboflavin, α-tocopherol and retinol retention in milk after microwave heating. *Lait*, 1994, 74: 153-159.

[84] Meissner, K. and Erbersdobler, H. F. Maillard reaction in microwave cooking: comparison of early Maillard products in conventionally and microwave-heated milk. *Journal of the Science of Food and Agriculture*, 1996, 70 (3): 307.

[85] Menendez-Carreno, M., Ansorena, D. and Astiasaran, I. Stability of sterols in phytosterol-enriched milk under different heating conditions. *Journal of Agricultural and Food Chemistry*, 2008, 56: 9997-10002.

[86] Merin, U. and Rosenthal, I. Pasteurization of milk by microwave irradiation. *Milch-wissenschaft*, 1984, 39: 643-644.

[87] Michael, B. Cook-stable ice cream fillings for use in consumer heatable pastry products. US Patent 2009/0285945 A1. 2009.

［88］ Mudgett, R. E. Microwave properties and heating characteristics of foods. *Food Technology*, 1986, 40 (6): 84-93.

［89］ Mudgett, R. E. Electrical properties of foods, in *Engineering Properties of Foods*, 2nd edn (eds M. A. Rao and S. S. H. Rizvi). Marcel Dekker, Inc, New York, 1995: 389-456.

［90］ Nielen, M., Deluyker, H., Schukken, Y. H. and Brand, A. Electrical conductivity of milk: measurement, modifiers, and meta analysis of mastitis detection performance. *Journal of Dairy Science*, 1992, 75: 606-614.

［91］ Ohlsson, T. and Bengtson, N. Microwave technology and foods. *Advances in Food and Nutrition Research*, 2001, 43: 65-81.

［92］ O'Riordan, D., O'Sullivan, M., Lyng, J. G. and Duggan, E Heat-expanded food products. Patent No. WO 2009056331 A (https://www.google.com/patents/ WO2009056331A1? cl=en; last accessed 7 January 2015). 2009.

［93］ Palaniappan, S. and Sastry, S. K Effect of electricity on microorganisms: A review. *Journal of Food Preservation and Processing*, 1990, 14: 393-414.

［94］ Palaniappan, S., Sastry, S. K. and Richter, E. R. Effects of electroconductive heat treatment and electrical pre-treatment on thermal death kinetics of selected microorganisms. *Biotechnology and Bioengineering*, 1992, 39: 225-232.

［95］ Pandit, R. B., Tang, J., Liu, F., Mikhaylenko, G. A computer vision method to locate cold spots in foods in microwave sterilization processes. *Pattern Recognition*, 2007, 40: 3667-3676.

［96］ Parrot, D. L. Use of OH for aseptic processing of food particulates. *Food Technology*, 1992, 45: 68-72.

［97］ Peleg, M. Analyzing the effectiveness of microbial inactivation in thermal processing, in *Improving the Thermal Processing of Foods* (ed. P. Richardson). Woodhead Publishing Ltd, Cambridge, UK, 2004: 411-426.

［98］ Pereira, R. N., Martins, R. C., Mateus, C and Vicente, A. A. Death kinetics of *E. coli* in goat milk and *Bacillus licheniformis* in cloudberry jam heated by ohmic heating. *Chemical Papers*, 2007, 61 (2): 121-126.

［99］ Pereira, R. N., Martins, R. C. and Vicente, A. A. Goat milk free fatty acidcharacterization during conventional and ohmic heating pasteurization. *Journal of Dairy Science*, 2008, 91: 2925-2937.

［100］ Pitchai, K., Birla, S. L., Jones, D. and Subbiah, J. Assessment of heating rate and non-uniform heating in domestic microwave ovens. *Journal of Microwave Power and Electromagnetic Energy*, 2012, 46 (4): 229-240.

［101］ Piyasena, P., Dussault, C., Koutchma, T. *et al*. Radio frequency heating of foods: Principles, applications and related properties-a review. *Critical Reviews in Food Science and Nutrition*, 2003, 43: 587-606.

［102］ Proctor, A. *Alternatives to Conventional Food Processing*. RCS Publishing, London. 2011.

［103］ Ramaswamy, H., Koutchma, T. and Tajchakavit, S. Enhanced thermal effect under microwave heating conditions. International Conference of Engineering and Food (ICEF-8), Puebla, Mexico. 2000.

［104］ Rowley, AT. Radio frequency heating, in *Thermal Technologies in Food Processing* (ed. P. S. Richardson). Marcel Dekker, NY, 2000: 567-588.

［105］ Ruan, R. Ye, X., Chen, P. *et al*. Developments in ohmic heating, in *Improving the Thermal Processing of Foods* (ed. P. Richardson). Woodhead Publishing Ltd, Cambridge, UK, 2004:

224-252.

[106] Ruhlman, K. T. , Jin, Z. T. and Zhang, Q. H. Physical properties of liquid foods for pulsed electric field treatment, in *Pulsed Electric Fields in Food Processing* ( eds V. Barbosa - Canovas and Q. H. Zhang). Technomic Publishing Co. , Lancaster, PA, 2001: 45-56.

[107] Rzepecka, M. A. and Pareira, R. R. Permittivity of some dairy products at 2450 MHz. *Journal of Microwave Power*, 1974, 40: 277-288.

[108] Salazar - González, C. , Martin - González, M. F. S. , López - Malo, A. and Sosa - Morales, M. E. Recent studies related to microwave processing of fluid foods. *Food Bioprocessing and Technology*, 2012, 5 (1): 31-46.

[109] Samaranayke, C. P and Sastry, S. K. Electrode and pH effects on electrochemical reactions during ohmic heating. *Journal of Electroanalytical Chemistry*, 2005, 577 (1): 125-135.

[110] Sarkar, S. Shelf-life extension of culture milk products. *Nutrition & Food Science*, 2006, 36: 24-31.

[111] Sastry, S. Electrical conductivity of foods, in *Engineering Properties of Foods* ( eds M. A. Rao, S. S. H. Rizvi and A. Datta). Taylor and Francis, 2005: 461-500.

[112] Sastry, S. K. and Palaniappan, S. Ohmic heating of liquid-particle mixtures. *Food Technology*, 1992, 46 (12): 64-67.

[113] Sato M. Food for microwave oven heating use. Japanese Patent JP 2009247325. 2009.

[114] Schubert, H. and Regier, M. *The Microwave Processing of Foods*. CRC Press, Boca Raton/Boston/NY. 2005.

[115] Sieber, R. , Eberhard, P. , Fuchs, D. *et al*. Effect of microwave heating on vitamins A, E, $B_1$, $B_2$ and $B_6$ in milk. *Journal of Dairy Research*, 1996, 63: 169-72.

[116] Sierra, I. and Vidal-Valverde, C. Influence of heating conditions in continuous-flow microwave or tubular heat exchange systems on the vitamin B1 and B2 content of milk. *Lait*, 2000, 80: 601-608.

[117] Sierra, I. , Vidal-Valverde, C. and Olano, A. The effects of continuous flow microwave treatment and conventional heating on the nutritional value of milk as shown by influence on vitamin B1 retention. *European Food Research and Technology*, 1999, 209: 352-354.

[118] Sochanski, J. S. , Goyette, J. , Bose, T. K. *et al*. Freeze dehydration of foamed milk by microwaves. *Drying Technology*, 1990, 895: 1017-1037.

[119] Sosa-Morales, M. E. , Valerio-Junco L. , López-Malo, A. and García, H. S. Dielectric properties of foods: Reported data in the 21st Century and their potential applications. *LWT - Food Science and Technology*, 2010, 43: 1169-1179.

[120] Souda, B. , Akyel, K. and Bilgen, E. Freeze dehydration of milk using microwave energy. *Journal of Microwave Power and Electromagnetic Energy*, 1989, 24: 195-202.

[121] Stancl, J. and Zitny, R. Milk fouling at direct ohmic heating. *Journal of Food Engineering*, 2010, 99: 437-444.

[122] Stearns, G. and Vasavada, P. C. Effect of microwave processing on quality of milk. *Journal of Food Protection*, 1986, 48: 853.

[123] Stehle, G. Pasteurization and sterilization of Camembert cheese in flexible packs. *Deutshe Molkerei - Seitung*, 1980, 101: 1422, 1424-1426.

[124] Sumnu, S. G. and Sahin, S. Microwave heating, in *Thermal Food Processing: New Technologies and Quality Issues*, 2nd edn ( ed. D. -W. Sun). Taylor and Francis, London, 2012: 529-582.

[125] Sun, H. , Kawamura, S. , Himoto, J. *et al*. Effects of ohmic heating on microbial counts and

denaturation of proteins in milk. *Food Science and Technology Research*, 2008, 14: 117–123.

[126] Tamine, A. *Milk Processing and Quality Management*. John Wiley & Sons, Inc., Hoboken, NJ. 2009.

[127] Tang, J. Dielectric properties of foods, in *The Microwave Processing of Foods* (eds H. Schubert and M. Regier). Woodhead Publishing Ltd, Cambridge, UK, 2005: 22–40.

[128] Tajchakavit, S. and Ramaswamy, H. Continuous-flow microwave heating of orange juice: Evidence of non-thermal effects. *Journal of Microwave Power and Electromagnetic Energy*, 1995, 30: 141–148.

[129] Tessler, F. J., Gadonna-Widehem, P. and Laguerre, J. -C. The fluorimetric FAST method, a simple tool for the optimization of microwave pasteurization of milk. *Molecular Nutrition & Food Research*, 2006, 50: 793–798.

[130] Tewari, G. and Juneja, V. K. (eds) *Advances in Thermal and Non - thermal Food Preservation*. Blackwell Publishing, IA, 2007.

[131] Tham, H. J., Chen, X. D. and Young, B. Ohmic heating of dairy fluids - A review, in Chemeca 2006: Knowledge and Innovation. [Auckland, N. Z.]: Engineers Australia, 2006. Availability: < http://search. informit. com. au/documentSummary; dn = 269309001398919; res = IELENG > ISBN: 0868691100 (last accessed 29 December 2014), 2006: 1095–1099.

[132] Tham, H. J., Chen, X. D., Young, B. and Duffy, G. G. Ohmic heating of dairy fluid-effect of local electrical fields on temperature distribution. *Asia Pacific Journal of Chemical Engineering*, 2009, 4 (5): 751–758.

[133] Tochman, L. M, Stine, C. M. and Harte, B. R. Thermal treatment of cottage cheese 'in-package' by microwave heating. *Journal of Food Protection*, 1985, 48: 932–938.

[134] Uprit, S. and Mishra H. N. Microwave heating and its effect on keeping quality of soy fortified paneer. *Egyptian Journal of Dairy Science*, 2004, 32: 269–276.

[135] Valero, E., Villamiel, M., Sanz, J. and Martinez - Castro, I. Chemical and sensorial changes in milk pasteurised by microwave and conventional systems during cold storage. *Food Chemistry*, 2000, 70: 77–81.

[136] Vasavada, P. C Microwave processing for the dairy industry. *Food Australia*, 1990, 42: 562–564.

[137] Vasavada, P. C., Bastian, E. D. and Marth, E. H. Chemical and functional changes in milk caused by heating in water bath or microwave-oven. *Milchwissenschaft*, 1995, 53: 553–556.

[138] Vasson, M. P., Farges, M. C., Sarrret, A. and Cynober, L. Free amino acid concentrations in milk: effects of microwave versus conventional heating. *Amino Acids*, 1998, 15: 385–388.

[139] Venkatesh, M. S. and Raghavan, G. S. V. An overview of microwave processing and dielectric properties of agri-food materials. *Biosystems Engineering*, 2004, 88 (1): 1–18.

[140] Vernam, A. H. and Sutherland, J. P. *Milk and Milk Products: Technology, Chemistry and Microbiology*. Chapman & Hall, London. 1994.

[141] Vicente, A. and Castro, I. A. Novel thermal processing technologies, in *Advances in Thermal and Non-thermal Food Preservation* (eds G. Tewari and V. K. Juneja). Blackwell Publishing, IA, 2007: 99–130.

[142] Vicente, A. A., Castro, I. and Texeira, J. A. Ohmic heating for food processing, in *Thermal Food Processing: New Technologies and Quality Issues* (ed. D. - W. Sun). Taylor and Francis, London, 2006: 425–468.

[143] Vicente, A. A., Castro, I., Texeira, J. A. and Pereira, R. N. Ohmic heating for food processing, in *Thermal Food Processing: New Technologies and Quality Issues*, 2nd edn (ed. D. -W. Sun). Taylor and

Francis, London, 2012: 460-500.

[144] Vadivambal, R. and Jayas, D. S. Non-uniform temperature distribution during microwave heating of food materials-A review. *Food Bioprocess Technology*, 2010, 3: 161-171.

[145] Vidal-Valverde, C. and Redondo, P. Effect of microwave heating on the thiamine content of cows' milk. *Journal of Dairy Research*, 1993, 60: 259-262.

[146] Villamiel, M., López-Fandiño, R. and Olano, A. Microwave pasteurization of milk in continuous flow unit: shelf life of cow's milk. *Milchwissenschaft*, 1996, 51: 674-677.

[147] Villamiel, M., Schutyser, M. A. I. and de Jong, P. Novel methods of milk processing, in *Milk Processing and Quality Management* (ed. A. Tamine). John Wiley & Sons, Inc., Hoboken, NJ, 2009: 205-236.

[148] Wang, W. and Guohua, C. Heat and mass transfer model of dielectric material assisted microwave freeze drying of skim milk with hygroscopic effect. *Chemical Engineering Science*, 2005, 60: 6542-6550.

[149] Wang, Y., Wig, T. D., Tang, J. and Hallberg, L. M. Dielectric properties of foods relevant to RF and microwave pasteurization and sterilization. *Journal of Food Engineering*, 2003a, 57: 257-268.

[150] Wang, Y., Wig, T. D., Tang, J. and Hallberg, L. M. Sterilization of foodstuffs using radio frequency heating. *Journal of Food Science*, 2003b, 68 (2): 539-544.

[151] Zhao, Y. Radio frequency dielectric heating, in *Thermal Food Processing: New Technologies and Quality Issues* (ed. D. -W. Sun). Taylor and Francis, London, 2006: 469-492.

[152] Zhao, Y. and Ling, Q. Radio frequency dielectric heating, in *Thermal Food Processing: New Technologies and Quality Issues*, 2nd edn (ed. D. - W. Sun). Taylor and Francis, London, 2012: 501-528.

[153] Zhu, J., Kuznetsov, A. V. and Sandeep, K. P. Mathematical modelling of continuous flow microwave heating of liquids (effects of dielectric properties and design parameters). *International Journal of Thermal Sciences*, 2007, 46: 328-341.

# 3 乳及乳制品的高压处理

Daniela D. Voigt[1]、Alan L. Kelly[1] 和 Thom Huppertz[2]

[1]*School of Food and Nutritional Sciences*，*University College Cork*，*Ireland*

[2]*NIZO food research*，*Ede*，*The Netherlands*

## 3.1 高压加工导论

传统上，人们一般通过热处理杀灭有害微生物保存食物，使产品有一定的货架期。但是，高温会对某些食品的风味和营养价值产生不良影响，比如美拉德褐变、维生素损失。因此，近年来许多非热技术成为研究课题，如高压工艺（High-Pressure，HP）、脉冲电场、电离辐射和超声工艺（Ross 等，2003）。其中，高压加工可能是最具前景的处理手段，可用来保存食品、生产功能性和微生物特性更佳的食品。Hite（1899）首次将高压技术应用于食品加工，他发现高压加工可显著延长生乳的货架期。现已公认高压通常对风味化合物、色素、维生素和其他营养物质几乎没有负面影响，因此也不会影响产品的营养和感官特性。这与食品的热加工相比具有明显的优势（Rastogi 等，2007）。

高压工艺运用了两个基本原理，即勒夏特列（Le Chatelier's）原理和等静压（Isostatic）原理。前者指出，"如果在一个系统达到平衡状态时改变影响平衡的条件之一，则系统将作出反应以抵消这种变化并恢复平衡"。等静压原理指出，"静水压力与体积无关"。因此，压力可瞬间均匀地施向整个样品的各个部位，且不存在压力梯度，因此产品的大小和几何形状无关紧要。与热处理相比，这也是高压加工食品的一个优势，因为在热处理过程中不同厚度可导致加热不均匀，即产品表面过热，但中心温度不足，从而导致食源性细菌的存活。高压技术可用于处理液态和固态食品，却不适于空气含量高的食品，因为其结构会被破坏。

高压装置：①圆筒形压力容器和封闭件；②压力产生系统，包括泵或增压器；③压力传递介质；④温度控制装置；⑤物料处理系统（San Martin-Gonzalez 等，2006）。所用的所有材料必须能够承受施加的极端压力。因此，制造过程中需应用特殊的技术。

一般食品加工所需的压力在 100~1000MPa。现在已经有能处理容量为 35~687L 产品的高压装置。高压处理的关键参数是温度、压力和保持时间。在食品工业中，压力最好是低于 420MPa，因为这样可以降低设备的初始投入成本（Buzrul 等，2008）。当前，工业生产中压力容器的压力极限为 680MPa。一般来说压力低于 420MPa 的细菌灭活水平与巴氏杀菌类似，而灭菌所需的压力则超过 700MPa（Torres 和 Velazquez，2005）。

压力传递介质可以是水，也可以是水与油或酒精的混合物，具体取决于所使用的系统。由于绝热加热，加压过程中温度会升高，如以水为介质，每增加 100MPa，温度可升高 2~

3℃。据报道，高压处理全脂乳时温度升高程度也差不多，可达 2.7℃/100MPa（Bunzrul 等，2008）。为了避免升温对产品造成不必要的损坏，压力容器是温控的。

固体食物加压可能存在一个缺点：必须将产品装到高压装置中，进行压力处理，再装下一批进行处理。但是，由于新一代高压装置大小和容器容量的增加，现在可以在半连续工艺中处理多达 600L 的产品（NC Hyperbaric，Burgos，西班牙）。在过去的几年中，商用高压装置的销售数量稳步增长。除了初始投资成本高外，高压装置的维护成本也高。但是，对于成功的高压处理生产应用而言，食品价值增高，货架期延长和安全性提高带来的益处要超过成本的增加（Rastogi 等，2007）。

1990 年，首批用高压处理的商业食品在日本上市，到 2003 年，这类产品的数量已经大大增加。高压工艺符合现代消费者对健康、零添加和低温度加工食品的要求（Smith 等，2009），且高压处理食品的货架期也够长。如今，在许多国家（西班牙、美国、意大利、日本、德国、墨西哥、加拿大和澳大利亚），高压工艺已用于多种肉类、海鲜、果汁和蔬菜产品的加工（表 3.1）。但高压处理在乳制品生产上的应用进展缓慢，这将在后面讨论。

表 3.1　　　　　　　　　　　国际市场上的高压处理产品

| 产品种类 | 产品 | 国家 |
| --- | --- | --- |
| 乳制品 | COL+初乳 | 新西兰 |
| | 干酪三明治馅料 | 西班牙 |
| | 大豆制品 | 美国 |
| 肉制品 | 烟熏类火腿 | 德国 |
| | 火腿切片 | 西班牙 |
| | 切片火腿和腌肉 | 加拿大 |
| | 鸡肉香肠 | 美国 |
| | 无防腐剂鸡肉条 | 美国 |
| | 加工禽肉产品 | 美国 |
| | 切片/切丁家禽产品 | 美国 |
| | 即食切片肉 | 美国 |
| | 切片、腌制和卤制肉 | 西班牙 |
| 海产品 | 牡蛎 | 美国 |
| | 龙虾 | 加拿大 |
| | 螃蟹 | 美国 |
| | 脱盐鳕鱼 | 意大利 |
| 蔬菜和水果 | 鳄梨酱 | 美国 |
| | 番茄酱 | 美国 |
| | 鳄梨产品 | 墨西哥 |
| | | 美国 |
| | 胡姆斯酱 | 美国 |

续表

| 产品种类 | 产品 | 国家 |
| --- | --- | --- |
| 果汁和饮料 | 果汁 | 法国 |
| | | 美国 |
| | | 捷克 |
| | | 澳大利亚 |
| | | 加拿大 |
| | | 葡萄牙 |
| | | 意大利 |
| 其他 | 即食餐点和沙拉 | 加拿大 |

资料来源：Kelly 等，2009。 经 Elsevier 许可转载。

到目前为止，由于微生物芽孢具有耐高压的特性，所以高压技术仅限用于商业用途的巴氏杀菌工艺。但是，如果升温至 60～90℃，则可以通过绝热压缩快速加热使细菌细胞和芽孢灭活（Matser 等，2004）。

## 3.2　高压对食品成分的影响：基本考虑因素

要了解和利用高压对乳成分和特性的影响，首先要考虑高压对基本物理和化学平衡的影响。当对产品施加压力时，平衡被打破。根据勒夏特列（Le Chatelier's）原理，当系统体积减小时，它将通过抑制体积增大相关的反应，同时促进体积减小相关的反应，而达到新的平衡。对于水环境系统，体积变化主要与水分子的分布有关，水在 100MPa 时体积可被压缩 4%，在 600MPa 时可被压缩 15%（Hinrichs 等，1996）。压缩伴随着：产热（每施加 100MPa 压力温度升高 2～3℃）（Balci 和 Wilbey，1999）、冰点降低（在 100MPa 或 210MPa 时，冰点分别降低至 -8℃ 或 -22℃）（Hinrichs 等，1996）及 pH 下降（在 1000MPa 下，pH 降低约 1 个单位）（Marshall 和 Frank，1981）。

高压有利于电离反应，因为带电离子周围的水分子分布比不带电荷的盐周围的更紧密（Stippl 等，2005）。这种电致伸缩效应强烈影响乳中的矿物质平衡。对蛋白质来说，与蛋白质相互作用相关的体积变化主要是由于蛋白质周围水排列紧密度的变化，而不是蛋白质本身的性质变化所致（Hvidt，1975）。因为共价键不受影响，所以蛋白质的一级结构在高压处理过程中保持不变（Mozhaev 等，1994），但是高压会使蛋白质二级结构产生变化，使蛋白质发生不可逆变性，因为氢键在低压下稳定，但高压下氢键会断裂（Hendrickx 等，1998 年）。在大于 200MPa 时，通过疏水和离子相互作用得以维持的蛋白质三级结构也会发生显著变化（Hendrickx 等，1998）。比如，$\beta$-酪蛋白在约 150MPa 以下，缔合度随压力升高而减小；但压力超过 150MPa，缔合度则会随着压力增加而增加（Payens 和 Heremans，1969）。

## 3.3 高压对乳成分的影响

### 3.3.1 乳矿物盐

乳巴氏杀菌时由于有利于离子的溶剂化作用，矿物质溶解度会增加。但这对钠盐和钾盐意义不大，因为它们在生理条件下已处于完全溶解状态。但是，乳中所含的磷酸钙和磷酸镁远高于生理条件下可溶解的量，不溶解部分存在于酪蛋白胶束中，分别占钙、镁和无机磷酸根总量的70%、30%和50%，被称为胶束磷酸钙（Micellar calcium phosphate，MCP）。

高压下乳中盐类的溶解度升高，突出表现为胶束磷酸钙的溶解度提高（Hubbard等，2002；Huppertz和De Kruif，2007a）。胶束磷酸钙的溶解度随着压力的增加而增加，直到压力升至约400MPa时，所有胶束磷酸钙全部溶解在室温、中性的未浓缩乳中（Huppertz和De Kruif，2007a），但解除压力时胶束磷酸钙的溶解度迅速逆转（Hubbard等，2002）。已有报道显示，高压处理过的乳中非沉淀性钙和磷含量比未经处理的乳更高（Lopez-Fandino等，1998；Schrader和Buchheim，1998；Regnault等，2006）。但是，高压不会影响乳中超滤性钙和无机磷酸盐的水平，因此不能将其作为高压处理溶解胶束磷酸钙，卸压后仍能保持胶束磷酸钙溶解度的手段（Regnault等，2006）。高压引起乳中非沉淀性钙和无机磷酸盐的增加是由于非沉淀蛋白质结合钙和无机磷酸盐的水平增加所致。乳中离子钙的浓度在刚经高压处理时会略有增加（Lopez-Fandino等，1998；Zobrist等，2005；Knudsen和Skibsted，2009），但在储存过程中会很快复原（Zobrist等，2005；Knudsen和Skibsted，2009）。

### 3.3.2 乳脂和乳脂肪球

鲜有研究报道过高压引起的乳脂和乳脂肪球的变化。在温度小于40℃时，100~600MPa的高压处理不会影响乳（Gervilla等，2001；Huppertz等，2003；Ye等，2004）或奶油（Dumay等，1996；Kanno等，1998）中乳脂肪球的大小，但以800MPa高压处理奶油10min则会增加奶油中脂肪球的大小（Kanno等，1998）。高压处理乳还诱导了$\beta$-乳球蛋白（>100MPa），$\alpha$-乳清蛋白（≥700MPa）和$\kappa$-酪蛋白（>500MPa）与乳脂肪球膜（Milk fat globule membrane，MFGM）的缔合（Ye等，2004）。高达800MPa的处理会导致乳脂肪球膜发生一些聚集，但不会破裂（Kanno等，1998）。高压处理的奶油比未经处理的脂肪结晶温度更高（Buchheim和Abou EI-Nour，1992），这是高压引起的乳脂固液转变温度的升高所致（Frede和Buchheim，2000）。高压处理（500~600MPa，1~2min）可改善奶油的搅打性能，即可缩短搅打时间并减少乳清损失，这与乳脂的结晶增强有关（Eberhard等，1999）。此外，经高压处理后的奶油，乳脂结晶改善，可用于冰淇淋混合物和奶油制作的奶油熟化中（Buchheim和Abou El-Nour，1992；Dumay等，1996；Frede和Buchheim，2000）。高压对乳脂中硬脂（高熔点）的处理（在45℃下400MPa，4h）也显著地抑制了其热变质（Abe等，1999）。

未均质的乳在经100~250MPa高压处理后，在冷藏时脂肪球上浮比未经高压处理的乳更多，而高于 400MPa 的高压处理则能显著减少乳脂上浮（Huppertz 等，2003）。100～250MPa 高压处理似乎可促进乳脂肪球的冷凝集，导致冷藏时形成脂肪球簇，更快出现乳脂上浮现象。但高于 400MPa 的高压处理可导致免疫球蛋白变性，冷凝集减少，因此脂肪上浮减少。

### 3.3.3　乳清蛋白

以低于 100MPa 的压力处理乳不会使 $\beta$-乳球蛋白（$\beta$-LG）变性，但在更高压力下处理会产生相当程度的变性，如以 ≥400MPa 的压力处理乳可使 90% 的 $\beta$-LG 变性（Lopez-Fandino 等，1996；Gaucheron 等，1997；Scollard 等，2000a；Huppertz 等，2004a，2004b）。当压力≥400MPa 时，$\alpha$-乳清蛋白（$\alpha$-LA）才开始变性，其变性程度在 800MPa 下 30min 可达到约 70%（Huppertz 等，2004a，2004b）。高压诱导的 $\alpha$-LA 和 $\beta$-LG 变性的程度随处理时间（Scollard 等，2000a；Hinrichs 和 Rademacher，2004；Huppertz 等，2004a）、处理温度（Gaucheron 等，1997；Lopez-Fandino 和 Olano，1998；Garcia-Risco 等，2000；Huppertz 等，2004a）、乳的 pH（Arias 等，2000；Huppertz 等，2004a）和乳中胶束磷酸钙水平的升高而增加（Huppertz 等，2004b）。巯基阻断剂可以在很大程度上阻止由高压处理引起的乳清蛋白变性（Huppertz 等，2004b），高压诱导的乳清蛋白变性在乳中比干酪乳清中更显著（Huppertz 等，2004b）。乳固体浓度对高压诱导的乳清蛋白变性的影响很小（Anema，2008）。高压诱导的乳清蛋白变性及其与酪蛋白胶束的缔合在随后的乳储存中是不可逆的（Huppertz 等，2004c）。

高压处理过的乳中部分变性的 $\beta$-LG 会与酪蛋白胶束相结合（Gaucheron 等，1997；Scollard 等，2000b；Garcia-Risco 等，2003）。当使用高速离心（100000$g$）法分离组分时，经高压处理的脱脂乳中大部分变性的 $\beta$-LG 与沉积的酪蛋白胶束结合在一起，只有一小部分保持非沉积状态，以乳清蛋白聚集体的形式存在或与由于太小而不沉淀的酪蛋白颗粒结合（Gaucheron 等，1997；Huppertz 等，2004a；Zobrist 等，2005）。若离心力较低（25000$g$），大部分乳清蛋白会被保留在经过高压处理的浓缩乳的上清液中（Anema，2008）。在高压处理过的全脂乳中，还发现变性的 $\alpha$-LA 和 $\beta$-LG 也会与乳脂肪球膜相结合（Ye 等，2004）。

Huppertz 等（2004b）描述了高压引起乳和乳清中 $\alpha$-LA 和 $\beta$-LG 的变性机理。高压使 $\beta$-LG 结构展开（Kuwata 等，2001），使 $\beta$-LG 的游离巯基基团暴露（Tanaka 等，1996；Moller 等，1998；Stapelfeldt 等，1999），这些暴露的游离巯基可以通过巯基-二硫键与 $\kappa$-酪蛋白、$\alpha$-LA 或 $\beta$-LG 互换反应，可能也可与 $\alpha_{s2}$-酪蛋白发生相互作用。在此过程中，钙通过电荷屏蔽促进了蛋白质的紧密结合（Huppertz 等，2004b）。在释放压力时，结构已经展开而未与其他蛋白质相互作用的 $\alpha$-LA 和 $\beta$-LG 分子可能会重新折叠成与天然 $\beta$-LG 类似的结构（Belloque 等，2000；Ikeuchi 等，2001）。

与 $\alpha$-LA 和 $\beta$-LG 相比，高压诱导的其他乳清蛋白变性很少受到关注。乳在经 100～400MPa 处理后，其中的乳清蛋白不会发生变性（Lopez-Fandino 等，1996）。免疫球蛋白对高压加工也相对稳定，如在 500MPa 下处理 5min 后，约 90% 的初乳免疫球蛋白 G 仍然保持天然状态（Indyk 等，2008）。

### 3.3.4　酪蛋白胶束

将脱脂乳置于压力下会破坏酪蛋白胶束（Kromkamp 等，1996；Gebhart 等，2005；

Huppertz 等，2006a，2006b；Huppertz 和 De Kruif，2006，2007b；Orlien 等，2006；Huppertz 和 Smiddy，2008）。在将压力增至 400MPa 过程中，胶束破坏随着压力的增加而增加（Kromkamp 等，1996；Huppertz 等，2006a，2006b；Orlien 等，2006），进一步加大压力会加速破坏过程（Kromkamp 等，1996；Huppertz 等，2006b；Orlien 等，2006）。降低温度（Orlien 等，2006）或 pH（Huppertz 和 De Kruif，2006）也会增加高压对酪蛋白胶束的破坏程度，而乳清蛋白不会影响高压对酪蛋白胶束的破坏（Huppertz 和 De Kruif，2007b）。高压导致胶束破坏的主要原因是胶束磷酸钙的增溶作用（Huppertz 和 De Kruif，2006）。当将酪蛋白胶束长时间保持在 200～300MPa 时，酪蛋白胶束会在遭到破坏之后重新形成，并在此过程中形成了酪蛋白颗粒（Huppertz 等，2006b；Huppertz 和 De Kruif，2006，2007b；Orlien 等，2006；Huppertz 和 Smiddy，2008）。较高的温度（Orlien 等，2006）和较高的 pH（Huppertz 和 De Kruif，2006）有利于胶束的重新形成，并且不受乳清蛋白存在的影响（Huppertz 和 De Kruif，2007b）。释放压力可进一步促进酪蛋白颗粒的重新形成（Kromkamp 等，1996；Huppertz 等，2006b）。

由于高压处理会导致酪蛋白胶束产生上述变化，经高压处理与未经高压处理乳的酪蛋白胶束在大小分布和沉降特性方面有所不同。当压力小于 200MPa 时，酪蛋白胶束的大小几乎不受加工的影响，但在 250～300MPa 下处理 15min 以上会导致胶束大小显著增加（Gaucheron 等，1997；Needs 等，2000；Huppertz 等，2004d，2004e；Regnault 等，2004；Anema 等，2005a；Anema，2008）。当在更高温度（Gaucheron 等，1997；Huppertz 等，2004b；Anema 等，2005b）或更高 pH（Huppertz 等，2004d）下加工时，胶束的增加会更加显著。此时高压引起的酪蛋白胶束大小的增加在随后的乳储存中至少是部分可逆的（Huppertz 等，2004d）。在 300～800MPa 下处理乳可将酪蛋白胶束的大小减小至约为未处理时的一半（Gaucheron 等，1997；Needs 等，2000；Huppertz 等，2004d，2004e；Regnault 等，2004；Anema 等，2005a；Anema，2008）。但是，当在大于 40℃的温度下以 300～400MPa 的压力处理时，胶束大小会显著增加（Garcia-Risco 等，2000；Huppertz 等 2004d；Anema 等，2005a）。此时，高压诱导的酪蛋白胶束大小的减小是不可逆的（Huppertz 等，2004d）。当浓缩脱脂乳（20% 质量分数）在 300MPa 下处理 30min 时，胶束大小会增加而不是减少（Anema，2008）。

高压引起的酪蛋白胶束大小变化伴随着脱脂乳的浊度和清亮度的变化。这些光学参数在 100～200MPa 的处理下几乎不受影响，但在 200～400MPa 的处理下则大大降低；更高的压力对光学参数基本没有进一步的影响（Needs 等，2000；Huppertz 等，2004e；Regnault 等，2004）。高压处理还显著增加了非胶束酪蛋白的水平，在 250～300MPa 下增加最多（Lopez-Fandino 等，1998；Huppertz 等，2004d）；据报道，高压诱导的解离程度为 $\beta$-酪蛋白>$\kappa$-酪蛋白>$\alpha_{s1}$-酪蛋白>$\alpha_{s2}$-酪蛋白（Lopez-Fandino，1998）。由于高压处理导致的非胶束酪蛋白水平升高，在 5℃ 储存时部分可逆，但在 20℃ 时迅速复原（Huppertz 等，2004d）。

### 3.3.5 乳中的酶

高压对乳中的酶会有影响，而其对纤溶酶和脂肪酶的影响具有特殊的技术意义。乳固有的脂蛋白脂肪酶在常规热处理过程中很容易失活。但是，乳中的脂蛋白脂肪酶却可以耐受至少 400MPa 的压力（Pandey 和 Ramaswamy，2004），这表明，如果单纯对乳进行高压但不进行热处理，可能会导致残留具有活性的脂蛋白脂肪酶，从而造成乳脂分解，使乳制品的货架期大大缩短。

相比而言，高压对纤溶酶作用的研究更为详尽一些。当以不高于 300MPa 的压力处理乳时，乳中的纤溶酶活性几乎不受影响，但继续提高压力，则会使纤溶酶产生相当程度的失活，如在 600MPa 下 30min 后灭活率高达约 75%（Scollard 等，2000b；Huppertz，2004f）。纤溶酶在缓冲液中的压力耐受程度会显著提升，即便在 800MPa 下处理也不会有明显的失活（Scollard 等，2000a）。但若缓冲溶液中含有 $\beta$-LG 则会大大降低纤溶酶的压力耐受性（Scollard 等，2000a）。这表明纤溶酶在高压处理后失活的原因很可能是由于它与 $\beta$-LG 的络合作用，可能是通过疏基-二硫键交换反应引起的。高压处理通过使纤溶酶失活和对酪蛋白胶束的作用影响乳的蛋白质水解。在 37℃ 储存期间，尽管发生了一些高压诱导的纤溶酶失活，但在 300MPa 或 400MPa 下处理的乳中 $\beta$-酪蛋白的分解最为广泛（Huppertz 等，2004f）。这强烈表明破坏酪蛋白的胶束有利于残留的活性纤溶酶对酪蛋白进行水解。

### 3.3.6 黏度和流变特性

乳经高压处理和未经高压处理的流变性会显著不同，这主要因为高压会导致乳蛋白发生变化。未浓缩的脱脂乳的黏度会随着压力的增加保持小幅稳定增长（Desobry-Banon 等，1994；Huppertz 等，2003）。这很可能是由于酪蛋白胶束破坏及乳清蛋白变性的结果。乳在高压处理之前经浓缩黏度增加幅度更大（Velez-Ruiz 等，1998）。尤其当固形物大于 300g/kg 且以大于 400MPa 压力处理乳时，黏度会随着乳固形物含量的增加而剧烈增加。在极端情况下，这甚至可能导致乳形成凝胶（Keenan 等，2001）。高压处理乳所形成的凝胶的微观结构一般与胶束碎片所形成蛋白质网络结构类似，这些胶束碎片大小通常比原始酪蛋白胶束小约一个数量级（Keenan 等，2001）。加入蔗糖或盐可导致溶剂质量下降，从而有助于高压诱导的乳形成凝胶，但当酪蛋白处于非胶束状态时，如以酪蛋白酸钠形式存在或通过添加乙二胺四乙酸（EDTA）破坏胶束结构时，可防止乳在高压处理后形成凝胶。但乳清蛋白变性不会影响高压诱导乳形成凝胶（Keenan 等，2001）。

## 3.4 高压对乳制品中微生物的影响

如前所述，除可以改变食品的功能性和质地特性外，将高压应用到食品的主要原因之一是其能够使腐败菌灭活（Rendules 等，2011）。高压对乳的影响已被广泛报道（Trujillo 等，2002；Lopez-Fandino，2006；Kelly 等，2008）。在 400MPa 下处理 15min 或在 500MPa 下处理 3min 就可以获得与巴氏杀菌乳相同的货架期（10℃ 下为 10 天）（Rademacher 和 Kesslen，1997）。高压处理可以减少乳中的活菌数量，其原理是使关键酶变性并增加细胞膜的通透性，细胞膜的通透性对细胞营养和呼吸运输机制至关重要。渗透性的改变使细胞壁失去其运输功能，这导致营养物质的损失和细胞的彻底死亡。微生物灭活是由于细胞在高压下的各种反应所致（表 3.2）。

表 3.2　　　不同压力下乳中各种微生物的灭活以及细胞的结构和功能变化

| 压力/MPa | 高压对乳微生物的影响 | 高压对细胞的影响 |
|---|---|---|
| 500 | 大肠杆菌减少 6.5 个对数值<br>志贺菌减少 3.8 个对数值 | |
| 300 | 完全灭活荧光假单胞菌 DSM 4358 | 不可逆蛋白质变性<br>细胞内容物泄漏 |
| 200 | | 膜损坏<br>细胞内容物有泄漏的迹象 |
| 100 | | 可逆蛋白质变性<br>气泡缩小 |
| 50 | | 核糖体数量减少<br>抑制蛋白质合成 |
| 0.1 | | 大气压 |

资料来源：Lado 和 Yousef, 2002；Black 等, 2005。

微生物灭活的程度取决于使用的压力、处理时间（保持时间）、温度、环境以及微生物的数量和种类。微生物在不同的生长阶段对压力的敏感性也不同。通常，处于对数期的细胞比处于稳定期的细胞对压力的抵抗力要弱。因此，从技术上讲，这是一种有可能替代热处理的杀菌方法。酵母菌、霉菌和大多数营养细胞会在 300~600MPa 的压力下失活。只有细菌的芽孢能够承受超过 1000MPa 的压力，但是，如果芽孢在 50~300MPa 的压力下萌发，则可以通过较低的压力或热处理灭活（Smelt, 1998）。另外，据报道高压加工过程中乳成分发生的许多变化会引起乳品质和功能的改变。

## 3.5　高压处理与干酪

干酪的生产包括乳的预处理和凝乳，然后根据干酪的种类进一步处理凝乳。用于干酪生产的乳通常会进行巴氏杀菌，以避免与病原体（如单核细胞增生李斯特氏菌）相关的疾病传播。然而，高温会对乳的成分、营养和感官特性产生不利影响，就干酪而言，有充分的证据表明，生乳制成的干酪比用巴氏杀菌的乳制成的干酪风味更复杂、更丰富。由于病原菌的污染，生乳干酪可能会构成重大的健康风险。此外，不良次生菌群的形成也可能会缩短干酪的货架期。

在过去的几十年中，科学家们研究了多种新方法，希望能像巴氏杀菌一样减少乳中的有害细菌，又不会对乳的质量产生负面影响（巴氏杀菌，包括高压加工对乳风味的损害）（Linton 等, 2008）。高压处理干酪可以显著降低病原体感染人类的风险，并有助于控制干酪的菌群。通常，高压对干酪菌群的影响取决于干酪的类型、成分和成熟度（Kolakowski 等, 1998）。

一项日本专利（Yokohama 等, 1992）报告说，通过在 50MPa 和 25℃下进行 3 天的高压处理，可以将切达干酪的成熟时间缩短至 6 个月。这样做主要目的是加速干酪成熟，缩短成熟时间，节约成本。随后的许多研究（Messens 等，1999；Trujillo 等，2000；O'Reilly 等；2001；San Martin-Gonzalez 等，2006）评估了用这种办法加快各种干酪品种（切达干酪、山羊乳干酪、马苏里拉干酪和高达干酪等）成熟的可能性。所研究的压力范围为 50~500MPa，时间从 5min 到 72h，温度范围为 4~25℃（表 3.3）。

表 3.3　　　　　　　　　不同压力条件对部分干酪品种的影响

| 干酪种类 | 压力/MPa | 处理时间/min | 温度/℃ | 高压处理对干酪的影响 | 参考文献 |
|---|---|---|---|---|---|
| 低脂马苏里拉干酪 | 400 | 5 | 21 | 每克蛋白质未析出乳清含量增加，亮度降低，绿色变深，黄色变浅 | Sheehan 等，2005 |
| 马苏里拉干酪 | 400 | 20 | 25 | 持水能力增加 | O'Reilly 等，2002 |
| 切达干酪 | 400 | 10 | 20 | 发酵菌和游离脂肪酸水平降低，非发酵剂乳酸菌（Non-Starter lactic acid bacteria，NSLAB）生长延迟，风味减弱 | Rynne 等，2008 |
| 切达干酪 | 50 | 4320（72h） | 25 | 对成熟指标没有影响 | O'Reilly 等，2000 |
| 切达干酪 | 200~300 | — | — | 干酪中游离脂肪酸含量降低 | Sendra 等，2000 |
| 高达干酪 | 50~400 | — | — | 高压处理干酪中丁酸和 3-羟基丁酮的浓度增加 | Butz 等，2000 |
| 高达干酪 | 50,225,400 | 60 | 14 | 对干酪质地初期有影响，但是成熟 42 天后未观察到明显变化 | Messens 等，2000 |
| 墨西哥乳酪（Queso Fresco） | 400 | 20 | 20 | 干酪比对照样松脆 | Sandra 等，2004 |
| 拉塞雷纳干酪 | 300~400 | 10 | 10 | 在熟化的第 2 天或第 50 天进行 300MPa 或 400MPa 的高压处理，可显著减少不良微生物的数量，从而改善拉塞雷纳干酪在刚处理后和熟化结束时的微生物质量和安全性 | Arqués 等，2006 |
| 拉塞雷纳干酪 | 300~400 | 10 | 10 | 在成熟的第 2 天进行高压处理会导致挥发性化合物的形成减少，但是，如果在成熟的第 50 天使用高压处理，则对感官特性没有影响 | Arqués 等，2007 |
| 奥洛特干酪 | 400 | 5 | 14 | 脂解作用减慢，导致挥发性成分改变 | Saldo 等，2003 |
| 奥洛特干酪 | 400 | 5 | — | 熟化 60 天后干酪的亮度降低 | Saldo 等，2002 |
| 山羊乳干酪 | 300 | 10 | — | 在成熟的第 1 天高压处理的干酪游离脂肪酸含量增加，但是感官特性并不被感官鉴定小组认可，在成熟的第 15 天高压处理的干酪则被感官鉴定小组认可 | Juan 等，2008 |

续表

| 干酪种类 | 压力<br>/MPa | 处理时间<br>/min | 温度<br>/℃ | 高压处理对干酪的影响 | 参考文献 |
|---|---|---|---|---|---|
| 山羊乳干酪 | 200~500 | 10 | 1 | 在生产后第一天高压处理，<300MPa 促进脂肪水解，>400MPa 抑制脂肪水解 | Juan 等，2007a |
| 山羊乳干酪 | 500 | 5，15，30 | 10，25 | 25℃下高压处理 30min 会增加乳清析出但不改变干酪成分 | Capellas 等，2001 |
| 蓝纹干酪 | 400~600 | 10 | 20 | 高压能部分阻止熟化 | Voigt 等，2010 |

总的来说，此类研究的结论为高压不能有效促进干酪的成熟。但是，高压可能可用于阻止干酪的成熟，就像成熟的蓝纹干酪，用于保持干酪的最佳质地和风味（Voigt 等，2010）。据报道，经 500MPa 处理的切达干酪，其游离氨基酸（Free fatty acid，FFA）的含量较低，但干酪的质地没有发生变化（Wick 等，2004）。有必要进行进一步的研究来探索高压在抑制干酪成熟方面的全部可能。

干酪风味的形成是各种初级反应和次级反应的复杂结合的结果（McSweeney 和 Sousa，2000；Singh 等，2003；Marilley 和 Casey，2004）。风味化合物是通过乳糖、脂质和蛋白质水解产生的。水解程度取决于发酵菌、乳中的酶、凝乳酶和次级菌群（例如蓝纹干酪、卡门培尔干酪）的活性。

高压对干酪成熟的复杂生物化学的影响已有许多研究报道。高压对切达干酪和山羊乳干酪中蛋白水解和脂肪水解的影响已被研究。在切达干酪中，在生产 1 天后进行高压处理，与未处理的对照干酪相比，$\alpha_{S1}$-酪蛋白的分解速度更快（Rynne 等，2008）。用 300MPa 或 400MPa 高压处理 10min 的乳制成的干酪中，$\beta$-酪蛋白（$\beta$-CN）的水解显著增加，游离氨基酸含量也显著增加。切达干酪在 50MPa 下处理 72h 也能得到类似的结果。然而，低脂和低水分的马苏里拉干酪的蛋白质水解在很大程度上不受高压的影响（O'Reilly 等，2000，2003；Sheehan 等，2005；Garde 等，2007；Juan 等，2007a，2008；Rynne 等，2008）。在 400MPa 高压处理山羊乳干酪减缓了脂肪的水解（通过检测干酪中的游离脂肪酸水平测得）（Saldo 等，2003）。

研究高压对干酪风味形成和挥发性物质的影响的人不多。在生产 1 天后进行高压处理，山羊乳干酪的酮和醛含量较低，而成熟 15 天后进行高压处理的山羊乳干酪表现出与对照干酪相似的感官特性（Juan 等，2007b）。其他研究表明，在经过 50~400MPa 的高压处理后，高达干酪中的丁酸和 3-羟基丁酮含量较低。但是挥发性化合物的差异还不够大，不足以表明高压处理能够加速干酪成熟（Butz 等，2000）。

## 3.6 高压加工与酸乳

在传统的酸乳生产过程中，一般通过高温处理乳使大量乳清蛋白变性，最终产生具有较大强度和抗脱水或抗收缩（脱水或者收缩会导致乳清析出）的酸性凝胶，实际上，酸乳生产的核心原则是使尽可能多的乳成分参与到酸乳凝胶形成过程中。

在一定条件下，高压既可以诱导大量乳清蛋白变性，又可以减小酪蛋白胶束的大小（并增加其数量），从而增加了参与凝胶组装的结构要素的数量，因此很早就有人研究在乳制品加工中应用高压的可能性。据报道，用加热或高压处理的乳制成的酸乳在结构上存在显著差异（Needs等，2000；Harte等，2002）。凝胶的微结构变化与质地和流变特性的变化有关（Desobry-Banon等，1994；Needs等，2000；Hart等，2002，2003）。但是，酸乳酸化后，搅拌会消除这些差异（Knudsen等，2006）。由高压处理过的乳制成的酸乳在储存时不易发生析水收缩，这可能是由于凝胶结构和乳蛋白的水结合能力发生了变化（Johnston等，1993；Capellas和Needs，2003）。此外，对酸乳的消费偏好研究表明，消费者对高压处理的乳所制成的酸乳在质地及柔滑性方面的评分高于热处理乳制成的酸乳，但热处理乳制成的酸乳风味更受偏爱（Capellas等，2002）。

高压工艺（High-pressure processing，HPP）在酸乳生产中的应用发展可能涉及和其他处理工艺联用，如利用转谷氨酰胺酶交联乳蛋白（Capellas等，2002；Anema等，2005b）或高压工艺与热处理和/或添加其他成分（例如稳定剂或乳粉）联用进行优化。Udabage等（2010年）报道了在压力100~400MPa、温度25~90℃下高压处理的乳制成的搅拌型酸乳的微观结构和流变特性，发现在较高温度下进行高压加工会降低酸乳的最终黏度。

高压工艺在酸乳生产中还有一项应用可能是对发酵后的凝胶进行处理，以灭活发酵菌、酵母菌和霉菌，从而通过防止继续酸化延长产品的货架期。现已有人致力于选择一些耐压的益生菌株，这些菌株经过高压处理后能够选择性地存活下来（De Cruz等，2010）。

## 3.7 高压加工与功能性乳制品

近些年来，除了能提供基本营养外，还能对人类健康产生积极影响的产品，特别是乳制品的开发成了行业和研究人员关注的重点。此类别的产品包括益生菌产品以及其他含有已被证实能够改善健康的蛋白质或其他物质。

对于加工者而言，生产这些产品的一个具体挑战是，那些可以产生所需特性的生物活性（如细菌或天然蛋白质）必须在制造过程中得到保存，而有害的生物活性（如病原体或腐败细菌，或活性能够影响产品质量的酶）则必须要灭活。传统工艺（例如热处理）无法区分并保留某些有益的特性，这导致人们开始对用高压工艺等新技术保存此类产品的可能性进行研究（De Cruz等，2010）。另外，高价值的功能性乳制品使得高压工艺设备价格昂贵的这个缺点可能不如生产其他类型的产品那样显著。

高压工艺在功能性乳制品中的应用已由 Kelly 和 Zeece（2009）进行了综述。所需的特殊应用包括通过压力使乳清蛋白结构展开以促进肽链水解来降低乳清蛋白的致敏性（Zeece等，2008；Kelly 和 Zeece，2009），以及使用高压来保存初乳。初乳尤其富含生物活性蛋白质，如免疫球蛋白，在一定条件下利用高压处理初乳相比于热处理，能够更好地保留其生物活性，同时也能确保其作为商品拥有的合理货架期（Carroll等，2006；Li等，2006；Trujillo等，2007；Indyk等，2008）。关于母乳的最新研究表明，在400MPa的高压下进行5min的高压处理，可以保留乳清中的所有免疫球蛋白A（IgA），这将为婴儿的胃肠道系统提供被动免疫保护，但热处理灭菌通常会破坏这些免疫球蛋白（Permanyer等，2010）。

## 3.8 冰淇淋

高压加工在冰淇淋生产中的潜在应用也有相关研究（Huppertz 等，2011）。用传统工艺制备冰淇淋混合原料，然后在 200~500MPa 下处理 1~1200s。在 400MPa 或 500MPa 时，处理时间即使短至 1s 也可以增加混合物的黏度。混合物黏度增大可能是由于混合物中形成了主要由胶束片段组成的蛋白质网状结构。如预期的那样，冰淇淋混合物中的脂肪球大小不受高压处理的影响。当用高压处理过的混合物制备冰淇淋时，也能够观察到类似的蛋白质网络结构，并且这种冰淇淋的抗融化能力显著增强。非正式的感官评估表明，由高压处理过的混合物生产的冰淇淋口感和柔滑性等质地特征明显改善。

对高压诱导的冰淇淋混合物中蛋白质网络形成机理的研究表明，网状结构的形成是在冰淇淋混合物减压时发生的，并且是由压力释放时磷酸钙的溶解度降低驱动的。变性的乳清蛋白与酪蛋白胶束的相互作用可以阻碍网络的形成，而较小的脂肪球对网络的形成贡献更大。这些发现凸显了高压加工在减脂和无稳定剂但却能改善口感的冰淇淋生产中的应用前景。此外，蛋白质功能性改善，冰激凌制造商可以降低产品蛋白质含量，有利于节约成本（Huppertz 等，2011）。

## 3.9 结论与乳品工业发展展望

毫无疑问，近年来高压处理对乳的影响是一个广泛的科学研究领域，现在人们对乳在压力下发生的复杂变化已有很多了解。由于该领域的科学丰富性，近年来有关乳制品高压加工方面的论文与其他任何产品类型方面的论文相比要多得多。高压近年来在肉类和贝类等类型产品中已成为相对成熟的技术（表 3.1），相比之下，高压加工技术在乳品行业的应用相对较慢。Patel 等（2008）详细讨论了乳制品的高压加工的工业化障碍，主要包括高压设备的高成本和低规模。这意味着该工艺更适合于高产值、低容量物料的加工，即是说比起大宗商品（比如干酪），它更适用于功能性成分的加工，并且现有替代工艺技术无法提供高压带来的优势。

但是，这个情况可能正在慢慢改变。例如，近年来，用高压处理来延长货架期的干酪酱已经出现在西班牙市场。高压加工还有一个关键潜在应用对象是初乳。因为以高压替代热处理，可以保持其所有独特的、有益健康的生物活性因子（Carroll 等，2006）。

人们关心的关键问题是在 10 年内乳制品行业应用高压处理技术的程度。人们定将开发出既有广泛科学基础，又有独特优势（而不仅仅是与现有工艺等效）的高压工艺应用。

## 参考文献

[1] Abe, S., Kawashima, A., Masuda T. *et al*. Evaluation of heat deterioration of hard milk fat as a function

of pressurization time by chemiluminescence analysis. *Food Sci Technol Res*, 1999, 5: 381-383.

[2] Anema, S. G. Effect of milk solids concentration on whey protein denaturation, particle size changes and solubilization of casein in high-pressure-treated skim milk. *Int Dairy J*, 2008, 18: 228-235.

[3] Anema, S. G., Lowe, E. K., Stockman, G. Particle size changes and casein solubilisation in high-pressure-treated skim milk. *Food Hydrocolloids*, 2005a, 19: 257-267.

[4] Anema, G. G., Lauber, S., Lee, S. K. *et al*. Rheological properties of acid gels prepared from pressure- and transglutaminase-treated skim milk. *Food Hydrocolloids*, 2005b, 19: 879-887.

[5] Arias, M., Lopez-Fandino, R., Olano, A. Influence of pH on the effects of high pressure on milk proteins. *Milchwissenschaft*, 2000, 55: 191-194.

[6] Arqués, J. L., Garde, S., Gaya, P. *et al*. Short Communication: Inactivation of Microbial contaminants in raw milk La Serena cheese by high-pressure treatments. *J Dairy Sci*, 2006, 89: 888-891.

[7] Arqués, J. L., Garde, S., Fernández, E. *et al*. Volatile compounds, odor, and aroma of La Serena Cheese high-pressure treated at two different stages of ripening. *J Dairy Sci*, 2007, 90: 3627-3639.

[8] Balci, A. T., Wilbey, R. A. High-pressure processing of milk-the first 100 years in the development of a new technology. *Int J of Dairy Technol*, 1999, 52: 149-155.

[9] Belloque, J., Lopez-Fandino, R., Smith, G. M. A¹ H-NMR study on the effect of high pressures on β-lactoglobulin. *J Agric Food Chem*, 2000, 48: 3906-3912.

[10] Black, E. P., Kelly, A. L., Fitzgerald, G. F. The combined effect of high pressure and nisin on inactivation of microorganisms in milk. *Innov Food Sci Emerg Technol*, 2005, 6: 286-292.

[11] Buchheim, W., Abou El-Nour, A. M. Induction of milkfat crystallization in the emulsified state by high hydrostatic pressure. *Fat Science Technology*, 1992, 94: 369-373.

[12] Butz, P. A., Fernandez, A., Koller, W. -D. *et al*. Effects of High Pressure treatment on fermentation processes during ripening of Gouda cheese. *High Pressure Res*, 2000, 19: 37-41.

[13] Buzrul, S., Alpas, H., Largeteau, A. *et al*. Compression heating of selected pressure transmitting fluids and liquid foods during high hydrostatic pressure treatment. *J Food Eng*, 2008, 85: 466-472.

[14] Capellas, M., Needs, E. Physical properties of yoghurt prepared from pressure-treated concentrated or fortified milks. *Milchwissenschaft*, 2003, 58: 46-48.

[15] Capellas, M., Mor-Mur, M., Sendra, E., Guamis, B. Effect of high-pressure processing on physico-chemical characteristics of fresh goats' milk cheese Mato. *Int Dairy J*, 2001, 11: 165-173.

[16] Capellas, M., Noronha, R., Mor-Muh, M., Needs, E. Effect of high pressure on the consumer liking and preference of yoghurt. *High Pressure Res*, 2002, 22: 701-704.

[17] Carroll, T., Ping, C., Harnett, M., Harnett, J. Pressure treating food to reduce spoilage. International Patent Wo 2004/032655. 2004.

[18] Carroll, T. J., Patel, H., Gonzalez-Martin, M. A. *et al*. High pressure processing of bioactive compositions. International Patent Wo 2006/096074. 2006.

[19] De Cruz, A. G., Foncesca Faria, J. de A., Isay Saad, S. M. *et al*. High pressure processing and pulsed electric fields; potential use in probiotic dairy foods processing. *Trends Food Sci Technol*, 2010, 21: 483-493.

[20] Desobry-Banon, S., Richard, F., Hardy, J. Study of acid and rennet coagulation of high pressurized milk. *J Dairy Sci*, 1994, 77: 3267-3274.

[21] Dumay, E., Lambert, C., Funtenberger, S., Cheftel, J. C. Effects of high pressure on the physico-chemical characteristics of dairy creams and model oil/water emulsions. *Lebensmitteln Wissenschaft und*

*Technologie*, 1996, 29: 606-625.

[22] Eberhard, P., Strahm, W., Eyer, H. High pressure treatment of whipped cream. *Agrarforschung*, 1999, 6: 352-354.

[23] Frede, E., Buchheim, W. The influence of high pressure upon the phase transition behaviour of milk-fat and milk-fat fractions. *Milchwissenschaft*, 2000, 55: 683-686.

[24] Garcia-Risco, M. R., Olano, A., Ramos, M., Lopez-Fandino, R. Micellar changes induced by high pressure Influence in the proteolytic activity and organoleptic properties of milk. *J Dairy Sci*, 2000, 83: 2184-2189.

[25] Garcia-Risco, M. R., Recio, I., Molina, E., Lopez-Fandino, R. Plasmin activity in pressurized milk. *J Dairy Sci*, 2003, 86: 728-734.

[26] Garde, S., Arques, J. L., Gaya, P. *et al*. Effect of high-pressure treatments on proteolysis and texture of ewes' raw milk La Serena cheese. *Int Dairy J*, 2007, 17: 1424-1433.

[27] Gaucheron, F., Famelart, M. H., Mariette, F. *et al*. Combined effects of temperature and high-pressure treatments on physicochemical characteristics of skim milk. *Food Chem*, 1997, 59: 439-447.

[28] Gebhart, R., Doster, W., Kulozik, U. Pressure-induced dissociation of casein micelles: size distribution and effects of temperature. *Braz J Med Biol Res*, 2005, 38: 1209-1214.

[29] Gervilla, R., Ferragut, V., Guamis, B.. High hydrostatic pressure effects on color and milk fat globule size in ewe's milk. *J Food Sci*, 2001, 66: 880-885.

[30] Harte, F., Amonte, M., Luedecke, L. *et al*. Yield stress and microstructure of set yoghurt made from high hydrostatic pressure-treated full fat milk. *J Food Sci*, 2002, 67: 2245-2250.

[31] Harte, F., Luedecke, L., Swanson, B., Barbosa-Canovas, G. V. Low-fat set yoghurt made from milk subjected to combinations of high hydrostatic pressure and thermal processing. *J Dairy Sci*, 2003, 86: 1074-1082.

[32] Hendrickx, M., Ludikhuyze, L., Van den Broek, I., Weemaes, C. Effects of high pressure on enzymes related to food quality. *Trends Food Sci Technol*, 1998, 9: 197-203.

[33] Hinrichs, J., Rademacher, B. Kinetics of combined thermal and pressure-induced whey protein denaturation in bovine skim milk. *Int Dairy J*, 2004, 14: 315-323.

[34] Hinrichs, J., Rademacher, B., Kessler, H. G. Reaction kinetics of pressure-induced denaturation of whey proteins. *Milchwissenschaft*, 1996, 51: 504-509.

[35] Hite, B. H. The effect of high pressure preservation of milk. *Bulletin of the West Virginia Agricultural Experimental Station*, 1899, 58: 15-35.

[36] Hubbard, C. D., Caswell, D., Lüdemann, H. D., Arnold, M. Characterization of pressure-treated skimmed milk powder dispersions: application of NMR spectroscopy. *J Sci Food Agric*, 2002, 82: 1107-1114.

[37] Huppertz, T., De Kruif, C. G. Disruption and reassociation of casein micellesunder high pressure: influence of milk serum composition and casein micelle concentration. *J Agric Food Chem*, 2006, 54: 5903-5909.

[38] Huppertz, T., De Kruif, C. G. High pressure-induced solubilisation of micellar calcium phosphate from cross-linked casein micelles. *Colloids SurfA*, 2007a, 295: 264-268.

[39] Huppertz, T., De Kruif, C. G. Disruption and reassociation of casein micelles during high pressure treatment: influence of whey proteins. *J Dairy Res*, 2007b, 74: 194-197.

[40] Huppertz, T., Smiddy, M. A. Behaviour of partially cross-linked casein micelles under high pressure.

*Int J Dairy Technol*, 2008, 61: 51-55.

[41] Huppertz, T., Fox, P. F., Kelly, A. L. High pressure-induced changes in the creaming properties of bovine milk. *Innov Food Sci Emerging Technol*, 2003, 4: 349-359.

[42] Huppertz, T., Fox, P. F., Kelly, A. L. High pressure treatment of bovine milk: effects on casein micelles and whey proteins. *J Dairy Res*, 2004a, 71: 97-106.

[43] Huppertz, T., Fox, P. F., Kelly, A. L. High pressure-induced denaturation of α-lactalbumin and β-lactoglobulin in bovine milk and whey: a possible mechanism. *J Dairy Res*, 2004b, 71: 489-495.

[44] Huppertz, T., Fox, P. F., Kelly, A. L. Effect of cycled and repeated high pressure treatment on casein micelles and whey proteins in bovine milk. *Milchwissenschaft*, 2004c, 59: 123-126.

[45] Huppertz, T., Fox, P. F., Kelly, A. L. Dissociation of caseins in high pressure - treated bovine milk. *Int Dairy J*, 2004d, 14: 675-680.

[46] Huppertz, T., Fox, P. F., Kelly, A. L. Properties of casein micelles in high pressure-treated bovine milk. *Food Chem*, 2004e, 87: 103-110.

[47] Huppertz, T., Fox, P. F., Kelly, A. L. Plasmin activity and proteolysis in high pressure - treated bovine milk. *Lait*, 2004f, 84: 297-304.

[48] Huppertz, T., Fox, P. F., De Kruif, K. G., Kelly, A. L. High pressure-induced changes in bovine milk proteins: a review. *Biochimica et Biophysica Acta - Proteins and Proteomics*, 2006a, 1764: 593-598.

[49] Huppertz, T., Kelly, A. L., De Kruif, C. G. Disruption and reassociation of casein micelles under high pressure. *J Dairy Res*, 2006b, 73: 294-298.

[50] Huppertz, T., Smiddy, M. A., Kelly, A. L., Goff, H. D. Effect of high pressure treatment of mix on ice cream manufacture. *Int Dairy J*, 2011, 21: 718-727.

[51] Hvidt, A. A. Discussion of pressure - volume effects in aqueous protein solutions. *J Theor Biol*, 1975, 50: 245-252.

[52] Ikeuchi, Y., Nakagawa, K., Endo, T. *et al*. Pressure - induced denaturation of monomer β - lactoglobulin is partially reversible: comparison of monomer form highly acidic pH with dimer form neutral pH. *J Agric Food Chem*, 2001, 49: 4052-4059.

[53] Indyk, H. E., Williams, J. W., Patel, H. A. Analysis of denaturation of bovine IgG by heat and high pressure using an optical biosensor. *Int Dairy J*, 2008, 18: 359-366.

[54] Johnston, D. E., Austin, B. A., Murphy, R. J. Properties of acid - set gels prepared from high pressure treated skim milk. *Michwissenschaft*, 1993, 48: 206-209.

[55] Juan, B., Ferragut, V., Buffa, M. *et al*. Effects of high-pressure treatment on free fatty acids release during ripening of ewes' milk cheese. *J Dairy Res*, 2007a, 74: 438-445.

[56] Juan, B., Trujillo, A. J., Guamis, V. *et al*. Rheological, textural and sensory characteristics of high-pressure treated semi-hard ewes' milk cheese. *Int Dairy J*, 2007b, 17: 248-254.

[57] Juan, B., Ferragut, V., Guamis, B., Trujillo, A. J. The effect of high-pressure treatment at 300 MPa on ripening of ewes' milk cheese. *Int Dairy J*, 2008, 18: 129-138.

[58] Kanno, C., Uchimura, T., Hagiwara, T. *et al*. Effect of hydrostatic pressure on the physicochemical properties of bovine milk fat globules and the milk fat globule membrane, in *High Pressure Food Science, BioScience and Chemistry* (ed. N. Isaacs). The Royal Society of Chemistry, Cambridge, 1998: 182-192.

[59] Keenan, R. D., Young, D. J., Tier, C. M. *et al*. Mechanism of pressure-induced gelation of milk. *J*

*Agric Food Chem*, 2001, 49: 3394-3402.

[60] Kelly, A. L., Zeece, M. Applications of novel technologies in processing of functional foods. *Aust J Dairy Technol*, 2009, 64: 12-15.

[61] Kelly, A. L., Huppertz, T., Sheehan, J. J. Review: Pre-treatment of cheese milk: principles and development. *Dairy Sci Technol*, 2008, 88: 549-572.

[62] Kelly, A. L., Kothari, K. I., Voigt, D. D., Huppertz, T. Improving the technological and functional properties of milk by high-pressure processing, in *Dairy-Derived Ingredients: Food and Nutraceutical Uses* (ed. M Corredig). Woodhead Publishing Ltd, Oxford, UK, 2009: 417-441.

[63] Knudsen, J. C., Skibsted, L. H. High pressure effects on the structure of casein micelles in milk as studied by cryo-transmission electron microscopy. *Food Chem*, 2009, 119: 202-208.

[64] Knudsen, J. C., Karlsson, A. O., Ipsen, R., Skibsted, L. H. Rheology of stirred acidified skim milk gels with different particle interactions. *Colloids SurfA*, 2006, 274: 56-61.

[65] Kolakowski, P., Reps, A., Babuchowski, A. Characteristics of pressurized ripened cheeses. *Pol J Food Nutr Sci*, 1998, 7: 473-482.

[66] Kromkamp, J., Moreira, R. M., Langeveld, L. P. M., Van Mil, P. J. J. M. Microorganisms in milk and yoghurt: selective inactivation by high hydrostatic pressure, in *Heat Treatments and Alternative Methods*. International Dairy Federation, Brussels, 1996: 266-271.

[67] Kuwata, K., Li, H., Yamada, H. *et al*. High pressure NMR reveals a variety of flucutating confomers in β-lactoglobulin. *J Molec Biol*, 2001, 305: 1073-1083.

[68] Lado, B. H., Yousef, A, E. Alternative food-preservation technologies: efficacy and mechanisms. *Microbes Infect*, 2002, 4: 433-440.

[69] Li, S. Q., Zhang, H. Q., Balasubramaniam, V. M. *et al*. Comparison of effects of high-pressure processing and heat treatment on immunoactivity of bovine milk immunoglobulin G in enriched soymilk under equivalent microbial inactivation levels. *J Agric Food Chem*, 2006, 54: 739-746.

[70] Linton, M., Mackle, A. B., Upadhyay, V. K. *et al*. The fate of Listeria monocyto-genes during the manufacture of Camembert-type cheese: A comparison between raw milk and milk treated with high hydrostatic pressure. *Innov Food Sci Emerg Technol*, 2008: 423-428.

[71] López-Fandiño R. High pressure-induced changes in milk proteins andpossible applications in dairy technology. *Int Dairy J*, 2006, 16: 1119-1131.

[72] Lopez-Fandino, R., Olano, A. Effects of high pressures combined with moderate temperatures on the rennet coagulation properties of milk. *Int Dairy J*, 1998, 8: 623-627.

[73] Lopez-Fandino, R., Carrascosa, A. V., Olano, A. The effects of high pressure on whey protein denaturation and cheese-making properties of raw milk. *J Dairy Sci*, 1996, 79: 929-936.

[74] Lopez-Fandino, R., De la Fuente, M. A., Ramos, M., Olano, A. Distribution of minerals and proteins between the soluble and colloidal phases of pressurized milks from different species. *J Dairy Res*, 1998, 65: 69-78.

[75] Marilley, L., Casey, M. G. Review article: Flavours of cheese products: metabolic pathways, analytical tools and identification of producing strains. *Int J Food Microbiol*, 2004, 90: 139-159.

[76] Marshall, W. L., Frank, E. U. Ion product of water substance, 0-1000℃, 1-10000 bars New International Formulation and 1st background. *J Phys Chem Ref Data*, 1981, 10: 295-304.

[77] Matser, A. M., Krebbers, B., Van den Berg, R. W., Bartels, P. V. Advantages of high pressure sterilisation on quality of food products. *Trends Food Sci Technol*, 2004, 15: 79-85.

[78] McSweeney, P. L. H., Sousa, M. J. Biochemical pathways for the production of flavour compounds in cheeses during ripening: A review. *Lait*, 2000, 80: 293-324.

[79] Messens, W., Estepar-Garcia, J., Dewettinck, Huyghebaert, K. A. Proteolysis of high-pressure-treated Gouda cheese. *Int Dairy J*, 1999, 9: 775-782.

[80] Messens, W., Van de Walle, D., Arevalo, J. *et al*. Rheological properties of high-pressure-treated Gouda cheese. *Int Dairy J*, 2000, 10: 359-367.

[81] Moller, R. E., Stapelfeldt, H., Skibsted, L. H. Thiol reactivity in pressure-unfolded β-lactoglobulin Antioxidative properties and thermal refolding. *J Agric Food Chem*, 1998, 46: 425-430.

[82] Mozhaev, V. V., Heremans, K., Frank, J. *et al*. Exploiting the effects of high hydrostatic pressure in biotechnological applications. *Trends Biotechnol*, 1994, 12: 493-501.

[83] Needs, E. C., Stenning, R. A., Gill, A. L. *et al*. High-pressure treatment of milk: effects on casein micelle structure and on enzymic coagulation. *J Dairy Res*, 2000, 67: 31-42.

[84] O'Reilly, C. E., O'Connor, P. M., Murphy, P. M. *et al*. The effect of exposure to pressure of 50 MPa on Cheddar cheese ripening. *Innov Food Sci Emerg Technol*, 2000, 1: 109-117.

[85] O'Reilly, C. E., Kelly, A. L., Murphy, P. M., Beresford, T. P. High pressure treatment: applications in cheese manufacture and ripening. *Trends Food Sci Technol*, 2001, 12: 51-59.

[86] O'Reilly, C. E., O'Connor, P. M., Murphy, P. M. *et al*. Effects of high-pressure treatment on viability and autolysis of starter bacteria and proteolysis in Cheddar cheese. *Int Dairy J*, 2002, 12: 915-922.

[87] O'Reilly, C. E., Kelly, A. L., Oliveira, J. C. *et al*. Effect of varying high-pressure treatment conditions on acceleration of ripening of cheddar cheese. *Innov Food Sci Emerg Technol*, 2003, 4: 277-284.

[88] Orlien, V., Knudsen, J. C., Colon, M., Skibsted, L. H. Dynamics of casein micelles in skim milk during and after high pressure treatment. *Food Chem*, 2006, 98: 513-521.

[89] Pandey, P. K., Ramaswamy, H. S. Effect of high-pressure treatment of milk on lipase and γ-glutamyl transferase activity. *J Food BioChem*, 2004, 28: 449-462.

[90] Patel, H., Carroll, T., Kelly, A. L. New dairy processing technologies, in *Dairy Processing Technology and Quality Assurance* (eds R. C. Chandan, A. Kilara and N. P. Shah) Elsevier, London, 2008: 465-482.

[91] Payens, T. A. J., Heremans, K. *Effect of pressure on the temperature-dependent association of β-casein.*, 1969, 8: 335-345.

[92] Permanyer, M., Castellote, C., Ramírez-Santana, C. *et al*. Maintenance of breast milk immunoglobulin A after high-pressure processing. *J Dairy Sci*, 2010, 93: 877-883.

[93] Rademacher, B., Kessler, H. G. High pressure inactivation of microorganisms and enzymes in milk and milk products, in *High pressure Bio-Sci and Biotechnology* (ed. K. Heremans). Leuven University Press, Belgium, 1997: 291-293.

[94] Rastogi, N. K., Raghavarao, K. S. M. S., Balasubramaniam, V. M. *et al*. Opportunities and Challenges in High Pressure Processing of Foods. *Criti Rev Food Sci Nutr*, 2007, 47: 69-112.

[95] Regnault, S., Thiebaud, M., Dumay, E., Cheftel, J. C. Pressurisation of raw skim milk and of a dispersion of phosphocaseinate at 9℃ or 20℃: effects on casein micelle size distribution. *Int Dairy J*, 2004, 14: 55-68.

[96] Regnault, S., Dumay, E., Cheftel, J. C. Pressurisation of raw skim milk and of a dispersion of phosphocaseinate at 9℃ or 20℃: effects on the distribution of minerals and proteins between colloidal

and soluble phases. *J Dairy Res*, 2006, 73: 91-100.

[97] Rendules, E., Omer, M. K., Alvseike, O. *et al.* Microbiological food safety assessment of high hydrostatic pressure processing: A review. *LWT - Food Sci Technol*, 2011, 44: 1251-1260.

[98] Ross, A. I. V., Griffiths, M. W., Mittal, G. S., Deeth, H. C. Combining nonthermal tech-nologies to control foodborne microorganisms. *Int J Food Microbiol*, 2003, 89: 125-138.

[99] Rynne, N. M., Beresford, T. P., Guinee, T. P. *et al.* Effect of high-pressure treatment of 1day-old full-fat Cheddar cheese on subsequent quality and ripening. *Innov Food Sci Emerg Technol*, 2008, 9: 429-440.

[100] Saldo, J., Sendra, E., Guamis, B. Colour changes during ripening of high pressure treated hard Caprine cheese. *High Pressure Res*, 2002, 22: 659-663.

[101] Saldo, J., Fernandez, A., Sendra, E. *et al.* High pressure treatment decelerates the lipolysis in a caprine cheese. *Food Res Int*, 2003, 36: 1061-1068.

[102] San Martín-González, M. F., Welti-Chanes, J., Barbosa-Cánovas, G. V. Cheese manufacture assisted by high pressure. *Food Rev Int*, 2006, 22: 275-289.

[103] Sandra, S., Stanford, M. A., Meunier Goddik, L. The use of high-pressure processing in the production of Queso Fresco cheese. *Food Engin Phys Prop*, *J Food Sci*, 2004, 69: 153-158.

[104] Schrader, K., Buchheim, W. High pressure effects on the colloidal calcium phosphate and the structural integrity of micellar casein in milk II Kinetics of the casein micelle disintegration and protein interactions in milk. *Kieler Milchwirtschaftliche Forschungsberichte*, 1998, 50: 79-88.

[105] Scollard, P. G., Beresford, T. P., Murphy, P. M., Kelly, A. L. Barostability of milk plasmin activity. *Lait*, 2000a, 80: 609-619.

[106] Scollard, P. G., Beresford, T. P., Needs, E. C. *et al.* Plasmin activity, β-lactoglobulin denaturation and proteolysis in high pressure treated milk. *Int Dairy J*, 2000b, 10: 835-841.

[107] Sendra, E., Saldo, J., Capellas, M., Guamis, B. Decrease of free amino acids in high-pressure treated cheese. *High Pressure Res*, 2000, 19: 33-36.

[108] Sheehan, J. J., Huppertz, T., Hayes, M. G. *et al.* High pressure treatment of reduced-fat Mozzarella cheese: Effects on functional and rheological properties. *Innov Food Sci Emerg Technol*, 2005, 6: 73-81.

[109] Singh, T. K., Drake, M. A., Cadwallader, K. R. Flavor of Cheddar cheese: A chemical and sensory perspective. *Compr Rev Food Sci Food Saf*, 2003, 2: 139-162.

[110] Smelt, J. P. P. M. Recent advances in the microbiology of high pressure processing. *Trends Food Sci Technol*, 1998, 9: 152-158.

[111] Smith, K., Mendonca, A., Jung, S. Impact of high-pressure processing on microbial shelf-life and protein stability of refrigerated soymilk. *Food Microbiol*, 2009, 26: 794-800.

[112] Stapelfeldt, H., Olsen, C. E., Skibsted, L. H. Spectrofluorometric characterization of β-lactoglobulin B covalently labeled with 2-4'-maleimidylanilino naphthalene-6-sulfonate. *J Agric Food Chem*, 1999, 47: 3986-3990.

[113] Stippl, V. M., Delgado, A., Becker, T. M. Ionization equilibria at high pressure. *Eur Food Res Technol*, 2005, 221: 151-156.

[114] Tanaka, N., Tsurui, Y., Kobayashi, I., Kunugi, S. Modification of the single unpaired sulphydryl group of β-lactoglobulin under high pressure and the role of intermolecular S-S exchange in the pressure denaturation. *Int J Biol Macromol*, 1996, 19: 63-68.

[115] Torres, J. A., Velazquez, G. Commercial opportunities and reserach challenges in the high pressure processing of food. *J Food Eng*, 2005, 67: 95-112.

[116] Trujillo, A. J., Capellas, M., Buffa, M. *et al*. Application of high pressure treatment for cheese production. *Food Res Int*, 2000, 33: 311-316.

[117] Trujillo, A. J., Capellas, M., Saldo, J. *et al*. Applications of high-hydrostatic pressure on milk and dairy products: a review. *Innovative Food Sci*, *Emerging Technologies*, 2002, 3: 295-307.

[118] Trujillo, A. J., Castro, N., Quevedo, J. M. *et al*. Effect of heat and high-pressure treatments on microbiological quality and immunoglobulin G stability of caprine colostrum. *J Dairy Sci*, 2007, 90: 833-839.

[119] Udabage, P., Augustin, M. A., Versteeg, C. *etal*. Properties of low-fat stirred yoghurts made from high-pressure-processed skim milk. *Innov Food Sci Emerg Technol*, 2010, 11: 32-38.

[120] Velez-Ruiz, J. F., Swanson, B. G., Barbosa-Canovas. Flow and viscoelastic properties of concentrated milk treated with high hydrostatic pressure. *Lebensmitteln Wissenschaft und Technologie*, 1998, 31: 182-195.

[121] Voigt, D. D., Chevalier, F., Qian, M. C., Kelly, A. L. Effect of high-pressure treatment on microbiology, proteolysis, lipolysis and levels of flavour compound in mayure blue-veined cheese. *Innnov Food Sci Emerg Technol*, 2010, 11: 68-77.

[122] Wick, C., Nienaber, U., Anggraeni, O. *et al*. Texture proteolysis and viable lactic acid bacteria in commercial Cheddar cheeses treated with high pressure. *J Dairy Res*, 2004, 71: 107-115.

[123] Ye, A., Anema, S. G., Singh, H. High-pressure-induced interactions between milk fat globule membrane proteins and skim milk proteins in whole milk. *J Dairy Sci*, 2004, 87: 4013-4022.

[124] Yokohama, H., Sawamura, N., Motobayashi, N. Method for accelerating cheese ripening. European Patent Application, EP 0 469857 A1. 1992.

[125] Zeece, M., Huppertz, T., Kelly, A. L. Effect of high pressure treatment on *in vitro* digestibility of β-lactoglobulin. *Innov Food Sci Emerg Technol*, 2008, 9: 62-69.

[126] Zobrist, M. R., Huppertz, T., Uniacke, T. *et al*. High pressure-induced changes in rennet-coagulation properties of bovine milk. *Int Dairy J*, 2005, 15: 655-662.

# 4 微射流高压均质技术在乳及乳制品中的应用

John Tobin[1,2]、Sinead P. Heffernan[1]、Daniel M. Mulvihill[1]、Thom Huppertz[3] 和 Alan L. Kelly[1]

[1] *School of Food and Nutritional Sciences, University College Cork, Ireland*

[2] *Moorepark Food Research Centre, Ireland*

[3] *NIZO food research, The Netherlands*

## 4.1 引言

乳浊液包含两种互不相溶的液相,一种为分散相,通常由粒径为 0.1~100μm 的液滴组成,另一种为连续相,两相间的界面层由乳化剂或表面活性剂稳定。乳化剂是一种表面活性分子,能够吸附在油滴表面降低界面张力,从而为分散的油滴提供稳定性。例如在乳中,水为连续相,形成水包油(O/W)乳浊液,而在黄油中,则油为连续相,形成油包水(W/O)乳浊液。均质是生产乳浊液的主要技术,在合适的乳化剂存在的条件下,通过混合油相和水相,或者通过减小现有(前)乳浊液的液滴大小的方法获得乳浊液。

生乳含有 3%~5% 的脂肪,脂肪球直径为 0.2~15μm,平均直径约为 4μm,分散在连续的脱脂乳相中。乳脂肪球被由磷脂、蛋白质和中性脂质组成的乳脂肪球膜(MFGM)包裹,乳脂肪球膜可保护脂肪球不发生絮凝和聚结。除乳脂肪球膜外,乳蛋白也具有良好的乳化性(Mulvihill 和 Ennis,2003)。均质的压力范围通常在 10~30MPa,通过减小乳脂肪球的大小防止储存期发生分层现象,均质在乳制品行业已经应用了 100 多年(Banks,1993;Walstra,1999),现在被应用于许多乳制品的生产中,如乳、酸乳、冰淇淋和奶油利口酒。均质有助于乳制品的生产,能改善乳制品的质地、口感、风味和保质期(Banks,1993;McClements,1999;Paquin,1999)。

传统均质方式在乳制品行业中的应用已有 100 多年的历史,本章回顾了乳制品均质技术的一些最新发展,特别是那些微射流高压均质技术(在 100~300MPa 下运行),并讨论了其在乳制品中的可能应用和影响。其他新型乳化技术,如主要在实验室规模下研究的膜乳化和超声乳化技术,本章则不予讨论。

## 4.2 乳浊液的稳定性与不稳定性

乳浊液可因许多不同的机制失稳,包括分层、沉淀和絮凝。如果分散液滴的密度小于连续相的密度,就会发生分层,而如果液滴的密度高于连续相的密度,就会发生沉淀。乳浊液的分层和沉淀对液滴的粒径分布非常敏感,液滴的粒径分布是影响乳浊液稳定性的最重要的因素之一。因此,减少液滴的平均直径(如通过均质)能够增强乳浊液抗分层或沉淀的稳定性（Chanamai 和 McClements，2000a，2000b）。

当两个或两个以上的液滴聚集在一起形成一个凝聚体时就会发生絮凝，在这个凝聚体中液滴保持各自的完整性，除非发生聚结（即两个或两个以上的小液滴形成一个大液滴），否则絮凝是可逆的。聚结后直径增大会导致更迅速地分层，最终导致油层的形成，称为"结皮"（McClements，1999；van Aken，2003）。液滴的聚结是由分隔液滴的薄膜破裂引起的。如图 4.1 所示为乳浊液的失稳机制，包括分层、絮凝和聚结。

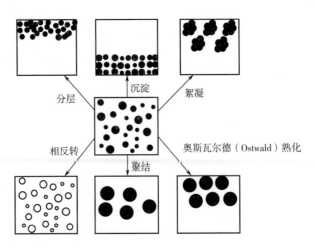

图 4.1　乳浊液失稳过程示意图

（资料来源：Tadros 等，2004。）

### 4.2.1　均质作用

为了产生稳定的乳浊液，分散相必须以小液滴的形式分布在连续相中。这包含两个步骤：液滴的破裂和乳化剂对重新形成液滴表面的稳定（图 4.2）（Walstra，1993；Karbstein 和 Schubert，1995）。液滴的破裂是由将液滴聚集在一起的界面力和将液滴拉开的分裂力决定的。界面力可用拉普拉斯压力（$\Delta P_L$）表示，该力作用于油水界面，使得液滴内部的压力大于外部。在均质过程中为了使液滴变形和破裂，必须施加一个明显大于界面力的外力。均质过程中作用在液滴上的分裂力取决于流体条件（层流、湍流或空穴），因此也取决于所使用的均质机类型。在大多数乳化系统中，液滴分裂的多种机制很重要。例如，液滴可能因剪切应力而变形，随后在湍流或空穴中破裂。

在传统均质中，液滴破裂与聚结之间的动态平衡决定了最终的液滴粒度分布。已有研究表明，由于均质中的碰撞，作用在液滴上的冲击力可能足以在极高的压力下引起界面膜的破坏。在湍流中，液滴的变形和破裂主要是由耗散能量的小漩涡产生的惯性力造成的（Walstra，1993）。在许多类型的均质机中，液滴的破裂很大程度上取决于湍流中的惯性力（Stang 等，2001）。随着均质压力的增加，空穴、剪切应力和惯性力，以及压缩力、加速度、快速压降和冲击力都显著增加。

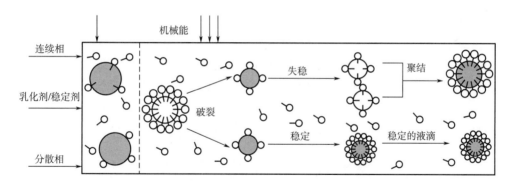

图 4.2　机械乳化过程：乳化前的乳浊液中的液滴在分散相中被输入的
机械能破坏，随后乳化剂使重新形成的液滴表面稳定

（资料来源：Karbstein 和 Schubert，1995。）

静压的降低会导致内部充满气体或蒸汽空穴的形成，当静压增加时，空穴就会坍塌。压力迅速增加引起气泡突然破裂会引发冲击波，并伴随着局部极端高压和高温。充满蒸汽的气泡破裂或气泡内爆引起的压力脉冲是空穴过程中液滴破裂的原因。这些力与极高的升温相结合，可促进液滴之间碰撞频率的增加，导致大液滴变形，在碰撞液滴之间拉伸吸附蛋白质层和薄膜（Robin 等，1993；Mohan 和 Narsimhan，1997；Floury 等，2000，2004a；van Aken，2003；Tliebaud 等 2003；McClements，2004）。拉伸会导致吸附材料的耗竭，如果不同液滴上的蛋白质耗竭区域互相接近，则可能发生再聚结（McClements，2004）。

为了更有效地生产出液滴平均直径小、粒度分布窄的乳浊液，新的乳化体系正在不断被开发。所用均质机的类型对所形成的乳浊液液滴的类型差别很大（Dalgleish 等，1996；Stang 等，2001；Tesch 等，2003；Schultz 等，2004；Perrier-Cornet 等，2005；Jafari 等，2007）。需要考虑压力、温度、流速、分散相浓度和乳化剂浓度等主要工艺参数；为降低工艺成本，所需的输入功率应该低。本章将讨论这方面的一些主要发展方向。

### 4.2.2　高压均质原理

在高压均质机中，高压泵使乳浊液通过均质喷嘴的狭窄缝隙。在均质中，喷嘴上游的液体具有较高势能，进入喷嘴后转化为动能。强烈的剪切、空穴和湍流作用的结合导致液滴破裂。高压均质（High-Pressure homogenization，HPH）伴随着压降（空穴），这可能引起液滴产生更大的内爆力。高压均质机可细分为径向扩散型、反向喷射扩散型和轴流式喷嘴型。

图 4.3 为几种高压均质机的阀门示意图，图 4.4 为传统均质机与高压均质机的流动几何特性对比。高压均质机的阀座和活塞通常由陶瓷制成，能够承受加工过程中遇到的高压和高应力。受压流体在均质阀内轴向流动，以极高的速度通过活塞与阀座之间形成的间隙。均质阀内的压力和速度由这个可调阀间隙的大小决定。随后，流体在大气压力下离开阀座。

乳或其他类似产品在通过高压均质机时，会同时发生许多相互关联的物理现象，包括高速、剪切、颗粒碰撞、湍流、压力快速升高和降低以及伴随的空穴作用。在高压均质机中，流体速度在接近均质阀的间隙时增长非常快，从小于 0.5m/s 增至高达 100m/s（Floury 等，

2004a，2004b）。强大的加速度导致了乳浊液的拉伸流动，这可能是乳浊液液滴破裂的主要机制。当流体加速进入阀与阀座之间的间隙时，速度进一步增加，压力突然下降，在压力为300MPa下，液体流速可达200m/s左右（Floury 等，2004a，2004b）。高速度使乳浊液在均质阀内的停留时间非常短。在通过阀门时，乳浊液会发生剧烈的湍流和空穴。

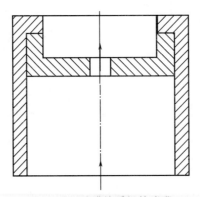

（1）孔板喷嘴均质机的喷嘴

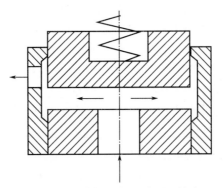

（2）径向扩散式均质机的标准平板阀

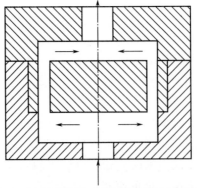

（3）反向喷射分散式均质机的相互作用腔

图4.3 高压均质机

（资料来源：Stang 等，2001。）

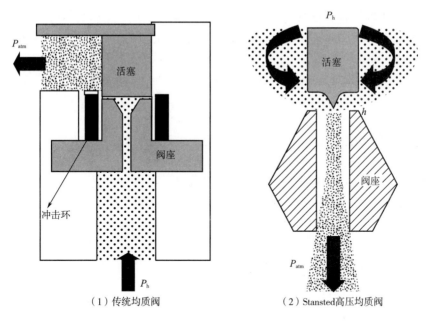

（1）传统均质阀　　　　　　　　　　（2）Stansted 高压均质阀

图 4.4 传统均质阀（APV-Gaulin）和 Stansted 高压均质阀的流体几何特性
（资料来源：Floury 等，2004b。）

当乳被高压均质时，我们可以观察到乳温度大幅度升高。据报道，初始温度为 40℃ 的乳分别在 100MPa、200MPa 或 300MPa 压力下均质时，一级均质阀下游的温度分别为 65℃、84℃ 或 103℃（Pereda 等，2007）。在高压均质条件下，乳的温度通常随均质压力以 0.15 ~ 0.20 ℃/MPa 的速度呈近似线性增加（Hayes 和 Kelly，2003a；Datta 等，2005；Hayes 等，2005；Picart 等，2006；Thiebaud 等，2003；Pereda 等，2007）；在高压均质过程中观察到的乳温度升高，很大程度上与乳均质之前的温度无关。然而，高压均质（HPH）期间温度的升高与乳的脂肪含量有关，在 150MPa 条件下高压均质（HPH）时，脂肪含量每增加 1 个百分点，温度增加 0.5℃（Hayes 和 Kelly，2003a）。

## 4.2.3　微射流

有一种特殊类型的高压均质机是反向喷射分散式设计，通常被称为微射流仪，它的设计基于食品工业中最知名的可用系统。

微射流仪可以说是一种高能的乳化设备，在微射流仪中，两个或多个相反的粗乳液喷射流从至少两个相对的孔或通道中出来时，发生相互碰撞。反向喷射分散式均质机与径向扩散均质机不同，它没有任何活动部件，均质压力由流速控制。

Cook 和 Lagace（1985）取得了微射流仪处理高剪切流体的工艺的专利，Paquin 和 Giasson（1989）首次介绍了其在食品中的应用。微射流通常用于化妆品和制药工业中，用于生产非常细腻的乳液（Robin 等，1992，1993）。微射流也被推荐为一种适合乳均质的方法（Paquin 和 Giasson，1989；Robin 等，1992，1993；McCrae，1994；Dalgleish 等，1996；Tosh 和 Dalgleish，1998；Hardham 等，2000）。

在微射流过程中，产品从入口端储液罐泵入系统，并通过高压增压泵以高达 400m/s 的速度和 20~275MPa 的压力输送到相互作用腔。在固定几何形状的相互作用腔中，液体被分成两个或更多的微流（McCrae，1994）。这些高速流动的微流通常以垂直的角度发生碰撞，会发生突然的压降，导致湍流、空穴和剪切，最终导致液滴破裂（Hardham，2000）。在相互作用腔出口处，乳浊液液滴不再受湍流影响；因此，小液滴相互作用的可能性较小，可保持均匀分布（Perrier-Cornet 等，2005）。如有需要，产品随后会被迅速冷却，并收集在出口端储液罐中。

与传统均质机相比，微射流仪需要的维护更少，因为相互作用腔中没有可移动的部件，工作压力更高，产生的乳浊液粒径分布更窄（Banks，1993）。根据制造商的说法，微射流仪喷嘴的最窄截面是 75μm。微射流仪可配备防止液滴聚结的辅助工艺模块，类似于传统阀门均质机中的二级均质。微射流仪的缺点可能包括在高加工压力下的"过度加工"，即由于小液滴的相互作用和随后的再聚结，使得脂肪球的尺寸增大（Jafari 等，2007）。

# 4.3 高压均质与微射流对乳成分的影响

## 4.3.1 乳脂肪球

乳制品加工中均质的主要作用是减少乳脂肪球的大小，目的是延长物理货架期和/或产生理想的质构属性。因此，用于乳体系的新均质技术方面的研究大部分集中在乳脂肪球上也就不足为奇了。在高压均质过程中，当液滴通过高压均质机的阀门时，发生了许多变化：①液滴的变形和破裂；②表面活性物质吸附在新形成的液滴界面上；③乳脂肪球发生相互碰撞，可能发生再聚结。

原乳液液滴的破裂和新形成的液滴再聚结之间的平衡决定了均质产品中最终乳液液滴的粒度分布。一般来说，高压均质比传统均质所获得的乳脂肪球粒径小（Hayes 和 Kelly，2003a；Hayes 等，2003，2005；Serra 等，2007）。在高压均质机中，100MPa 高压均质的乳，颗粒粒度分布的典型参数为约 0.2μm 的体积-表面加权平均直径（$D$ [3，2]）和约 0.5μm 的体积-表面加权平均直径（$D$ [4，3]）。在非均质乳中，这些值通常分别约为 1.0μm 和 4.5μm，在传统均质乳中分别约为 0.5μm 和 1.0μm。

在高压均质乳中，均质压力和温度是决定乳脂肪球大小的两个主要因素。在均质压力为 200~250MPa 时能产生最小的乳脂肪球（Hayes 和 Kelly，2003a；Thiebaud 等，2003；Hayes 等，2005 年；Picart 等，2006；Serra 等，2007）。在大于 250MPa 的较高均质压力下，乳脂肪球大小实际上可能又会增大（Thiebaud 等，2003；Pereda 等，2007；Serra 等，2007）；这可能是因为新形成的脂肪球表面积太大，无法被表面活性物质迅速覆盖，导致脂肪球聚集。Kielczewska 等（2000）报道，尽管高压均质（HPH）降低了乳脂肪球的平均粒径，但超过 80MPa 的均质压力增加了脂肪球聚结的可能性。

此外，研究表明，在高压均质前将乳加热到大于 30℃，对于获得最窄和最小的粒度分布是必不可少的（Hayes 和 Kelly，2003a；Thiebaud 等，2003；Datta 等，2005）。因为高于 30℃，均质阀中就不会有结晶脂肪，不过通常要求均质前最低温度为 45℃。在高压均质期间温度的快速升高肯定有助于脂肪的融化，但似乎升温幅度还不足以进行冷牛乳均质。

微射流对液态乳和乳品乳浊液中脂肪球性质的影响也被广泛报道。即使在相对较低的压力下，微射流比传统均质能更有效地破坏乳脂肪球（McRae，1994；Dalgleish，1996）。微射流乳的平均脂肪球粒径随着压力的增加而显著减小（Dalgleish 等，1996）；然而，McRae（1994）认为，脂肪球的大小对微射流操作压力的变化不像传统均质那样敏感。在液滴破裂方面，有报道称最佳微射流压力为 50MPa（Robin 等，1992）。乳的微射流能产生传统均质乳中没有的非常小的液滴（Pouliot 等，1991；Dalgleish 等，1996），并能生产脂肪聚集水平较低的乳（McCrae，1994）。

乳的微射流导致油水界面的大量重排（McCrae，1994；Dalgleish 等，1996；Dalgleish，1997）。在传统均质乳中，酪蛋白胶束被吸附并分布到脂肪球表面，而未被吸附的酪蛋白胶束则保持完整不变（Dalgleish 等，1996；Dalgleish，1997）。据介绍，微射流乳中的脂肪球有约 10nm 厚的界限分明的薄膜，没有传统均质产生的大胶束碎片。微射流产生的一些较大的脂肪球通过蛋白桥又被部分覆盖了较小的脂肪球，一些最小的脂肪球实际上似乎被包埋在酪蛋白胶束中间（Dalgleish 等，1996）。在微射流乳中吸附层似乎不含乳清蛋白，但在传统均质乳中，吸附层有乳清蛋白（Dalgleish 等，1996）。

显然，在微射流过程中对乳施加的压力有一个有效的限值，超过这个限值，对粒度分布要么没有影响，要么有不利影响（Olson 等，2004）。研究人员发现，大于 100MPa 压力进行微射流后，脱脂乳和脂肪含量为 2% 的乳的粒径没有进一步显著降低，而在高于 100MPa 压力下，全脂乳或脂肪含量为 41% 的奶油的粒径显著增加；这些粒径尺寸的增加是因为脂肪聚集和可能发生的聚结。

Robin 等（1992）研究了微射流温度和压力对模拟乳品乳浊液粒度分布的影响。影响脂肪球大小的主要因素按照重要性顺序排列，依次为脂肪含量、单甘油酯含量、乳化压力、蛋白质含量和乳化温度。Robin 等（1996）进一步报道了微射流和组成变量对模型乳品乳液表面蛋白质负荷的影响。Schokker 和 Dalgleish（1998）比较了微射流和传统均质对钙诱导乳液絮凝的影响，发现在微射流乳液中诱导絮凝所需的钙含量较低。Perrier-Cornet 等（2005）报道高压射流均质产生的颗粒尺寸比微射流更小，但微射流产生的粒度分布更均匀。

Kanafusa 等（2007）报道，微射流可以产生粒度分布较窄且稳定的酪蛋白酸钠乳液，但在蛋白质含量固定时，均质效率最高。Thompson 和 Singh（2006）使用微射流仪从乳脂肪球膜制备脂质体，发现脂质体的大小与磷脂浓度（1%、5% 或 10%）和通过微射流仪的次数有关；然而，多次通过微射流仪对脂质体的多分散性没有显著影响。Henry 等（2010）证明，在以磷脂或乳清蛋白作为乳化剂的体系中，可以通过微射流（200~350nm）产生动态稳定的亚微乳液。

## 4.3.2 乳蛋白

由于显而易见的原因，均质新技术对脂肪球的影响可能是研究最为深入的，这类工艺对乳蛋白的影响的研究也相当广泛。

据报道，在约 200MPa 下，高压均质会部分破坏酪蛋白胶束（Hayes 和 Kelly，2003a；Sandra 和 Dalgleish，2005；Roach 和 Harte，2008；Lodaite 等，2009）。然而，高压均质对酪蛋白胶束大小的影响远小于对脂肪球大小的影响；即使在 186MPa 下，进行多达 6 次均质处理，脱脂乳的颗粒大小也只减小了 10%~15%（Sandra 和 Dalgleish，2005）。考虑到高压均质的时间和压力，胶束尺寸的减小可能是酪蛋白胶束或其中酪蛋白胶束团聚体物理破坏的结果，因为胶束磷酸钙在高静水压力下控制胶束破坏，而高压均质条件不会使胶束磷酸钙显著增溶，从而不会破坏胶束。在大于250MPa压力下，乳的高压均质会导致酪蛋白胶束尺寸的增加。在钙存在的情况下，大于200MPa的高压均质会使酪蛋白胶束发生大量聚集（Roach和Harte，2008）。

高压均质可导致乳清蛋白的变性，变性程度随均质压力的增加而增加，采用二级均质变性程度也增强。当进口温度为30℃，一级压力为300MPa，二级压力为30MPa时，脱脂乳的高压均质可使 $\beta$-乳球蛋白变性约45%，$\alpha$-乳清蛋白变性约30%（Serra等，2008a；Pereda等，2009）。乳清蛋白在高压均质过程中变性很大程度上是因为受热导致。高压均质引起的全脂乳中乳清蛋白的变性程度与在脱脂乳中观察到的似乎相似（Datta等，2005；Hayes等，2005）。

乳蛋白的微流化被认为是生产可用作脂肪替代品的微粒乳蛋白的手段；对压力、温度和通过微射流仪的次数等条件进行优化，以生产既定尺寸和形状的蛋白质聚结体（Paquin，1993）。在一项类似的研究中，Iordache和Jelen（2003）对热变性乳清蛋白进行微射流以改善其功能，发现高压微射流可使变性乳清蛋白部分甚至完全重新溶解，所以可将其加入热处理饮料系统中，在贮存期间不会形成沉淀。Dissanayake和Vasiljevic（2009）发现，热处理和微射流结合生成的乳清蛋白微聚体热稳定性更强，起泡性更好，用这种蛋白质制成的乳液与未变性的微射流蛋白相比，具有更高的吸附蛋白质含量和更高的乳化活性指数。

### 4.3.3 乳中的酶类

乳的均质对脂肪酶的影响尤为重要，因为均质有利于脂肪酶通过发生变化的脂肪球膜进入甘油三酯核心，从而促进脂肪分解，降低pH，产生酸败味。在进口温度小于40℃、100MPa或200MPa的条件下，乳的高压均质不能完全钝化乳中的脂蛋白脂肪酶（Datta等，2005；Pereda等，2008a）；事实上，在10~30℃进口温度、100MPa或200MPa压力条件下处理，高压均质似乎极大地促进了乳中的脂肪分解过程，可能是由于脂肪酶的不完全钝化，加上高压均质非常有利于脂肪酶接近、进入乳脂肪球（Datta等，2005）。在200MPa、进口温度大于40℃的条件下均质乳似乎会导致乳中的脂肪酶完全钝化（Datta等，2005；Pereda等，2008a）。

Hayes和Kelly（2003b）研究表明，高压均质不会降低脱脂乳中内源性纤溶酶的活性。然而，含脂乳的纤溶酶活性随高压均质压力（Hayes和Kelly，2003b；Hayes等，2005）、进料温度（Datta等，2005）及脂肪含量（Hayes和Kelly，2003b）的增加而降低。以前一贯把这种纤溶酶活性的降低归因于酶的钝化。然而，Iucci等（2008）研究表明，观察到的纤溶酶活性降低很大一部分是由于在均质过程中酪蛋白胶束（乳中的纤溶酶天然存在于其中）与乳脂肪球结合，而随后在分析前的样品制备过程中，结合的酪蛋白胶束与乳脂肪球从反应混合物中被去除。这些发现与观察结果一致，即高压均质乳的蛋白质水解与未处理乳没有显著差异（Hayes和Kelly，2003b）。只有在高均质压力（200MPa）和高进口温度（50℃）的条件下，才会发生显著（<20%）的纤溶酶钝化（Iucci等，2008）。

当乳在进口温度为4℃时均质，碱性磷酸酶在压力小于250MPa下不会被钝化，但在200MPa、进口温度大于20℃下均质，碱性磷酸酶的钝化程度相当大（Hayes和Kelly，

2003b；Hayes 等，2005；Datta 等，2005；Picart 等，2006）。当乳进口温度大于 10℃、200MPa 时进行高压均质，乳中的乳过氧化物酶会发生钝化（Datta 等，2005）。

迄今为止，还没有用微射流法钝化乳中酶类的报道。

### 4.3.4　微生物

细菌细胞会受高压均质过程中发生的剪切、空穴、温度和压力的强烈影响，因此通过该过程可以实现多种细菌的灭活。高压均质诱导的杀菌作用随着压力、温度和介质脂肪含量的增加而增加（Diels 等，2004，2005；Vannini 等，2004；Hayes 等，2005；Pereda 等，2006，2007；Picart 等，2006；Iucci 等，2007；Lanciotti 等，2007；Smiddy 等，2007；Capra 等，2009；Donsi 等，2009；Roig-Sagues 等，2009）。高压均质的杀菌作用似乎与细菌细胞的实际物理破坏有关（Huppertz，2011），革兰阳性菌比革兰阴性菌更能抵抗高压均质诱导的灭活作用（Donsi 等，2009）。Diels 等（2004，2005）研究表明，影响高压均质对细菌灭活程度的关键因素是介质的黏度，而非介质的组成。在低黏度介质中，细菌细胞由于受力变形容易破裂，但如果黏度高，细菌细胞的变形以及因此产生的破裂和失活就少得多（Diels 等，2005）。

关于微射流灭活乳品系统中微生物的资料很少。然而，有研究评价了冰淇淋混合物的微射流（50～200MPa）对地衣芽孢杆菌（*Bacillus lichenformis*）芽孢的破坏（Feijoo 等，1997）。芽孢的破坏与加工压力的增加和加工过程中温度的同时升高相关，二者对芽孢破坏有倍增效应。

## 4.4　高压均质与微射流在乳制品生产中的应用

### 4.4.1　乳

因为高压均质可以灭活乳中的细菌，所以有人认为该工艺可以作为乳巴氏杀菌和均质的替代选择。一些研究表明，足够高的压力和进口温度的组合，例如大于 150MPa 和大于 40℃，导致微生物失活的程度可以与通常生产消费乳制品的高温短时（HTST）杀菌工艺中达到的失活程度相当（Hayes 等，2005；Pereda 等，2006，2007；Picart 等，2006；Smiddy 等，2007）。这种高压均质乳的冷藏货架期与传统的巴氏杀菌/均质乳相当（Pereda 等，2006，2007；Smiddy 等，2007）。此外，高压均质诱导的脂肪球尺寸的减小有效地减少了乳分层的程度（Hayes 等，2005）。

然而，在 200MPa 均质的乳中，残留的脂肪酶活性会导致乳中大量的脂肪分解，如游离脂肪酸水平增加和 pH 降低所观察到的现象（Hayes 等，2005；Pereda 等，2008a）。在 300MPa 下均质的乳非常容易发生脂肪氧化（Pereda 等，2008a），可能是因为在此高压下产生的超大脂肪球表面积不能被乳中存在的表面活性物质充分覆盖。因此，虽然从微生物的角度来看，高压均质可能是乳巴氏杀菌和均质工艺的一种替代工艺，但高压均质乳中脂肪氧化、脂肪降解（Pereda 等，2008a）以及醛类（Pereda 等，2008b）的增加，可能会产生不良的风味成分。

微射流技术已被用于降低 UHT 乳储存期间的脂肪上浮程度（Hardham 等，2000）。有人认为微射流样品可以稳定保存 9 个月，不会出现过度分离的情况，而传统均质样品只能保存 2~3 个月。

### 4.4.2 酸乳生产

酸乳和许多其他酸凝固型乳制品生产过程中几乎总会用到均质。通过减小脂肪球的大小和在脂肪球界面上吸附乳蛋白，均质过程对于获得理想的质地、稳定性和口感方面起着关键作用。均质过程产生了大量被酪蛋白覆盖的脂肪球，增加了暴露的酪蛋白表面积，这些暴露的酪蛋白参与形成酸凝固的乳凝胶。由于高压均质比传统的均质法更能减小颗粒大小，因此可能会进一步增加暴露的酪蛋白表面积，许多研究已经检验了该技术在酸乳生产中的适用性。如前所述，使用高压均质还有一个优点是能引起乳中的乳清蛋白变性，有助于进一步改善酸乳的质地和结构。

据报道，即使在 350MPa 下，单独的高压均质也不能使凝胶强度增加到与传统热处理（如 90℃ 下）相同的程度（Hernandez 和 Harte，2008；Serra 等，2008）。然而，Serra 等（2007，2009a）报告称，在 20~300MPa 压力、进口温度 30℃ 或 40℃ 下高压均质乳（蛋白质 3.2%，脂肪 3.5%）制备的凝固型酸乳的凝胶硬度与添加 3% 脱脂乳粉、传统均质（15MPa）并在 90℃、90s 热处理的乳相当或更高。

关于均质压力对酸化脱脂乳凝胶性质的影响，已经发表论文的结果相互矛盾。Hernandez 和 Harte（2008）报告称，压力的增加对酸乳凝胶的储能模量影响不大，而 Serra 等（2008a）报道称，随着均质压力的增加凝胶的硬度降低。当高压均质和热处理相结合时，随着均质压力的增加，储能模量增大。

乳在 200MPa 或 300MPa 下高压均质，与同样的乳强化 3% 脱脂乳、传统均质和加热处理制备的搅拌型酸乳相比，前者的质构特性和持水能力得到了改善（Serra 等，2009a）。高压均质乳制成的酸乳质构特性的改善，可能主要是由于高压均质乳中乳脂肪球的大小显著降低，从而显著增加了酪蛋白的表面积。由于在高压均质中乳清蛋白变性不完全（Serra 等，2007，2009a），高压均质和高热处理相结合可能会进一步提高凝胶的硬度。

人们还发现高压均质乳生产的酸乳脱水收缩敏感性降低（Serra 等，2007，2009a），而发酵时间基本不受影响（Serra 等，2007）。对于凝固型和搅拌型酸乳，人们发现在冷藏条件下，其流变特性和持水能力的改善可持续长达 28 天。在相同的储存期间，酸乳中的蛋白质水解不受高压均质的影响（Serra 等，2009b），但在 200MPa、30℃ 的进口温度下，均质乳制得的酸乳在贮藏期间发生了脂解，这是因为该工艺不足以钝化脂肪酶（Serra 等，2008b）。

这些结果表明在酸乳产品的生产中，高压均质更适用，特别是因为该工艺所增加的成本可以通过降低蛋白质含量平衡。

Cobos 等（1995）研究了微射流和传统均质制备的复原乳的酸凝胶，发现均质机类型、温度和压力对葡聚糖-δ-内酯制备的酸乳凝胶的流变性没有影响；固形物含量、热处理和保持温度是影响流变性的主要因素。Ciron 等（2010a）比较了微射流和传统均质乳生产搅拌酸乳的稳定性和质构特性。在 150MPa 下对零脂酸乳进行微射流处理对产品质量有不利影响，会使酸乳脱水收缩增加，同时硬度、黏结性和黏度降低。然而，尽管乳进行了更有效的乳化，经过相同处理的低脂酸乳的质构和持水性与传统均质生产的酸乳没有显著差异。Ciron 等（2010b）研究了微射流乳制成的酸乳感官特性和质地，得出如下结论，即微射流可以应用于生产低脂高品质酸乳。

### 4.4.3 干酪

酪蛋白胶束与脂肪球相互作用会削弱乳在凝乳凝胶形成中的关键作用，因此传统上避免用均质来预处理制作干酪的乳。均质对干酪生产的负面影响包括阻碍凝乳酶凝固、脱水收缩差和干酪含水量高，通常还伴有结构粗糙和易碎的特征（Kelly 等，2008）。近年来，许多研究评估了与传统均质使用低压相反的高压均质对干酪生产的影响。

Zamora 等（2007）研究了在 100~330MPa 条件下，单级或两级高压均质乳的凝乳酶凝结特性，并报道称，凝乳产量随压力的增加而增加（因为含水量增加），在高压均质中使用二级均质对凝乳酶凝结特性的好处不如单级均质处理。Lodaite 等（2009）也使用模拟体系来评估高压均质对脱脂乳或全脂乳凝乳酶凝结的影响。他们得出结论，高压均质诱导的酪蛋白胶束和脂肪球的改变导致凝胶形成过程显著改变，即使在低脂乳或脱脂乳中也是如此。

Lanciotti 等（2008）报道，与对照组乳制成的干酪相比，在 100MPa 下经过高压均质处理的乳制成的卡秋塔（Caciotta）干酪，微生物菌落发生了变化，脂肪水解和蛋白质水解增加了，挥发性成分和感官特性也有变化。Vannini 等报道 100MPa 高压均质处理绵羊乳制成的佩科里诺（Pecorino）干酪得到了类似的结果。Vannini 等（2008）还发现，100MPa 高压均质处理的绵羊乳或乳制成的意大利干酪微生物菌落发生了变化，干酪中生物胺的含量也显著降低。

高压均质在软质干酪的生产中可能有特殊的应用，因为对软质干酪来讲，乳清析出减少可能问题并不大。Escobar 等（2011）报道了高达 300MPa 的高压均质对墨西哥干酪（Queso Fresco）产量和质地特性的影响，该发现很有应用前景。

Lemay 等研究了全脂乳经 7MPa 微射流或奶油经 14~69MPa 微射流后，与脱脂乳混合进行脂肪标准化，对切达干酪色泽的影响（Lemay 等，1994）；微射流的乳生产的切达干酪产量更高，颜色更白。然而，微射流奶油生产的干酪，因为水分含量较高，所以质地较差；全脂乳在 7MPa 微射流下制出的干酪质量好，产率也高。

Tosh 和 Dalgleish（1998）报道了干酪乳经微射流后，脂肪球变小，凝乳时间缩短，凝乳紧实率降低，凝乳微观结构差。作者得出结论，在微射流过程中被破坏的酪蛋白胶束吸附在脂肪-乳清界面上，形成一种复合凝胶，而不是通常与凝乳形成相关的填充凝胶，从而削弱了凝乳结构。

人们研究了乳微射流对低脂和高脂马苏里拉干酪流变学特性和微观结构的影响（Tunick 等，2000；van Hekken 等，2007）。乳在 34MPa（阀门型均质机的常规均质压力）、103MPa 或 172MPa、10~54℃下进行微射流，形成了更细小的脂肪颗粒，进而影响了高脂干酪的微观结构，而高压和高温处理过的低脂乳制成的干酪拉伸性很差（Tunick 等，2000）。与未均质乳制成的对照干酪相比，微射流乳制成的干酪融化性也比较差，流变特性也发生了变化（van Hekken 等，2007）。

### 4.4.4　冰淇淋

人们还研究了高压均质和微射流技术在冰淇淋生产中的应用。在生产冰淇淋时，乳浊液滴的大小、结构和稳定性对于最终产品获得理想的稳定性、质地和感官特性至关重要，因此凸显出该技术在冰淇淋生产中的应用潜力。

在不改变乳化剂含量的情况下，高压均质高脂冰淇淋混合物，可以观察到相当多聚结和絮凝，这可从乳高脂肪球尺寸和粒度双峰分布看出，特别是在200MPa均质的混合物中（Hayes等，2003）。随后的研究表明，当乳化剂浓度相应增加时，在200MPa下的高压均质可以成功地在冰淇淋混合物中产生极细的乳液液滴（Huppertz，未发表的数据）。人们还观察到，高压均质后冰淇淋混合物黏度增加（Hayes等，2003；Innocente等，2009）。高压均质可以改善冰淇淋的质构特性，在100MPa下均质5%脂肪含量的混合物制备的冰淇淋，相当于在18MPa下传统均质8%脂肪含量的混合物制备的冰淇淋，因此突出了高压均质改善低脂冰淇淋质构特性方面的可能性（Hayes等，2003；Innocente等，2009）。

Olson等（2003）发现，与传统加工的冰淇淋相比，混合物的微射流降低了融化速率。然而，在感官评分方面没有明显的改善。在一项类似的研究中（Morgan等，2000），对全脂冰淇淋混合物进行了微射流（12~150MPa），并分析了乳浊液的稳定性和冰淇淋质量起作用的/感官测试；如果有足够的乳化剂存在，在最高压力下处理的样品可以获得最高的柔滑性感官评分。

### 4.4.5　奶油利口酒

奶油利口酒通常含有奶油、酪蛋白酸钠、糖、酒精（通常12%~17%，质量分数）、香料、色素和低相对分子质量的表面活性剂如甘油单硬脂酸酯（Banks和Muir，1988；Lynch和Mulvihill，1997）。高酒精和高糖含量的组合对这类产品的微生物生长有明显的抑制作用，因此储存期间的物理不稳定性是奶油利口酒制造商面临的主要问题（Banks等，1981a，1981b；Muir和Banks，1987；Banks和Muir，1988）。因此，均质是生产奶油利口酒关键的步骤，因为需要一种精细分散的乳浊液来保证产品的长期稳定性。均质对降低脂肪球大小的效果取决于进料温度和均质压力；较高的均质压力和进料温度能产生更稳定的产品（Paquin和Giasson，1989）。

微射流对于像利口酒这些需要较长货架期且通常储存温度比较高的产品可能有优势（Hardham等，2000）。Paquin和Giasson（1989）证明，由于液滴直径减小，微射流比标准均质生产的奶油利口酒具有更高的稳定性。Heffernan等（2009）比较了高压均质和传统径向扩散均质在稳定奶油利口酒方面的效果。他们研究了压力、进口温度和通过次数等高压均质工艺参数的影响，确定了生产利口酒的最佳工艺条件。Heffernan等（2011）扩展了这项工作，比较了高压均质、微射流和超声乳化稳定奶油利口酒的效果，发现微射流产生的乳液具有最小的液滴直径，因此具有最大的稳定性。据报道，与径向扩散的传统均质机相比，在微射流仪中产生更小的乳液液滴尺寸是因为在相互作用腔中的分散体积更小（Stang等，2001）。

## 4.5 结论和展望

显然，微射流和高压均质技术都可能应用于乳制品工业，但所生产的产品需要具有很高的价值，才能证明替代传统和成熟技术的合理性。全脂乳的微射流确实能产生非常稳定的乳液；然而，由于乳的保质期较短，传统的均质可能仍然是巴氏杀菌冷藏产品的合适处理方法，而高压均质可能导致乳的风味缺陷。微射流提高了全脂 UHT 乳在存储过程中分离的稳定性，但成本效益仍是一个问题。不可否认的是，这两种技术都能获得良好的粒径减小和较窄的粒度分布；然而，某些温度和压力条件可能对乳液产生不利影响，例如聚结或脂肪聚集，这取决于乳液系统的成分组成，即蛋白质和脂肪含量。

由于对随后结构的不利影响，微射流不适于干酪的生产，而高压均质在此类产品中的潜在应用将取决于所涉及的干酪系统和获得的相对益处。对这两种工艺在酸乳和冰淇淋生产中应用的进一步研究，可以建立在对这类产品进行一些有趣的初步研究的基础上，以确定它们工业使用的商业价值。这两种技术在奶油利口酒的生产中也有有趣的应用，尽管那是一个相对小众的产品类别。

从技术和成本效益的角度来看，微射流可能是一种更适合用于生产高端/高价值产品的技术，更有可能应用于制药和化妆品行业以生产长保质期的产品（可能存在稳定性问题）或需要非常细腻乳液的产品。然而，从研究的角度来看，它是一种有效的方式，可以在中试规模上快速生产非常细腻的乳液。

## 参考文献

[1] Banks W. Dairy products technology. *Journal of the Society of Dairy Technology*, 1993, 46: 83-86.

[2] Banks W. and Muir D. D. Stability of alcohol-containing emulsions. In: *Advances in Food Emulsions and Foams* (eds E. Dickinson and G. Stainby). Elsevier Science Publishing Co, New York, 1988: 257-283.

[3] Banks W., Muir D. D. and Wilson A. G. The formation of cream based liqueurs. *The Milk Industry*, 1981a, 83: 16-18.

[4] Banks W., Muir D. D. and Wilson A. G. Extension of the shelf-life of cream-based liqueurs at high ambient temperatures. *Journal of Food Technology*, 1981b, 16: 587-595.

[5] Capra M. L., Patrignani F., del Lujan Quiberoni A. et al. Effect of high pressure homogenization on lactic acid bacteria phages and probiotic bacteria phages. *International Dairy Journal*, 2009, 19: 336-341.

[6] Chanamai R. and McClements D. J. Dependance of creaming and rheology of monodisperse oil-in-water emulsions on droplet size and concentration. *Colloids and Surfaces A: Physicochemical and Engineering Aspects*, 2000a, 172: 79-86.

[7] Chanamai R. and McClements D. J. Creaming stability of flocculated monodisperse oil-in-water emulsions. *Journal of Colloid and Interface Science*, 2000b, 225: 214-218.

[8] Ciron C. I. E., Gee V. L., Kelly A. L. and Auty M. A. E. Comparison of the effects of high-pressure

Microfluidization and conventional homogenization of milk on particle size, water retention and texture of non-fat and low-fat yoghurts. *International Dairy Journal*, 2010a, 20: 314-320.

[9] Ciron C. I. E., Gee V. L., Kelly A. L. and Auty M. A. E. Effects of Microfluidization of heat-treated milk on rheology and sensory properties of reduced-fat yoghurt. *Food Hydrocolloids*, 2010b, 25: 1470-1476.

[10] Cobos A., Horne D. S. and Muir D. D. Rheological properties of acid milk gels. II. Effect of composition, process and acidification conditions of products from recombined milks using the Microfluidizer. *Milchwissenschaft*, 1995, 50: 603-606.

[11] Cook E. J. and Lagace A. P. Apparatus for forming emulsions. US Patent, 1985, 4: 533, 254.

[12] Dalgleish D. G. Adsorption of proteins and the stability of emulsions. *Trends in Food Science and Technology*, 1997, 8: 1-6.

[13] Dalgleish D. G., Tosh S. M. and West S. J. Beyond homogenization: The formation of very small emulsion droplets during the processing of milk by a Microfluidizer. *Netherlands Milk and Dairy Journal*, 1996, 50: 135-148.

[14] Datta N., Hayes M. G., Deeth H. C. and Kelly A. L. Significance of frictional heating for effects of high pressure homogenization on milk. *Journal of Dairy Research*, 2005, 72: 393-399.

[15] Diels A. M. J., Callewaert L., Wuyack E. Y. et al. Moderate temperature affects *Escherichia coli* inactivation by high-pressure homogenization only through fluid viscosity. *Biotechnology Progress*, 2004, 20: 1512-1517.

[16] Diels A. M. J., Callewaert L., Wuyack E. Y. et al. Inactivation of *Escherichia coli* by high-pressure homogenization is influenced by fluid viscosity but not by water activity and product composition. *International Journal of Food Microbiology*, 2005, 101: 281-291.

[17] Dissanayake M. and Vasiljevic T. Functional properties of whey proteins affected by heat treatment and hydrodynamic high-pressure shearing. *Journal of Dairy Science*, 2009, 94: 1387-1397.

[18] Donsi F., Ferrari G., Lenza E. and Maresca P. Main factors regulating microbial inactivation by high-pressure homogenization: operating parameters and scale of operation. *Chemical Engineering Science*, 2009, 64: 520-532.

[19] Escobar D., Clark S., Ganesan V. et al. High-pressure homogenization of raw and pasteurized milk modifies the yield, composition and texture of queso fresco cheese. *Journal of Dairy Science*, 2011, 94: 1201-1210.

[20] Feijoo S. C., Hayes W. W., Watson C. E. and Martin J. H. Effects of microfluidozer technology on *Bacillus licheniformis* spores in ice cream mix. *Journal of Dairy Science*, 1997, 80: 2184-2187.

[21] Floury J., Desrumaux A. and Lardières J. Effect of high-pressure homogenization on droplet size distributions and rheological properties of model-oil-in-water emulsions. *Innovative Food Science and Emerging Technologies*, 2000, 1: 127-134.

[22] Floury J., Legrand J. and Desrumaux A. Analysis of a new type of high-pressure homogeniser. Part B. Study of droplet break-up and recoalescence phenomena. *Chemical Engineering Science*, 2004a, 59: 1285-1294.

[23] Floury J., Bellettre J., Legrand J. and Desrumaux A. Analysis of a new type of high-pressure homogeniser. A study of the flow pattern. *Chemical Engineering Science*, 2004b, 59: 843-853.

[24] Hardham J. F., Imison B. W. and French H. M. Effect of homogenization and microfluidisation on the extent of fat separation during storage of UHT milk. *Australian Journal of Dairy Technology*, 2000, 55: 16-22.

［25］ Hayes M. G. and Kelly A. L. High-pressure homogenization of raw bovine milk（a）effect on fat globule size and other properties. *Journal of Dairy Research*, 2003a, 70: 297-305.

［26］ Hayes M. G. and Kelly A. L. High-pressure homogenization of milk（b）effects on indigenous enzymatic activity. *Journal of Dairy Research*, 2003b, 70: 307-313.

［27］ Hayes M. G., Lefrancois A. C., Waldron D. S. *et al*. Influence of high-pressure homogenization on some characteristics of ice cream. *Milk Science International*, 2003, 58: 465-580.

［28］ Hayes M. G., Fox P. F. and Kelly A. L. Potential applications of high pressure homogenization in processing of liquid milk. *Journal of Dairy Research*, 2005, 72: 25-33.

［29］ Heffernan S. P., Kelly A. L. and Mulvihill D. M. High - pressure - homogenised cream liqueurs: emulsification and stabilization efficiency. *Journal of Food Engineering*, 2009, 95: 525-531.

［30］ Heffernan S. P., Kelly A. L., Mulvihill D. M. *et al*. Efficiency of a range of homogenization technologies in the emulsification and stabilisation of cream liqueurs. *Innovative Food Science and Emerging Technologies*, 2011, 12（4）: 628-634.

［31］ Henry J. V. L., Fryer P. J., Frith W. J. and Norton I. T. The influence of phospholipids and food proteins on the size and stability of sub-micron emulsions. *Food Hydrocolloids*, 2010, 24: 66-71.

［32］ Hernadez A. and Harte F. M. Manufacture of acid gels from skim milk using high-pressure homogenization. *Journal of Dairy Science*, 2008, 91: 3761-3767.

［33］ Huppertz T. Homogenization of milk: high pressure homogenizers. In: *Encyclopedia of Dairy Sciences*, 2nd edn（eds J. W. Fuquay, P. F. Fox and P. L. H. McSweeney）. Academic Press, San Diego, CA, 2011: 755-760.

［34］ Innocente N., Biasutti M., Venir E. *et al*. Effect of high - pressure homogenization on droplet size distribution and rheological properties of ice cream mixes. *Journal of Dairy Science*, 2009, 92: 1864-1875.

［35］ Iordache M. and Jelen P. High pressure Microfluidization treatment of heat denatured whey proteins for improved functionality. *Innovative Food Science and Emerging Technologies*, 2003, 4: 367-376.

［36］ Iucci L., Patrignani F., Vallicelli M. *et al*. Effects of high pressure homogenization on the activity of lysozyme and lactoferrin against Listeria monocytogenes. *Food Control*, 2007, 18: 558-565.

［37］ Iucci L., Lanciotti R., Kelly A. L. and Huppertz T. Plasmin activity in high - pressure - homogenised milk. *Milchwissenschaft*, 2008, 63: 68-70.

［38］ Jafari S. M., He Y. and Bhandari B. Production of sub-micron emulsions by ultrasound and Microfluidization techniques. *Journal of Food Engineering*, 2007, 82: 478-488.

［39］ Kanafusa S., Chu B. and Nakajima M. Factors affecting droplet size of sodium caseinate-stabilized o/w emulsions containing B-carotene. *European Journal of Lipid Science and Technology*, 2007, 109: 1038-1041.

［40］ Karbstein H. and Schubert H. Developments in the continuous mechanical production of oil - in - water macro emulsions. *Chemical Engineering and Processing*, 1995, 34: 205-211.

［41］ Kelly A. L., Huppertz T. and Sheehan J. J. Pre-treatment of cheese milk: principles and developments. *Dairy Science and Technology*, 2008, 88（4-5）: 549-572.

［42］ Kielczewska K., Haponiuk E. and Krzyzewska A. Effect of high - pressure homogenization on some physicochemical properties of milk. *Mededelingen - Faculteit Landbouwkundige en Toegepaste Biologische Wetenschappen Universiteit Gent*, 2000, 65（3b）: 603-606.

［43］ Lanciotti R., Patrignani F., Iucci L. *et al*. Potential of high pressure homogenization in the control and enhancement of proteolytic and fermentative activities of some Lactobacillus species. *Food Chemistry*, 2007, 102: 542-550.

[44] Lanciotti R., Vannini L., Patrigiani F. *et al*. Effects of high pressure homogenization of milk on cheese yield and microbiology, lipolysis and proteolysis during Caciotta cheese. *Journal of Dairy Research*, 2008, 73: 216-226.

[45] Lemay A., Paquin P. and Lacroix C. Influence of Microfluidization of milk on cheddar cheese composition, color, texture and yield. *Journal of Dairy Science*, 1994, 77: 2870-2879.

[46] Lodaite K., Chevalier F., Armaforte E. and Kelly A. L. Effect of high-pressure homogenization on rheological properties of rennet-induced skim milk and standardised milk gels. *Journal of Dairy Science*, 2009, 76: 294-300.

[47] Lynch A. G. and Mulvihill D. M. Effect of sodium caseinate on the stability of cream liqueurs. *International Journal of Dairy Technology*, 1997, 50: 1-7.

[48] McClements D. J. *Food Emulsions: Principles, Practices and Techniques*. CRC Press, Boca Raton, FL. 1999.

[49] McClements D. J. Protein-stabilized emulsions. *Current Opinion in Colloid and Interface Science*, 2004, 9: 305-313.

[50] McCrae C. Homogenization of milk emulsions: use of Microfluidizer. *Journal of the Society of Dairy Technology*, 1994, 47: 28-31.

[51] Mohan S. and Narsimhan G. Coalescence of protein-stabilized emulsions in a high-pressure homogenizer. *Journal of Colloid and Interface Science*, 1997, 192: 1-15.

[52] Morgan D., Hosken B. and Davis C. Microfluidised ice-cream emulsions. *Australian Journal of Dairy Technology*, 2000, 55: 93-93.

[53] Muir D. D. and Banks W. Cream Liqueurs. *Hannah Research*, 1987: 83-88.

[54] Mulvihill D. M. and Ennis M. P. Functional milk proteins: production and utilization. In: *Advanced Dairy Chemistry-1 Proteins*, (eds P. F. Fox and P. L. H. McSweeney). Kluwer Academic, New York, 2003: 1175-1219.

[55] Olson D. W., White C. H. and Watson C. E. Properties of frozen dairy desserts processed by Microfluidization of their mixes. *Journal of Dairy Science*, 2003, 86: 1157-1162.

[56] Olson D. W., White C. H. and Richter, R. L. Effect of pressure and fat content on particle sizes in miocrofluidized milk. *Journal of Dairy Science*, 2004, 87: 3217-3223.

[57] Paquin P. Technological properties of high-pressure homogenizers: the effects of fat globules, milk proteins and polysaccharides. *International Dairy Journal*, 1999, 9: 329-335.

[58] Paquin P. and Giasson J. Microfluidization as an homogenization process for cream liqueur. *Lait*, 1989, 69: 491-498.

[59] Paquin P., Lebeuf Y., Richard J. P. and Kalab M. Microparticulation of milk proteins by high pressure homogenization to produce a fat substitute. *International Dairy Federation*, *Special Issue No. 9303*, 1993: 389-396.

[60] Pereda J., Ferragut V., Guamis B. and Trujillo A. J. Effect of ultra high-pressure homogenization on natural-occurring micro-organisms in bovine milk. *Milchwissenschaft*, 2006, 61: 245-248.

[61] Pereda J., Ferragut V., Quevedo J. M. *et al*. Effects of ultra-high pressure homogenization on microbial and physicochemical shelf life of milk. *Journal of Dairy Science*, 2007, 90: 1081-1093.

[62] Pereda J., Ferragut V., Quevedo J. M. *et al*. Effects of ultra-high-pressure homogenization treatment on the lipolysis and lipid oxidation of milk during refrigerated storage. *Journal of Agricultural and Food*

*Chemistry*, 2008a, 56: 7125-7130.

[63] Pereda J., Jaramillo D. P., Quevedo J. M. *et al*. Characterization of volatile compounds in ultra-high-pressure homogenized milk. *International Dairy Journal*, 2008b, 18: 826-834.

[64] Pereda J., Ferragut V., Quevedo J. M. *et al*. Heat damage evaluation in ultra - high pressure homogenized milk. *Food Hydrocolloids*, 2009, 23: 1974-1979.

[65] Perrier-Cornet J. M., Marie P. and Gervais P. Comparison of emulsification efficiency of protein - stabilized oil-in-water emulsions using jet, high pressure and colloid mill homogenization. *Journal of Food Engineering*, 2005, 66: 211-217.

[66] Picart L., Thiebaud M., Rene M. *et al*. Effects of high pressure homogenization of raw bovine milk on alkaline phosphate and microbial inactivation. A comparison with continuous short - time thermal treatments. *Journal of Dairy Research*, 2006, 73: 454-463.

[67] Pouliot Y., Paquin P., Robin O. and Giasson J. Étude comparative de l'effet de la microfluidisation et de l'homogénéisation sur la distribution de la taille des globules de gras du lait de vache. *International Dairy Journal*, 1991, 1: 39-49.

[68] Roach A. and Harte F. Disruption and sedimentation of casein micelles and casein micelle isolated under high-pressure homogenization. *Innovative Food Science and Emerging Technologies*, 2008, 9: 1-8.

[69] Robin O., Blanchot V., Vuillemard J. C. and Paquin P. Microfluidization of dairy model emulsions. I. Preparation of emulsions and influence of processing and formulation on the size distribution of milk fat globules. *Lait*, 1992, 72: 511-531.

[70] Robin O., Remillard N. and Paquin P. Influence of major process and formulation parameters on microfluidized fat globule size distribution and example of a practical consequence. *Colloids and Surfaces A: Physicochemical and Engineering Aspects*, 1993, 80: 211-222.

[71] Robin O., Kalab M., Britten M. and Paquin P. Microfluidization of model dairy emulsions. 2. Influence of composition and process factors on the protein surface con-centration. *Lait*, 1996, 76: 551-570.

[72] Roig-Sagues A. X., Velazquez R..M, Montealegre-Agramont P. *et al*. Fat content increases the lethality of ultra-high-pressure homogenization on Listeria monocyto-genes in milk. *Journal of Dairy Science*, 2009, 92: 5396-5402.

[73] Sandra S. and Dalgleish D. G. Effects of ultra-high-pressure homogenization and heating on structural properties of casein micelles in reconstituted skim-milk powder. *International Dairy Journal*, 2005, 15: 1095-1104.

[74] Schokker E. P. and Dalgleish D. G. The shear-induced destabilization of oil-in-water emulsions using caseinate as emulsifier. *Colloids and Surfaces A: Physicochemical and Engineering Aspects*, 1998, 145: 61-69.

[75] Schultz S., Wagner G., Urban K. and Ulrich J. High-pressure homogenization as a process for emulsion formation. *Chemical Engineering Technology*, 2004, 27: 361-368.

[76] Serra M., Trujillo A. J., Quevedo J. M. *et al*. Acid coagulation properties and suitability for yoghurt production of cow's milk treated by high-pressure homogenization. *International Dairy Journal*, 2007, 17: 782-790.

[77] Serra M., Trujillo A. J., Jaramillo P. D. *et al*. Ultra-high pressure homogenization-induced changes in skim milk: impact on acid coagulation properties. *Journal of Dairy Research*, 2008a, 75: 69-75.

[78] Serra M., Trujillo A. J., Pereda J. *et al*. Quantification of liypolysis and lipid oxidation during cold storage of yoghurts produced from milk treated by ultra-high pressure homogenization. *Journal of Food*

*Engineering*, 2008b, 89: 99-104.

[79] Serra M., Trujillo A. J., Guamis B. and Ferragut V. Evaluation of physical properties during storage of set and stirred yoghurt made from ultra-high pressure homogenization-treated milk. *Journal of Dairy Research*, 2009a, 23: 82-91.

[80] Serra M., Trujillo A. J., Guamis B. and Ferragut V. Proteolysis in yoghurt made from ultra-high-pressure homogenized milk during cold storage. *Journal ofDairy Science*, 2009b, 92: 71-78.

[81] Singh H. The milk fat globule membrane-A biophysical system for food applica-tions. *Current Opinion in Colloid and Interface Science*, 2006, 11: 154-163.

[82] Smiddy M. A., Martin J. E., Huppertz T. and Kelly A. L. Microbial shelf-life of high-pressure-homogenised milk. *International Dairy Journal*, 2007, 17: 29-32.

[83] Stang M., Schuchmann H. and Schubert H. Emulsification in high-pressure homogenizers. *Engineering Life Science*, 2001, 1: 151-157.

[84] Tadros T., Izquierdo P., Esquena J. and Solans C. Formation and stability of nano-emulsions. *Advances in Colloid and Interface Science*, 2004, 108-109: 303-318.

[85] Tesch S., Freudig B. and Schubert H. Production of emulsions in high-pressure homogenizers-Part 1: Disruption and stabilization of droplets. *Chemical Engineering Technology*, 2003, 26: 569-573.

[86] Thiebaud M., Dumay E., Picart L. *et al*. High-pressure homogenization of raw bovine milk. Effects on fat globule size distribution and microbial inactivation. *International Dairy Journal*, 2003, 13: 427-439.

[87] Thompson A. K. and Singh H. Preparation of liposomes from milk fat globule mem-brane phospholipids using a microfluidizer. *Journal of Dairy Science*, 2006, 89: 410-419.

[88] Tosh S. and Dalgleish D. G. The physical properties and renneting characteristics of the synthetic membrane on the fat globules of microfluidised milk. *Journal of Dairy Science*, 1998, 81: 1840-1847.

[89] Tunick M. H., van Hekken D. L., Cooke P. H. *et al*. Effect of high pressure Microfluidization on microstructure of mozarella cheese. *Lebensmittel-Wissenschaft und-Technologie-Food Science and Technology*, 2000, 33: 538-544.

[90] van Aken G. A. Coalescence mechanisms in protein-stabilized emulsions. In: *Food Emulsions-8*, 4th edn (eds S. Friberg, K. Larsson and J. Sjoblom). Marcel Dekker/ CRC Press, New York, 2003: 299-325.

[91] van Hekken D. L., Tunick M. H., Malin E. L. and Holsinger V. H. Rheological and melt characterization of low-fat and full fat mozzarella cheese made from microfluidised milk. *LWT - Food Science and Technology*, 2007, 40: 89-98.

[92] Vannini L., Lanciott R., Baldi D. and Guerzoni M. E. Interactions between high pressure homogenization and antimicrobial activity of lysozyme and lactoperoxidase. *International Journal of Food Microbiology*, 2004, 94: 123-135.

[93] Vannini L., Patrignani F., Iucci L. *et al*. Effect of a pre-treatment of milk with high pressure homogenization on yield as well as on microbiological, lipolytic and proteolytic patterns of "Pecorino" cheese. *International Journal of Food Microbiology*, 2008, 128: 329-335.

[94] Walstra P. Principles of emulsion formation. *Chemical Engineering Science*, 1993, 48: 333-349.

[95] Walstra P. Colloidal particles of milk. In: *Dairy Technology: Principles of Milk Properties and Processes* Eds T. J. Geurts, A. Noomen, A. Jelema, and M. A. J. S van Boekel). Marcel Dekker, New York, 1999: 107-147.

[96] Zamora A., Ferregut V., Jaramillo P. D. *et al*. Effects of ultra-high-pressure homogenization on the cheese-making properties of milk. *Journal of Dairy Science*, 2007, 90: 13-23.

# 5 乳及乳制品的脉冲电场处理

Fernando Sampedro[1] 和 Dolores Rodrigo[2]

[1]*Center for Animal Health and Food Safety*，*College of Veterinary Medicine*，*University of Minnesota*，*USA*

[2]*Instituto de Agroquimica y Tecnologia de Alimentos*（*IATA-CSIC*），*Spain*

## 5.1 引言

### 5.1.1 技术原理

多年来，高强度电场已被应用来诱导电穿孔，电穿孔是通过在微生物膜上穿孔促进细菌脱氧核糖核酸（DNA）交换的现象（Zhang 等，1995）。随着处理室设计的进步，人们开发出一种被称为脉冲电场（Pulsed electric field，PEF）的新型加工技术（Vega-Mercado 等，1997）。脉冲电场技术能对放置在两个电极之间的生物材料或食物进行处理，在处理室中的两个电极间隔 0.1~1.0 cm，由绝缘体隔开，通过高压（5~20kV）脉冲发生器产生短脉冲（1~10μs）。电源为电容器组充电，开关将能量释放至处理室（Zhang 等，1995）。研究液体食品微生物灭活的第一种腔室是静态腔室，用于处理少量样品，由圆柱形容器和两个平行电极组成（Grahl 和 Markl，1996；Martin 等，1997；Picart 等，2002）。在科学研究中，通过施加电压，利用静态腔室来提取生物活性化合物，改善植物性食品的脱水、复水以及果汁产量（Ade-Omowaye 等，2001；Guderjan 等，2005；Soliva-Fortuny 等，2009）。

随着腔室设计的进步，也有人推出了用于液态食品巴氏杀菌的连续系统，该系统具有类似同电场（在与流体流动方向相同的方向上施加电场）、同轴和圆柱形同心电极的新构造（Sobrino-López 和 Martin-Belloso，2010）（图 5.1）。这些新设计使得电场能够在大型设备中均匀分布。

 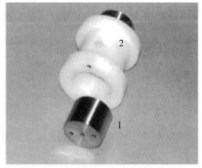

（1）同场室 　　　　　　　　（2）圆柱室（1—室；2—绝缘体）

图 5.1 同电场与同心电极

（资料来源：Picart 等，2002，经 Elsevier 许可转载。）

有人建议用新材料来解决不锈钢电极的金属离子迁移问题，尽管最近的研究表明，用脉冲电场处理的食物中金属离子的浓度低于人类食用的法定限量（Roodenburg 等，2005a，2005b）。石墨不容易发生电解和金属离子迁移（Toepfl 等，2007；Huang 和 Wang，2009）。

脉冲电场处理中的主要参数是电场强度，电场强度由两个电极间的电势差（Electrical potential dillerence，V）和电极间距离 d（cm）的关系定义。这种关系取决于腔室的几何形状，对于平行电极，其简化形式见式（5.1）：

$$E = \frac{V}{d} \tag{5.1}$$

式中　E——电场强度，kV/cm。

电场脉冲以指数衰减或方波脉冲的形式施加（Evrendilek 和 Zhang，2005）（图 5.2）。

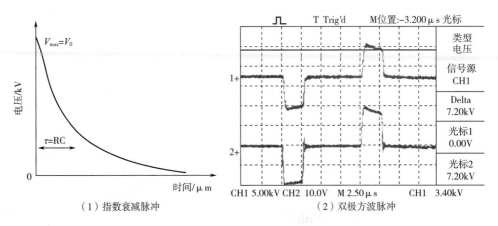

（1）指数衰减脉冲　　（2）双极方波脉冲

图 5.2　电场脉冲施加形式

指数衰减脉冲的特征是电压快速上升，达到最大值后呈指数下降。方波脉冲被广泛应用于液态食品的杀菌，其特征为首先快速增加施加电压，然后在特定时间段内保持恒定电压，最后迅速降低施加电压。根据极性不同，方波脉冲分为单极性或双极性模式。在双极性模式下，一个正脉冲之后是一个负的连续脉冲，而在单极性模式下，则是施加两个连续的正或负脉冲。通常用脉冲持续时间（μs）乘以脉冲数（n）来定义处理时间（μs），见式（5.2）：

$$t = \tau \cdot n \tag{5.2}$$

式中　t——总处理时间，μs；

　　　τ——脉冲持续时间，μs；

　　　n——脉冲数。

处理时间也可用频率（Hz）表示，即每秒的脉冲数。脉冲频率还取决于液体食物的流速和腔室容积。示波器用来监测处理过程中的电压、电流和脉冲持续时间。脉冲电场处理会由于欧姆加热而导致温度升高，所以要用冷却系统将热效应降至最低。高温会增加产品的电导率，降低最大电场强度，这在处理室系统"介电击穿"前是可行的，电火花的产生也证明了这一点。此外，气泡或悬浮颗粒也可能产生"介电击穿"现象（Wouters 等，2001；

Picart 等，2002；Gongora-Nieto 等，2002）。

### 5.1.2　加工设备

世界各地的研究型大学和研究所都普遍拥有能够产生均匀电场的台式和中试规模的脉冲电场系统，这提供了开发用于中试研究和商业用途的总生产能力为 400~2000L/h 的更大设备单元的条件（Min 等，2003a，2003b）（图 5.3）。通过这些共同的研究工作所产生的技术已转移到制造脉冲电场处理单元的多家公司，例如美国的 Diversified 科技公司和 PurePulse 科技公司以及瑞典的 ScandiNova Systems AB，其开发的设备总流量在 400~6000L/h（Kempkes，2011）。

（1）台式脉冲电场处理单元（OSU 4D，
6个同场室，12 kV，30 L/h，双极性方波脉冲）

（2）商业规模的脉冲电场处理单元（OSU-6，
3个同场室，60 kV，2000 L/h，双极方波脉冲）

图 5.3　脉冲电场处理单元

在美国，当脉冲电场处理的几种果汁商业化后，意味着在果汁加工行业中可以使用脉冲电场（Clark，2006）。但是，由于成本方面的局限性，该公司不再生产用脉冲电场处理过的果汁。用脉冲电场装置加工产品的成本估计为每升 4 美分（Huang 和 Wang，2009）。预计不断的大量研究和实践探索将在不久的将来使脉冲电场技术产生新的工业应用。

## 5.2　脉冲电场在乳巴氏杀菌中的应用

### 5.2.1　微生物学方面

有关脉冲电场加工对微生物灭活的大多数研究都认为，高电压处理会使细胞膜产生一系列结构和功能变化，从而导致微生物死亡（Manas 和 Pagan，2005）。根据齐默尔曼（Zimmermann）（1986）提出的广为人知的理论，系统的外加电场会引起跨膜电势差。细胞膜可以承受的最大电势差称为"临界跨膜电势"或"临界电场"（Critical transmembrane potential 或 Critical electric field，$Ec$）（kV/cm）。当外部电场超过临界电场时，细胞膜会破裂并会形成孔。临界电场的大小主要取决于微生物的膜特性。微生物的大小和形状也很重要，小型或棒状细胞需要更高的临界电场值（Qin 等，1998；Heinz 等，2001；Toepfl 等，2007）。通常，当外部电场小于临界电场时，所形成的孔是可逆的，细胞膜在处理后可以恢复其初始形状。这些孔可能会导致某些亚致死性损害，从而在诱发压力的条件下（例如酸性环境或冷藏温度）导致细胞死亡。相反，如果外部电场值远大于临界电场，则会产生"不可逆"的孔，从而导致微生物死亡。除了导致细胞膜结构变化外，经脉冲电场处理后，细胞内部也会发生变化，例如细胞内物质（由于细胞质从细胞膜脱离而形成的细胞质内容物）的泄漏以及细胞蛋白质的变化（Dutreux 等，2000）。

脉冲电场工艺降低液体乳中微生物数量的有效性取决于以下几个因素：①加工工艺（电场强度、处理时间、脉冲持续时间和脉冲极性）；②微生物［生理状态（芽孢或孢子/营养细胞）、微生物细胞的大小和形状、细胞壁特征（革兰氏阳性/革兰氏阴性）、接种量和天然菌群/接种试验］；③乳成分（电导率和脂肪含量）。表 5.1 总结了使用连续脉冲电场加工对乳进行微生物灭活的研究结果。

在乳中接种不同数量病原体（例如大肠杆菌、金黄色葡萄球菌、荧光假单胞菌、单核细胞增生李斯特氏菌或无致病性李斯特氏菌）的替代菌，然后通过脉冲电场工艺进行处理，处理能量为 100~550kJ/L，可总体降低病原体水平 2~5 个数量级。

脉冲电场工艺参数对乳中微生物灭活的影响表明，一般施加的电场越强，处理时间越长，灭活效果越好。如本章前面所述，必须超过临界电场强度（$Ec$）才能破坏细胞膜和杀死微生物（Castro 等，1993）。在大多数情况下，$E$ 低于 20kV/cm 不会对微生物灭活有任何显著作用。一些研究通过使用高 $E$ 值、短处理时间和中等温度对脉冲电场工艺条件进行优化（Sampedro 等，2007；Sepulveda 等，2009；Guerrero-Beltran 等，2010），以最大限度减小所需的能量消耗，并最大程度地减少乳中的微生物。其他研究则专注于其他脉冲电场工艺参数［例如使用方波脉冲的脉冲极性（单极性或双极性）］对乳中微生物减少的影响。例如，Evrendilek 和 Zhang（2005）对脱脂乳中大肠杆菌 O157：H7 进行了灭活研究，结果显示，双极脉冲后可将脱脂乳中的大肠杆菌 O157：H7 显著降低 1.96 个对数值，而单极脉冲则可将数量降低 1.27 个对数值。作者对使用双极脉冲能够更有效地减少大肠杆菌 O157：H7 数量的一种可能解释是，带电分子随正负脉冲来回运动，可以产生额外的压力，从而增强了膜通透性。双级脉冲更大的有效性也被 Sobrino-Lopez 等（2006）在脱脂乳中接种金黄色葡萄球菌的试验验证。单极和双极脉冲下，金黄色葡萄球菌的对数减少分别为 3.6 和 4.5 个对数值。脉冲持续时间对微生物灭活的潜在影响最近也引起了人们的关注，但至今为止，结论尚有争议。在 Sobrino-Lopez 等（2006）进行的研究中，更长时间的脉冲（从 4~8μs）可以使金黄色葡萄球菌的对数减少量增加 1 个对数值，从 3.3 个对数值增加到 4.3 个对数值。但是，脉冲持续时间对微生物灭活的影响尚未阐明。实际上，在其他食品基质中的一些研究表明，脉冲宽度对微生物灭活没有显著影响（Sampedro 等，2007）。研究之间的差异表明，脉冲持续时间对微生物灭活的影响取决于它与其他参数（例如电场强度和施加的总能量）的组合。

表 5.1　　　　　　　　　　　脉冲电场加工对乳微生物灭活的效果

| 微生物 | 样品 | 处理条件 | 对数减小量 | 能耗 | 参考文献 |
|---|---|---|---|---|---|
| 无致病性李斯特氏菌（*Listeria innocua*） | 脱脂乳（0.2% 脂肪） | 30~50kV/cm，21.2~64μs，22~34℃[①] | 2.5<br>3.4（PEF+乳酸链球菌素 10IU/mL）<br>3.8（PEF+乳酸链球菌素 100IU/mL） | | Calderon-Miranda 等，1999 |
| | | 41kV/cm，160μs，37℃[②]<br>32.5~38.9kV/cm，145~290μs，35℃[①] | 4.0<br>3.0 | 200kJ/L | Dutreux 等，2000<br>Fernandez-Molina 等，2006 |
| | 全脂乳 | 30~40kV/cm，1~75μs，3~53℃[①] | 5.5 | 243~296kJ/L | Guerrero-Beltran 等，2010 |
| 大肠杆菌（*Escherichia coli*） | 脱脂乳（0.2% 脂肪） | 41kV/cm，160μs，37℃[②] | 4.5 | | Dutreux 等，2000 |
| | | 24kV/cm，141μs[②] | 1.88 | 548kJ/L | Evrendilek 和 Zhang，2005 |
| 荧光假单胞菌（*Pseudomonas fluorescens*） | 脱脂乳（0.2% 脂肪） | 35kV/cm，188μs，52℃[②] | 2.2 | 314kJ/L | Michalac 等，2003 |
| | | 32.5~38.9kV/cm，145~290μs，35℃[①] | 3.0 | 107kJ/L | Fernandez-Molina 等，2006 |
| | | 31~38kV/cm，60μs，20℃[①] | 1.9 | | Fernandez-Molina 等，2005c |
| | 脱脂乳<br>全脂乳 | 28kV/cm，15~40℃[②] 下 20μs<br>28，31kV/cm，15~55℃[②] 下 20μs | 2.0（脱脂乳）>3.0（10³CFU/mL）<br>>5.0（10⁵CFU/mL） | 112kJ/L | Craven 等，2008 |
| 蜡状芽孢杆菌（*Bacillus cereus*） | 脱脂乳（0.2% 脂肪） | 35kV/cm，188μs，52℃[②] | 3.0 | 314kJ/L | Michalac 等，2003 |

续表

| 微生物 | 样品 | 处理条件 | 对数减小量 | 能耗 | 参考文献 |
|---|---|---|---|---|---|
| 乳酸链球菌（*Streptococcus lactis*） | 脱脂乳（0.2%脂肪） | 35kV/cm，188μs，52℃[②] | 0.3 | 314kJ/L | Michalac 等，2003 |
| 金黄色葡萄球菌（*Staphylococcus aureus*） | 脱脂乳（0.2%脂肪） | 35kV/cm，1200μs，100Hz，25℃[②]<br>35kV/cm，1200μs，75Hz，25℃[②]<br>35kV/cm，2400μs，100Hz，25℃[②] | 4.5（PEF，100Hz）<br>3.5（PEF，75Hz）<br>4.5（PEF-1200μs+肠道菌素）<br>6.3（PEF-1200μs+肠道菌素+乳酸链球菌素）<br>4.5（PEF-1200μs+肠道菌素+溶菌酶）<br>6.4（PEF-1200μs+乳酸链球菌素+溶菌酶）<br>6.0（PEF-2400μs+乳酸链球菌素） | | Sobrino-Lopez 等，2006；Sobrino-Lopez 和 Martin-Belloso，2006；Sobrino-Lopez 和 Martin-Belloso，2008；Sobrino-Lopez 等，2009 |
| 肠炎沙门氏菌（*Salmonella enteritidis*） | 脱脂乳 | 47kV/cm，500ns，62℃[③] | 2.3 | | Floury 等，2006 |
| 单核细胞增生李斯特氏菌（*Listeria monocytogenes*） | 全脂乳（3.5%）部分脱脂乳（2%脂肪）脱脂乳（0.2%脂肪） | 30kV/cm，100~600μs，25~50℃[②] | 4.0 | | Reina 等，1998 |

注：①中试连续系统（100L/h），同轴腔，指数衰减波。②台式连续系统（30L/h），同场室，双极方波。③台式连续系统（10L/h），同轴腔，单极性方波。

脉冲电场处理对微生物灭活的功效很大程度上也取决于微生物的特征，例如其形状和大小。在早期的研究中，Grahl 和 Markl（1996）比较了脉冲电场灭活脱脂乳中不同微生物菌株所需的特定临界电场强度（$E_C$），研究发现，较小的细胞的跨膜电势较低，因此，临界电场强度更大，使其比大细胞更难灭活。研究发现细菌（大肠杆菌、短乳杆菌和荧光假单胞菌）的临界电场强度没有显著差异，但酵母菌（酿酒酵母）的临界电场强度估算值明显更小，这也表明细胞尺寸越大，则越容易被灭活。除微生物细胞大小外，细胞壁特征也会影响脉冲电场处理的有效性。在脉冲电场处理中，革兰氏阳性菌比革兰氏阴性菌对电透性的抵抗力更高，这是因为其细胞膜更厚，肽聚糖含量更高（Hülsheger 等，1983；Dutreux 等，2000）。脉冲电场处理的有效性同样会受细胞的生理状态（芽孢/营养状态）的影响。芽孢对不同类型的环境压力（电压也不例外）具有极强的抵抗力。有关利用脉冲电场工艺杀灭乳中芽孢的研究只有一个：结果显示酪丁酸梭菌（*Clostridium tyrobutyricum*）和蜡状芽孢杆菌（*Bacillus cereus*）的芽孢在 22.4kV/cm 的脉冲电场处理后不会被灭活（Grahl 和 Markl，1996）。灭活其他食物基质中蜡状芽孢杆菌芽孢的研究也表明，脉冲电场工艺对芽孢的影响可忽略不计，但在某些情况下会诱导芽孢萌发（Pol 等，2001；Cserhalmi 等，2002；Shin 等，2010）。在 52℃ 和 35kV/cm 下，脉冲电场处理可更大幅度地减少接种到脱脂乳中的蜡状芽孢杆菌的营养细胞的数量，减少量为 3 个对数值（Michalac 等，2003）。在 50℃ 和 30kV/cm 处理可将接种到全脂乳中副结核分枝杆菌（*Mycobacterium paratuberculosis*）的数目降低 5 个对数值以上。所以显而易见，脉冲电场处理可对微生物的结构造成相当程度的损坏（Rowan 等，2001）。

延长乳货架期的挑战之一是减少生乳中的天然微生物数量。一般来说，当对生乳样品进行脉冲电场处理时，天然菌群的灭活会比对接种的病原微生物灭活水平要低。有或没有预热步骤，用脉冲电场处理生乳都能使细菌数减少 1～1.4 个对数值（Smith 等，2002；Michalac 等，2003；Floury 等，2006）。在某些情况下，低温长时巴氏杀菌（LTLT）（63℃、30min）和高温短时巴氏杀菌（High temperature short-time sterilisation，HTST）（72℃、15s）两种条件下进行脉冲电场处理的微生物群落对数减少没有明显差异（Shamsi 等，2008）。微生物种类的差异，革兰氏阳性菌和芽孢形成细菌的存在以及其生理状态，可能是导致生乳脉冲电场效果降低的主要原因。Sepulveda-Ahumada 等（2000）和 Rodriguez-Gonzalez 等（2011）已经证实嗜温菌比大肠菌或嗜冷菌对脉冲电场的抵抗力更强，这可能因为它们的细胞膜特性的差异。Bermudez-Aguirre 等（2011）也证明，在 46kV/cm 和 60℃ 脉冲电场处理时，全脂生乳（分别为 0.4 和 0.7 个对数值）和脱脂生乳（分别为 0.7 和 3.0 个对数值）中嗜温菌的微生物减少量小于嗜冷菌。还有一个有趣的场景是乳中存在天然或固有微生物菌群时，评估脉冲电场处理对病原体灭活的功效（Otunola 等，2008）。当固有菌群（$10^4～10^6$ CFU/mL）和大肠杆菌（5.2 和 5.6 个对数值）同时存在于脱脂乳中，与仅接种大肠杆菌的脱脂乳相比，细菌数量对数减少存在显著差异。大肠杆菌和固有菌群同时存在时，灭活率比较低（1.5 个对数值），相比之下，其他研究单接种大肠杆菌，细菌的数量减少约 4.5 个对数值（Dutreux 等，2000）。该研究得出的结论为，微生物群落可以影响脉冲电场处理对减少特定病原体的整体效果。

乳的理化特性，特别是电导率和脂肪含量，对脉冲电场处理的微生物灭活有效性起着重要作用。其中一个最早研究电导率影响的工作，是用脉冲电场技术灭活脱脂乳中都柏林沙门氏菌（*Salmonella dublin*）（Sensoy 等，1997）。研究表明，即使处理热量相同，降低介质电导率会增加失活率。作者认为，降低介质电导率会增加微生物与介质之间的电导率差，这会导致膜上的渗透压升高，从而使其在脉冲电场处理中更容易受到影响。乳中的脂肪含量可能也是降低脉冲电场处理效果的因素。一些研究评估了乳中的脂肪球对乳中的微生物具有保护作用从而使它们不易受到脉冲电场处理的影响可能性。一些作者用大肠杆菌和静态脉冲电场系统（Grahl 和 Markl，1996；Martin 等，1997；Otunola 等，2008）和全脂生乳中的天然微生物（Bermudez-Aguirre 等，2011）证实脂肪在防止微生物失活方面具有保护作用。然而，不同脂肪含量（3.5%、2% 和 0.2%）的乳经连续式脉冲电场加工，接种到样品中的单核细胞增生李斯特氏菌对数减少没有显著差异（Reina 等，1998）。Sobrino-Lopez 等（2006）

将金黄色葡萄球菌接种到不同脂肪含量（0、1.5%和3%）的乳样品中，也得到了类似的结果。Picart（2002）进行了一项更详细的研究来确定乳脂肪是否对脉冲电场处理期间的微生物具有保护作用，他在四个不同的样本［奶油（20%）、全脂乳（3.7%）、脱脂乳和磷酸盐缓冲液］中接种了无致病性李斯特氏菌（*L. innocua*），在28~29kV/cm下获得的结果表明，全脂乳中的无致病性李斯特氏菌灭活比磷酸盐缓冲液中的大，但奶油样品中的灭活率最低，表明乳脂对微生物有保护作用。作者认为，脂肪对微生物灭活的保护作用只有在达到一定的脂肪含量时才会发生。Rodriguez-Gonzalez 等（2011）也得出了类似的结论。他们比较了接种天然菌群的不同脂肪含量（脱脂乳0.5%，液乳1.0%~3.1%）的生乳和稀奶油（12.2%）样品，结果脂肪含量较高的稀奶油样品的微生物灭活效率最低，因为其脂肪含量高，且电导率低。

栅栏法被提出作为提高非热保存技术（如脉冲电场）效率的一种有效方法。提高脉冲电场处理效率的主要方法之一是将电压脉冲与温度的效应相组合，以增加微生物灭活效果。温度可能会降低膜的电击穿电位，使其对电压更敏感（Floury 等，2006）。温度和脉冲电场处理的联用被认为是一种节能手段，因为较少的脉冲或较低的电场强度就能在一定程度上减少微生物数量。Craven 等（2008）研究了温度范围在15~55℃不同加工温度下，对脱脂乳脉冲电场处理后假单胞菌的灭活情况。结果表明，升高温度会促进失活，并且在55℃下，28kV/cm 和31kV/cm 后分别达到3.2和超过5.0的对数降低值。使用这种栅栏方法，Guerrero-Beltran 等（2010）用脉冲电场和热处理联用来灭活全脂乳中的无致病性李斯特氏菌。升高初始温度（3~53℃）会增加灭活作用，并能减少达到一定程度的灭活（灭活效果为5.5个对数值）所必需的脉冲数（能耗）。Bermudez-Aguirre 等（2011）发现，将温度（60℃）和脉冲电场（46.5kV/cm）联用，可以使脱脂乳和全脂生乳样品中的自然微生物菌群（嗜温和嗜冷菌）更大程度被灭活，如使嗜温菌数减少3.6个对数值，并且破坏嗜冷细胞使其不能生长。

几位作者还提出了将脉冲电场技术与抗菌剂相结合的栅栏方法。已经提出了两种主要策略来协同联合电压和抗菌活性的作用。一种方法是在添加抗菌剂之前，使用脉冲电场处理，诱导细胞膜电穿孔，这样可以使诱导生成的孔更大或持续时间更长（Sobrino-Lopez 和 Martin-Belloso，2006），从而促进抗菌剂渗透进入细胞质膜。Calderon-Miranda 等（1999）用脉冲电场和乳酸链球菌素联用的栅栏方法来灭活接种到脱脂乳中的无致病性李斯特氏菌。作者发现，仅当电场强度大于30kV/cm 时，脉冲电场和乳酸链球菌素联用才能产生协同作用。这个电场强度可能是产生能让乳酸链球菌素渗透的孔所需的最小电场强度。而其他研究则提出在脉冲电场处理之前添加抗菌剂。Smith 等（2002）研究了脉冲电场、脉冲电场加乳酸链球菌素、脉冲电场加溶菌酶和脉冲电场加上面两种抗菌剂的脱脂生鲜乳天然微生物群落的失活。脉冲电场（52℃、80kV/cm）加溶菌酶、脉冲电场加乳酸链球菌素、脉冲电场加溶菌酶和乳酸链球菌素均显示出在抗菌方面的协同作用，自然菌群的数量分别减少3.2、5.7 和大于7.0 个对数值。

Sobrino-Lopez 等用相同的栅栏方法（Sobrino-Lopez 等，2006，2009；Sobrino-Lopez 和 Martin-Belloso，2006）评估了抗菌剂肠菌素 AS-48、乳酸链球菌素和溶菌酶与脉冲电场处理联用对天然 pH 和酸性 pH 5.0 下脱脂乳中金黄色葡萄球菌灭活的影响。脉冲电场处理加抗菌剂对脱脂乳中金黄色葡萄球菌的对数减少具有相同的影响（与 pH 无关）。添加肠溶素化合物的脱脂乳比仅进行脉冲电场处理的脱脂乳中金黄色葡萄球菌的数量减少高1.3个对数值。与仅单独使用脉冲电场和乳酸链球菌素相比，添加乳酸链球菌素+肠菌素提高了脉冲电场效果，使脱脂乳中金黄色葡萄球菌的对数减少量翻倍。与单独脉冲电场处理相比，溶菌酶的添加没有增加脱脂乳中金黄色葡萄球菌的对数减少量。根据作者的说法（Sobrino-Lopez 等，2006，2009；Sobrino-Lopez 和 Martin-Belloso，2006），在脉冲电场加工之前添加抗菌剂可以弱化细胞膜，从而降低了膜电穿孔所需的临界电场强度，并有助于维持脉冲电场产生的孔。然而，作者发现脉冲电场和抗菌剂之间的协同作用取决于 pH。在 pH 为 5.0 时抗菌剂对脉冲电场没有增效作用，可能是由于抗菌化合物分子的构象发生改变，细胞敏感性改变或从可能的亚致死性损害中恢复。作者还发现在添加抗菌剂之前进行脉冲电场处理没有增效作用，因为细胞膜损伤很可能在处理结束后立即恢复，从而不利于细菌素起作用。

脉冲电场与其他非热技术联用也已被认定为提高乳非热巴氏杀菌效果的方法。其中一项研究使用三种不同的试验方案，研究了热超声（Thermosonication，TS）+脉冲电场处理对乳杀菌的综合效果（Noci 等，2009）。第一个方案是在室温下施加不同的热超声功率（320W 和 400W）和电场强度（30kV/cm 和 40kV/cm）。在 320W 和 400W 进行热超声后，进而在 40kV/cm 脉冲电场下处理可以使天然微生物群落的对数分别减少 4.7 和 6.8 个对数值。天然微生物群落的对数减少与通过热巴氏灭菌（72℃、26s）取得的减少量（7.0 个对数值）类似。在第二方案中，在热超声（400W）之前进行预热步骤（55℃），然后进行脉冲电场处理（30kV/cm 和 40kV/cm）。在 30kV/cm 下，预热步骤使微生物对数值减少量增加了 1.5（从 3.1 到 4.5），而在 40kV/cm 下，预热和未预热样品之间的对数减少量没有显著差异（5.9 和 6.2 个对数值）。第三方案评估了在恒定的加工条件下（55℃下预热，在 400W 下热超声，在 40kV/cm 和 50kV/cm 下脉冲电场），能量密度的增加导致在 40kV/cm 和 50kV/cm 后对数减少分别为 6.3 和 6.7 个对数值。在后来的一个研究中，Rodriguez-Gonzalez 等（2011）联合微滤（膜孔径为 1.4μm）+脉冲电场（32~48kV/cm、459~1913μs）处理，使脱脂生乳中天然菌群数减少超过 4 个对数值，这与 HTST 处理（72℃、15s）后的微生物减少量相似。这些研究表明，不同非热处理过程联用可以达到与热加工相当的灭菌效果，并且可以更好地保持乳的新鲜特性。

### 5.2.2 质量方面

（1）与质量相关的酶　细菌的酶活性可给乳等食品造成巨大的经济损失，因为它们会改变重要的产品质量参数。酶可导致产品出现异味、苦味和酸败。脉冲电场的电压会引起与产品质量相关的酶蛋白构象的变化，并改变其螺旋排列，改变酶的整体结构，从而使活性位点-底物之间的相互作用变得困难，酶的生物学活性因此降低（Zhang 等，1995；Bendicho 等，2003）。通常，酶比微生物对脉冲电场的处理更有抵抗力，脉冲电场加工还不能完全钝化酶。脉冲电场处理在降低乳酶活性方面不如热处理有效。脉冲电场使酶失活的效果很大程度上取决于酶的类型和基质的成分。

Bendicho 等（2003）对脉冲电场灭活乳酶的一项早期研究发现脉冲电场处理（46℃、20~35.5kV/cm）可以使脱脂和全脂乳中接种的芽孢杆菌产生的蛋白酶的最大灭活率达到81%。当以总处理时间作为评价指标时，脉冲持续时间（4μs 和 7μs）没有显著影响。但是，以脉冲数作为评价指标时，较长的脉冲会更有效，施加较少的脉冲数即可达到类似的灭活效果。较高的频率可增强灭活效果，但同时灭活效果与脂肪含量之间存在相关性。脱脂和全脂乳样品在低频水平（67Hz）上的酶灭活没有显著差异，但是在较高频率水平（89Hz和111Hz）下，全脂乳的酶灭活低于脱脂乳，这可能是由于乳脂肪对酶具有的保护作用使其更稳定。在后来的研究中，Bendicho等（2005）发现在分批（34℃、16.4~27.4kV/cm）或连续台式规模系统（40℃、20~35.5kV/cm）进行脉冲电场处理后，枯草芽孢杆菌的蛋白酶没有明显灭活，在中试设备系统中（35℃、26~37kV/cm）枯草芽孢杆菌的蛋白酶有轻微的灭活（10%~15%）。而与之相比，LTLT处理则可以使枯草芽孢杆菌的蛋白酶完全灭活。Shamsi等（2008）研究发现脉冲电场处理（15~60℃、25~37kV/cm）对脱脂生乳中碱性磷酸酶的最大灭活率为67%，而LTLT（63℃、30min）和HTST（72℃、15s）处理均取得了98%的灭活率。Riener等（2008）研究指出，脉冲电场（30℃、15~35kV/cm）对脂肪酶、蛋白酶和碱性磷酸酶的灭活作用分别达到14.5%、37.6%和29%，对乳过氧化物酶无作用。Jaeger等（2010）的研究表明，生乳中的乳过氧化物酶和碱性磷酸酶在经脉冲电场+加热（70~85℃、34~38kV/cm）处理后，灭活水平分别为50%和60%。总的来说，脉冲电场处理可显著灭活乳中的酶，然而，需要更多的研究来达到热杀菌的灭活水平。

（2）理化和感官特性　非热处理的主要目的之一是保持食物的原始新鲜特征。这些特性包括物理化学特性如pH、黏度、电导率、蛋白质和脂肪含量，以及感官特性，如香气、风味和颜色，这些是乳中最为重要的特性。一项关于脉冲电场加工对乳理化参数影响的早期研究发现，在使用脉冲电场（35kV/cm）或热加工（73℃、30s）后，其对总固体、pH、电导率、黏度、密度、颜色和粒径均无显著影响（Michalac等，2003），这可能是所采用的加工条件比较温和所致。后来，Floury等（2006）的研究发现脉冲电场加工对pH无显著影响，但可以使黏度降低，这可能是由于脉冲电场改变了酪蛋白胶束的流体动力学体积或矿物质平衡。进一步的分析表明，脉冲电场处理并不会影响矿物质的平衡，因为胶体钙的含量在加工后保持不变。然而，脉冲电场处理显著降低了酪蛋白胶束的大小，这可能是乳暴露于高电场后，其表观电荷发生改变，进而使酪蛋白之间离子相互作用改变。Odriozola-Serrano等（2006）进行的研究显示，脉冲电场处理（35.5kV/cm、40℃）与传统热巴氏杀菌（75℃、15s）相比，全脂乳的pH、酸度和游离脂肪酸含量均无显著差异。

在储存过程中，处理后的样品和新鲜（未处理）的样品之间存在显著差异，新鲜（未处理）的样品由于微生物的生长，pH降低，酸度增加。另外，游离脂肪酸含量在储存期间增加，可能是由于腐败菌群产生的脂肪酶引起的脂肪降解。在脉冲电场和热处理的乳样品中，乳清蛋白组分浓度存在显著差异，热处理样品的乳清蛋白含量最低，因为热处理可以使乳清蛋白变性。在储存过程中，由于乳菌群具有蛋白水解活性，新鲜样品中的乳清蛋白变性比经过脉冲电场处理的样品更快。在后来Garcia-Amezquita等（2009）进行的关于脂肪球尺寸分布的研究中，不论电场强度和脉冲数如何，以36~42kV/cm脉冲电场处理的样品的脂肪球尺寸分布与LTLT（63℃、30min）处理的样品相似。

Bermudez-Aguirre等（2011）研究了脉冲电场处理（31~54kV/cm、20~40℃）对脱脂和全脂生乳的pH、电导率、密度、非脂乳固体（Solid non fat, SNF）、颜色、脂肪和蛋白质含量的影响。脉冲电场处理的样品pH和电导率值与未处理的样品有显著差异，但密度没有统计学差异。有趣的是，由于脂肪和蛋白质在电极上的电沉积，脉冲电场处理可以使非脂乳固体、脂肪和蛋白质的含量显著下降。另外，高强度脉冲电场处理后可以使脂肪含量增加。

脉冲电场技术可以电击穿脂肪球膜，释放出脂肪球内容物，使脂肪裂解。在这种情况下，脂肪小球的破裂或电穿孔使甘油三酯释放到介质中，从而增加了脂肪含量值。经脉冲电场处理与未经处理的样品的颜色参数在统计学上有差异，但总的来说，试验参数的改变未见有任何趋势。在施加较高的电场强度后，颜色会略微移向浅绿色区域。作者认为这是由于电极磨损后，乳组分与电极的金属配件反应生成绿色物质所致。

乳的其他物理和流变特性也会受到脉冲电场加工的影响。脉冲电场加工诱发的乳蛋白质结构的改变会影响干酪的制造过程和干酪的特性。Floury等（2006）发现脉冲电场处理可增加凝乳的硬度并减少凝结时间，这表明乳的凝结特性有所提高。Yu等（2009）比较了脉冲电场处理（20~30kV/cm、20~50℃）和热处理（63℃、30min）对乳凝乳酶凝结特性的影响。脉冲电场处理后，乳凝乳酶特有的凝乳硬度降低；但若脉冲电场处理温度低于50℃，则与热处理后的样品相比，其硬度降低程度会减小。凝乳酶的凝结时间受加工过程的影响，脉冲电场会导致凝结时间延长。但是，如果温度低于50℃且电场强度低于30kV/cm，凝乳酶的凝结延长时间降至最低。Xiang等（2011）评估了脉冲电场处理（15~20kV/cm、35℃）后的脱脂重组乳的流动特性。脉冲电场工艺可以增加脱脂重组乳的表观黏度和稠度指数，从而影响其流动性能。作者建议使用脉冲电场加工来改变乳的流变特性。

香气是与产品的风味和整体可接受性密切相关的感官特性之一。处理工艺对香气的影响，通常通过挥发性化合物浓度变化（与新鲜样品对比）来评估。Sha等（2011）比较了脉冲电场（15~30kV/cm、40℃）处理、HTST（75℃、15s）处理和未处理的生乳样品中的挥发性化合物成分。乳中总共提取并定量了37种挥发性化合物，热处理和脉冲电场处理会导致醛含量增加；热处理也增加了甲基酮的浓度。在未处理的生乳、热处理和脉冲电场处理的样品中，酸、内酯或醇的含量无显著差异。此外，各样品在进行嗅觉分析时也未发现有显著差异。

### 5.2.3　生物活性化合物

保留食物中的营养成分是非热加工的主要优势之一（Zhang等，2011）。研究表明，脉冲电场加工与传统的热杀菌法（主要在果汁中）相比，可更好地保存生物活性化合物（如维生素）和其他有价值的抗氧化化合物（Sanchez-Moreno等，2009；Soliva-Fortuny等，2009）。Bendicho等（2002）研究了脉冲电场加工对乳中维生素（脂溶性和水溶性）的影响。脉冲电场（20~25℃和50~55℃、18~27.1kV/cm）处理或热处理（75℃、15s或63℃、30min）都不会影响乳中的硫胺素、核黄素、维生素 $D_3$ 和生育酚含量。抗坏血酸是唯一受加工影响的维生素，但在脉冲电场处理中研究的两个温度范围之间没有显著差异。脉冲电场处理后，抗坏血酸最大降解率为27.6%，与HTST处理相似。Riener等（2008）发现35kV/cm的脉冲电场处理对脱脂乳中的硫胺素、核黄素和视黄醇没有任何影响。

### 5.2.4　货架期延长

脉冲电场工艺的主要挑战之一是使其处理的乳拥有等同或超过热杀菌乳的货架期，同时又要保持其自然特性。脉冲电场处理也是延长乳货架期的一种方法，可在刚完成热处理将要包装之前进行，也可以在冷藏条件下短期存储一段时间将要散装运输之前进行。Fernandez-Molina等（2005a，2005b）连续进行的两个研究评估了两种不同的延长乳货架期的加工方法。在第一项研究中，通过热杀菌（60～65℃、21s）、脉冲电场（28～36kV/cm）处理、脉冲电场处理后再热处理对脱脂乳在4℃时的微生物学货架期进行了评估，三种处理使脱脂乳的自然菌群分别减少了1.69、2.00和2.85个对数值。在4℃储存下，脉冲电场或热处理样品的货架期为14天，脉冲电场处理后再热处理的样品的货架期为30天。在第二项研究中，比较了HTST（73～80℃、6s）、脉冲电场（30～50kV/cm、60μs）、HTST+脉冲电场处理的脱脂乳在4℃下的货架期，经脉冲电场处理的样品货架期为14天，未检出大肠菌；而HTST+脉冲电场（73℃和50kV/cm、80℃和30kV/cm）处理的样品，货架期分别为22天和30天。作者发现这两种加工方法（HTST+脉冲电场和脉冲电场+HTST）处理脱脂乳的货架期没有显著差异，他们认为在热加工后再进行脉冲电场处理会损坏细菌膜，使它们更容易受到电穿孔的影响，而脉冲电场后进行热处理会使脉冲电场受损的细胞因热失活。

Sepulveda等（2005）也使用了相同的加工方法（即先HTST巴氏灭菌，再脉冲电场和HTST巴氏灭菌后，将乳在4℃储存8天再脉冲电场）来估算乳样品的微生物学货架期。使用HTST（72℃、15s）+脉冲电场（65℃、35kV/cm）处理的乳货架期为60天，而HTST+4℃储存（8天）+脉冲电场处理的乳货架期估计为78天，超过78天，细菌数才开始超过《巴氏杀菌乳条例》（*Pasteurized Milk Ordinance*，PMO）（FDA，2011）规定的细菌数量限值（$2 \times 10^4$ CFU/mL嗜温细菌）。这些存储期与HTST样品的货架期相比，HTST+脉冲电场和HTST+冷储+脉冲电场处理可将货架期分别延长超过两个星期和一个月。该研究还跟踪了乳样品的视觉、嗅觉和滴定酸度的变化，作为在货架期内变质的标志。除了低酸度下的凝结外，作者没有观察到其他明显的变化，这可能是因为嗜热芽孢杆菌的存在造成的。后来的研究（Sepulveda等，2009）显示，经过脉冲电场（35kV/cm、65℃）处理的全脂生乳在4℃下的货架期为24天，而一个经过热巴氏杀菌处理的样品（72℃、15s）在4℃下的货架期为44天（巴氏杀菌样品货架期延长可能是由于实验室在无菌条件下包装，而工业化生产中包装HTST处理乳的环境并不是无菌的）。

Walkling-Ribeiro等（2009）也使用了相同的处理方法灭活低脂超高温（Ultra high temperatur，UHT）乳中接种的天然菌群。在脉冲电场（55℃、50kV/cm），HTST（72℃、26s）处理和50℃下预热后再进行脉冲电场处理（40kV/cm）之后，细菌数分别减少了6.4～6.7和7.0个对数值。预热+脉冲电场（即在50℃预热，然后以40kV/cm进行脉冲电场处理）和HTST处理后的全脂生乳样品的货架期（达到最高水平$2.0 \times 10^4$ CFU/mL之前）分别为21天和14天。在Craven等（2008）进行的一项灭活接种到脱脂乳中的假单胞菌的研究中，在脱脂乳中接种$10^3$ CFU/mL假单胞菌，经脉冲电场（在50℃和55℃下为28kV/cm，在55℃下为31kV/cm）处理后，样品在4℃下储存，菌落总数达到$10^7$ CFU/mL的时间分别为7天、9天和13天，而接种了$10^5$ CFU/mL假单胞菌的样品在4℃下保存时的货架期分别为5天、6天和11天。Bermudez-Aguirre等（2011）将脉冲电场处理（46.5kV/cm、60μs、20～60℃）的脱脂和全脂生乳样品在4℃和20℃储存一个月，储存期间微生物快速生长，脱脂乳在60℃下脉冲电场处理后，于4℃储存的货架期估计为5天，而全脂在40℃下脉冲电场处理后的货架期估计为5天。在室温下储存2天后，所有脉冲电场处理的样品均显示出高微生物计数（$10^7$ CFU/mL）。作者认为全脂乳样品中微生物生长较快的原因是其营养成分含量较高。

Rodriguez-Gonzalez等（2011）和Walkling-Ribeiro等（2011）提出以脉冲电场（40～50℃、16～42kV/cm）和微滤联用处理来延长脱脂生乳的货架期。首先，单独使用脉冲电场，微滤和热加工处理接种了天然菌群的脱脂生乳，确定取得最大微生物减少量的加工条件。单独使用脉冲电场、微滤和热巴氏灭菌（75℃、24s）分别可使天然菌群减少 2.5、3.7 和 4.6 个对数值。微滤/脉冲电场/组合处理可使细菌数减少 4.9 个对数值，效果与热处理相当，脉冲电场/微滤可使细菌数减少 7.1 个对数值。由于脉冲电场/微滤是最成功的栅栏方法，因此在进一步的研究中比较了脉冲电场/微滤与热处理的脱脂生乳的货架期。脉冲电场/微滤和热处理分别可以使嗜温菌数降低 3.1 和 4.3 个对数值。经脉冲电场/微滤处理的乳在 4℃下的货架期为 7 天，热处理样品的货架期在研究中并未报道。脉冲电场/微滤联用更高效的原因可能是由于脉冲电场诱导的电荷极化作用，该作用诱导微生物聚集或微生物与乳成分的凝聚，从而增强了微滤的效果。作者提出可通过预热样品或增加脉冲电场能量，将脉冲电场/微滤处理的温度升高到 65℃以提高该处理的有效性。通常，乳在经预热后脉冲电场处理，在冷藏条件下的货架期与热巴氏杀菌法处理的乳相似。然而，脉冲电场处理乳的其他重要方面仍须进行研究，例如消费者偏好测试，以及脉冲电场处理对营养成分的影响等研究，这可能进一步提示了脉冲电场工艺的应用范围。

## 5.3 脉冲电场在乳制品加工中的应用

### 5.3.1 果汁乳饮料

新的消费趋势引导消费者寻求更健康、更方便的食品和饮料。即创新饮料的发展现状是在乳制品和果汁组合的基础上再添加生物活性成分，这些产品在日本、美国和欧洲市场变得越来越普遍，并且随着其市场潜力的增长而受到了广泛的关注（Pszczola，2005）。这些饮料对食品行业和科学界来讲是一个新产品开发和创新的机会。在果汁和乳的组合中，可以将水果成分的抗氧化能力与乳的健康益处结合。这些产品通常使用果胶作为稳定剂，柠檬酸作为酸化剂，再加糖和一定比例的水配制而成。然而，此类产品要想取得商业化成功，其保存技术与其成分和配方一样重要（Granato 等，2010）。混合饮料常用热处理进行稳定化，该过程会部分降解其营养成分。而脉冲电场技术已被证实能有效稳定液态食品中存在的微生物和酶，且能较好保留其新鲜度和品质属性（Heinz 等，2001）。表 5.2 总结了在乳饮料方面进行的研究。

表 5.2　　　　　　　　　　　　乳饮料的脉冲电场加工

| 基质 | | 测定参数 | 处理条件 | 货架期和储藏温度 | 参考文献 |
|---|---|---|---|---|---|
| 果汁乳 | 微生物 | 无致病性李斯特氏菌 | 35kV/cm，1800μs，40℃[②]热处理（90℃，60s） | 56d，4℃ | Salvia-Trujillo 等，2011 |
| | 酶 | 果胶甲基酯酶-多聚半乳糖醛酸酶（PME-PG） | | | |

续表

| 基质 | | 测定参数 | 处理条件 | 货架期和储藏温度 | 参考文献 |
|---|---|---|---|---|---|
| | 物理化学参数 | pH、酸度、白利度（糖的百分浓度）、黏度 | | | |
| | 微生物 | 沙门氏菌 | 15~40kV/cm，0~2500μs，20℃[②] | — | Sampedro 等，2011 |
| | 营养素 | 类胡萝卜素含量，维生素 A | 15~40kV/cm，40~700μs，20℃[②] 热处理（90℃，20s） | 42d，4~10℃ | Zulueta 等，2010b |
| | 营养素、动力学 | 维生素 C | 15，25，35，40kV/cm，40~700μs，20℃[②] 热处理（90℃，20s） | 42d，4~10℃ | Zulueta 等，2010a |
| | 酶 | 果胶甲基酯酶（PME） | 15 ~ 30kV/cm，50μs，47.1，62.5，80.3[②] 热处理（85℃，60s） | — | Sampedro 等，2009b |
| | 物理化学参数酶 | 挥发性物质果胶甲基酯酶（PME） | 30kV/cm，50μs，80℃[②] 热处理（85℃，66s） | 20d，8℃ | Sampedro 等，2009a |
| | 物理化学参数微生物 | 挥发性物质霉菌和酵母菌、嗜温菌 | | | |
| | 微生物、工艺参数 | 植物乳杆菌 | 35~40kV/cm，0~180μs，35，55℃[②] | — | Sampedro 等，2007 |
| | 微生物、动力学 | 大肠杆菌 | 15~40kV/cm，0~700μs，55℃[②] | — | Rivas 等，2006 |
| | 微生物、动力学 | 植物乳杆菌 | 15~40kV/cm，0~700μs，55℃[②] | — | Sampedro 等，2006 |
| 果汁豆乳 | 营养素 | 脂肪酸、矿物质成分 | 35kV/cm，800~1400μs，32℃[②] 热处理（90℃，60s） | 56d，4℃ | Morales de la Peña 等，2011 |
| | 营养素 | 异黄酮 | 35kV/cm，800~1400μs，32℃[②] 热处理（90℃，60s） | 56d，4℃ | Morales de la Peña 等，2010b |
| | 营养素 | 维生素 C、总多酚 | 35kV/cm，800~1400μs，32℃[②] 热处理（90℃，60s） | 56d，4℃ | Morales de la Peña 等，2010a |

续表

| 基质 | 测定参数 | | 处理条件 | 货架期和储藏温度 | 参考文献 |
|---|---|---|---|---|---|
| | 酶、物理化学参数、微生物 | 过氧化物酶（POD）、脂肪氧合酶（LOX）颜色、白利度、pH、酸度、黏度霉菌和酵母菌、嗜冷菌 | | | |
| 豆乳 | 酶、动力学 | 脂肪氧合酶（LOX） | 30kV/cm，100~600μs[②] | — | Li 等，2010 |
| | 酶、动力学 | 脂肪氧合酶（LOX） | 20~40kV/cm，25~100μs，23，35，50℃[③] | — | Riener 等，2008 |
| | 酶、动力学 | 脂肪氧合酶（LOX） | 20~40kV/cm，0~1100μs，25℃[②] | — | Li 等，2008 |
| 婴儿配方乳 | 微生物 | 阪崎克罗诺杆菌（Cronobacter sakazakii）（阪崎肠杆菌）、亚致死损伤 | 15，35kV/cm，60~3000μs，15℃[②] | 24h，8℃ | Pina-Perez 等，2009 |
| | 微生物、动力学 | 阪崎克罗诺杆菌（Cronobacter sakazakii） | 10~40kV/cm，0~3895μs，20℃[②] | — | Pina-Perez 等，2007 |
| 调味乳 | 物理化学参数 | 颜色、诱惑红浓度、pH | 40kV/cm，48 脉冲，2.5μs，55℃[①] | 32d，4℃ | Bermudez-Aguirre 等，2010 |
| | 微生物 | 嗜温菌 | | | |
| 热带水果奶昔 | 微生物 | 大肠杆菌 K12 | 24，34kV/cm，100~150μs，37，46，55℃[③] | — | Walking-Ribeiro 等，2008 |
| | | | 45~55℃，60s 热处理（72℃，15s） | | |

注：①中试连续系统（100L/h），同轴腔，指数衰减波。

②台式连续系统（30L/h），同场室，双极方波。

③台式连续系统（10L/h），同轴腔，单极性方波。

（1）微生物灭活　一些研究专门对脉冲电场灭活致病性微生物的效果进行了探讨。前面已经提到过，液态乳的微生物灭活效果会随着脉冲电场处理时间的延长和电场强度的增加而增加。Salvia-Trujillo 等（2011）将一种由橙子（30%）、芒果（10%）和苹果（10%）三种水果制成的全脂乳混合果汁（Fruit juice beverage mixed with whole milk，FJ-WM）或脱脂乳混合果汁（Fruit juice beverage mixed with skimmed milk，FJ-SM），在 35kV/cm 的脉冲电场处理，可以使无致病性李斯特氏菌（*L. innocua*）减少5个对数值，达到了美国食品和药物管理局（FDA，2004）对果汁杀菌的推荐值。尽管全脂乳的脂肪含量高，但脱脂和全脂乳样品中无致病性李斯特氏菌的灭活效果并无显著差异。多位作者都在液体乳中观察到了这一结果（Reina等，1998；Picart等，2002；Sobrino-Lopez等，2006；Rodriguez-Gonzalez等，2011）。人们还研究了橙汁（50%）和乳（20%）混合饮料中的大肠杆菌灭活。经15kV/cm脉冲电场处理后，大肠杆菌减少了3.83个对数值（Rivas等，2006）。由于脉冲电场处理中涉及的参数数量众多，因此通常很难对不同作者发现的对数减少程度进行比较。在上述参考文献里，尽管革兰氏阳性菌通常比革兰氏阴性菌对脉冲电场处理更具有抵抗力，但结果的差异也可能是因为处理强度和基质pH的差异。

也有人用脉冲电场处理对橙汁（30%）乳（20%）混合饮料中的沙门氏菌进行灭活（Sampedro等，2011）。由于在水果收获季节果汁的pH具有很大的可变性，并且果胶稳定剂的使用量可能根据所使用的配方不同而有所不同，这两个变量都可能对食品安全性产生影响。该研究通过蒙特卡洛模拟预测电场强度、pH和果胶浓度对橙汁饮料中鼠伤寒沙门氏菌最终数量的影响。还有一个辅助性预测模型是基于威布尔分布函数（Weibull，1951）。这两个模型预测在35kV/cm，pH为4.5和3.5时，分别采用60μs和40μs两种脉冲电场处理都可以使沙门氏菌数降低5个对数值。

腐败菌虽然与食源性突发事件无关，但可能会造成重大的经济损失，所以从经济角度来看，腐败菌的灭活也很重要。因此，有人比较了35kV/cm脉冲电场处理与热处理后果汁乳饮料在储存期间（4℃、56天）嗜冷菌、霉菌和酵母菌数量的变化（Salvia-Trujillo等，2011），结果发现两种样品的货架期至少为56天。Sampedro等（2009a）进行了类似的研究，即在30kV/cm脉冲电场处理和与灭活果胶甲基酯酶条件等效的热处理（85℃、66s）后，跟踪检测霉菌、酵母菌和中温菌群的数量，处理过的样品在8~10℃下储存的货架期为2.5周。两项研究之间的微生物稳定性差异可能是由于Sampedro等（2009a）的研究中使用了较高的储存温度和pH。

针对橙汁乳混合饮料研究了脉冲电场工艺参数（电场强度、脉冲宽度、施加的能量和温度）对植物乳杆菌灭活的影响（Sampedro等，2007）。施加能量保持不变时，高电场强度和短处理时间可以实现最好的灭活效果。灭活效果与温度和施加的电场强度无关，脉冲持续时间延长也不能提高灭活效果。当处理温度升至55℃时，灭活增加了0.5个对数值，实现了60%的节能。

其他研究专门对脉冲电场灭活腐败细菌的微生物预测进行了探讨。Sampedro等（2006）报道用威布尔分布函数（Weibull，1951）可建立脉冲电场灭活植物乳杆菌动力学的最好模型。从模型拟合中得出的平均临界时间（Mean critical time，tcw）参数，被视为植物乳杆菌对脉冲电场灭活的耐受性的指标。当电场强度和处理温度升高时，该参数降低。

（2）酶失活/钝化　通常认为，食物的质地和流变性（黏度）是消费者对食物和饮料接受程度和偏爱度的主要决定因素。对于植物性食品，这些参数主要取决于果胶含量和成分，还有食品加工步骤。由于酶的催化作用和果胶的降解，与质量相关的酶［如果胶甲基酯酶（Pectinmethylesterase，PME）和聚半乳糖醛酸酶（Ploygalacturonase，PG）］与果汁和水果基饮料的黏度和浊度降低相关。

在橙汁乳饮料中研究了脉冲电场处理（15~30kV/cm，初始温度分别为25℃、45℃和

65℃）对果胶甲基酯酶失活的影响（Sampedro 等，2009b）。结果发现在低处理温度（25℃）下有一些活化作用，其表现是脉冲电场处理后果胶甲基酯酶活性增加了 11%~60%。如本章前面提到的，脉冲电场已被用于增加植物细胞的渗透性来提高从各种食品中提取不同成分的效率（Ade-Omowaye 等，2001）。因此，采用温和的脉冲电场处理可以通过促进结合的果胶甲基酯酶释放增加橙浆的渗透性。通过升高温度（初始温度65℃，最终温度80℃），果胶甲基酯酶的钝化率最大，达到91%。为了查明温度在脉冲电场处理中所起的热效应，采用了基于低电场强度、高频和低脉冲持续时间（3~5kV/cm、3000~3500Hz、1μs）的处理，得到了相同的最终处理温度（80℃）。由于脉冲电场处理强度低，仅观察到热效应。结果表明，高温仅使果胶甲基酯酶产生了轻微钝化（<10%），说明温度与脉冲电场处理之间存在协同作用。

其他研究对货架期内冷藏条件下果胶甲基酯酶的活性进行追踪监测。Sampedro 等（2009a）发现在热处理（85℃、66s）和脉冲电场处理（65℃、30kV/cm）后，果胶甲基酯酶的灭活率分别为89.4%和90.1%。在储存期间（8~10℃、20天），未观察到脉冲电场处理的橙汁乳样品的酶再活化和相分离。在热处理的样品中，底部可见少量沉淀，可能由于酪蛋白沉淀所致，尽管酪蛋白对该温度下的热效应不是很敏感，但合适的 pH 条件和温度也会导致酪蛋白沉淀。类似地，有人对热处理（90℃、60s）和 35kV/cm 脉冲电场处理后，全脂乳混合果汁（FJ-WM）和脱脂乳混合果汁（FJ-SM）基质中果胶甲基酯酶和聚半乳糖醛酸酶的活性进行跟踪测定（Salvia-Trujillo 等，2011）。在脱脂乳混合果汁（FJ-SM）中未检测到果胶甲基酯酶失活，而在全脂乳混合果汁（FJ-WM）中出现了58.7%的失活。Stanciuc 等（2011）报道，脱脂乳受热后也有类似的现象，γ-谷氨酰转移酶失活率低于全脂乳或稀奶油。他们推断，在脂肪含量较低的基质中酶稳定性之所以提高，可能是由于酶本身的分子特性所致，但是还需要进一步的研究来验证这一假设。但聚半乳糖醛酸酶的稳定性与所研究的基质无关（果汁脱脂乳和果汁全脂乳中分别为20.93%和26.92%），在脉冲电场处理后略有失活。在储存过程中，在热处理和脉冲电场处理的样品中发现有轻微的酶再活化。众所周知，两种处理方法都使蛋白质发生去折叠，因为其二级结构均发生了变化。但是，目前还不清楚这些变化在长期存储期间是否一直存在。估计后期可能会发生酶结构的折叠，使其活性增高。

（3）营养化合物的降解　与传统的热加工工艺相比，开发果汁乳饮料的主要挑战是更好地保存其营养成分，并从感官角度使它们更具吸引力。从这个意义上讲，评估食物加工对食物营养价值影响的维生素存留研究对食品科学家、食品工业和消费者至关重要。研究人员一般用抗坏血酸存留率作为水果和蔬菜加工的质量指标，因为它可以反映其他维生素流失的程度，并可以作为其他感官成分或营养成分的有效监测指标（Ayhan 等，2001）。Zulueta 等（2010a）研究了橙汁乳混合饮料在热处理（90℃、20s）和脉冲电场（25kV/cm）处理后的维生素 C 存留率，每次处理后分别保留了86%和90%。储存在 4℃和 10℃下的热处理和脉冲电场杀菌饮料的货架期，按照经过处理的样品中抗坏血酸浓度降低50%的时间来计算。算得在 4℃和 10℃下货架期分别为 52 天和 47 天，热处理或脉冲电场处理样品之间无差异。

果汁富含色素。橙汁富含类胡萝卜素，类胡萝卜素是天然色素的主要类型之一，颜色是决定消费者选购食品的一个主要指标。类胡萝卜素具有多种生物学功能和作用，例如抗氧化作用，维生素 A 原和预防黄斑变性的作用。类胡萝卜素在光、热、酸或氧气的存在下不稳定。因此，应将其稳定以进行保存。有人对橙汁乳饮料脉冲电场（15~40kV/cm）和热处理（90℃、20s）加工，以及随后储存（4~10℃）过程中类胡萝卜素含量和维生素 A 成分的影响进行了评估（Zulueta 等，2010b）。结果表明，电场的施加影响所提取的类胡萝卜素的浓度，在 15kV/cm 时略有增加，在 40kV/cm 时略有下降。另外，进行巴氏杀菌时，总类胡萝卜素浓度降低。至于在储藏期间的降解，类胡萝卜素的浓度在用脉冲电场处理的饮料中受到的影响较小，因此在整个储藏期间存留的数量也比较多。

（4）物理化学和感官特性的恶化　食品加工过程中的微生物失活和酶降解是确保食品安全并避免食品工业经济损失的关键参数，但是营养成分、理化和感官特性是消费者购买产品的主要驱动力。关于脉冲电场加工对果汁乳饮料理化特性的影响，已经进行了一些研究。Salvia-Trujillo 等（2011）和 Sampedro 等（2009a）跟踪监测了脉冲电场（35kV/cm、1800μs 和 30kV/cm、50μs）和热处理（90℃、60s 和 85℃、66s）后，果汁饮料中的 pH、可溶性固形物含量、颜色和滴定酸度参数的变化。在不同处理下或在存储期间［Salvia-Trujillo 等（2011）4℃储存 56 天，Sampedro 等（2009a）8℃储存 20 天］均未发现显著变化。

在热处理（85℃、66s）和脉冲电场处理（30kV/cm，在 25℃、45℃ 和 65℃下，50μs）后，通过固相微萃取（Solid phase micro extraction, SPME）提取出 12 种挥发性化合物，用气质联用仪（Gas chromatography-mass spectrometry, GS-MS）进行定量，通过分析其浓度变化评估果汁乳饮料的香气（Sampedro 等，2009b）。挥发性化合物的敏感性取决于所采用的处理方法。高分子化合物对热处理具有更高的抵抗力，而果肉相关化合物对脉冲电场处理具有更高的抵抗力。然而，热处理后挥发性化合物浓度的平均损失在 16.0%~43.0%。在 25℃、45℃ 和 65℃下进行脉冲电场处理的挥发性化合物浓度的平均损失分别为-13.7%~8.3%（负号表示挥发性化合物浓度增加，可能是由于脉冲电场处理产生的萃取现象），5.8%~21.0%，11.6%~30.5%。结果表明，脉冲电场处理有提供更佳新鲜香气的橙汁乳饮料的潜力。

### 5.3.2　豆乳和果汁豆浆饮料

豆乳和豆乳基饮料是食品行业中增长最快的版块之一，近几年来消费量出现了大幅增长（Sloan，2005）。豆乳是大豆的一种水提取物，具有最佳的营养成分（主要由异黄酮提供），异黄酮与冠心病（Anderson 等，1995）、骨质疏松、更年期症状（Kronnenberg，1994）、激素依赖性癌症、肥胖症和糖尿病（Bathena 和 Velasquez，2002）的低风险相关。然而，新鲜豆乳的销售是一项挑战，因为它易产生异味，这主要是由脂肪氧合酶（Enzyme lipoxygenase, LOX, E. C. 1. 13. 11. 12）引起的。脂肪氧合酶很容易被热处理灭活，但会导致氨基酸降解和其他变质反应。两项研究专门对脉冲电场灭活豆乳饮料中的脂氧合酶进行了探讨（Li 等，2008；Rienerw 等，2008）。两项研究均进行了动力学研究，根据所施加的电场和处理时间来量化脂肪氧合酶的灭活程度。试验数据显示出对数线性趋势，并符合一阶动力学模型（Riener 等，2008）。估算的脂肪氧合酶脉冲电场失活 $D$ 值（指数递减时间）在 20kV/cm、30kV/cm 和 40kV/cm 下分别为 172.9μs、141.6μs 和 126.1μs。在 40kV/cm、100μs、有 50℃预热步骤的条件下，发现最大脂肪氧合酶失活率为 84.5%。Li 等（2008）在

42kV/cm 和室温下处理豆乳，获得了相似的灭活水平（88%）。在这项研究中，试验数据没有遵循对数线性趋势；因此，数据被拟合为威布尔分布函数（Weibull，1951）。动力学参数（α）与电场强度具有相关性，在 20kV/cm、30kV/cm 和 35kV/cm 下，其估算参数值分别为 904.94、664.27 和 240.67。今后还需进一步研究确定脉冲电场对酶内部结构构象和酶失活机理的影响。

豆乳近来被用于开发混合饮料。有人用脉冲电场处理（35kV/cm、1400μs）和热巴氏杀菌（90℃、60s）对果汁（25% 橙子、18% 奇异果和 7% 菠萝）豆乳混合饮料（FJ-SM）（在 4℃ 下存储 56 天）的微生物稳定性、质量参数和抗氧化性能的影响进行了比较（Morales de la Peña，2010b）。经过两种处理后，无致病性李斯特氏菌和短乳杆菌均减少了 5 个对数值，在 4℃ 下储存 56 天期间，这两种细菌的稳定性保持不变，霉菌、酵母菌和嗜冷菌群也一样。脉冲电场处理后，过氧化物酶和脂氧合酶分别失活 29% 和 39%，而热处理下二者分别达到完全失活和 51% 失活。颜色、可溶性固形物、pH 和酸度值均不受这两种加工的显著影响。无论哪种处理，饮料黏度均随时间而增加。在储存过程中，维生素 C 含量和抗氧化能力会随着时间而大量减少，但用脉冲电场处理的样品的维生素 C 和抗氧化剂的含量要高于热处理后的样品。另外无论哪种处理，总的酚类化合物均不会随存储时间的变化而变化。

同一作者（Morales de la Peña 等，2011）使用相同的饮料配方和处理条件（脉冲电场和热处理），研究了加工和储存时间对饮料异黄酮成分的影响。异黄酮的总含量通过高效液相色谱（High performance liquid chromatography，HPLC）分析对糖苷配基形式和葡萄糖苷形式的异黄酮进行定量。饮料中葡萄糖苷形式的浓度高于糖苷配基形式。金雀异黄素是饮料中存在的最丰富的异黄酮。两种处理均未引起总异黄酮浓度的显著变化。在储存过程中，总异黄酮含量可能由于丙二酰异黄酮的水解而增加，而在加热加工的饮料中则略高。

使用相同的饮料配方，在相同的处理和储存条件下测定脂肪酸和矿物质成分（Morales de la Peña 等，2011）。无论采用哪种处理方法，脱脂乳混合果汁（FJ-SM）中亚油酸、油酸、亚麻酸、棕榈酸和硬脂酸的浓度最高，而钙和镁则是含量最丰富的矿物质。大多数脂肪酸和矿物质的初始浓度不受脉冲电场或热加工的影响；脉冲电场或热处理后，仅反油酸和亚油酸浓度降低；铁和锌的含量在未经处理和经过处理的饮料中均显著增加。在储存过程中，矿物质保持高度稳定，而未处理和处理过的样品中的总脂肪酸含量显著增加。未经处理的饮料、脉冲电场或热处理的饮料中的挥发性化合物可能会发生生物化学变化，从而导致脂肪酸的生成，因此，在整个存储时间内脂肪酸浓度会升高。

### 5.3.3 酸乳饮料

传统上，非冷冻的乳制甜点（如酸乳饮料）被认为是健康食品，可用于各种配方。这些产品的货架期限于 3 周，超过 3 周常会因酵母菌和乳杆菌在低 pH 条件下生长而变质。脉冲电场处理可能比较适合作为一种用于减少因微生物导致变质造成质量损失，延长产品货架期的保存方法。Yeom 等（2004）研究了一种以草莓、葡萄和蓝莓调味的酸乳基饮料在 4℃ 下的货架期，该饮料通过加热（60℃、30s）和脉冲电场（30kV/cm、32μs）的组合处理，菌落总数、霉菌和酵母菌数减少了 2~4 个对数值，且在 4℃ 下 90 天的整个存储过程中，保持在 1 个对数值（25CFU/mL）左右。在处理后以及在 4℃的储存下，对照样品和脉冲电场处理的样品在白利度、pH、外观、颜色、质地、风味和总体可接受性方面没有发现显著差异。

### 5.3.4　婴儿配方乳饮料

在婴儿由于各种原因而无法获得母乳的情况下，为了应对母乳需求不断增长的需要，母乳替代品逐步进入了市场。有多种配方乳可供选择，其配方可满足不同的婴儿需求。婴儿配方乳（Infant formula milk，IFM）也可以制成不同的物理形式，例如粉状和液体（浓缩或即食型），并且包装形式多样。液态配方乳通常是无菌的，但粉状婴儿配方乳偶尔会混入阪崎克罗诺杆菌，食用后可导致罕见但危及生命的败血症、新生儿脑膜炎、菌血症、坏死性小肠结肠炎和坏死性脑膜脑炎（Nazarowec-White 和 Farber，1997）。美国的公共卫生部门和研究人员正在探索消除这种细菌或控制其在婴儿配方乳（IFM）中生长的方法。考虑到脉冲电场对食品中比较敏感的成分伤害可能比较小，有人已开展研究以确定脉冲电场处理杀灭阪崎克罗诺杆菌的有效性（Pina-Pérez 等，2007）。婴儿配方乳（IFM）接种 $10^4$CFU/mL 阪崎克罗诺杆菌，用脉冲电场对其进行处理，其电场强度和处理时间从 $10\sim40$kV/cm 和 $60\sim3895\mu s$ 不等。电场越大，处理时间越长，杀灭率就越高。灭活数据与不同的灭活模型相关，如 Weibull 分布函数（Weibull，1951）和 Bigelow 模型（Bigelow，1921），通过计算得出这两个模型的动力学常数。威布尔模型得到了最佳的试验数据拟合，在 40kV/cm、$360\mu s$ 下，灭活率达到最大值，减少了 1.2 个对数值。作者得出的结论是，在冷藏保存之前，在医院中使用脉冲电场来保证冲调的婴儿配方乳的安全具有良好的前景。

如本章前面所述，脉冲电场使微生物失活主要是由于该处理对细胞膜的影响，导致形成影响膜完整性和功能的孔。这些孔可以是可逆的或不可逆的，从而导致细胞的死亡。另外，存活下来的微生物可能会受到亚致死的破坏，这就需要设计具有协同致死作用的组合处理，以实现完全灭菌。因此，Pina-Perez 等（2009）对脉冲电场处理再冷藏后的婴儿配方乳（IFM）中出现阪崎克罗诺杆菌亚致死性损害的情况进行了研究。在很少有灭活（15kV/cm 和 $3000\mu s$）的条件下，发现最大破坏率为 90%。处理后，将样品在 8℃下保存 24h，以模拟在医院喂养新生儿之前婴儿乳的保存时间。未经处理的细胞在储存 24h 后未显示出活力下降，而经过处理的受损细胞由于细胞逐渐死亡而数量降低。在 15kV/cm 和 $3000\mu s$ 处理后，观察到细菌数减少了 0.69 个对数值，在 8℃下储存 24h 后，细菌数减少增至多达 2.3 个对数值，这可能是由于细胞在处理后的应激条件下无法自我修复。因此，联合处理（脉冲电场+冷藏）可增强阪崎克罗诺杆菌的失活，这可能有助于减少新生儿感染。

### 5.3.5　其他乳基饮料

近年来，乳制品市场上出现了各种加乳果汁，这是增加水果摄入量的一种创新且有吸引力的方法。这些产品（例如乳、豆乳或冷冻酸乳）的特点是由多种配料组合，包括水果（有时是蔬菜）、果汁、碎冰、糖或蜂蜜，以及某些类型的增稠剂，使产品具有比半冻饮料浓稠的类似奶昔的稠度。将脉冲电场技术应用于这些类型的产品将可以延长货架期，同时保留其感官特性。在栅栏方法中，采用轻度加热和脉冲电场具有加和效应，使热带水果加乳果汁（菠萝50%、香蕉28%、苹果12%、橙子3%和椰乳7%）中大肠杆菌 E. coil K12 失活高达6.9个对数值（CFU/mL），这与温和的热巴氏杀菌法（72℃、15s）所造成的细菌减少相当，因此是一种有前途的替代加工技术。预热温度由45℃改成55℃，电场强度由24kV/cm改成34kV/cm，提高了栅栏处理的杀菌效果（Walking-Ribeiro 等，2008）。

还有一些受欢迎的调味乳，例如巧克力、香草和草莓味乳等。尽管巧克力乳最受欢迎（尤其是在儿童中），但消费者对草莓味调味乳也有较高的认可度。食品的颜色是重要的质量参数，它可能决定消费者是接受还是拒绝购买产品。Evrendilek 等（2001）在105℃和112℃下对巧克力乳（脱脂乳添加可可粉和糖）加热31.5s，然后在中试工厂（100L/h）进行脉冲电场（35kV/cm、45μs）处理。脉冲电场+105℃热处理后在4℃、22℃和37℃储存的货架期分别为119天、71天和28天，脉冲电场+112℃热处理后在任一存储温度下货架期均为119天，且颜色保持不变。诱惑红 AC（Allura Red AC）是一种有机分子，为可溶于水的红色粉末，可用作有色饮料的添加剂。然而，常规的热处理会降解颜料，影响最终产品的质量。Bermudez-Aguirre 等（2010）进行的一项研究，旨在分析脉冲电场处理（55℃、40kV/cm）下草莓乳中诱惑红的降解。加工后，仅观察到颜色、诱惑红浓度和 pH 有微小变化。在储存期间（在4℃下32天），样品的 pH 保持在6以上。处理过的样品的颜色在色度坐标红绿轴 $a^*$、色相角和色度显著降低。诱惑红的浓度与时间遵循双相行为。其浓度发生变化，在存储中期达到最大值，在存储期结束时下降。

## 5.4  脉冲电场在乳巴氏杀菌中的商业应用

乳的传统热杀菌如高温瞬时（HTST）或超高温杀菌（UHT）数十年来一直有效地用来延长液态乳的货架期，最长分别可达2.5周或至少6个月（Sepulveda 等，2005）。几位作者提出了使用脉冲电场处理作为乳杀菌的替代方法。总的来说，本章表明温度和脉冲电场处理的协同作用有利于微生物的灭活。这种协同作用已被用于乳加工中，即在预热步骤后进行脉冲电场处理。图5.4 显示了工业上脉冲电场+热处理对乳杀菌的理论流程。该系统有一个热回收交换，从原乳罐流出的冷藏乳被泵到热交换器中，被从脉冲电场处理单元流出的热乳预热，接着进入有3个处理单元（每个单元1对腔室，总共6个处理室）的脉冲电场系统，每个单元后都有1个热交换器，以最大程度地减少热效应。离开最后1对腔室后，热乳被送至热回收交换器的热侧进行冷却，然后通过最终的冷却系统将温度降至7℃，再进行包装和储存。进入脉冲电场装置前预热乳的温度区间为50~65℃到 HTST 处理温度（Fernandez-Molina 等，2005b；Sepuveda 等，2005；Walkling-Ribeiro 等，2009）。在这种情况下，已提出使用热交换器来加热乳并利用热再生来加热进入脉冲电场系统的乳，以此作为降低脉冲电场杀菌过程总能量的节能方法（Sepulveda 等 2009；Guerrero-Beltran 等，2010）。

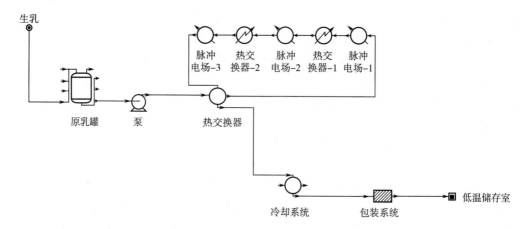

图 5.4　用于乳巴氏杀菌的商用脉冲电场系统的示意图

## 5.5　结论

近年来的研究表明，脉冲电场处理具有对乳进行杀菌，且能更好地保存其营养成分和新鲜度的潜力。脉冲电场处理能使乳的菌群减少，其处理的乳货架期与 HTST 巴氏杀菌乳相似。脉冲电场处理在乳饮料的巴氏杀菌方面也有潜力，例如果汁乳产品。有人认为热处理和脉冲电场处理联用可作为乳工业巴氏杀菌的一种有效的节能方法。因此，HTST 与脉冲电场联用大大延长了冷藏乳的保存期限，这可以使乳运向远途市场。今后随着成本的下降，随着食品制造商找到脉冲电场的新用途，生产出消费者需要和喜欢的质量更好的产品，脉冲电场在乳和乳饮料中的应用可能会继续增长。

## 参考文献

［1］Ade-Omowaye, B. , Angersbach, A. , Taiwo, K. and Knorr, D. Use of pulsed electric field pre-treatment to improve dehydration characteristics of plant based foods, *Trends in Food Science & Technology*, 2001, 12: 285-295.

［2］Anderson, J. W. , Johnstone, B. M. and Cook-Newell, M. E. Meta-analysis of the effects of soy protein intake on serum lipids, *The New England Journal of Medicine*, 1995, 333: 276-282.

［3］Ayhan, Z. , Yeom, H. W. , Zhang, Q. H. and Min, D. B. Flavor, color and vitamin C retention of pulsed electric field processed orange juice in different packaging materials, *Journal of Agriculture and Food Chemistry*, 2001, 49: 669-674.

［4］Bathena, S. J. and Velasquez, M. T. Beneficial role of dietary phytoestrogenes in obesity and diabetes, *American Journal Clinical Nutrition*, 2002, 76: 1191-1201.

［5］Bendicho, S. , Espachs, A. , Arantegui, J. and Martin, O. Effect of high intensity pulsed electric fields and heat treatments on vitamins of milk, *Journal of Dairy Research*, 2002, 69: 113-123.

[6] Bendicho, S., Barbosa-Cánovas, G. and Martin, O. Reduction of protease activity in milk by continuous flow high-intensity pulsed electric field treatments, *Journal of Dairy Science*, 2003, 86: 697-703.

[7] Bendicho, S., Marselles-Fontanet, A., Barbosa-Canovas, G. and Martin-Belloso, O. High intensity pulsed electric fields and heat treatments applied to a protease from Bacillus subtilis. A comparison study of multiple systems RID B-8281-2011, *Journal of Food Engineering*, 2005, 69: 317-323.

[8] Bermudez-Aguirre, D., Yanez, J. A., Dunne, C. et al. Study of strawberry flavored milk under pulsed electric field processing. *Food Research International*, 2010, 43: 2201-2207.

[9] Bermudez-Aguirre, D., Fernandez, S., Esquivel, H. et al. Milk processed by pulsed electric fields: evaluation of microbial quality, physicochemical characteristics, and selected nutrients at different storage conditions, *Journal of Food Science*, 2011, 76: S289-S299.

[10] Bigelow, W. D. The logarithmic nature of thermal death time curves. *Journal of Infectious Disease*, 1921, 29: 528-536.

[11] Calderon-Miranda, M., Barbosa-Canovas, G. and Swanson, B. Inactivation of *Listeria* innocua in skim milk by pulsed electric fields and nisin, *International Journal of Food Microbiology*, 1999, 51: 19-30.

[12] Castro, A. J., Barbosa-Canovas, G. V. and Swanson, B. G. Microbial inactivation of foods by pulsed electric fields. *Journal of Food Processing and Preservation*, 1993, 17: 47-73.

[13] Clark, P. Pulsed electric field processing. *Food Technology*, 2006, 60: 66-67.

[14] Craven, H., Swiergon, P., Ng, S. et al. Evaluation of pulsed electric field and minimal heat treatments for inactivation of pseudomonads and enhancement of milk shelf-life, *Innovative Food Science and Emerging Technologies*, 2008, 9: 211-216.

[15] Cserhalmi, Z. S., Vidacs, I., Beczner, J. and Czukor, B. Inactivation of *Saccharomyces cerevisiae* and *Bacillus cereus* by pulsed electric fields technology, *Innovative Food Science and Emerging Technology*, 2002, 3: 41-45.

[16] Dutreux, N., Notermans, S., Wijtzes, T. et al. Pulsed electric fields inactivation of attached and free-living *Escherichia coli* and *Listeria innocua* under several conditions, *International Journal of Food Microbiology*, 2000, 54: 91-98.

[17] Evrendilek, G. A. and Zhang, Q. H. Effects of pulse polarity and pulse delaying time on pulsed electric fields-induced pasteurization of *E. coli* O157: H7, *Journal of Food Engineering*, 2005, 68: 271-276.

[18] Evrendilek, G., Dantzer, W., Streaker, C. et al. Shelf-life evaluations of liquid foods treated by pilot plant pulsed electric field system. *Journal of Food Process Preservation*, 2001, 25: 283-297.

[19] Fernandez-Molina, J. J., Barbosa-Cánovas, G. V. and Swanson, B. G. Skim milk processing by combining pulsed electric fields and thermal treatments, *Journal of Food Processing and Preservation*, 2005a, 29: 291-306.

[20] Fernandez-Molina, J. J., Fernandez-Gutierrez, S. A., Altunakar, B. et al. The combined effect of pulsed electric fields and conventional heating on the microbial quality and shelf life of skim milk, *Journal of Food Processing and Preservation*, 2005b, 29: 390-406.

[21] Fernandez-Molina, J. J., Altunakar, B., Bermudez-Aguirre, D. et al. Inactivation of Pseudomonas fluorescens in skim milk by combinations of pulsed electric fields and organic acids. *Journal of Food Protection*, 2005c, 68 (6): 1232-1235.

[22] Fernandez-Molina, J., Bermudez-Aguirre, D., Altunakar, B. et al. Inactivation of *Listeria innocua* and *Pseudomonas fluorescens* by pulsed electric fields in skim milk: Energy requirements, *Journal of*

*Food Process Engineering*, 2006, 29: 561-573.

[23] Floury, J., Grosset, N., Leconte, N. *et al.* Continuous raw skim milk processing by pulsed electric field at nonlethal temperature: effect on microbial inactivation and func-tional properties, *Lait*, 2006, 86: 43-57.

[24] FDA (Food and Drug Administration) Guidance for industry: Juice HACCP hazards and controls guidance first edition; final guidance. www. fda. gov/food/guidance regulation/guidancedocumentsregulatoryinformation/ucm072557. htm (last accessed 2 January 2015).

[25] FDA (Food and Drug Administration). Grade "A", Pasteurized Milk Ordinance. US Department of Health and Human Services. Public Health Service. http://www. fda. gov/downloads/Food/FoodSafety/Product - SpecificInformation/MilkSafety/National ConferenceonInterstateMilkShipmentsNCIMSModelDocuments/UCM291757. pdf (last accessed 2 January 2015).

[26] Garcia-Amezquita, L. E., Primo-Mora, A. R., Barbosa-Cánovas, G. V. and Sepulveda, D. R. Effect of nonthermal technologies on the native size distribution of fat globules in bovine cheese-making milk, *Innovative Food Science and Emerging Technologies*, 2009, 10: 491-494.

[27] Gongora-Nieto, M. M., Sepulveda, D. R., Pedrow, P. *et al.* Food processing by pulsed electric fields: Treatment delivery, inactivation level, and regulatory aspects, *LWT - Food Science and Technology*, 2002, 35, 375-388.

[28] Grahl, T. and Markl, H. Killing of microorganisms by pulsed electric fields, *Applied Microbiology and Biotechnology*, 1996, 45: 148-157.

[29] Granato, D., Branco, G. F. and Cruz, A. G. Probiotic dairy products as fucntional foods, *Comprehensive Reviews in Food Science and Food Safety*, 2010, 9: 455-70.

[30] Guderjan, M., Topfl, S., Angersbach, A. and Knorr, D. Impact of pulsed electric field treatment on the recovery and quality of plant oils, *Journal of Food Engineering*, 2005, 67: 281-287.

[31] Guerrero-Beltran, J. A., Sepulveda, D. R., Gongora-Nieto, M. M. *et al.* Milk thermization by pulsed electric fields (PEF) and electrically induced heat, *Journal of Food Engineering*, 2010, 100: 56-60.

[32] Heinz, V., Alvarez, I., Angersbach, A. and Knorr, D. Preservation of liquid foods by high intensity pulsed electric fields-basic concepts for process design, *Trends in Food Science & Technology*, 2001, 12: 103-111.

[33] Huang, K. and Wang, J. Designs of pulsed electric fields treatment chambers for liquid foods pasteurization process: A review, *Journal of Food Engineering*, 2009, 95: 227-239.

[34] Hülsheger, H., Potel, J. and Niemann, E. Electric - field effects on bacteria and yeast - cells, *Radiation and Environmental Biophysics*, 1983, 22: 149-162.

[35] Jaeger, H., Meneses, N., Moritz, J. and Knorr, D. Model for the differentiation of temperature and electric field effects during thermal assisted PEF processing, *Journal of Food Engineering*, 2010, 100: 109-118.

[36] Kempkes, M. A. Pulsed electric field (PEF) systems for commercial food and juice processing. In: *Case Studies in Novel Food Processing Technologies* (eds C. J. Doona, K. Kustin and F. E. Feeherry). Woodhead Publishing, Cambridge, 2011: 73-102.

[37] Kronnenberg, F. Hot flashes. In: *Treatment of the Postmenopausal Woman* (ed. R. A. Lobo). Raven Press, New York, 1994: 97-116.

[38] Li, Y. Q., Chen, Q., Liu, X. H. and Chen, Z. X. Inactivation of soybean lipoxygenase in soymilk by

pulsed electric fields, *Food Chemistry*, 2008, 109: 408-414.

［39］ Li, Y. Q. , Tian, W. L. and Liu, X. E. Modelling the inactivation of PEF frequency and width for soybean lipoxygenase in soymilk, *Agro Food Industry Hi-Tech*, 2010, 21: 42-44.

［40］ Mañas, P. and Pagan, R. Microbial inactivation by new technologies fo food preservation, *Journal of Applied Microbiology*, 2005, 98: 1387-1399.

［41］ Martin, O. , Qin, B. , Chang, F. *et al*. Inactivation of *Escherichia coli* in skim milk by high intensity pulsed electric fields, *Journal of Food Process Engineering*, 1997, 20: 317-336.

［42］ Michalac, S. , Alvarez, V. , Ji, T. and Zhang, Q. Inactivation of selected microorganisms and properties of pulsed electric field processed milk, *Journal of Food Processing and Preservation*, 2003, 27: 137-151.

［43］ Min, S. , Jin, Z. , Min, S. *et al*. Commercial-scale pulsed electric field processing of orange juice, *Journal of Food Science*, 2003a, 68: 1265-1271.

［44］ Min, S. , Jin, Z. and Zhang, Q. Commercial scale pulsed electric field processing of tomato juice, *Journal of Agricultural and Food Chemistry*, 2003b, 51: 3338-3344.

［45］ Morales-de la Pena, M. , Salvia-Trujillo, L. , Rojas-Graue, M. A. and Martin-Belloso, O. Impact of high intensity pulsed electric field on antioxidant properties and quality parameters of a fruit juice-soymilk beverage in chilled storage, *Food Science and Technology*, 2010a, 43: 872-881.

［46］ Morales-de la Pena, M. , Salvia-Trujillo, L. , Rojas-Graue, M. A. and Martin-Belloso, O. Isoflavone profile of a high intensity pulsed electric field or thermally treated fruit juice-soymilk beverage stored under refrigeration, *Innovative Food Science and Emerging Technologies*, 2010b, 11: 604-610.

［47］ Morales-de la Pena M. , Salvia-Trujillo, L. , Rojas-Graue, M. A. , and Martín-Belloso, O. Impact of high intensity pulsed electric fields or heat treatments on the fatty acid and mineral profiles of a fruit juice-soymilk beverage during storage, *Food Control*, 2011, 22: 1975-1983.

［48］ Nazarowec-White, M. and Farber, J. M. *Enterobacter sakazakii*: a review, *Journal of Food Engineering*, 1997, 15: 207-214.

［49］ Noci, F. , Walkling-Ribeiro, M. , Cronin, D. *et al*. Effect of thermosonication, pulsed electric field and their combination on inactivation of Listeria innocua in milk, *International Dairy Journal*, 2009, 19: 30-35.

［50］ Odriozola-Serrano, I. , Bendicho-Porta, S. and Martin-Belloso, O. Comparative study on shelf life of whole milk processed by high-intensity pulsed electric field or heat treatment, *Journal of Dairy Science*, 2006, 89: 905-911.

［51］ Otunola, A. , El-Hag, A. , Jayaram, S. and Anderson, W. A. Effectiveness of pulsed electric fields in controlling microbial growth in milk, *International Journal of Food Engineering*, 2008, 4: 1-14.

［52］ Picart, L. , Dumay, E. and Cheftel, J. C. Inactivation of *Listeria innocua* in dairy fluids by pulsed electric fields: influence of electric parameters and food composition, *Innovative Food Science and Emerging Technologies*, 2002, 3: 357-369.

［53］ Pina Pérez, M. , Rodrigo Aliaga, D. , Ferrer Bernat, C. *et al*. Inactivation of *Enterobacter sakazakii* by pulsed electric field in buffered peptone water and infant formula milk, *International Dairy Journal*, 2007, 17: 1441-1449.

［54］ Pina-Perez, M. , Rodrigo, D. , and Martinez Lopez, A. Sub-lethal damage in *Cronobacter sakazakii* subsp *sakazakii* cells after different pulsed electric field treatments in infant formula milk, *Food Control*, 2009, 20: 1145-1150.

［55］ Pol, I. , van Arendonk, W. , Mastwijk, H. C. *et al*. Sensitivies of germinating spores and carvacroladapted vegetative cells and spores of *Bacillus cereus* to nisin and pulsed−electric−field treatment, *Applied and Environmental Microbiology*, 2001, 67: 1693−1699.

[56] Pszczola, D. E. Ingredients. *Making fortification*, *Food Technology*, 2005, 59: 44−61.

[57] Qin, B. , Barbosa − Canovas, G. , Swanson, B. *et al.* Inactivating microorganisms using a pulsed electric field continuous treatment system, *IEEE Transactions on Industry Applications*, 1998, 34: 43−50.

[58] Reina, L. , Jin, Z. , Zhang, Q. and Yousef, A. Inactivation of *Listeria* monocytogenes in milk by pulsed electric field, *Journal of Food Protection*, 1998, 61: 1203−1206.

[59] Riener, J. , Noci, F. , Cronin, D. A. *et al.* Combined effect of temperature and pulsed electric fields on soya milk lipoxygenase inactivation, *European Food Research and Technology*, 2008, 227: 1461−1465.

[60] Rivas, A. , Sampedro, F. , Rodrigo, D. *et al.* Nature of the inactivation of *Escherichia coli* suspended in an orange juice and milk beverage. *European Food Research and Technology*, 2006, 223: 541−545.

[61] Rodriguez−Gonzalez, O. , Walkling−Ribeiro, M. , Jayaram, S. and Griffiths, M. W. Factors affecting the inactivation of the natural microbiota of milk processed by pulsed electric fields and cross − flow microfiltration, *Journal of Dairy Research*, 2011, 78: 270−278.

[62] Roodenburg, B. , Morren, J. , Berg, H. and de Haan, S. Metal release in a stainless steel pulsed electric field (PEF) system Part I. Effect of different pulse shapes; theory and experimental method, *Innovative Food Science and Emerging Technologies*, 2005a, 6: 327−336.

[63] Roodenburg, B. , Morren, J. , Berg, H. and de Haan, S. Metal release in a stainless steel pulsed electric field (PEF) system Part II. The treatment of orange juice; related to legislation and treatment chamber lifetime, *Innovative Food Science and Emerging Technologies*, 2005b, 6: 337−345.

[64] Rowan, N. , MacGregor, S. , Anderson, J. *et al.* Inactivation of *Mycobacterium paratuberculosis* by pulsed electric fields, *Applied and Environmental Microbiology*, 2001, 67: 2833−2836.

[65] Salvia−Trujillo, L. , Morales−de la Pena, M. , Rojas−Graue, M. A. and Martín−Belloso, O. Microbial and enzymatic stability of fruit juice−milk beverages treated by high intensity pulsed electric fields or heat during refrigerated storage, *Food Control*, 2011, 22: 1639−1646.

[66] Sampedro, F. , Rivas, A. , Rodrigo, D. *et al.* Effect of temperature and substrate on PEF inactivation of *Lactobacillus plantarum* in an orange juice−milk beverage. *European Food Research and Technology*, 2006, 223: 30−34.

[67] Sampedro, F. , Rivas, A. , Rodrigo, D. *et al.* Pulsed electric fields inactivation of Lactobacillus plantarum in an orange juice − milk based beverage: Effect of process parameters, *Journal of Food Engineering*, 2007, 80: 931−938.

[68] Sampedro, F. , Geveke, D. , Fan, X. *et al.* Shelf−life study of an orange juice−milk based beverage after PEF and thermal processing, *Journal of Food Science*, 2009a, 74: S107−112.

[69] Sampedro, F. , Geveke, D. J. , Fan, X. and Zhang, H. Q. Effect of PEF, HHP and thermal treatment on PME inactivation and volatile compounds concentration of an orange juice − milk based beverage, *Innovative Food Science and Emerging Technology*, 2009b, 10: 463−469.

[70] Sampedro, F. , Rodrigo, D. and Martinez, A. Modelling the effect of pH and pectin concentration on the PEF inactivation of Salmonella enterica serovar Typhimurium by using the Monte Carlo simulation, *Food Control*, 2011, 22: 420−425.

[71] Sánchez − Moreno, C. , De Ancos, B. , Plaza, L. *et al.* Nutritional approaches and health − related properties of plant foods processed by high pressure and pulsed electric fields, *Critical Reviews in Food*

*Science and Technology*, 2009, 49: 552-576.

[72] Sensoy, I., Zhang, Q. H. and Sastry, S. K. Inactivation kinetics of *Salmonella dublin* by pulsed electric field, *Journal of Food Process Engineering*, 1997, 20: 367-381.

[73] Sepulveda, D. R., Gongora-Nieto, M. M., Guerrero, J. A. and Barbosa-Canovas, G. V. Production of extended-shelf life milk by processing pasteurized milk with pulsed electric fields, *Journal of Food Engineering*, 2005, 67: 81-86.

[74] Sepulveda, D. R., Gongora-Nieto, M. M., Guerrero, J. A. and Barbosa-Canovas, G. V. Shelf life of whole milk processed by pulsed electric fields in combination with PEF-generated heat, *LWT - Food Science and Technology*, 2009, 42: 735-739.

[75] Sepulveda-Ahumada, D., Ortega-Rivas, E. and Barbosa-Canovas, G. Quality aspects of cheddar cheese obtained with milk pasteurized by pulsed electric fields, *Food and Bioproducts Processing*, 2000, 78: 65-71.

[76] Sha, Z., Ruijin, Y., Wei, Z. *et al.* Influence of pulsed electric field treatments on the volatile compounds of milk in comparison with pasteurized processing, *Journal of Food Science*, 2011, 76: C127-C132.

[77] Shamsi, K., Versteeg, C., Sherkat, F. and Wan, J. Alkaline phosphatase and microbial inactivation by pulsed electric field in bovine milk, *Innovative Food Science and Emerging Technologies*, 2008, 9: 217-223.

[78] Shin, J. K., Lee, S. J., Cho, H. Y. *et al.* Germination and subsequent inactivation of *Bacillus subtilis* spores by pulsed electric field treatment, *Journal of Food Processing and Preservation*, 2010, 34: 43-54.

[79] Sloan, A. Top 10 global food trends. *Food Technology*, 2005, 59: 20-32.

[80] Smith, K., Mittal, G. and Griffiths, M. Pasteurization of milk using pulsed electrical field and antimicrobials, *Journal of Food Science*, 2002, 67: 2304-2308.

[81] Sobrino-Lopez, A. and Martin-Belloso, O. Enhancing inactivation of *Staphylococcus aureus* in skim milk by combining high-intensity pulsed electric fields and nisin, *Journal of Food Protection*, 2006, 69: 345-353.

[82] Sobrino-Lopez, A. and Martin-Belloso, O. Enhancing the lethal effect of high-intensity pulsed electric field in milk by antimicrobial compounds as combined hurdles, *Journal of Dairy Science*, 2008, 91 (5): 1759-1768.

[83] Sobrino-Lopez, A. and Martin-Belloso, O. Review: Potential of high-intensity pulsed electric field technology for milk processing, *Food Engineering Reviews*, 2010, 2: 17-27.

[84] Sobrino-Lopez, A., Raybaudi-Massilia, R. and Martin-Belloso, O. High-intensity pulsed electric field variables affecting *Staphylococcus aureus* inoculated in milk, *Journal of Dairy Science*, 2006, 89: 3739-3748.

[85] Sobrino-Lopez, A., Viedma-Martinez, P., Abriouel, H. *et al.* The effect of adding antimicrobial peptides to milk inoculated with *Staphylococcus aureus* and processed by high-intensity pulsed-electric field, *Journal of Dairy Science*, 2009, 92: 2514-2523.

[86] Soliva-Fortuny, R., Balasa, A., Knorr, D. and Martin-Belloso, O. Effects of pulsed electric fields on bioactive compounds in foods: a review RID C-9673-2011 RID B-8281-2011, *Trends in Food Science & Technology*, 2009, 20: 544-556.

[87] Stânciuc, N., Dumitrascu, L., Râpeanu, G. and Stanciu, S. γ-Glutamyl transferase inactivation in

milk and cream: a comparative kinetic study, *Innovative Food Science and Emerging Technology*, 2011, 12: 56-61.

[88] Toepfl, S., Heinz, V. and Knorr, D. High intensity pulsed electric fields applied for food preservation, *Chemical Engineering and Processing*, 2007, 46: 537-546.

[89] Vega-Mercado, H., Martin-Belloso, O., Qin, B. *et al.* Non-thermal food preservation: Pulsed electric fields RID B-8281-2011, *Trends in Food Science and Technology*, 1997, 8: 151-157.

[90] Walkling-Ribeiro, M., Noci, F., Cronin, D. *et al.* Inactivation of *Escherichia coli* in a tropical fruit smoothie by a combination of heat and pulsed electric fields, *Journal of Food Science*, 2008, 73: M395-399.

[91] Walkling-Ribeiro, M., Noci, F., Cronin, D. *et al.* Antimicrobial effect and shelf-life extension by combined thermal and pulsed electric field treatment of milk, *Journal of Applied Microbiology*, 2009, 106: 241-248.

[92] Walkling-Ribeiro, M., Rodriguez-Gonzalez, O., Jayaram, S. and Griffiths, M. W. Microbial inactivation and shelf life comparison of 'cold' hurdle processing with pulsed electric fields and microfiltration, and conventional thermal pasteurisation in skim milk, *International Journal of Food Microbiology*, 2011, 144: 379-386.

[93] Weibull, W. A statistical distribution function of wide applicability, *Journal of Applied Mechanics*, 1951, 51: 93-97.

[94] Wouters, P., Alvarez, I. and Raso, J. Critical factors determining inactivation kinetics by pulsed electric field food processing, *Trends in Food Science and Technology*, 2001, 12: 112-121.

[95] Xiang, B., Simpson, M. V, Ngadi, M. and Simpson, B. Flow behavior and viscosity of reconstituted skimmed milk treated with pulsed electric field, *Biosystems Engineering*, 2011, 109: 228-234.

[96] Yeom, H., Evrendilek, G., Jin, Z. and Zhang, Q. Processing of yogurt-based products with pulsed electric fields: Microbial, sensory and physical evaluations, *Journal of Food Processing and Preservation*, 2004, 28: 161-178.

[97] Yu, L., Ngadi, M. and Raghavan, G. Effect of temperature and pulsed electric field treatment on rennet coagulation properties of milk, *Journal of Food Engineering*, 2009, 95: 115-118.

[98] Zhang, H. Q., Barbosa-Cánovas, G. and Swanson, B. Engineering aspects of pulsed electric-field pasteurization, *Journal of Food Engineering*, 1995, 25: 261-281.

[99] Zhang, S., Yang, R., Zhao, W. *et al.* Influence of pulsed electric field treatments on the volatile compounds of milk in comparison with pasteurized processing, *Journal of Food Science*, 2011, 76: 127-132.

[100] Zimmermann, U. Electrical breakdown, electropermeabilization and electrofusion, *Reviews of Physiology Biochemistry and Pharmacology*, 1986, 105: 176-256.

[101] Zulueta, A., Esteve, M. J. and Frigola, A. Ascorbic acid in orange juice-milk beverage treated by high intensity pulsed electric fields and its stability during storage. *Innovative Food Science and Emerging Technology*, 2010a, 11: 84-90.

[102] Zulueta, A., Barba, F. J., Esteve, M. J. and Frigola, A. Effects on the carotenoid pattern and vitamin A of a pulsed electric field-treated orange juice-milk beverage and behavior during storage. *European Food Research and Technology*, 2010b, 231: 525-534.

# 6 高功率超声工艺在乳及乳制品中的应用

Bogdan Zisu[1,2] 和 Jayani Chandrapala[3,4]

[1] *Dairy Innovation Australia Ltd. ，Australia*

[2] *School of Applied Sciences，College of Science，Engineering and Health，RMIT University，Australia*

[3] *School of Chemistry，University of Melbourne，Australia*

[4] *Advanced Food Systems Research Unit，College of Health and Biomedicine，Victoria University，Australia*

## 6.1 引言：超声波在乳业中的应用

自 20 世纪 20 年代末，人们就知道超声波可以通过理化反应改变物质的性质（Wood 和 Loomis，1927）。然而，这项技术的科学研究和设备开发直到 20 世纪 70 年代才开始逐步开展。目前超声波的许多常见商业应用都与食品领域无关，仍然和早期相似，主要用于超声波清洗和塑料焊接领域（Dolatowski 等，2007）。

超声波作为一种加工技术的吸引力在于人们普遍认为声波是安全的，不像其他技术可能被认为是不够安全的加工方式，如微波。尽管如此，食品行业在利用这项技术方面进展缓慢。但超声波研究已经出现复苏，该技术已经迅速成为一种温和的非热加工工艺，可替代或辅助许多常规的食品加工应用，例如乳化、均质（Wu 等，2001）、搅拌、研磨、提取、巴氏杀菌、过滤、干燥脱水（Mulet 等，2003）、结晶（Luque de Castro 和 Prirgo-Capote，2007）和设备清洗（Earnshaw，1998；Ashokkumar 等，2008）。其中许多应用仍处于探索阶段，向工业化加工过渡的很少。

超声波类似于所有声波，其频率超出人类听力（20Hz~20kHz）范围，是仅能通过介质传输的纵向压力波。超声波作为加工工艺，通常使用 20kHz~1MHz 频率发射的声波，也称为"功率超声"，由于功率超声具有强大的空化效应（Hem，1967；Earnshaw，1998），所以大多数食品加工应用的频率在 20~40kHz（Mason，1998）。功率超声不同于诊断超声，诊断超声一般使用 1MHz 以上的频率。

频率≥20kHz 的高强度超声波通过一系列压缩和稀疏化循环的形式传输，产生声空化效应。在声场中，液体中的微小气泡可以通过整流扩散和气泡-气泡合并的方式生长（Ciawi 等，2006）。当空化气泡达到最大尺寸时发生剧烈破裂，产生机械、物理和化学效应，如形成冲击波和湍流（Ashokkumar 等，2004），这些效应能量足够大，能将大聚集体分开（Ashokkumar 等，2009b）。气泡破裂时会产生局部高温，主要通过产生自由基的形式引发化学变化，其他学者对此有详细论述（Ashokkumar 和 Mason，2007）。在液体环境中，生成的氢和羟基自由基的数量与频率有关，大多数自由基是在 200~500kHz 的中频范围产生的

（Ashokkumar 等，2008）。在多数食品加工中应用的常用频率是低频（20~100kHz），该频段通常能释放 70~100MPa 的高压（Laborde 等，1998），通过瞬态空化现象产生冲击波、湍流和物理效应，这些效应要比化学效应大得多。

尽管在乳品工业中超声波技术偶尔也小范围用于清洗，但整项技术在乳制品行业中还未被广泛接受，由于工艺效率的提高，开始出现一些有前景的试验研究，例如生产具有"特定"功能的产品，具有抑菌、钝化酶以及通过成分相互作用改善微观结构的能力。在乳品工业中，超声波诱导产生的物理效应在乳制品加工中被用于提高乳清超滤效率（Muthukumaran 等，2004，2005a，2005b，2007），降低产品黏度（Ashokkumar 等，2009a，2009b；Zisu 等，2010；Bates 和 Bagnall，2011），生产具有特定流变特性和更短发酵时间的酸乳（Vercet 等，2002；Reiner 等，2009b，2010）。这些只是一些潜在用途，还有其他用途将在本章讨论。最近的研究还表明，使用能够提供高达 4kW 功率的超声波发生器可以改变乳蛋白液的黏度和功能特性，具有用于工业生产的潜力（Zisu 等，2010）。影响超声蛋白质功能特性的因素包括其结构、理化特性、表面疏水性、疏水和亲水相互作用以及游离的巯基。分子的大小、构象和大分子的柔韧性以及环境和组成条件等也是关键因素。这些因素决定着蛋白质之间引力和斥力的平衡，并控制着蛋白质-溶剂和蛋白质-蛋白质之间相互作用的程度。本章以更具描述性的方式探讨了超声处理在上述乳制品加工中的应用。

## 6.2　超声波设备

超声波发生器的设计从未考虑食品加工领域，一般食品行业和乳制品行业都没有现成的超声波工业生产用设备，但这一现状正在慢慢改变。由于超声波设备从来不是为加工食品设计，超声波设备通常设计成直接与被处理材料（通常是液体）接触，其基本设计通常包括一个连接超声波发生器的换能器。声极通常是由钛制成，当浸入溶液时用来发射声波。单个装置的功率可以很大，例如 16kW，在商业上可以采用模块化排列设计，可连续运行并与现有的设备配套（Hielscher，2012）。多家设备供应商都采用这种通用设计，但由于声极的表面能量密度最大，这将导致声极的逐渐点蚀和退化。虽然声极可更换，且钛腐蚀量很小，但是钛腐蚀进入食品，尤其是乳基婴幼儿配方乳粉是一个敏感的问题。

直接接触式超声波还有一种替代方法是非接触式的。许多设备制造商已开始采用这种设计，这种设备跟直接接触式设备一样，也可模块化使用和在线安装运行。超声单元的设计是将多个低功率换能器连接到金属单元的外表面，因此不需要有声极。声波通过金属表面传播，液体在单元内表面进行处理，解决了声极腐蚀的问题并改善了能量分布。这些超声波单元产生的功率密度低于超声波声极，但它们已成为诱导乳糖结晶的有效手段，并已在非食品工业领域成功应用（Prosonix，2012）。前面已经讨论了超声设备在液体处理中的应用，实际上也有可用于对空气进行超声处理的超声设备。这些超声单元的表面通常宽而平，可直接安装在目标区域的上方，这样空气就变成了传递介质，Chemat 等（2011）已在综述中作了说明。通过空气传输的超声波可以有效地抑制乳或乳清加工过程中产生的泡沫，超声设备可以安装在储存乳仓和配料罐上方及灌装线周围。除此之外，还有其他超声波加工设备，包括用于生产小颗粒的超声波喷雾干燥机和喷雾干燥喷嘴，许多制造商已经使用超声波技术开发出超声波切割机，可以连续切割出大小一致易于包装的产品，如干酪块和干酪片（Arnold等，2009）。

由于没有食品和乳品加工专用超声设备，促使全球最大的乳品企业采取了行动。2010年，在乳品行业很有口碑的荷兰食品研究所（NIZO）与乳品企业联合成立国际超声波联盟，其中包括菲仕兰（Friesland Campina）、恒天然（Fonterra）和利乐（Tetra Pak）等全球合作伙伴。该联盟致力于开发首个在线自清洁加热设备，专门将超声波用于乳品加工，防止加工过程中的蛋白质和生物淤堵（NIZO，2010）。与乳品工业兼容的大型设备的需求以及近期乳品行业超声波研究的激增，有可能在不久的将来推动乳品专用超声设备的开发。

# 6.3　超声处理对乳脂的影响：均质和乳化

## 6.3.1　均质

超声的均质效应是其最突出的特征之一。超声均质主要是在低频（16~100kHz）声空化驱动下产生足够的剪切应力，从而达到均质目的，形成均匀分布、稳定的小颗粒乳液（Chemat等，2011）。超声处理效率除受频率影响之外，还受其他几个重要因素的影响，例如功率（Bosiljkov等，2011）和超声处理介质的成分。已知过度超声处理会导致脂肪聚结，从而导致脂肪颗粒尺寸增加（Kentish等，2008）。

高功率、低频超声乳均质化可使乳脂肪球变小的报道已经广泛见诸科学文献（Villamiel等，1999；Villamiel和de Jong，2000；Wu等，2001；Bermudez-Aguirre等，2008；Czank等，2010；Bosiljkov等，2011）。常见的乳脂肪球大小分布如图6.1所示。以20kHz的频率超声处理含3.5%脂肪的乳，脂肪球大小随时间增加而减小，脂肪球的分布也随时间变化。该现象在较高功率下（31W与50W对比）更显著，在显微镜下可以清晰观察到（图6.2）。当超声处理脂肪含量高达8%的乳基溶液时，也观察到同样的现象。超声处理还会使乳脂肪球膜（Milk fat globule membrane，MFGM）破裂，破裂后的脂肪球被大量的蛋白质包裹。该结果也被Bermudez-Aguirre等（2008）的研究所证实，他们报道MFGM超声处理后发生裂解，再与酪蛋白胶束结合。超声处理后脂肪球上包裹的蛋白质类型尚不清楚。

高脂乳制品对超声处理的反应是不同的，该反应取决于工艺条件，温度和能量强度等关键因素。

图6.3所示为含脂43%的奶油在50W、20kHz（<10℃）下冷超声30s、1min和5min的脂肪球大小分布。天然奶油有一个5μm的主峰和一个大约1μm的肩峰。超声30s后在约100μm处形成肩峰，因为较小的脂肪球合并形成大的脂肪簇。这是通过显微镜观察到的（图6.4）。超声更长时间（1min）时，大脂肪团分裂成小脂肪团，直到脂肪球最终被分离并均质为小的单个脂肪球（5min）。

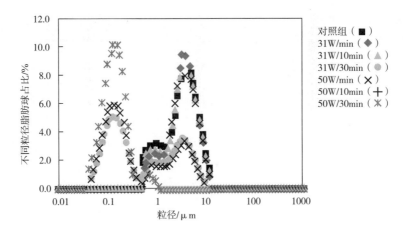

图6.1 在20kHz超声频率下，生乳的脂肪球大小分布与超声时间、功率的函数关系

（资料来源：Chandrapala 等，未发表。）

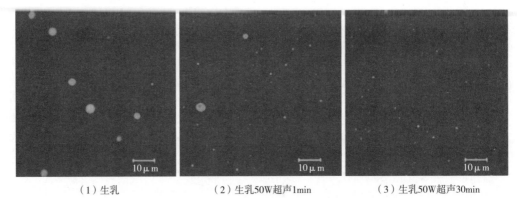

（1）生乳 　　　　　　　（2）生乳50W超声1min　　　　　　（3）生乳50W超声30min

图6.2 生乳激光扫描共聚焦显微镜图像，颜色较亮的是脂肪球

（资料来源：Chandrapala 等，未发表。）

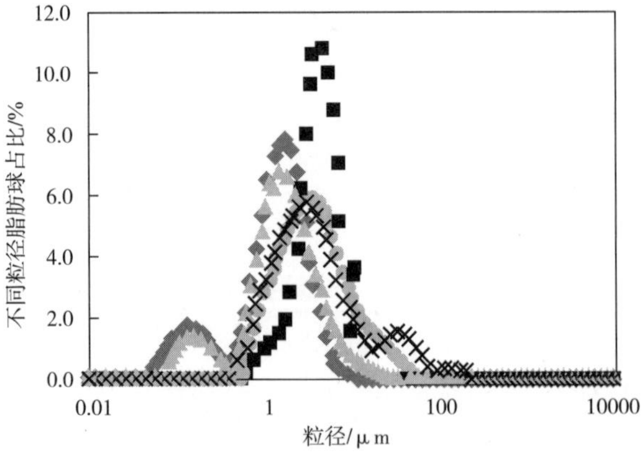

图6.3 在50W、20kHz（<10℃）超声条件下，奶油（含43%脂肪）的脂肪球大小分布与超声处理时间的函数关系

（资料来源：Chandrapala 等，未发表。）

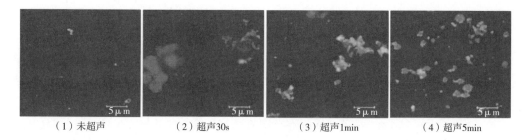

| （1）未超声 | （2）超声30s | （3）超声1min | （4）超声5min |

图 6.4 在相同超声条件（＜10℃、50W、20kHz）下，奶油（含 43% 脂肪）的脂肪球大小与超声时间的关系，脂肪颗粒呈球状

（资料来源：Chandrapala 等，未发表。）

在超声功率和频率（50W、20kHz）相同的条件下，热超声（高温超声）奶油与低温超声奶油的反应不同。高脂奶油热超声处理的均质效果与低脂乳制品超声处理的效果相近，不会像冷超声处理时一样形成脂肪簇。图 6.5 显示了脂肪球在 50℃下超声处理 30s 和 1min 后尺寸渐次减小。

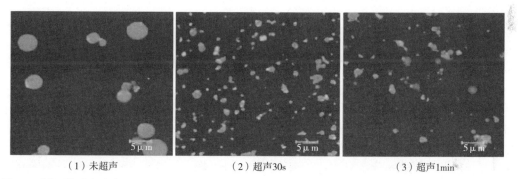

| （1）未超声 | （2）超声30s | （3）超声1min |

图 6.5 在相同超声条件（50℃、50W、20kHz）下，奶油（含 43% 脂肪）的脂肪球大小与超声时间的关系，脂肪颗粒呈球状

（资料来源：Chandrapala 等，未发表。）

高脂乳制品在超声作用下形成的大脂肪团会增加液相的黏度，甚至会形成黏度高且流动缓慢的乳化液，覆盖在超声波声极和反应室内表面上。如果不加以控制，黏度效应可能导致设备运行效率低下，并严重影响工艺性能。如图 6.6 所示，含 26% 脂肪的全脂乳浓缩物在 165J/mL 的能量密度、20kHz 频率下连续进行热超声处理时，黏度会增加一倍。

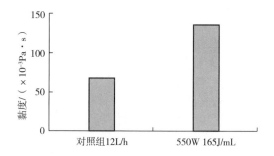

图 6.6 含 26% 脂肪的全脂浓缩乳在剪切速率为 200/s 时的黏度，在 20kHz 频率、165J/mL 能量密度和 90s 保持时间条件下，对浓缩物进行热超声处理

### 6.3.2　乳化

Juliano 等（2011）继续研究了乳脂肪球的课题，他们使用比常规食品加工工艺更高的频率来破坏脂肪的稳定性并促进乳化。使用频率为 400kHz 和 1.6MHz 超声产生的驻压波场来分离脂肪球，这种技术之前用于分离菜籽油乳液（Nii 等，2009），将平均粒径为 2.7μm 和 9.3μm 的复原乳（3.5%脂肪）、乳剂粒径为 4.9μm 的生乳在上述高频条件下 35℃处理 5min，脂肪球发生了絮凝和聚集，从而提高了乳化的速率。超声后的生乳和粗复原乳乳化作用最明显。

## 6.4　脱气和消泡

超声处理一个众所周知的特性是具有对溶液进行脱气的作用，可以消除以分散气泡形式存在的气体和溶解在溶液中的气体。消除或降低储存期间乳和酸乳中的氧含量可降低氧化风险，提高产品质量并延长货架期。在大多数情况下，乳制品气体的问题通常是气泡导致的问题，且绝大多数情况下是通过影响均质导致的。在加工过程中，管道和设备中泵送的溶液中的气泡会削弱热传导，影响产品质量，甚至可能影响安全性。在气泡阻隔流体接触传热表面的区域，产品可能会局部焦化，这在热交换器中就是大问题，气泡会成为蛋白质淤堵的核心。乳和乳清产品在生产加工中极容易产生泡沫，食品加工商在复原乳粉时经常遇到这个难题。在这些情况下，脱气将提高产品的产量和质量。Villamel 等（2000）在 20kHz 频率下，使用低能超声脉冲（40kJ/L；每 1 个脉冲）进行分批超声处理可以去除复原脱脂乳中 80% 的泡沫。在更大的能量强度（240kJ/L）下超声处理，复原脱脂乳中溶解氧含量也降低了 15%。

在超声处理过程中，将溶液通过超声场，溶液中溶解的气体和气泡即被去除，或者泡沫会被空中的泡沫抑制剂破坏消除。据报道，导致气泡破裂的超声机制是几种物理和机械特性的组合，该机制包括在气泡表面产生部分真空的高声压，引起间隙摩擦和气泡合并的气泡共振、声流和剧烈的气泡空化（Mason 等，2005）。

如图 6.7 所示是用超声波消除泡沫的一个实例。在该实例中，使用 20kHz 的超声波发生器，以 13J/mL 的能量密度连续处理酪蛋白浓缩液，泡沫数量显著减少。此例超声波的能量需求很低，可用于减少加工和清洁过程中的产品损失，并通过减少泡沫形式的产品损失提高产量。通过消除泡沫，产品黏度降低（图 6.7），从而提高了流速和工艺效率。

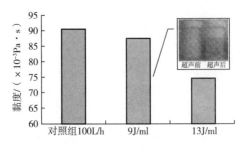

图 6.7　酪蛋白浓缩液在剪切速率为 200/s 时的黏度。在 20kHz 超声处理，保持时间 11s，插图为超声前（左）和超声后（右）泡沫比较。

（资料来源：Zisu 等，未发表。）

## 6.5 热超声减少微生物负荷

大量证据表明声能可用于杀菌，但在低温和室温下致死率较低，当超声与热处理联合使用时，致死率大大提高。本文已经就热超声对产品的物理和功能变化的效应作了简要介绍（6.3节），本节将讨论其在杀灭微生物方面的应用。功率超声的应用频率通常在20kHz左右，灭活率因细菌种类和生长介质的不同而有很大差异。细菌芽孢对超声波的抵抗力远高于营养体，革兰氏阳性菌和球菌对超声波的抵抗力强于革兰氏阴性菌和杆菌（Feng等，2008；Drakopoullou等，2009）。微生物的杀灭效应被认为是由细胞内的空化引起的，这种空化产生足以破坏细胞壁结构和功能的局部高温和物理力，最终导致细胞裂解。

证明超声具有微生物灭活作用的大多数研究所用的介质多种多样，但只有少数研究是针对乳进行的，而且这些研究中微生物灭活所需的能量很高。在生乳和巴氏杀菌乳中，超声波在无需加热的情况下即可有效地杀灭腐败微生物和潜在的病原体，包括大肠杆菌、假单胞菌和李斯特氏菌（Cameron等，2009）。在本研究中，超声处理的效率发生在20kHz批处理6～10min。其他人（Earnshaw等，1995；Zenker等，2003；Gera和Doores，2011）也对牛乳中的李斯特氏菌和大肠杆菌进行了热超声处理。Gera和Doores（2011）不但证明在30～35℃下以24kHz脉冲超声处理乳时，会对细菌细胞壁和细胞膜造成机械损伤，而且发现乳本身对微生物具有保护作用，其中乳糖对细胞存活的影响最大。一项研究中，加热（63℃）和超声（24kHz）的协同效应被用于在全脂生乳中灭活李斯特氏菌和减少嗜热细菌的数量，其中嗜热细菌的数量在超声10min后减少了0.6个对数值，30min后减少了5.3个对数值（Bermudez-Aguirre等，2009a），从而延长了全脂生乳的货架期（Bermudez-Aguirre等，2009b）。用相同的超声参数（63℃和24kHz）处理UHT乳，可以在室温和冷藏保存16天期间，抑制嗜温细菌高于2个对数值以上的数量增长（Bermudez-Aguirre和Barbosa-Canovas，2008）。许多记录在案的婴儿配方乳粉疾病的暴发都与阪崎克罗诺杆菌有关。使用20kHz和高达50℃的热超声处理2.5min，可灭活阪崎克罗诺杆菌，并将复原婴儿配方乳粉中的微生物数量减少高达7.04个对数值（Adekunte等，2010）。热超声还可用于杀灭乳中的枯草芽孢杆菌（Garcia等，1989）、金黄色葡萄球菌（Ordonez等，1987）、鼠伤寒沙门氏菌（Wrigley和Llorca，1992）、大肠杆菌，并减少总平板计数（Villamiel等，1999）。

用热超声过的乳制成新鲜软质干酪，冷藏23天后，微生物的数量仍然很低（嗜温菌4个对数值，嗜冷菌3.5个对数值；肠杆菌3个对数值）（Bermudez-Aguirre和Barbosa-Canovas，2010）。

超声对乳中酶的影响鲜有文献报道。现有文献认为单独使用超声对乳中酶的作用不大（Villamiel和de Jong，2000；Cameron等，2009），但在61～75.5℃使用热超声可以有效地钝化乳中碱性磷酸酶、$\gamma$-谷氨酰转肽酶、过氧化物酶的活性（Villamiel和de Jong，2000）。

## 6.6　超声辅助膜过滤

目前膜技术在乳品工业中有多种用途，例如乳成分分离、用于喷雾干燥的蛋白质浓缩等。膜过滤过程中的关键问题之一是由于浓差极化和膜淤堵造成的渗透通量下降。热处理乳和蛋白质溶液会增加其黏度或形成凝胶，由于孔堵塞和滤饼层的形成导致流动阻力的增加，从而导致过度的膜淤堵（Lamminen 等，2004；Muthukumaran 等，2007；Maskooki 等，2010），对渗透率产生了不利影响，限制了加工操作的经济效益（Muthukumaran 等，2005a，2005b；Maskooki 等；2010）。

用于乳清或乳超滤的膜需要经常进行清洗，以保持卫生，保持膜的性能，减少不必要的操作成本，并延长膜的寿命（Muthukumaran 等，2005a）。超声波的应用已被证明是提高超滤或微滤过程的通量和提高淤堵膜清洁效率的有效方法。一些研究已经使用超声处理来提高膜过滤系统的通量（Chai 等，1999；Kobayashi 等，1999；Muthukumaran，2005a，2005b，2007）。Muthukumaran 等（2005a，2005b）研究了被乳清溶液堵塞的聚砜超滤膜的超声波清洗。结果表明，在没有表面活性剂的情况下，超声的作用更为显著，温度和跨膜压力对其影响较小。他们进一步提出，超声波能量主要是通过增加清洗液的湍流起作用。超滤乳清过程的试验结果表明，超声波可以显著提高渗透通量，提高系数在 1.2~1.7。他们还观察到浓差极化层内的传质系数也有所增加。在另一研究中，他们将这一方面延伸，考虑到超声频率和使用间歇超声的影响（Muthukumaran 等，2007）。结果表明，在淤堵和清洗循环中，使用连续低频（50kHz）超声是最有效的，而使用间歇高频（1MHz）超声的效果较差。在较高的跨膜压力下，高频脉冲超声会导致稳态膜通量的降低。这种淤堵的增加可能是由于蛋白质沉积被压实成一个更致密的饼层，或是在超声场的作用下沉积物被压入膜孔而造成的。

这些试验已证明在膜超滤中超声波的应用总的来说是有效的，但在某些条件下，效果没那么好，甚至会对过滤性能产生负面影响。连续低频超声通常会减少在水冲洗过程中容易逆转的总流动阻力的组成部分（Muthukumaran 等，2007）。这包括由浓差极化和易被去除的不稳定蛋白质沉淀引起的传质阻力。在淤堵膜的机械和化学清洗过程中使用超声波，可获得高的通量恢复率，特别是在低频和高功率条件下。可以预期，超声波引起的物理过程可能会导致渗透率的增加。声空化导致机械搅拌、微射流和剪切应力的产生。由于这些物理过程可能发生在被淤堵的膜表面、固体材料上和孔附近，所以可将堵塞孔的颗粒排出，也可能伴随着颗粒的分解（Muthukumaran 等，2007；Caia 等，2009；Popovic 等，2010）。此外，尽管超声在提高淤堵膜的渗透率方面有效，但由于可能产生的巨大能源成本和膜损伤，所以建议应谨慎使用超声波（Juang 和 Lin，2004）。

其他研究探讨了超声波和乙二胺四乙酸（EDTA）的碱性溶液单独或协同作用对缠绕式微滤膜和超滤膜清洗效果的影响（Maskooki 等，2008，2010）。总体结果显示，每种处理的清洁效率都较低，包括不同频率的超声波或 EDTA 碱性溶液。然而，超声波和 EDTA 联合使用时，清洁效率有所提高。用 1mmol/L EDTA 和 3mmol/L EDTA 清洗的膜的流体阻力分别为 $2.7624 \times 10^{13}/m$ 和 $2.381 \times 10^{13}/m$，与超声联合使用时，膜的流体阻力分别提高到 $1.1865 \times 10^{13}/m$

和 $9.746\times10^{13}/m$，说明同时使用超声波和 EDTA 会产生超声化学协同效应。

Muthukumaran 等（2007）也发现，超声波通过增加浓差极化层的传质系数，同时使滤饼不容易压实或更疏松来提高通量。同样，也有报道称超声波可用于物品的清洁，因为空化作用产生的物理效应会对整个体系产生剧烈的混合作用（Muthukumaran 等，2005a，2005b）。在宏观上，被称为声流的强对流会增加湍流。在微观上，空化气泡内爆的物理效应可使液体产生微观混合。气泡在固体表面附近的剧烈不对称爆裂导致液体微射流的形成，从而强化了清洗效果。人们认为，超声波清洁效果主要是通过声流和增加湍流发生的，而不是通过空化作用发生的（Muthukumaran 等，2005a，2005b），但也不能排除声空化的影响。Lamminen 等（2004）发现，清洗通量比随着系统功率强度的增加而增加。这种增加是因为系统中空化气泡的数量增加和空化气泡声能的增加。相反，Caia 等（2009）指出，低频和高功率超声在增强通量和改善通量恢复方面更有效。虽然高频可能会产生更多的空化气泡，但是这些气泡比较小，破裂的能量也小，因此，可能不能像低频超声那么容易使颗粒脱离滤饼层（Juang 和 Lin，2004；Muthukumaran 等，2007；Maskooki 等，2010；Popovic 等，2010）。尽管大多数研究表明，超声影响通量增强主要是通过增加声流或湍流实现的，但一些研究人员发现，超声也可以改变蛋白质的四级和/或三级结构。Tenga 等（2006）的研究指出，低功率超声很可能会通过剪切应力（而非蛋白质分子的聚集）引起蛋白质结构的暂时改变。

## 6.7 乳清中乳糖的声结晶

乳糖是乳中的主要碳水化合物（4.4%～5.2%），多年来由于环境和经济原因一直从干酪生产的液体副产品乳清中回收乳糖。乳糖在干燥前须先结晶，工业生产上此过程可能需要长达 20h，最终得到高达 80% 的结晶乳糖（GEA NIRO，2010）。乳糖可在乳清中结晶，或从乳清中分离成纯乳糖溶液再结晶。乳糖的结晶包括三个阶段：首先是过饱和，然后是成核（晶体的出现）和晶体生长。乳品工业中常规的乳糖结晶是通过控制温度和搅拌实现大规模批结晶。在结晶过程中，控制晶体纯度、形状和分布是至关重要的，但众所周知，传统的桨式混合器混合不均匀，造成过饱和的随机波动，导致不规则和不均匀的晶体生长和尺寸，有时晶核和晶体会形成团块（Li 等，2006；Dhumal 等，2008）。整个结晶过程很缓慢，乳糖回收率有提高的空间。众所周知，在许多应用中，超声波可以缩短结晶诱导时间，提高成核率，包括脂肪的结晶（Ueno 等，2003）和药用乳糖的生产（Prosonix，2012），这一过程被称为声结晶。声结晶是一种用于辅助和控制结晶的功率超声，声能在成核阶段施加时最为有效（Bund 和 Pandit，2007）。

在通常的反应中，结晶发生在已有晶体的表面，这些晶体充当成核中心。超声会产生声流和空化作用，产生冲击波，形成晶核，从而有助于引发结晶并控制结晶过程。根据 Hem（1967）的说法，气泡内表面的蒸发会导致过冷，产生内部高度过饱和，气泡充当成核位点。冲击波引起进一步的搅动和气泡破裂，增加可成核的数量（Guo 等，2005），核的数量越多，晶体尺寸越小，均匀性越好，结晶速度越快（Hem，1967）。

Dhumal 等（2008）使用频率 20kHz 的超声结晶技术来设计出所需尺寸、形状、表面和分布的乳糖晶体。在 30% （质量分数） 的乳糖溶液中，超声结晶 5min，产率由搅拌 20h 的 44% 提高到 83%，并得到了形状和分布均匀的晶体。当 40% 的乳糖溶液在室温 （约 22℃） 下超声 1min，再在 13℃ 下搅拌，也观察到了类似的结果 （表 6.1）。未经超声 的乳糖溶液在搅拌 180min 后开始结晶，而在相同的时间内超声处理的溶液已经结晶了 22%。除了成核速度快之外，超声结晶溶液在结晶 22h 后比搅拌溶液产生更多的乳糖晶 体。然而，当在搅拌前通过产生骤冷快速成核时，搅拌溶液和超声溶液最终结晶乳糖的 产量是相同的。

表 6.1　未经骤冷的 40% 乳糖溶液 （500mL） 的结晶度 （乳糖溶液在 22℃、 31 W、 20kHz 频率下 超声处理 1min; 在 13℃ 和 160r/min 条件下搅拌乳糖溶液）

| 时间 | 结晶度 */% | |
| --- | --- | --- |
| | 搅拌 | 超声+搅拌 |
| 0min | 0 | 0 |
| 90min | 0 | 6.9 |
| 100min | 2.2 | 22.2 |
| 22 h | 52.6 | 60.9 |

注:　* 结晶度 （%） = （$S_1-S_2$）×9500×100/$L$×$TS$×（95-$S_2$）

式中　$S_1$——起始浓缩液的糖浓度，%;

　　　$S_2$——结晶浓缩液的糖浓度，%;

　　　$L$——乳糖浓度，%;

　　　$TS$——总固体（GEA NIRO，2010）。

资料来源:（Sciberras 和 Zisu，未发表。）

　　含有 55% 固体和 25% 乳糖的浓缩乳清溶液，在室温 （约 22℃） 和 3~16J/mL 的低能量密 度下以非接触方式连续超声。在超声处理 0min （$T_0$） 和 60min （$T_{60}$） 后，立即在装有蓝光过 滤器的光学显微镜下以 10 倍的放大倍率观察乳清溶液。空白对照溶液不进行超声，以适当的 流速通过超声波设备 （$T_0$）。不搅拌的情况下，结晶出现在 22℃ 左右。如图 6.8 所示为施加能 量密度为 8J/mL 的超声结晶图像。在 $T_0$ 的空白对照溶液中观察到的乳糖结晶数量最少。施加 8J/mL 的超声处理 （$T_0$） 时，在乳清溶液中立即出现了大量的乳糖结晶。虽然对照组溶液在结 晶 60min 后乳糖晶体的数量明显增加，但在超声溶液中观察到的晶体数量更多。24h 后，两种 处理方法之间几乎没有区别。低至 3J/mL 的能量密度对乳糖结晶也有明显的促进作用。

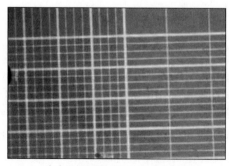 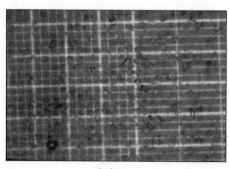

（1）100W 750mL/min （8J/mL） $T_0$　　　　　　　　　　　（2）$T_{60}$

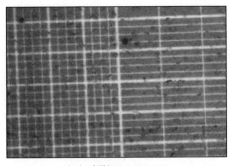 

（3）对照组750mL/min$T_0$　　　　　　　　　　　（4）$T_0$

图6.8　以750mL/min的流速处理后，立即在装有蓝光过滤器的光学显微镜下以10倍的放大倍率观察乳清溶液
（资料来源：Zisu，未发表。）

　　每种体系，无论是乳糖溶液还是浓缩乳清溶液，对超声结晶作用的反应都略有不同
（Castro 和 Priego-Capote，2007），但无论在何种介质中，搅拌前超声均能加速结晶过程，增
加乳糖晶体尺寸，减小乳糖粒度分布范围，提高结晶产率（结晶产率取决于时间）。乳糖浓
度越大，晶体成核速率越快。

# 6.8　复原乳的溶解度

　　在食品生产中，为了减少加工时间、提高生产效率和生产出高质量的产品，需要将
粉末快速溶解到溶液中（Fang等，2011；Gaiani等，2011）。超声波等技术能够改善复原
乳的溶解度，减少水合时间，具有潜在的工业应用前景。已有文献证明，高功率超声处
理会破坏复原乳中的不溶性聚集体（Ashokkumar等，2010；Zisu等，2011）。在20kHz下
超声处理复原的浓缩乳清蛋白（WPC）也能降低溶液的浊度。这与由高强度低频超声处
理引起的粒径减小密切相关。Onwulata等（2002）也同样报道过乳清蛋白和酪蛋白的聚
集体减小的类似情况。在声空化的物理力较弱的高频下进行超声时，溶液的澄清和粒径
减小都未见报道（Zisu等，2011）。在20kHz超声处理后，复原乳清蛋白浓缩液（Kresic
等，2008）和乳清分离蛋白溶液（Jambrak等，2008）的溶解度增加，可能与其粒径减小
有关。

　　在室温下，酪蛋白胶束和浓缩乳蛋白粉的溶解度低于乳清粉或乳粉，复原过程中需
要高温才能有足够的溶解度（Zwijgers，1992；Havea，2006；Fang等，2011）。在工业应
用中，这将导致在生产干酪、酸乳、饮料等次级乳制品时造成生产延误（Anema等，
2006），如果粉状物料溶解不佳，就有可能出现产品缺陷。在室温下，复原过程使用高功
率超声能实现快速溶解，在超声处理的前几分钟内初始溶解度从约70%增加到超过90%，
且在最初1min内改善显著（图6.9）。超声处理后，复原乳粉的粒径与溶解度之间存在很
强的相关性，复原乳粉的粒径随着超声时间的延长逐渐减小。乳粉在喷雾干燥过程中形
成的粉末颗粒表面上含有大的空泡，空泡的外壁上大部分是蛋白质（McKenna等，
1999）。已有文献证明，在粉末水合过程中，聚结物会碎裂成初级颗粒，同时将粉末颗粒

物质释放到周围的水相中（Mimouni 等，2009）。后者被认为是限速步骤。超声波对颗粒外层的破坏是引起颗粒尺寸减小的原因，通过声空化可使粉末以更快的速度将物质释放到水相中，从而加快粉末的溶解。如果我们仅通过搅拌对粉末进行再复原，4h 后仅能溶解约 85%。

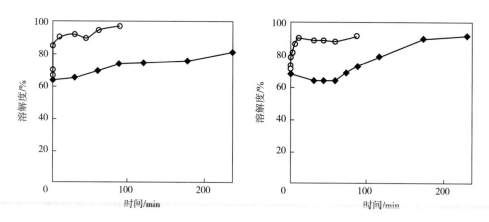

图 6.9　乳蛋白浓缩物（左）和酪蛋白胶束（右）粉末在 22℃下被搅拌（◆）和超声（○）的溶解度随时间的变化
（资料来源：Chandrapala 等，未发表。）

## 6.9　超声波对乳和酪蛋白体系的影响

### 6.9.1　超声波对酪蛋白胶束的影响

迄今为止，相当多研究的工作重心放在了解超声波对含有酪蛋白的体系及其各自的次级乳制品的主要物理和功能特性的影响上。研究表明，对富含酪蛋白的乳蛋白浓缩截留物和酪蛋白酸钙进行超声处理，均可显著降低溶液的黏度（Zisu 等，2010）。有人认为这是因为超声处理对酪蛋白-酪蛋白和/或酪蛋白-乳清蛋白相互作用起到物理破坏作用，但他们没有提供证据证实这一假设。超声对乳凝胶的影响也已有报道（Vercet 等，2002；Riener 等，2009b；Nguyen 和 Anema，2010；Zisu 等，2011；Chandrapala 等，2012a）。当脱脂乳在酸化前进行超声处理时，酸凝胶硬度（$G'$）会发生变化；然而，有人认为这主要是乳清蛋白变性引起的，因为超声处理过程中没有控制温度，温度升高（高达 95℃）导致乳清蛋白变性（Nguyen 和 Anema，2010）。与用未经处理的乳制成的酸乳凝胶相比，同时应用热和超声波（压热超声）提高了酸乳的凝胶强度，但这一现象的机制尚未确定（Vercet 等，2002）。其他研究人员还发现，热超声改善了酸乳的流变特性，已发表的数据显示，超声处理后乳中的脂肪球尺寸显著减小，这可能与酸乳凝胶特性的改变有关（Riener 等，2009b，2010）。

虽然酪蛋白胶束被认为是相对稳定的，但其组成和大小会随 pH 和温度的变化而变化（Martin 等，2007；Tsioulpas 等，2007；Dalgleish，2011）。超声产生的局部高温和剪切应力可能会在物理上改变酪蛋白胶束或其与其他乳成分的相互作用。Madadlou 等（2009b）的研究发现，假如 pH 高于 8，通过超声（35kHz）处理酪蛋白胶束 6h，可以减小重组酪蛋白胶束的平均尺寸。研究发现，pH 越高，重组酪蛋白胶束直径减小的幅度越大，说明 pH 与超声功率之间存在声解离相互作用。作者进一步指出，空化效率随超声功率的增加而增加，从而增强剪切应力，这是超声破坏重组酪蛋白胶束最可能的原因。然而，这也可能跟 pH 较高时酪蛋白胶束结构比较疏松有关，结构疏松提高了超声破坏的效率。在一项涉及真酪蛋白胶束的研究中，观察到超声处理后乳粒径的减小，报道称这是酪蛋白胶束自身变小了（Nguyen 和 Anema，2010）。

随后一项更深入的研究，研究了由于应用高强度超声而导致酪蛋白胶束尺寸可能发生的变化（Chandrapala 等，2012a）。为了在不受脂肪球干扰的情况下研究超声波对天然酪蛋白胶束的影响，对胶束解离后的新鲜巴氏杀菌脱脂乳和通过离心得到的酪蛋白胶束再悬浮颗粒进行了试验。结果表明，经过 60min 的超声处理后，新鲜脱脂乳的平均粒径和浊度均降低 [图 6.10（1）和图 6.10（2）]。在 EDTA 处理过的脱脂乳样品的粒径分布中，脂肪球尺寸的减小是确定无疑的，是超声处理时间的函数 [图 6.10（3）]。超声 60min 后，对应脂肪球尺寸最大占比的平均尺寸从 230nm 下降到 175nm [图 6.10（3）]。这些样品的浊度也随超声处理时间而降低 [图 6.10（4）]。虽然这些结果表明，脂肪球尺寸的减小至少在一定程度上是乳粒径减小的原因，但也不能完全排除酪蛋白胶束尺寸变化的可能性。为了进一步研究酪蛋白胶束是否受到超声的影响，通过离心的方式从其他乳成分中分离出酪蛋白胶束 [图 6.10（6）]。在 60min 的超声处理下，浊度和平均粒径均保持不变，这有力地证明了酪蛋白胶束的尺寸在超声处理下没有改变。与迄今获得的数据一致，新鲜脱脂乳（含乳清蛋白）的黏度在超声处理的前几分钟内略有下降，而再悬浮的颗粒（不含可溶性乳清蛋白）的黏度保持不变 [图 6.10（5）]。此外，没有观察到可测量（如 pH 和可溶性钙）的成分变化。这项对酪蛋白胶束研究的结果表明，超声不会影响酪蛋白胶束的尺寸或组成，也不会永久性地影响新鲜脱脂乳中的矿物质平衡。结果还表明，通过控制超声能量的应用有助于破坏大的酪蛋白和乳清蛋白聚集体，从而影响宏观性质（如黏度），而不会引起酪蛋白胶束或矿物质平衡的变化。特别是，超声波似乎有助于逆转由先前加工处理引起的蛋白质聚集，而不会影响乳蛋白的天然状态或矿物质平衡，所以可能在一系列工业应用中具有优势。

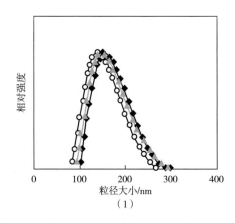

（1）

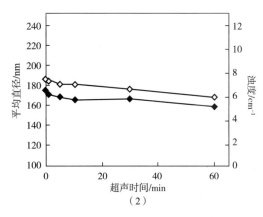

（2）

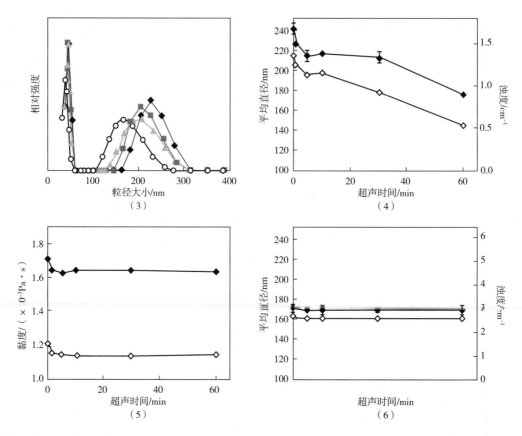

图 6.10　新鲜脱脂乳（1）和被 EDTA 解离胶束的新鲜脱脂乳（3）的平均粒径分布与超声时间变化的关系：　0min（◆-实线）；　1min（■-长虚线）；　30min（▲-混合虚线）；　60min（○-混合虚线），新鲜脱脂乳（2）、被 EDTA 解离胶束的新鲜脱脂乳（4）、离心新鲜脱脂乳再悬浮颗粒（6）的平均粒径（◆）和浊度（◇）与超声时间变化的关系；新鲜脱脂乳（◆）和离心新鲜脱脂乳再悬浮颗粒的黏度与超声作用时间（5）的关系，误差线是同一样品三次测量值的标准差

（资料来源：转载自 Chandrapala 等，2012a。）

## 6.9.2　超声在控制浓缩乳黏度中的应用

生产上乳在喷雾干燥前，通常使用降膜蒸发器作为主要的脱水形式将乳浓缩成高固形物含量的浓缩乳（通常为 40%～55%）（Knipschildt 和 Andersen，1997），导致产品黏度以非线性方式增加（Bienvenue 等，2003）。除了固形物含量增加外，浓缩乳的黏度也随着时间的推移而增加（这一过程被称为"老化增稠"）——通过酪蛋白胶束之间的弱相互作用而形成的结构，可被机械剪切破坏（Snoeren 等，1982）。虽然这与剪切有关，但降膜蒸发器和供料到喷雾干燥器以防止过度结垢的推荐操作黏度为低于 100mPa·s（Westergaard，2004）。在这种情况下，黏度成为限制因素，因此控制产品的黏度和防止老化增稠的开始就变得至关重要。

Zisu 等（2013）使用 20kHz 频率的高强度超声来降低浓缩脱脂乳的黏度并控制其老化增稠的速率。脱脂浓缩乳（Skimmed milk concentrate，SMC）经过超声处理，通过上一节所述的声空化的物理过程来降低黏度。在 40～80W 下分批超声处理 1min，施加 4～7J/mL 的能量密度进行连续处理，可使固形物含量为 50%~60% 的中热脱脂浓缩乳（SMC）的黏度降低约 10%。当通过提高固形物含量或让浓缩物老化对高黏度溶液进行超声处理时，超声处理效率大大提高（>17%）。超声处理还改变了剪切速率低于 150/s 下的剪切稀化特性。

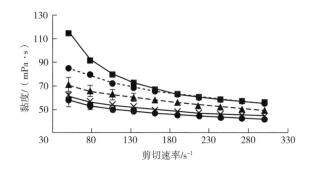

图 6.11　55% 固形物的脱脂浓缩乳（SMC）在 50℃ 的黏度：刚蒸发后（—●—）、以 2000mL/min 的流速循环老化 20~30min 后（×）、以 2000mL/min 的流速循环 40~50min 后（—■—），SMC 在 130~230W 下连续超声处理（保持时间 10s，施加能量密度 4~7J/mL）再老化 65~75min（—▲—）和 85min（-●-）后的黏度

　（资料来源：Zisu 等，2013，经 Elsevier 许可转载。）

　　虽然超声处理可降低脱脂浓缩乳的黏度，但一旦蒸发器中老化过程开始了，则只能减缓老化增稠的速度（图 6.11）。脱脂浓缩乳在低剪切率下在蒸发器再循环 40~50min 后黏度迅速增加至超过 100mPa·s。当超声装置在 130~230W 被激活并进行 75min 的循环（包括 10min 的超声处理）时，黏度显著降低，表观黏度保持在 100mPa·s 以下。老化 85min 后，超声后的脱脂浓缩乳的黏度与仅老化 50min 的未超声处理的脱脂浓缩乳相当。只有在浓缩过程中激活超声，超声处理才能阻止脱脂浓缩乳的黏度迅速增加（图 6.12）。在工业上可能可以利用高功率低频超声降低用于喷雾干燥的浓缩乳的黏度和控制老化增稠的速率。其他对超声处理有反应，超声后出现黏度下降的基于乳和酪蛋白的体系还有乳蛋白浓缩物（18% 固形物）和酪蛋白酸钙（24% 固形物）（Zisu 等，2010）。

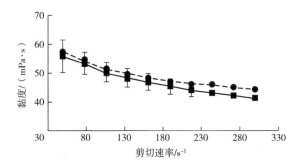

图 6.12　55% 固形物脱脂浓缩乳（SMC）在 50℃ 的黏度：刚蒸发后（—■—）；以 2000mL/min 的流速循环老化 40min 并在 130~230W 下连续超声处理（施加能量密度 4~7J/mL、保持时间 10s）后（-●-）

　（资料来源：Zisu 等，2013，转载经 Elsevier 许可。）

## 6.10　超声波对乳清蛋白物理和功能特性的影响

### 6.10.1　凝胶和黏度

利用超声波控制乳制品流体的黏度是近期出现的最有前途的应用之一。超声波可以降低用于干燥的浓缩乳的黏度。如果使用得当，这项技术可以用来控制老化增稠的速度。除了用于浓缩乳外，高强度、低频超声还用于降低其他各种乳制品流体的黏度。

有人用一台输出能量密度 60~240J/mL 的 1kW 超声波装置，在连续流动操作中将含有 33% 固形物（81.5% 蛋白质）的乳清蛋白浓缩截留液的黏度降低了 10%（Zisu 等，2010）。黏度降低效果与粒径减小有很强的相关性。当使用功率更大的 4 kW 装置，以更快的流速施加 34~258J/mL 能量时，黏度最大降低了 33%。

浓度也被证明对黏度是有影响的。用超声处理含 34% 固形物的乳清蛋白截留液时，黏度降低了 40% 以上。相反，其他研究表明，在 20kHz 的频率下分批超声 15min 后，复原乳清蛋白和复原乳清分离蛋白的黏度略有增加（Jambrak 等，2008；Kresic 等，2008），但有人已经证明，在实验室规模的系统中，以 20kHz 分批超声处理超过 10min，施加过大的能量会导致黏度增加（Ashokumar 等，2009a）。当分批超声时间小于 10min 时，黏度就降低。连续超声处理施加的能量密度不可能达到分批超声处理（≥10min）的能量密度。

超声处理还会影响乳清蛋白的功能特性，一些研究人员在实验室研究中，通过 20kHz 的分批超声处理控制复原乳清蛋白溶液的溶解性和起泡性（Jambrak 等，2008；Kresic 等，2008），还有一些则针对凝胶的形成进行研究，希望缩短凝结时间、提高乳清蛋白凝胶的硬度和减少脱水收缩（Zisu 等，2011）。在中试规模水平上，凝胶形成研究也取得了进展，使用连续超声处理含有 33% 固形物的乳清蛋白截留物（Zisu 等，2010），其凝胶强度提高了 25% 以上 ［图 6.13（1）］。这一效应在喷雾干燥和复原后保持不变，经超声处理的乳清粉喷雾干燥和复原后形成的凝胶表现出更高的强度（提高了 25% 以上）［图 6.13（2）］。人们认为，声空化产生的小颗粒的表面积增加，改善了凝结过程中蛋白质的结合，从而产生更紧密和更牢固的互联结构（图 6.14）。Madadlou 等（2009a）也报道在分批超声处理的酸凝酪蛋白溶液中也有类似的现象。

### 6.10.2　理解超声引起的乳清蛋白变化

此前已有研究表明，当液体介质受到极大的剪切应力时，高功率超声主要是通过空化作用产生物理效应，湍流、微流和热量也发挥部分作用。此外，超声还会产生高活性的自由基，虽然施加低频超声（20~100kHz）的时间很短时，自由基估计不会发挥很大作用，但人们还是对超声处理可能产生的化学效应进行了研究。复原的浓缩乳清蛋白（Whey protein concentrate，WPC）液在 20kHz~1MHz 进行超声处理（Ashokkumar 等，2008）。在 20kHz 下超声的乳清蛋白浓缩液黏度显著降低，而在更高频率下超声的乳清蛋白浓缩液黏度没有任何变化。由于高频比低频产生更多的自由基，所以作者认为黏度的降低是声空化过程中产生的物理

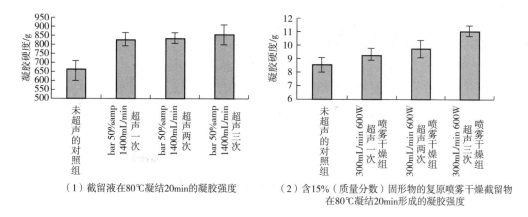

（1）截留液在80℃凝结20min的凝胶强度

（2）含15%（质量分数）固形物的复原喷雾干燥截留物
在80℃凝结20min形成的凝胶强度

图6.13　用或不用4kW的超声单元，在20kHz下超声处理的乳清蛋白截留物（33%固形物）的凝胶强度，乳清蛋白截留液喷雾干燥前在20kHz进行超声处理

（资料来源：Zisu 等，2013，经 Elsevier 许可转载。）

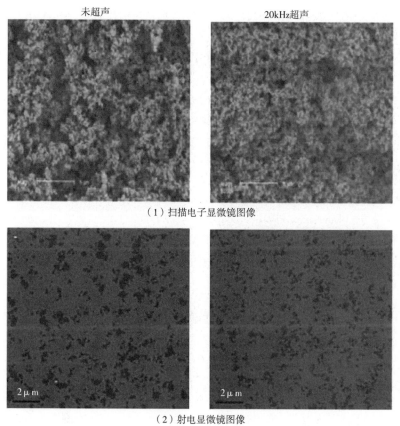

（1）扫描电子显微镜图像

（2）射电显微镜图像

图6.14　乳清蛋白截留物的蛋白质网状结构（33%固体）未超声和20kHz超声后的图像

（资料来源：Zisu 等，2010，经 Elsevier 许可转载。）

力所致（Ashokkumar 等，2009b）。同样，Kresic 等（2008）发现低频超声改变了乳清蛋白浓缩物和乳清蛋白分离物溶液的流动特性；然而，他们认为这是因为蛋白质结构改变，即氨基酸的亲水部分向周围的水相打开，增加了与水分子的结合。由于缺乏明确的结论，Chandrapala 和他的同事进行了一项更详细的研究，以探究复原乳清蛋白浓缩液中蛋白质结构的变化（Chandrapala 等，2011）。虽然在长时间的超声处理后监测到一些微小的变化，但这项研究表明，在低频率超声（20kHz）处理 60min 后，蛋白质结构没有发生明显的变化。其他研究人员也证明，超声可以通过形成超声诱导状态（不同于热、机械或溶剂诱导的状态）改变纯牛血清清蛋白的功能特性（Gulseren 等，2007）。其他人关于超声对纯乳清蛋白影响的进一步研究也有报道，发现超声引起的微小变化与蛋白质的类型和纯度有关。人们探索了超声对更复杂的乳清蛋白浓缩液的影响，与其结果类似，当相同的蛋白质以混合物的形式（通常在生产上见到的形式）进行超声处理时，未发现在纯蛋白质溶液中观察到的变化（Chandrapala 等，2012b）。

### 6.10.3　乳清蛋白的热稳定性

乳清蛋白在加热过程中的热稳定性一直是加工工艺的一大难题。在乳品厂，乳清蛋白溶液在单独加工或用作生产具有重要功能和营养特性的增值产品原料时，都要经过加热这个环节（Luoona 等，2006）。乳清蛋白在超过 65℃ 时会发生不可逆的变性，继而导致蛋白质通过疏水相互作用和分子间二硫键的形成而聚集（Wang 等，2006）。这可能会导致乳制品在加工过程和之后的储存过程中过度的增稠、结垢或凝胶化（Morr 和 Richter，1999）。Ashokkumar 等（2009b）使用加热和高功率超声结合的方法来解决这个问题。通过在 80℃ 或更高的温度下加热乳清蛋白溶液（4%~15% 蛋白质，质量分数），然后用 20kHz 的频率进行超声处理，使乳清蛋白发生部分变性。这个部分变性步骤也称为预热，可引起乳清蛋白的聚集，这可从黏度的变化看出（图 6.15）。黏度变化也由粒度分析得到了证实。然后，将发生聚集的高黏度乳清蛋白溶液通过超声处理剪切仅 5s，利用空化的物理力分解聚集体，就得到自由流动的溶液。这样的乳清蛋白溶液不受进一步加热（称为后加热）的影响，不会重新发生聚集，可保持与起始溶液相当的低黏度。后来有人在利用乳清蛋白分离物的研究中也采用了类似的方法（Gordon 和 Pilosof，2010）。这个方法在生产上具有潜在的应用前景，可通过最大限度地减少热处理过程中发生的乳清蛋白沉淀提高加工效率。

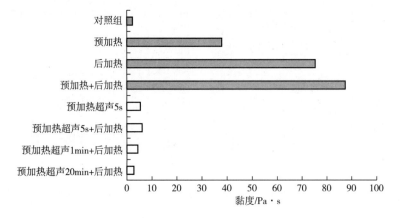

图 6.15　20kHz、31 W 功率下分批超声处理对由乳清蛋白浓缩物复原而成的 6.4%（质量分数）蛋白质溶液黏度的影响，深色是未超声处理溶液，浅色是超声处理的溶液

（资料来源：Ashokkumar 等，2009b，经 Elsevier 许可转载。）

　　Ashokkumar 等（2009b）也证明，超声处理后的乳清蛋白在冷冻干燥和复原后仍保持了热稳定性。有人更进一步采用这种方法，利用更大的超声反应器进行热稳定乳清蛋白粉的喷雾干燥中试规模生产（图6.16）（Zisu 等，2010）。部分变性的乳清蛋白溶液通过连续加热和210J/mL能量密度的超声处理，然后喷雾干燥并复原为12.5%蛋白质含量的乳清溶液，这些乳清溶液不受80℃二次加热30min的影响。热稳定乳清蛋白粉在婴幼儿配方食品等UHT处理产品中具有潜在的应用前景。对超声和加热的相关机理仍缺乏详细的论述，因而有人利用复原乳清蛋白浓缩液进行了更深入的研究（Chandrapala 等，未发表）。由于蛋白质的功能通常依赖于疏水、静电和空间相互作用，因此蛋白质的官能团如游离巯基（易受加热影响）可能是粒子间发生相互作用的地方。Patrick 和 Swaisgood（1976）指出，巯基（—SH）和二硫键（S—S）影响食品蛋白质的功能特性，并在相对较硬的结构（如蛋白质凝胶）形成中发挥重要作用。其他需要考虑的可能性包括超声处理引起的粒子电荷变化，这可能会降低粒子间静电相互作用的亲和力。蛋白质表面疏水位点的数量和大小通常决定着不同条件下蛋白质溶液中疏水键的强度（Kato 等，1983；Cardamone 和 Puri，1992），因此不能排除疏水相互作用，因为它们对形成蛋白质-蛋白质聚集体有很大贡献。

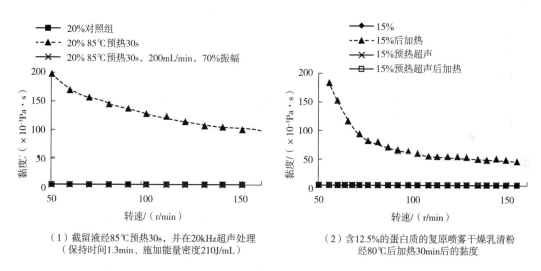

（1）截留液经85℃预热30s，并在20kHz超声处理（保持时间1.3min、施加能量密度210J/mL）

（2）含12.5%的蛋白质的复原喷雾干燥乳清粉经80℃后加热30min后的黏度

图6.16　乳清蛋白截留液（10%蛋白质）的黏度

（资料来源：Zisu 等，2010，经 Elsevier 许可转载。）

　　图6.17（1）显示了加热和超声后5%乳清蛋白溶液中测得的活性巯基含量。80℃预热1min会通过暴露和使天然巯基变性而增加巯基的含量，这与其他研究者的结果一致（Patrick 和 Swaisgood，1976；Taylor 和 Richardson，1980a；Hashizume 和 Sato，1988）。20kHz超声1min不能改变活性巯基的含量（Taylor 和 Richardson，1980b；Chandrapala 等，2011），这表明蛋白质二级结构的保持基本完好，没有暴露出巯基。超声处理后，热暴露的巯基基团也保持不变。结果表明，预热处理后的超声处理不影响活性巯基基团，因此不影响复原乳清蛋白浓缩液的聚集特性。

　　静电相互作用和排斥力对乳清蛋白的聚集也起着重要作用，如图6.17（2）所示，超声处理后，天然乳清蛋白浓缩液的表面电荷在 27mV 左右。无论是预热，还是预热和后加热的组合都不会改变表面电荷。同样，预热和超声处理的蛋白质溶液的表面电荷没有显著差异，说明静电相互作用在热稳定性过程中不太可能起作用。

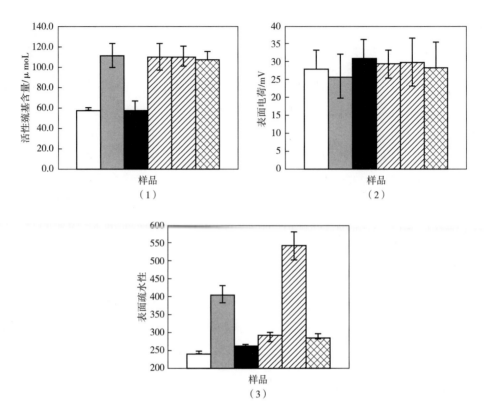

图 6.17 经热处理和超声处理的 5%（质量分数）复原乳清蛋白浓缩液中蛋白质的活性巯基（1）、表面电荷（2）和表面疏水性（3）。柱状体从左至右分别为：天然、预热、超声、预热+超声、预热+后热、预热+超声+后热
（资料来源：Chandrapala J.，Zisu B. 和 Palmer M.，未发表。）

疏水相互作用对蛋白质的稳定性、构象和功能的重要性是公认的。由于蛋白质本身具有的大分子结构，其表面疏水性在极大程度上比总疏水性对功能性的影响更大。表面疏水性影响分子间相互作用，如小配体的结合或与其他大分子的结合，包括蛋白质-蛋白质相互作用（Haskard 和 Li-Chan，1998）。图 6.17（3）显示了复原乳清蛋白浓缩液的表面疏水性。乳清蛋白含有高比例的疏水氨基酸链，在热处理过程中暴露出来；预热增加了乳清蛋白的表面疏水性，后加热进一步增加了疏水性。Kato 等（1983）报道在 pH 7.0，温度 75~90℃ 加热 30min 时，$\beta$-LG 溶液的表面疏水性增加。Alizadeh-Pasdar 和 Li-Chan（2000）研究了乳清蛋白分离物和 $\beta$-LG 用 ANS（8-苯胺萘-1-磺酸）在 80℃ 加热 30min 后的表面疏水性，也发现加热后表面疏水性增加。这与 Nakai（1983）、Mleko 等（1997）和 Monahan 等（1995 年）得到的数据一致。相反，单独超声处理并没有增加表面疏水性（$p>0.05$），有趣的是，超声处理似乎逆转了热诱导的表面疏水性，因为超声处理后预热溶液的表面疏水性明显低于单独预热处理（$p<0.05$）。进一步加热没有增加表面疏水性，表明超声波也起到了终止步骤的作用。

由于巯基−二硫键交换反应和静电相互作用在≥80℃的部分热变性和 20kHz 的超声处理后，对乳清蛋白的聚集特性均未发挥显著作用，因此通过声空化产生的物理剪切可能会降低表面疏水性，通过疏水性相互作用防止热诱导蛋白质的再聚集，从而提高了乳清蛋白的热稳定性。

## 6.11 超声处理过的乳和乳清的感官特性

很少有研究考虑过超声处理过的乳或乳清产品的感官特性，只有一项研究对乳中产生的挥发性成分进行表征（Riener 等，2009a），还有另一项研究检查了超声处理过的乳清的感官特性（Martini 和 Walsh，2012）。

使用 24kHz 超声处理器分批处理含有 1.5% 脂肪的商业生产的巴氏杀菌和均质乳样品，在 45℃下处理 2.5min、5min、10min、15min 和 20min（Riener 等，2009a）。采用顶空固相微萃取分析与气相色谱/质谱联用的方法检测了超声作用产生的一些挥发性成分，这些化合物被认为是由与空化相关的局部高温诱导产生的，有一种淡淡的说不清的"橡胶味"。考虑到所描述的气味是基于具有相当长处理时间的高强度分批超声，这一观察结果可能不能代表所有的处理条件。按照 Riener 等（2009a）的描述，在 400W 的条件下，分批超声 200mL 乳 2.5~20min，施加的能量密度为 300~2400J/mL。在一项无关的研究中，使用连续超声处理浓缩乳，处理时间为 10s，施加极低的能量密度（4~7J/mL）时，没有检测到异常气味（Zisu 等，2013）。

在一项研究中，将含有 28.2% 固形物（包括 10% 的总蛋白质）的乳清液，以 20kHz 的频率超声 15min（Martini 和 Walsh，2012）。在训练有素的感官评定小组的帮助下，在 pH 为 3.5、4.5 和 7.5 的条件下，将超声处理的乳清的 21 种感官属性与未超声处理的对照组进行了比较（鼻夹仅在品味时使用）。这项研究中提供的能量密度为 270J/mL（基于 50mL 样品在 15W 下分批超声 15min），该研究得出结论，超声不会改变乳清的感官属性，被描述为"硬纸板味"和"麦芽味"的两个不悦特征实际上得分低于对照组。

## 6.12 结论

超声在乳制品行业中有许多用处，从灭活微生物到定制功能性配料不一而足。尽管这些用途大多数只在实验室中得到了验证，但也有一些已经在更大的规模上成功应用了。我们可以从其他已使超声处理成功过渡到商业化应用的行业学到很多东西，最好的例子就是结晶。尽管本章介绍的一些应用可能永远不会实现工业化，但能够以最低的能量需求带来最大利益的应用实现工业化的机会最大。功率超声进一步发展的绝佳机遇包括粉末的复原（提高溶解度）、控制黏度（特别是能控制老化增稠的蛋白质浓缩物）、提高乳清蛋白热稳定性以进行高温加工的能力以及乳糖的快速声结晶。

# 参考文献

[1] Adekunte, A. , Valdramidis, V. P. , Tiwari, B. K. *et al.* Resistance of *Cronobacter sakazakii* in reconstituted powdered infant formula during ultrasound at controlled temperatures: A quantitative approach on microbial responses. *International Journal of Food Microbiology*, 2010, 142: 53-59.

[2] Alizadeh-Pasdar, N. and Lichan, C. Y. Comparison of protein surface hydrophobicity measured at various ph values using three different fluorescent probes. *Journal of Agricultural and Food Chemistry*, 2000, 48: 328-334.

[3] Anema, S. G. , Pinder, D. N. , Hunter, R. J. and Hemar, Y. Effects of storage temperature on the solubility of milk protein concentrate (MPC85). *Food Hydrocolloids*, 2006, 20: 386-393.

[4] Arnold, G. , Leiteritz, L. , Zahn, S. andRohm, H. Ultrasonic cutting of cheese: Composition affects cutting work reduction and energy demand. *International Dairy Journal*, 2009, 19: 314-320.

[5] Ashokkumar, M. and Mason, T. J. *Sonochemistry*. Kirk-Othmer Encyclopedia of Chemical Technology, John Wiley and Sons, Ltd. 2007.

[6] Ashokkumar, M. , Lee, J. , Kentish, S. and Grieser, F. Bubbles in an acoustic field: An overview. *Ultrasonics Sonochemistry*, 2004, 14: 470-475.

[7] Ashokkumar, M. , Sunarito, D. , Kentish, S. *et al.* Modification of food ingredients by ultrasound to improve functionality: A preliminary study on a model system. *Innovative Food Science and Emerging Technologies*, 2008, 9 (2): 155-160.

[8] Ashokkumar, M. , Kentish, S. E. , Lee, J *et al.* Processing of dairy ingredients by ultra-sonication. PCT International Patent Application WO2009/079691. 2009a.

[9] Ashokkumar, M. , Lee, J. , Zisu, B. *et al.* Hot topic: Sonication increases the heat stability of whey proteins. *Journal of Dairy Science*, 2009b, 92: 5353-5356.

[10] Ashokkumar, M, Bhaskharacharya, R. , Kentish, S. E. *et al.* The ultrasonic processing of dairy products- An overview. *Dairy Science and Technology*, 2010, 90 (2-3): 147-168.

[11] Bates, D. M. and Bagnall, W. Viscosity reduction. US Patent 2011/0278153 A1. 2011.

[12] Bermudez-Aguirre, D. and Barbosa-Canovas, G. V. Study of butter fat content in milk on the inactivation of *Listeria innocua* ATCC 51742 by thermo-sonication. *Innovative Food Science and Emerging Technologies*, 2008, 9 (2): 176-185.

[13] Bermudez-Aguirre, D. and Barbosa-Canovas, G. V. Processing of soft Hispanic cheese ('Queso Fresco') using thermo-sonicated milk: A study of physicochemical characteristics and storage life. *Journal of Food Science*, 2010, 75 (9): S548-S558.

[14] Bermudez-Aguirre, D. , Mawson R. and Barbosa-Canovas, G. V. Microstructure of fat globules in whole milk after thermosonication treatment. *Journal of Food Science*, 2008, 73: 325-332.

[15] Bermudez-Aguirre, D. , Corradini, M. G. , Mawson, R. and Barbosa-Canovas, G. V. Modeling the inactivation of *Listeria innocua* in raw whole milk treated under thermo-sonication. *Innovative Food Science and Emerging Technologies*, 2009a, 10: 172-178.

[16] Bermudez-Aguirre, D. , Mawson, R. , Versteeg, K. and Barbosa-Canovas, G. V. Composition parameters, physical-chemical characteristics and shelf-life of whole milk after thermal and thermo-

sonication treatments. *Journal of Food Quality*, 2009b, 32: 283-302.

［17］ Bienvenue, A. , Jimenez - Flores, R. and Singh, J. H. Rheological properties of concentrated skim milk: importance of soluble minerals in the changes in viscosity during storage. *Journal of Dairy Science*, 2003, 86: 3813-3821.

［18］ Bosiljkov, T. , Tripalo, B. , Brncic, M. *et al.* Influence of high intensity ultrasound with different probe diameter on the degree of homogenization (variance) and physical properties of cow milk. *African Journal of Biotechnology*, 2011, 10 (1): 34-41.

［19］ Bund, R. K. and Pandit, A. B. Sonocrystallization: Effect on lactose recovery and crystal habit. *Ultrasonics Sonochemistry*, 2007, 14 (2): 143-152.

［20］ Caia, M. , Wanga, S. , Zheng, Y. and Lianga, H. Effects of ultrasound on ultrafiltration of *Radix astragalus* extract and cleaning of fouled membrane. *Separation and Purification Technology*, 2009, 68: 351-356.

［21］ Cameron, M. , McMaster, L. D. and Britz, T. J. Impact of ultrasound on dairy spoilage microbes and milk components. *Dairy Science and Technology*, 2009, 89: 83-98.

［22］ Cardamone, M. and Puri, N. K. Spectrofluorimetric assessment of the surface hydrophobicity of proteins. *Biochemical Journal*, 1992, 282: 589-593.

［23］ Castro, M. D. L. and Priego - Capote, F. Ultrasound - assisted crystallization. *Ultrasonics Sonochemistry*, 2007, 14 (6): 717-724.

［24］ Chai, X. , Kobayashi, T. and Fujii, N. Ultrasound - associated cleaning of polymeric membranes for water treatment. *Separation and Purification Technology*, 1999, 15: 139-146.

［25］ Chandrapala, J. , Zisu, B. , Palmer, M. *et al.* Effects of ultrasound on the thermal and structural characteristics of proteins in reconstituted whey protein concentrate. *Ultrasonics Sonochemistry*, 2011, 18: 951-957.

［26］ Chandrapala, J. , Martin, G. J. O. , Zisu, B. *et al.* The effect of ultrasound on casein micelle integrity. *Journal of Dairy Science*, 2012a, 95: 6882-6890.

［27］ Chandrapala, J. , Zisu, B. , Kentish, S. and Ashokkumar, M. The effects of high-intensity ultrasound on the structural and functional properties of α-Lactalbumin, β-Lactoglobulin and their mixtures. *Food Research International*, 2012b, 48: 940-943.

［28］ Chemat, F. , Zill - e - Huma, Khan M. K. Applications of ultrasound in food technology: processing, preservation and extraction. *Ultrasonics Sonochemistry*, 2011, 18: 813-835.

［29］ Ciawi, E. , Rae, J. , Ashokkumar, M. and Grieser, F. Determination of temperatures within acoustically generated bubbles in aqueous solutions at different US frequencies. *Journal of Physical Chemistry*, 2006, 110: 13656-13660.

［30］ Czank, C. , Simmer, K. and Hartmann, P. E. Simultaneous pasteurization and homogenization of human milk by combining heat and ultrasound: effect on milk quality. *Journal of Dairy Research*, 2010, 77: 183-189.

［31］ Dalgleish, D. G. On thestructural models of bovine casein micelles - review and possible improvements. *Soft Matter*, 2011, 7: 2265-2272.

［32］ Dhumal, R. S. , Biradar, S. V. , Paradkar, A. R. and York, P. Ultrasound assisted engineering of lactose crystals. *Pharmaceutical Research*, 2008, 25 (12): 2835-2844.

［33］ Dolatowski, Z. J. , Stadnik, J. and Stasiak, D. Applications of ultrasound in food technology. *ACTA Scientiarum Polonorum*, 2007, 6 (3): 89-99.

［34］ Drakopoullou, S. , Terzakis, S. , Fountoulakis, M. S. *et al.* Ultrasound-induced inactivation of gram-negative and gram-positive bacteria in secondary treatment municipal water. *Ultrasonics Sonochemistry*, 2009, 16: 629-634.

［35］ Earnshaw, R. G. Ultrasound: A new opportunity for food preservation. In *Ultrasound in Food Processing* (eds M. J. W. Povey and T. J. Mason). Blackie Academic and Professional, London, 1998: 183-192.

［36］ Earnshaw, R. G. , Appleyard, J. and Hurst, R. M. Understanding physical inactivation processes: Combined preservation opportunities using heat, ultrasound and pressure. *International Journal of Applied Microbiology*, 1995, 28: 197-219.

［37］ Fang, Y. , Selomulya, C. , Ainsworth, S. *et al.* On quantifying the dissolution behavior of milk protein concentrate. *Food Hydrocolloids*, 2011, 25: 503-510.

［38］ Feng, H. , Yang, W. and Hielscher, T. Power ultrasound. *Food Science and Technology International*, 2008, 14 (5): 433.

［39］ Gaiani, C. , Boyanova, P. , Hussain, R. *et al.* Morphological descriptors and color as a tool to better understand rehydration properties of dairy powders. *International Dairy Journal*, 2011, 21: 462-469.

［40］ Garcia, M. L. , Burgos, J. , Sanz, B. and Ordonez, J. A. Effect of heat and ultrasonic waves on the survival of two strains of *Bacillus subtilis*. *Journal of Applied Bacteriology*, 1989, 67: 619-628.

［41］ GEA NIRO *Milk Powder Technology - Evaporation and Spray Drying*, 5th edn. GEA Process Engineering A/S, Soborg Denmark, 2010: 254.

［42］ Gera, N. and Doores, S. Kinetics and mechanisms of bacterial inactivation by ultrasound waves and sonoprotective effect of milk components. *Journal of Food Science*, 2011, 76: M111-M119.

［43］ Gordon, L. and Pilosof, A. Application of high-intensity ultrasound to control the size of whey protein particles. *Food Biophysics*, 2010, 5: 201-210.

［44］ Gulseren, I. , Guzey, D. , Bruce, B. and Weiss, J. Structural and functional changes in ultrasonicated bovine serum albumin solutions. *Ultrasonics Sonochemistry*, 2007, 14: 173-183.

［45］ Guo, Z. , Zhang, M. , Li, H. *et al.* Effect of ultrasound on anti-solvent crystallization process. *Journal of Crystal Growth*, 2005, 273 (3-4): 555-563.

［46］ Hashizume, K. and Sato T. Gel forming characteristics of milk proteins. 2. Roles of sulfhydryl groups and disulfide bonds. *Journal of Dairy Research*, 1988, 71: 1447-1454.

［47］ Haskard, C. A. and Lichan, C. Y. Hydrophobicity of bovine serum albumin and ovalbumin determined using uncharged (prodan) and anionic (ans) fluorescent probes. *Journal of Agricultural and Food Chemistry*, 1998, 46: 2671-2677.

［48］ Havea, P. Protein interactions in milk protein concentrate powders. *International Dairy Journal*, 2006, 16 (5): 415-422.

［49］ Hem, S. L. The effect of ultrasonic vibrations on crystallization processes. *Ultrasonics*, 1967, 5 (4): 202-207.

［50］ Hielscher. *Hielscher - Ultrasound Technology* (www. hielscher. com; last accessed 3 January 2015).

［51］ Jambrak, A. R. , Mason, T. J. , Lelas, V. *et al.* Effect of ultrasound treatment on solubility and foaming properties of whey protein suspensions. *Journal of Food Engineering*, 2008, 86: 281-287.

［52］ Juang, R. and Lin, K. Flux recovery in the ultrafiltration of suspended solutions with ultrasound. *Journal of Membrane Science*, 2004, 243: 115-124.

［53］ Juliano, P. , Kutter, A. , Cheng, L. J. *et al.* Enhanced creaming of milk fat globules in milk emulsions by the application of ultrasound and detection by means of optical methods. *Ultrasonics Sonochemistry*,

2011, 18: 963-973.

[54] Kato, A., Osako, Y., Matsudomi, N. and Kobayashi, K. Changes in the emulsifying and foaming properties of proteins during heat denaturation. *Agricultural Biological Chemistry*, 1983, 47: 33-37.

[55] Kentish, S., Wooster, T. J., Ashokkumar, M. *et al.* The use of ultrasonics for nanoemulsion preparation. *Innovative Food Science and Emerging Technologies*, 2008, 9: 170-175.

[56] Knipschildt, M. E. and Andersen, G. G. Drying of milk and milk product. In *Modern Dairy Technology* (ed. R. K. Robinson). Chapman and Hall, London, 1997: 173-175.

[57] Kobayashi, T., Chai, X. and Fuji, N. Ultrasound enhanced cross flow membrane filtration. *Separation and Purification Technology*, 1999, 17: 31-40.

[58] Kresic, G., Lelas, V., Jambrak, A. R. *et al.* Influence of novel food processing technologies on the rheological and thermophysical properties of whey proteins. *Journal of Food Engineering*, 2008, 87: 64-73.

[59] Laborde, J. L., Bouyer, C., Caltagirone, J. P. and Gerard, A. Acoustic bubble cavitation at low frequencies. *Ultrasonics*, 1998, 36 (1-5): 589-594.

[60] Lamminen, M. O., Walker, H. W. and Weavers, L. K. Mechanisms and factors influencing the ultrasonic cleaning of particle-fouled ceramic membranes. *Journal of Membrane Science*, 2004, 237: 213-223.

[61] Li, H., Li, H., Guo, Z. and Liu, Y. The application of power ultrasound to reaction crystallization. *Ultrasonics Sonochemistry*, 2006, 13 (4): 359-363.

[62] Lucena, M. E., Alvarez, S., Menendez, C. *et al.* Beta-Lactoglobulin removal from whey protein concentrates production of milk derivatives as a base for infant formulas. *Separation and Purification Technology*, 2006, 52: 310-316.

[63] Luque de Castro, M. D. and Prirgo-Capote, F. Ultrasound assisted crystallization (sonocrystallization). *Ultrasonics Sonochemistry*, 2007, 14: 717-724.

[64] Madadlou, A., Emam-Djomeh, Z., Mousavi, M. E. *et al.* Acid-induced gelation behavior of sonicated casein solutions. *Ultrasonics Sonochemistry*, 2009a, 17 (1): 153-158.

[65] Madadlou, A., Mousavi, M. E., Emam-Djomeh, Z. *et al.* Sonodisruption of re-assembled casein micelles at different pH values. *Ultrasonics Sonochemistry*, 2009b, 16: 644-648.

[66] Martin, G. J. O., Williams, R. P. W. and Dunstan D. Comparison of casein micelles in raw and reconstituted skim milk. *Journal of Dairy Science*, 2007, 90: 4543-4551.

[67] Martini, S. and Walsh, M. K. Sensory characteristics and functionality of sonicated whey. *Food Research International*, 2012, 49: 694-701.

[68] Maskooki, A., Mortazavi, S. and Maskooki, A. Cleaning of spiralwound ultrafiltration membranes using ultrasound and alkaline solution of EDTA. *Desalination*, 2008, 264 (1-2): 63-69.

[69] Maskooki, A., Kobayashi, T., Mortazavi, S. A. and Maskooki, A. Effect of low frequencies and mixed wave of ultrasound and EDTA on flux recovery and cleaning of microfiltration membranes. *Separation and Purification Technology*, 2010, 59: 67-73.

[70] Mason, T. J. Power ultrasound in food processing-the way forward. In *Ultrasound in Food Processing* (eds M. J. W. Povey and T. J. Mason). Blackie Academic and Professional, London, 1998: 105-126.

[71] Mason, T., Riera, E., Vercet, A. and Lopez-Buesa, P. Applications of ultrasound. In *Emerging Technologies for Food Processing* (ed. D.-W. Sun). Elsevier Academic Press, London, 2005: 323-351.

[72] McKenna, A. B., Lloyd, R. J., Munro, P. A. and Singh, H. Microstructure of whole milk powder and

of insolubles detected by powder functional testing. *Scanning*, 1999, 21: 305-315.

[73] Mimouni, A., Deeth, H. C., Whittaker, A. K. *et al.* Rehydration process of milk protein concentrate powder monitored by static light scattering. *Food Hydrocolloids*, 2009, 23: 1958-1965.

[74] Mleko, S., Li-chan, E. C. Y. and Pikus, S. Interactions of κ-carrageenan with whey proteins in gels formed at different pH. *Food Research International*, 1997, 30: 427-433.

[75] Monahan, F. J., German, J. B. and Kinsella, J. E. Effect of pH and temperature on protein unfolding and thiol disulfide interchange reactions during heat induced gelation of whey proteins. *Journal of Agricultural and Food Chemistry*, 1995, 43: 46-52.

[76] Morr, C. V. and Richter, R. L. Chemistry of Processing. Pages. In *Fundamentals of Dairy Chemistry*, 3rd edn (eds N. P. Wong, R. Jenness, M. Keeney and E. H. Marth). Aspen Publishers, Gaithersburg, MD, 1999: 739-766.

[77] Mulet, A., Carcel J. A., Sanjuan, N. and Bon, J. New food drying technologies-use of ultrasound. *Food Science and Technology International*, 2003, 9: 215-221.

[78] Muthukumaran, S., Yang, K., Seuren, A. *et al.* The use of ultrasonic cleaning for UF membranes in dairy industry. *Separation and Purification Technology*, 2004, 39: 99-107.

[79] Muthukumaran, S., Kentish, S. E., Ashokkumar, M. and Stevens, G. W. Mechanisms for the ultrasonic enhancement of dairy whey ultrafiltration. *Journal of Membrane Science*, 2005a, 258: 106-114.

[80] Muthukumaran, S., Kentish, S., Lalchandani, S. *et al.* The optimization of ultrasonic cleaning procedures for dairy fouled ultrafiltration. *Ultrasonics Sonochemistry*, 2005b, 12: 29-35.

[81] Muthukumaran, S., Kentish, S., Stevens, G. W. *et al.* The application of ultrasound to dairy ultrafiltration-The influence of operating conditions. *Journal of Food Engineering*, 2007, 81: 364-373.

[82] Nakai, S. Structure-function relationships of food proteins with an emphasis on the importance of protein hydrophobicity. *Journal of Agricultural and Food Chemistry*, 1983, 31: 676-683.

[83] Nguyen, N. H. A. and Anema S. G. Effect of ultrasonication on the properties of skim milk used in the formation of acid gels. *Innovative Food Science and Emerging Technologies*, 2010, 11: 616-622.

[84] Nii, S., Kikumoto, S. and Tokuyama, H. Quantitative approach to ultrasonic emulsion separation. *Ultrasonics Sonochemistry*, 2009, 16: 145-149.

[85] NIZO. Green Dairy Team Consortium Started. *NIZO Vision*, 17: 4 [E-newsletter, NIZO Food Research BV, Ede, The Netherlands] (www. nizo. com; last accessed 3 January 2015).

[86] Onwulata, C. I., Konstance, R. P. and Tomasula, P. M. Viscous properties of microparticulated dairy proteins and sucrose. *Journal of Dairy Science*, 2002, 85: 1677-1683.

[87] Ordonez, J. A., Aguilera, M. A., Garcia, M. L. and Sanz, B. Effectof combined ultrasonic and heat treatment (thermoultrasonication) on the survival of a strain of *Staphylococcus aureus*. *Journal of Dairy Research*, 1987, 54 (1): 61-67.

[88] Patrick, P. S. and Swaisgood, H. E. Sulfhydryl and disulfide groups in skim milk as affected by direct ultra high temperature heating and subsequent storage. *Journal of Dairy Science*, 1976, 59: 594-600.

[89] Popovic, S., Djuric, M., Milanovic, S. *et al.* Application of an ultrasound field in chemical cleaning of ceramic tubular membrane fouled with whey proteins. *Journal of Food Engineering*, 2010, 101 (3): 296-302.

[90] Prosonix. *Revolutionizing Respiratory Medicine* (www. prosonix. co. uk; last accessed 3 January 2015).

[91] Riener, J., Noci, F., Cronin, D. A. et al. Characterization of volatile compounds generated in milk by high intensity ultrasound. *International Dairy Journal*, 2009a, 19: 269-272.

［92］ Riener, J., Noci, F., Cronin, D. A. *et al*. The effect of thermosonication of milk on selected physicochemical and microstructural properties of yoghurt gels during fermentation. *Food Chemistry*, 2009b, 114: 905-911.

［93］ Riener, J., Noci, F., Cronin, D. A. *et al*. A comparison of selected quality characteristics of yoghurts prepared from thermosonicated and conventionally heated milks. *Food Chemistry*, 2010, 119: 1108-1110.

［94］ Snoeren, T. H. M., Brinkhuis, J. A., Damman, A. J. and Klok, H. J. The viscosity of skim-milk concentrates. *Netherlands Milk and Dairy Journal*, 1982, 36: 305-316.

［95］ Taylor, M. J. and Richardson, T. Antioxidant activity of skim milk: effect of heat and resultant sulfhydryl groups. *Journal of Dairy Science*, 1980a, 63: 1783-1795.

［96］ Taylor, M. J. and Richardson, T. Antioxidant activity of skim milk: effect of sonication. *Journal of Dairy Science*, 1980b, 63: 1938-1942.

［97］ Tenga, M., Lina, S. and Juang, R. Effect of ultrasound on the separation of binary protein mixtures by cross-flow ultrafiltration. *Desalination*, 2006, 200: 280-282.

［98］ Tsioulpas, A., Lewis, M. J., and Grandison, A. S. Effect of minerals on casein micelle stability of cows' milk. *Journal of Dairy Research*, 2007, 74: 167-173.

［99］ Ueno, S., Ristic, R. I., Higaki, K. and Sato, K. *In situ* studies of ultrasound-stimulated fat crystallization using synchrotron radiation. *The Journal of Physical Chemistry*, 2003, 107 (21): 4927-4935.

［100］ Vercet, A., Oria, R., Marquina, P. *et al*. Rheological properties of yoghurt made with milk submitted to manothermosonication. *Journal of Agricultural and Food Chemistry*, 2002, 50: 6165-6171.

［101］ Villamiel, M. and de Jong, P. Influence of high-intensity ultrasound and heat treatment in continuous flow on fat, proteins, and native enzymes of milk. *Journal of Agricultural and Food Chemistry*, 2000, 48: 472-478.

［102］ Villamiel, M., van Hamersveld, E. H. and de Jong, P. Review: Effect of ultrasound processing on the quality of dairy products. *Milchwissenschaft*, 1999, 54 (2): 69-73.

［103］ Villamiel, M., Verdurmen, R. and de Jong, P. Degassing of milk by high-intensity ultrasound. *Milchwissenschaft*, 2000, 5 (3): 123-125.

［104］ Wang, Q., Tolkach, A. and Kulozik, U. Quantitative assessment of thermal denaturation of bovine α-Lactalbumin via low-intensity ultrasound, HPLC and DSC. *Journal of Agricultural and Food Chemistry*, 2006, 54: 6501-6506.

［105］ Westergaard, V. *Milk powder technology evaporation and spray drying*. GEA Niro, Copenhagen, Denmark. 2004.

［106］ Wood, E. W. and Loomis, A. L. The physical and biological effects of high-frequency sound-waves of great intensity. *Phylosophical Magazine*, 1927, 4 (22): 417-436.

［107］ Wrigley, D. M. and Llorca, H. G. Decrease of *Salmonella typhimurium* in skim milk and egg by heat and ultrasonic wave treatment. *Journal of Food Protection*, 1992, 55 (9): 678-680.

［108］ Wu, H., Hulbert, G. J. and Mount, J. R. Effects of ultrasound on milk homogenization and fermentation with yoghurt starter. *Innovative Food Science and Emerging Technologies*, 2001, 1: 211-218.

［109］ Zenker, M., Heinz, V. and Knorr, D. Application of ultrasound-assisted thermal processing for preservation and quality retention of liquid foods. *Journal of Food Protection*, 2003, 66 (9): 1642-1649.

［110］ Zisu, B., Bhaskaracharya, R., Kentish, S. and Ashokkumar, M. Ultrasonic processing of dairy systems in large scale reactors. *Ultrasonics Sonochemistry*, 2010, 17: 1075-1081.

[111] Zisu, B., Lee, J., Chandrapala, J. *et al.* Effect of ultrasound on the physical and func tional properties of reconstituted whey protein powders. *Journal of Dairy Research*, 2011, 78 (2): 226-232.

[112] Zisu, B., Schleyer, M. and Chandrapala, J. Application of ultrasound to reduce viscosity and control the rate of age thickening of concentrated skim milk. *International Dairy Journal*, 2013, 31: 41-43.

[113] Zwijgers, A. Outline of milk protein concentrate. *International Food Ingredients*, 1992, 3: 18-23.

# 7 紫外线与脉冲光技术在乳品加工中的应用

Nivedita Datta[1]、Poornimaa Harimurugan[1] 和 Enzo A. Palombo[2]

[1] *College of Health and Biomedicine*，*Victoria University*，*Australia*

[2] *Department of Chemistry and Biotechnology*，*Faculty of Science*，*Engineering and Technology*，*Swinburne University of Technology*，*Australia*

## 7.1 引言

乳制品行业在世界农业领域中增长极快，因此，人们有必要开发新的加工技术，以满足全球需要。热处理，如巴氏杀菌和超高温（Ultra-High temperature instantaneous sterilization，UHT）处理，是传统上用于乳制品加工的工艺。非热技术作为热处理的替代方法，也引起了广泛的关注，它能防止食品热处理过程中可能发生的营养损失（Engin 和 Karagul，2012）。乳制品行业同样热衷于利用这些创新技术来提高乳和乳制品的品质。非热技术的一个可能的应用方向是对热敏性乳成分的处理。乳源的不耐热生物活性成分已经占领了可观的市场，如乳过氧化物酶、溶菌酶、乳铁蛋白和免疫球蛋白（Deeth 等，2013）。有几种非热技术已在食品工业中做出了重大贡献。其中，高压、脉冲电场、超声波和紫外线（Ultraviolet，UV）辐射在提高食品品质和延长货架期方面取得了商业成功（Hembry，2008）。

紫外线辐射在食品加工领域中引起了极大的关注，因为它可以引起微生物的大量减少而不会损害颜色、风味和维生素（Choudhary 等，2011）。目前，在美国紫外线辐射已用于净水厂的微生物灭活（FDA，2009）。北美有 500 家工厂，欧洲有 2000 家工厂已使用紫外线技术进行水净化（Pereira 和 Vicente，2010）。紫外线的杀菌能力广泛应用于糖浆、自来水、CIP 水、废水、过滤系统和微生物灭活以及酿造和饮料行业的包装表面微生物灭活、干酪加工业盐水和乳清中的微生物灭活。自 2000 年 11 月以来，美国 FDA 允许将紫外线（紫外线辐射 21 CFR 179.39，脉冲光 21 CFR 179.41）用于冷藏储存果汁和蔬菜汁加工。果汁紫外线处理所需的能量（$2kW \cdot h/m^3$）比热容处理（$82kW \cdot h/m^3$）小得多（Tran 和 Farid，2004）。

紫外线的突出特点是在室温下可杀灭微生物。紫外线辐射可杀死大多数细菌［如李斯特氏菌、大肠杆菌、沙门氏菌、芽孢杆菌（包括芽孢）和副偶发分枝杆菌（*Mycobacterium Coxsackie*），原生动物如隐孢子虫（*Cryptosporidium*）和贾第鞭毛虫（*Giardia*）］和病毒［如存在于空气、水及物体表面的柯萨奇病毒（*Coxsackie*）、流感病毒（Influenza）、辛德比斯病毒（Sindbis）和瓦西尼亚病毒（*Vassinia*）等］（Josset 等，2007）。紫外线处理能够使乳清和盐水中的总细菌减少 7~8 个对数值，这表明了紫外线在干酪生产中的实用性。在乳中使用 1.5kJ/L 剂量可以减少包括大肠菌群和孢子在内的菌落计数约 3 个对数值。然而，据报道，保持乳感官质量的紫外线处理最大允许剂量为 1kJ/L（Reinemann，2006）。尽管已知紫外线能有效杀菌，但由于乳浑浊，使用紫外线对乳进行杀菌处理成了一个重大挑战。乳浑浊会导致紫外线穿透率降低，减少微生物灭活量。浊度导致乳对紫外线不透明，而浊度的产生是因为乳中存在高浓度的胶质和悬浮物；因此，用于水处理的常规紫外线处理装置不适合用于乳制品工业的巴氏杀菌。为了增加紫外线对乳的穿透力，基于流体流动模式的两种方法已经在当代紫外线反应器中得到了应用，这实际上开启了紫外线技术在食品和乳制品工业杀菌工艺中的应用。其中一种方法是利用乳/流体的层流，在被紫外线照射的表面形成一层极薄的薄膜，从而使光线完全穿透。第二种方法是利用乳的湍流，使液体的所有部分接近紫外线照射的表面，从而减少所需的路径长度，并使紫外线更好地穿透乳。在方框 7.1 和方框 7.2 中给出了紫外线技术的优点和问题。

### 方框7.1　紫外线辐射的优点

- 是一种在环境温度下的非热处理，对蛋白质等化学成分、颜色和风味的有害影响较小
- 根据液体类型和剂量水平，可将微生物数量减少 8 个数量级
- 可用于分批处理和连续处理模式
- 维护、安装、运行成本和能耗低
- 不会产生任何化学残留
- 不会产生热
- 对环境无有害影响
- 装置可以加装到现有工厂
- 可增加乳中的维生素 D

### 方框7.2　紫外线辐射存在的问题

- 紫外线可导致全脂乳和脱脂乳中的蛋白质发生氧化，并会导致感官缺陷（Scheidegger 等，2010）
- 导致维生素减少（减少量：维生素 C>维生素 E>维生素 A>维生素 $B_2$），进而影响乳的品质（Guneser 和 Karagul Yuceer，2012）
- 紫外线辐射后产生的挥发性化合物（Webster 等，2011）可改变处理过的乳的风味组成
- 紫外线辐射不能用于半透明的乳包装
- 乳和乳制品中的固形物含量降低了紫外线辐射的效果（Guneser 和 Karagul Yuceer，2012）
- 枯草芽孢杆菌的芽孢对紫外线的抗性是其活性生长细胞的 5~50 倍（Setlow，2001）
- 在不透明或浑浊的液体（如乳）中，紫外线灭菌效率要低得多
- 紫外线会损害人的眼睛，长时间暴露在紫外线下会导致灼伤和皮肤癌

## 7.2 紫外线辐射的基本原理

根据发射波长的不同，紫外线可分为 UV-A、UV-B 和 UV-C，如图 7.1 所示，UV-A 被定义为波长在 315~400nm 的紫外线，UV-B 的波长范围为 280~315nm，UV-C 的波长范围为 200~280nm。UV-A 通常用于净水，UV-B 用于诱导植物生长。特定波长 254~264nm 的 UV-C 用于食品中的病原体和其他微生物的灭活（Choudhary 和 Bandla，2012）。在乳加工中使用紫外线的主要目的是杀灭微生物；因此，在本章提到紫外线处理时，都是指 UV-C。汞灯发射出 85% 的 254nm 紫外线光，30℃ 是细菌灭活的合适温度，低于 30℃ 紫外线的效率会降低（Matak 等，2005）。

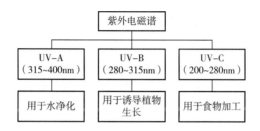

图 7.1 紫外线的类型及其用途

紫外线辐射杀菌是一种物理杀菌，杀菌时，紫外线的能量传递到食品表面或流体介质里。当将紫外线能量传递到液体介质时，紫外辐射的杀菌能量能够穿透液体，尽管紫外线的强度由于衰减和耗散而降低。因此，由于耗散，离光源越远光强度就越低。同样，由于紫外线与液体介质中的分子相互作用（衰减），其强度也会降低。如果液体中含有高浓度的可以吸收紫外线的固形物，那么传播进入液体杀死目标细菌的紫外线就会减少。每厘米液体深度吸收的紫外线量表示为吸收系数（$\alpha$）。随着该系数的增加（表 7.1），各种液体介质的紫外线透射率呈指数下降。因此，介质的吸收系数对紫外线杀菌的有效性起着非常重要的作用。乳对紫外线的高吸收系数（$\alpha$）导致紫外线在乳中的传输非常差，需要特殊的方法才能达到最高的杀灭微生物效率。

表 7.1　　　　　　　　不同液体对 254nm 紫外线的吸收系数

| 液体 | 吸收系数（$\alpha$）/cm$^{-1}$ |
| --- | --- |
| 蒸馏水 | 0.01[3] |
| 饮用水 | 0.1[1] |
| 透明糖浆 | 2~5[3] |
| 白酒 | 10[3] |
| 啤酒 | 10~20[3] |
| 深色糖浆 | 20~50[3] |
| 红酒 | 30c |

续表

| 液体 | 吸收系数（$\alpha$）/cm$^{-1}$ |
|---|---|
| 苹果汁 | 26[2] |
| 番石榴汁 | 46[2] |
| 橙汁 | 48[2] |
| 胡萝卜汁 | 53[2] |
| 菠萝汁 | 73[2] |
| 乳 | 300[1] |

注：①Shama，1999。
②Koutchma 等，2007。
③Philips，2006。

紫外线辐射（UV 处理）系统通常包括以同心管或其他设计管的形式进行 UV 处理的反应室、UV-C 灯、液体容器、塑料管、制冷系统和泵。被石英外壳包围的紫外灯被放置在同心管系统内。液体通过管的环形部分流动，以达到所需的杀菌效果。液体薄膜利用液体的层流来增加紫外线对液体的有效渗透。可以使用多个同心管系统来增加对液体食品的杀菌效果而不需要液体再循环。在没有液体薄膜的情况下，流体的湍流是一个关键参数，可在紫外线处理过程中提高渗透率，并确保所有的产品接受相同的紫外线剂量。充分混合的液体产品应具有至少 400J/m$^2$ 的紫外线辐射的处理剂量，以使微生物至少减少 5 个对数值（FDA，2003）。紫外线处理的关键工艺因素包括乳制品对紫外线的吸收能力、紫外线反应器的几何设计、光特性（功率、波长、强度和持续时间）和紫外光源的物理排列，以及处理后的乳或乳制品的流动曲线。紫外线辐射，即所谓的非电离辐射，不会给处理过的产品带来任何放射性，相反，电离辐射（伽马辐射）会带来残余的放射性。紫外线处理是一个干冷处理过程，不受水化学的影响，这点与高压处理不同。与其他杀菌方法相比，无论是作为一种工艺，还是在引入在线连续 UV 系统时，所需的资金成本都较低（Higgens，2001；Gailunas，2003）

## 7.3　现有紫外线辐射设备及其操作

早前 20 世纪 20 年代—20 世纪 40 年代，德国和北美地区用紫外线处理乳以富集维生素 D。据报道，使用 UV 处理可使维生素 D 含量从 1μg/L 增加到 31μg/L（Burton，1951）。紫外线对乳的穿透性增加是由于乳的流动模式改变；也就是说，要么让一层薄薄的乳流过紫外线辐射的表面，要么使乳形成湍流，从而缩短辐射距离，使乳完全暴露在紫外线下（Koutchma，2009）。

目前，乳湍流是在高速泵送通过一个 UV 处理反应器时产生的。有效地使用湍流，UV 反应器可最大限度地将紫外线穿透到乳中。现代紫外线反应器应用了这一原理（Allie 等，2007），据说，约 80% 的辐射可穿透到乳中。CiderSure 3500 紫外线外线反应器（图 7.2）是最常见的工业用紫外线杀菌机之一，用于苹果酒的杀菌，无需加热处理。CiderSure 3500 紫外线反应器装置中流体以薄层的形式从紫外灯上面流过（层流），从而使紫外线完全穿透到液体中。这种杀菌机也用于乳加工的各种研究（Matak 等，2005；Altic 等，2007），装有 8 支紫外灯。（Gómez-López 等，2012）。

图 7.2　CiderSure 3500 紫外线（UV）反应器
（资料来源：Gomez-Lopez 等，2010。经 Elsevier 许可转载。）

Taylor-Couette UV 反应器（图 7.3）是一个具有旋转内筒的同心圆筒反应器，内筒可径向混合目标流体。Taylor-Couette UV 反应器的中试模型可用于水净化研究（Gómez-López 等，2012）。在干酪行业该反应器已成功应用于乳清和盐水的杀菌（Prasad 等，2011）。

图 7.3　Taylor-Couette UV 反应器
（资料来源：Gomez-Lopez 等，2010。经 Elsevier 许可转载。）

SurePure 管式 UV 反应器将薄膜（液膜）和同心圆筒两种技术结合起来用于乳加工（图 7.4）。管式 UV 反应器由薄膜和表面更新设计组成，通过旋转使流体紧靠 UV 照射的表面。流体的切向入口可加快 UV 反应器中的旋流，管内壁波浪形的设计可产生更多湍流，从而使紫外线更好地穿透到流体中。在实验室研究中，该反应器用于乳和乳清加工中的杀菌（Simmons 等，2012）。

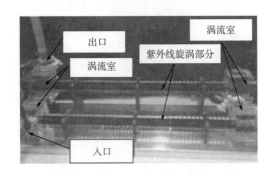

图 7.4  SurePure 管式 UV 反应器

（资料来源：Simmons 等，2012。经 Elsevier 许可转载。）

盘管可产生更多湍流，并引起二次涡流效应，从而在紫外线反应器中（图 7.5）产生迪恩涡流，也称为 Dean 效应（Dean，1927；Schmidt 和 Kauling，2007）。由 Dean 效应引发的是，在接近紫外线照射一侧的区域，流体的速度和停留时间的分布更均匀，目标液体的混合更强烈。盘管表面的 Dean 效应加快了液体表面的更新，引发更多湍流，导致紫外线在流体中的穿透增加（Simmons 等，2012）。盘管反应器已被用于乳和豆乳的杀菌应用中。

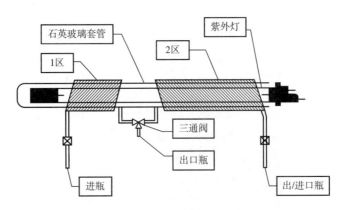

图 7.5  盘管反应器

（资料来源：Bandla 等，2012。经 Elsevier 许可转载。）

### 7.3.1  紫外线剂量测定

紫外线处理剂量（$D$）定义见式（7.1）（Matak 等，2005；Keyser 等，2008）：

$$D = I \times t \tag{7.1}$$

式中  $D$——处理剂量，$J/m^2$；

$I$——强度或剂量率，$W/m^2$；

$t$——紫外线处理的接触时间或保持时间，s。

在连续流动系统中，接触时间或保持时间见式（7.2）：

$$t = UV \text{反应器的容积} / \text{处理液体的流速}$$

（假设受处理液体能够稳态运行，并具有不膨胀和不挥发特性）　　　（7.2）

紫外线剂量从 J/L 换算成 $mJ/cm^2$、紫外线系统在特定流体流速下的接触时间等在其他文献已有详细描述（Keyser 等，2008）。

### 7.3.2　紫外线剂量测量

在紫外线辐射过程中，有三种测量紫外线剂量的方法：辐射测定法、放射量测定法和生物剂量测定法。

紫外线剂量的物理测量是通过使用辐射计或光传感器进行的。在剂量测量中，特定时间范围内照射在表面的紫外线辐射量即为紫外线的光照强度。数字或模拟输出使测量值能够输出到电脑（PC）和其他仪器。辐射计和传感器能够响应窄范围的发射波长，但受到本身灵敏度的限制（Bolten 和 Linden，2003）。

光照度计是基于化学反应，用于测量光诱导产物的浓度，产物的浓度与光化学反应中吸收的紫外线的量直接相关（Bolten 和 Linden，2003）。光照度计测量的是通过辐照表面的溶液所吸收的紫外线剂量。碘化物－碘酸盐化学光度计（0.6mol/L KI～0.1mol/L $KIO_3$）用于测量介于 214～330nm 的辐照。光产物三碘化物根据 352nm 处吸光度的增加值来测定，用这种方法来确定紫外线剂量的测定值。光照度计测量碘化物－碘酸盐反应中的光子（253.7nm），光子能导致碘（$I^-$）光化学转化为三碘化合物（$I^{3-}$）[见式（7.3）]，紫外线吸收增量是由化学反应中生成三碘化物的增量决定的：

$$8KI + KIO_3 + 3H_2O + hv \longrightarrow 3I^{3-} + 6OH^- + 9K^+ \tag{7.3}$$

生物剂量测定法是基于一种生物学方法，包括将替代微生物接种到待紫外线处理的液体中，并在特定条件下测量紫外线处理后液体中减少的微生物对数值（Bolten 和 Linden，2003）。大肠杆菌 K12 常用于果汁产品，是大肠杆菌 O157：H7 的替代菌。

生物剂量测定法是监测紫外线辐照剂量的最稳定的技术（Sastry 等，2000）。

## 7.4　紫外线辐射对微生物的影响

### 7.4.1　作用机制

紫外线杀菌作用是由两个重要效应引起的，包括紫外线处理下的 DNA 突变和微生物细胞的光激活（Sastry 等，2000；Guerrero-Beltrán 和 Barbosa-Cánovas，2004）。失活动力学表现为以细菌对数值减少量为横坐标的 S 形曲线，表明由于 DNA 突变和随后的光激活，微生物存活率迅速下降（Guerrero-Beltrán 和 Barbosa-Cánovas，2004）。紫外线的杀菌性能主要是由于嘧啶碱基的交联形成环丁基嘧啶二聚体，从而引起微生物 DNA 的改变。交联程度与紫外线的处理剂量成正比。二聚体通过损害细胞功能而阻止 DNA 转录和复制，进而导致微生物细胞死亡（Guerrero-Beltrán 和 Barbosa-Cánovas，2004；Guneser 和 Karagul Yuceer，2012）。光激活阶段是受损微生物利用修复酶（光解酶）对损伤进行控制的步骤。因此，光激活阶段微生物的生存能力增强，紫外线辐射产品的货架期缩短。为了使产品更安全，避免由于光活化而造成的变质，必须使用适当剂量的紫外线（表 7.2）。因此，防止紫外线辐射食品中微生物发生光活化的储存条件（如暗室），对于达到预期的控制效果至关重要（Sastry，2000；Guerrero-Beltrán 和 Barbosa-Cánovas，2004）。

表7.2 微生物灭活所需紫外线剂量

| 微生物 | 剂量/（J/m²） |
|---|---|
| 细菌（营养细胞） | 25 |
| 病毒 | 45 |
| 酵母菌 | 66 |
| 霉菌 | 110 |
| 藻类 | 220 |
| 细菌（芽孢） | 220 |
| 枯草芽孢杆菌（芽孢） | 426 |

### 7.4.2 乳和乳制品中细菌的灭活

Burton（1951）回顾了德国科学家对乳进行的 UV 处理，他报告了 99.9% 的菌落总数可以被灭活。然而，与热杀菌乳相比，乳的保鲜质量较差。UV 处理的产品各个部位至少应有 400J/m² 的紫外线照射量，以在杀菌过程中达到杀灭微生物目的的要求（减少 5 个对数值）。表 7.2 显示了利用紫外线处理灭活主要微生物种群的剂量要求（Falguera 等，2011）。

从表 7.2 可以明显看出，灭活病毒、酵母菌、霉菌和藻类所需的紫外线剂量远高于细菌（Chang 等，1985；Morgan，1989）。此外，紫外线处理对细菌的灭活能力取决于细菌的种类、年龄、细胞数量以及是否有孢子存在。革兰氏阴性菌假单胞菌、大肠杆菌属比革兰氏阳性菌芽孢杆菌、葡萄球菌对紫外线辐射更敏感。产芽孢微生物比非产芽孢微生物更具抗性（Jay，1995）。紫外线处理灭活细菌营养细胞的适宜时间是在迟缓期早期，因为细菌往往在迟缓期细胞刚开始活跃分裂之前对紫外线抵抗力最强。食品基质中缺乏氧气也能增强细菌对紫外线辐射的抵抗力（Jay，1995）。

Matak 等（2005）使用 CiderSure 3500 紫外线反应器，经过 2s 158J/m²±16J/m² 的 UV 处理，山羊乳中单核细胞增生李斯特氏菌、微小隐孢子虫（Cryptosporidium parvuum）和大肠杆菌的含量减少了 5 个对数值以上。他们还观察到细菌数量的减少和感官品质损害，还发现新鲜羊乳和紫外线处理过的羊乳的气味存在显著差异，这与挥发性羰基化合物的形成有关，例如由紫外线诱导氧化产生的戊醛、己醛和庚醛（Matak 等，2005）。

Reinemann 等（2006）的报告提到，采用 1.5kJ/L 剂量的紫外线处理乳，需氧细菌、酵母菌和霉菌、大肠菌群（包括大肠杆菌）和嗜冷菌的数量减少了 2~3 个对数值，大肠菌群的减少量最多，而产孢菌的减少量最少。然而据报道，保持乳感官品质的最大允许处理剂量是 1.0kJ/L。因此，研究结果表明，在进行紫外线处理时，为了达到乳可接受的细菌减少量，会损害乳的感官品质。

紫外线剂量为 1kJ/L 时，半脱脂和全脂乳中的禽亚结核分枝杆菌（*Mycobacterium avium subsp paratuberculosis*，MAP）只减少了 0.5~1 个对数值，这是由于细菌对紫外线耐受力高（Altic 等，2007）。Donaghy 等在中试规模紫外线反应器中，对紫外线剂量为 0~1.84kJ/L 的 UHT 乳中的禽亚结核分枝杆菌灭活时也发现了类似的结果（2009）。当剂量水平为 1.0kJ/L 时，禽亚结核分枝杆菌菌株仅降低 0.1~0.6 个对数值，并检测到禽亚结核分枝杆菌菌株之间对紫外线处理的敏感性改变。

有人检测了最近开发的盘管紫外线反应器（先前讨论过，如图 7.5 所示）对全脂生乳、灭菌脱脂乳和豆浆中大肠杆菌 W1485 和蜡状芽孢杆菌芽孢的灭活效率，紫外线处理采用 111.87J/m$^2$ 的总紫外线剂量、11.3s 的保持时间（Choudhary 等，2011）。结果表明，脱脂乳中大肠杆菌 W1485 减少 7 个对数值以上，豆浆中减少 5 个对数值以上，全脂生乳中减少 4 个对数值以上。有人建议全脂乳使用的紫外线剂量要高于脱脂乳，因为生乳中存在的脂肪颗粒会产生紫外线散射效应，从而使紫外线的透射率降低。

Bandla 等（2012）研究了紫外线处理全脂生乳减少其中天然微生物，以及在盘管紫外线反应器中处理乳的感官和化学特性。这项研究的目的是确定紫外线对全脂乳的处理是否会改变其风味。该处理的总紫外线剂量为 168.22J/m$^2$，乳在管式反应器中的保留时间为 17s；在此保留时间下，等效紫外剂量变为 0.08kJ/L。紫外线处理使全脂生乳的微生物标准平板计数（乳天然微生物质量的指标，The standard plate count，SPC）从初始的 4.2 个对数值降到 1.9 个对数值，因而在这些条件下，微生物数量减少了 2.3 个对数值。Reinmann 等（2006）报道称，全脂生乳初始的天然微生物群为 7 个对数值，在反应器中以 1.5kJ/L 的剂量进行紫外线处理后，标准平板计数降低了 3 个对数值。与 Bandla 等（2012）相比，Reinemann 等（2006）使用的紫外线剂量更高，这是标准平板计数灭活水平更高的原因。

利用三角试验进行嗅觉感官分析发现，UV 处理与未处理的乳样品在处理当天的气味没有显著差异。然而，在 4℃ 保存的第一、第三和第七天经 UV 处理与未处理的乳与新鲜乳气味有显著差异。Reinemann 等（2006）观察到，当紫外线剂量为 1.5kJ/L 时，乳处理后立即出现蒸煮味、土味、酸败和不干净的异味，表明乳中紫外线剂量越高可能引起的风味损害速率越高。经紫外线处理的全脂乳中丙二醛和其他活性物质（Malondialdehyde and other reactive substances，MORS）的值较高，突出表明了氧化降解，特别是光化学反应，会导致乳脂和磷脂中不饱和脂肪酸残基的氧化（Koutchma 等，2009）。

使用非杀菌乳生产干酪有食品安全问题，因此，非热处理的紫外线的净化能力将是该行业的主要优势。Matak 等（2005）证明紫外线辐射可减少山羊乳中单核细胞增生李斯特氏菌的数量。紫外线辐射（剂量为 158J/m$^2$±16J/m$^2$）含 10$^7$CFU/mL 单核细胞增生李斯特氏菌污染的生羊乳，李斯特氏菌的数量减少了 5 个对数值，这表明在不经过热处理的情况下，在山羊乳干酪生产中进行紫外线处理是安全的。乳清具有热敏性，在 68℃ 以上变性，可经 UV 处理进行杀菌，使菌落含量降低 5 个对数值而不变性，用于生产干酪的冷盐水在低温下被辐照进行杀菌（Falguera 等，2011）。在紫外线强度为 450W/m$^2$ 下的 SurePure 湍流反应器内，乳清中细菌的总活菌数减少了 3.5 个对数值 (Simmons 等，2012)。

与果汁相比，乳和乳制品中含有更多的病原体和腐败微生物，因此对 UV 处理提出了更大的挑战。盐水、淡乳清和酸性乳清中的菌落计数减少了 7 个对数值，从而表明了紫外线处理在乳制品加工中的乳清和盐水中的潜在用途 (Gupta，2011)。

最近一项关于 UV 处理全脂乳对品质参数影响的研究表明，辐照后的乳在 pH、黏度、颜色和可溶性固形物含量方面没有明显变化。紫外线处理的乳 pH 在 6.66~6.70；处理后的乳黏度平均为 2.00mPa·s±0.1mPa·s。处理后乳的可溶性固形物含量平均为 12.78%±0.10% (质量分数)；当全部热杀菌乳用 10 mJ/cm² 紫外线剂量处理，持续时间为 12~235min 时，乳的颜色变化色差值 ($\Delta E *$) 在 0~0.5 (Orlowska 等，2012)。

Rossitto 等 (2012) 通过测定常见乳细菌的杀菌耐受力，包括乳的病原体和感官特性，研究了 254nm 连续湍流下，紫外线反应器延长巴氏杀菌乳保质期的可行性。在由 4 个紫外灯串联组成的 SurePure 湍流反应器单元 (SP-4；SurePure，米尔纳顿，南非) 中，在流速 4000L/h 下，使用两个紫外线剂量水平 (880J/L 和 1760J/L)，对脂肪含量 3.5% 和 2% 的热杀菌乳进行紫外线处理。通过在 4℃ 和 7℃ 下储存处理过的乳，每周对其进行分析，连续 5 周，评估紫外线辐射对减少天然微生物的效果。结果显示所有经过 UV 处理的乳嗜冷菌和嗜温细菌减少超过 5 个对数值，需氧产孢菌减少超过 6 个对数值，大肠菌群减少 7 个对数值。病原体和腐败微生物在 880J/L 以下的剂量水平下，失活少于 3 个对数值，而在高于 1760J/L 的剂量水平时，细菌的杀菌效果没有增加，这意味着乳加工的适用紫外线剂量范围为 1000~1600J/L。感官分析数据表明，感官评定小组成员能清楚感觉到乳在 UV 处理后和储存期间的感官缺陷。UV 处理的乳微生物灭活的储存数据显示，4℃ 和 7℃ 储存 5 周内，所有样品的菌落计数低于对照样。对照乳在 4℃ 时 7 天变质，而所有 UV 处理的乳在 7℃ 储存下保质期达到 21 天。这项研究清楚地表明，在湍流条件下，在适当剂量下对乳进行 UV 处理，可以延长乳的货架期，从而产生有益的经济影响，并有可能打开新的乳制品市场。

澳大利亚研究人员 Christen 等 (2013) 的开创性工作表明，对母乳进行紫外线杀菌不会导致某些不耐热的生物活性成分的活性发生任何改变，而这些活性成分在热杀菌过程中完全失活。因此，UV 处理保持了母乳的营养价值，表明 UV 处理可以作为热杀菌的替代方法。在一个基本的实验室装置中，对加入 5 种营养菌 [表皮葡萄球菌 (*Staphylococuus epiclermidis*)、阴沟肠杆菌 (*Enterobacter cloacae*)、蜡状芽孢杆菌、大肠杆菌和金黄色葡萄球菌] 的母乳 (380mL，固形物含量为 10.5%~14.5%) 进行 UV 处理，该装置包括一个斜置于盛有乳的玻璃烧杯中的紫外灯，在分批处理模式下，用一个磁性搅拌器以 500r/min 的速度搅拌 30min。在此试验条件下，对总固形物含量为 10.5%、12.5% 和 14.5% 的母乳 (0.38L) 分别 UV 处理 8.3min、14.8min 和 26.5min，每种细菌减少了 5 个对数值。在相同的试验条件下，建立了母乳的十进制减少剂量 (J/L) 与总固体含量 (%) 之间的正相关关系，用于预测已知固体含量的乳灭活细菌所需的 UV 处理时间。UV 处理后，母乳中的生物活性成分胆汁盐刺激脂肪酶 (Bile salt stimulated lipase, BSSL) 的活性无明显变化，而碱性磷酸酶 (热杀菌的生物标志物) 也保持不变。在高固形物 (14.5%) 的母乳中，达到使营养细菌减少 5 个对数值所需的高剂量水平 (4.863kJ/L) 时，脂肪酸成分也没有显著变化。事实上，UV 处理的母乳保留的胆汁盐刺激脂肪酶将特别有利于早产儿和足月儿的生长，因为胆汁盐刺激脂肪酶有助于消化母乳中的乳脂，胆汁盐刺激脂肪酶可在 UV 处理的乳中获得。

表 7.3 说明 UV 处理条件和通过紫外线加工乳和乳制品实现的细菌对数减少值。

表 7.3　　　　　　　　　紫外线辐射技术在乳及乳品加工中的作用

| 来源 | 影响的微生物 | 剂量 | 对数减少值 | 参考资料 |
|---|---|---|---|---|
| 乳 | 总活菌 | 1.5kJ/L | 3 | Burton，1951 |
| 脂肪含量 2% 的乳 | 小隐孢子虫和大肠杆菌<br>单核细胞增生李斯特氏菌 | $158J/m^2 \pm 16J/m^2$ | 5<br>5 | Matak 等，2005<br>Matak 等，2005 |
| 生乳 | 标准平板计数、嗜冷菌、大肠菌群、大肠杆菌和产孢菌 | 1.5kJ/L | 2~3 | Reinemann 等，2006 |
| 半脱脂或全脂乳 | 禽副结核分歧杆菌（MAP） | 1kJ/L | 0.5~1.0 | Altic 等，2007 |
| 脱脂乳 | 大肠杆菌 25922 | $700J/m^2$ | 3.3 | Milly 等，2007 |
| 全脂生乳 | 芽孢杆菌 | 1kJ/L | 1~2 | Surepure，2008 |
| 全脂生乳 | 需氧细菌<br>大肠菌群<br>细菌芽孢 | 1.2kJ/L<br>0.6kJ/L<br>1.2kJ/L | 3<br>1<br>1.5 | Surepure，2008；<br>Gouws，2008 |
| 全脂生乳 | 大肠杆菌 W1485 | | 4 | Choudhary 等，2011 |
| 巴氏杀菌脱脂乳 | | $11873J/m^2$ | >7 | |
| 全脂生乳 | 芽孢杆菌属 | | 2.65 | |
| 巴氏杀菌脱脂乳 | | | 2.7 | |
| 全脂生乳 | 标准平板计数 | 0.08kJ/L | 2.3 | Bandla 等，2012 |
| 类似于乳清的流体模型 | 总活菌 | $450W/m^2$ | 3.5 | Simmons 等，2012 |
| 巴氏杀菌全脂乳和脂肪含量 2% 的乳 | 嗜冷菌和嗜温细菌<br>需氧产芽孢菌<br>大肠菌群 | 0.88kJ/L 和 1.76kJ/L | >5<br>>6<br>7 | Rossitto 等，2012 |
| 母乳 | 五种乳营养菌 | 4.863kJ/L | 5 | Christen 等，2013 |

### 7.4.3　包装和表面消毒

在乳制品行业，强烈建议采用紫外线辐射技术对固体包装表面进行微生物消毒，因为它可以提高乳制品的货架期。该应用可以减少乳制品工业中使用的各种包装（包括酸乳、乳、黄油、干酪和其他乳制品的桶、瓶、罐、盖、盖膜和铝箔）上面的微生物。在灌装乳制品之前，在固体表面使用适当剂量和持续时间的紫外线辐射（连续）可以减少食品腐败微生物，从而延长产品的货架期，降低污染风险（Berson UV-Techniek，2005）。

## 7.5 商业发展

UV 处理技术已工业化用于啤酒厂的水消毒和饮料行业中苹果酒的杀菌，但是在乳制品工业中没有得到广泛应用。虽然不能直接用于乳流体，但与水处理中使用的不同几何构型的 UV 系统，有可能用于乳制品工业中乳清和水的细菌控制和消毒。UV 处理技术已在清洗用水的回收上成功应用（Berson UV-Techniek，2005）。根据 2009 年《巴氏杀菌乳条例》（*the Pasteurized Milk Ordinance*，PMO）（FDA，2011）的要求，美国FDA 监管部门批准了一种用于乳制品加工用水的紫外线消毒系统，从而提升了对此类UV 处理技术应用的支持。商用 UV 系统提供的 UV 处理水相当于热巴氏杀菌水，成倍提高了灌装线的效率，从而为美国乳制品行业节省了资金和能源（Dairy Reporter，2009；WaterWorld，2009）。

澳大利亚有些乳品厂使用 UV 处理对工业清洗用水进行消毒和控制冷凝水中的细菌以供再利用。例如，澳大利亚维多利亚州的一家乳制品加工企业使用紫外线消毒冲洗干酪缸的水，以控制缸中的微生物，从而延长软质干酪的保质期。南非的一个干酪加工商，一直在寻找一种非化学性的消毒系统，后来用 UV 处理来消毒菲达干酪工厂的盐水。他发现，UV 系统简单，安装方便，能够有效地消毒盐水，无需使用化学消毒剂。经 UV 处理的盐水罐生产的干酪在生产后和储存期间感官品质没有任何改变（Prasad等，2011）。

## 7.6 其他使用紫外线的光处理技术

由于连续紫外线系统有缺点（需要预热、关闭期间使用效率低和缩短灯寿命），所以必须另找一个替代系统。这就导致了基于脉冲功率的闪光灯系统的发展。脉冲功率是一种功率放大技术，涉及在较长的时间（几分之一秒）内积累能量，并在较短的时间（百万分之一秒到千分之一秒）内释放存储的能量。该技术的主要特点是从能量库中快速释放能量，使能量成倍增长。在脉冲光（Pulsed light，PL）技术中也使用了同样的原理，该技术使用每秒闪烁多次（通常为每秒 1~20 次）的高强度脉冲宽光谱灯，非常快速、有效地破坏乳制品和其他食品、食品接触材料和医疗器械表面以及液体食品中的微生物。研究发现，脉冲光的消毒能力比连续紫外线照射高 2.4 倍（Palgan 等，2011）。脉冲光技术在 1996 年获得美国 FDA 批准后，一直用于食品工业的消毒。商业食品应用的脉冲光技术的监管条件包括使用的氙灯发射的广谱光须在 200~1000nm，脉冲持续时间不超过2ms，总处理能量不超过 12J/cm$^2$（FDA，2000）。方框 7.3 说明了脉冲光技术在食品和乳制品中的应用优势。

**方框7.3　食品和乳制品应用脉冲光技术处理的优势**

- 可以在很短的处理时间（不到5s）内进行产品的非热杀菌（Demirci 和 Panico，2008）
- 与连续紫外线处理产生的平均功率（100W）相比，脉冲光处理可在很短的时间（100ns）内产生更高的平均功率（35MW）（Rowan 等，1999）
- 可以实现对表面和空气的消毒（Pereira 和 Vicente，2010）
- 暴露在脉冲光中的微生物的生长曲线没有表现出任何拖尾（Dunn 等，1995），表明微生物种群中没有先天的抗性，这与其他杀菌机制不同。
- 脉冲光可用于薄膜包装材料的杀菌（Dunn 等，1995）
- 在脉冲光中使用的氙气闪光灯比在 UV 中使用的汞灯更环保（Gómez-López 等，2007）
- 由于脉冲持续时间短，脉冲光处理后发生的氧化反应很有限（Krishnamurthy 等，2007）
- 即使在没有紫外线存在的情况下，也有微生物杀灭效果（Dunn 等，1995；Wekhof，2003）

## 7.7　脉冲光技术的基本原理

脉冲光是利用脉冲功率激发技术（Pulsed power energizing technique，PPET）产生的，该技术通过将高速电子脉冲转换为以脉冲形式存在的 100ns～2 ms 的强宽光谱光能，将功率提高很多倍。脉冲光单元包括三个主要组成部分：高压电源、脉冲形成网络（脉冲功率激发技术 PPET）以及填充惰性氙气的闪光灯。对闪光灯中的氙气施加高压电脉冲，使气体电离并形成等离子体，从而产生很大的电流。当电离气体的电子跃迁至更高的能级时，高压电流脉冲进一步通过电离氙气发射。当被激发的电子从较高的能级跳跃至更低的能级时将释放能量，从而形成光子，就会发出脉冲光。在 85 ns 内，可以获得平均功率为 35MW 的光脉冲输出（Rowan 等，1999）。脉冲光的波长分布在 180～1100nm，包括紫外线（180～380nm）、可见光（380～700nm）和红外光（700～1100nm）。脉冲光的强度是阳光的 20000 倍，能够杀灭微生物（Krishnamurthy 等，2008）。用"流量"来量化脉冲光处理剂量，即食品表面脉冲光暴露的总辐射能，强度用 $J/cm^2$ 来计量，脉冲光能量通过光量法测定（Moraru，2011）。食品加工使用的商用脉冲光单元有分批处理和连续处理两种形式，可用于杀灭微生物。

## 7.8　脉冲光对微生物的影响

### 7.8.1　作用机制

脉冲光最显著的特点是它能够以数个脉冲的形式传递很强的能量，快速、高效率杀灭微生物。与紫外线类似，微生物的杀灭是通过形成二聚体导致微生物 DNA 螺旋扭曲而实现的。致死效应也是由于紫外线的光化学作用所致。此外，脉冲光产生光热和光物理效应，引起细胞壁和细胞膜破裂，造成细胞质泄漏，最终导致细胞死亡（Miller 等，2012）。光热效应是基于更高的脉冲光能量，使产品内部产生瞬时热，而细菌失活则由于紫外吸收。有趣的是，光热反应产生的瞬时热不会提高被处理样品的温度。光物理效应是由于脉冲光处理中强大能量的快速释放所致。观察发现用 $10\sim30kJ/cm^2$ 剂量的 UV 不能完全灭活黑曲霉（_Aspergillus niger_）孢子，而 $50\sim60kJ/cm^2$ 剂量的脉冲光利用其光热效应则可完全灭活黑曲霉孢子（Marquenie 等，2003），由此可见利用脉冲光灭活微生物的光热效率之高。

利用脉冲光灭活微生物的机制是基于 UV 和光热反应的联合作用（Oms-Oliu 等，2010）；然而，研究证明即使在没有紫外线的情况下，微生物也会被杀灭（J. E. Dunn，与 W. J. Kowalski 私人通讯，未发表的试验结果）。脉冲光处理的杀菌剂量比达到相同消毒程度所需的 UV 处理低 1 个数量级，表明脉冲光处理的能量传输更有效（Rowan 等，1999；Dunn，2000）。脉冲光处理有一个有趣的特征，暴露在脉冲光辐射下的细菌的生存曲线没有拖尾，这充分表明暴露的细菌在处理期间不会对脉冲光产生耐受性。

与 UV 处理不同，脉冲光处理食品中的微生物没有显示任何酶修复机制，凸显了脉冲光处理在食品和乳制品加工中可能具有应用前景。因此，微生物的先天修复机制可能不能有效地逆转脉冲光处理过程中产生的大量损伤。

与 UV 处理相比，因为脉冲持续时间（通常为 300ns~1ms）和 π 键的半衰期（1029~1024s）短，所以脉冲光处理可以有效地限制氧化反应，阻碍与溶解氧或游离氧的耦合（Fine 和 Gervais，2004）。这些现象表明，脉冲光处理乳和乳制品可能不会引起氧化反应，因此不会对乳成分产生任何有害影响（Krishnamurthy 等，2007）。

### 7.8.2　液态乳和乳制品中细菌的灭活

Takeshita 等（2003）比较了脉冲光和 UV 处理后诱导酿酒酵母（_Saccharomyces cerevisiae_）失活的生物学参数。仅用 3 次脉冲进行脉冲光处理的酵母菌细胞失活效率更高，发现处理后 50% 的细胞中出现了膨大的液泡和变形的膜，泄漏的酵母菌细胞中有更多的蛋白质渗出。相比之下，UV 处理后的细胞中，没有出现细胞内液泡膨大和膜的改变；然而，有少量的洗脱蛋白质存在。

Dunn 等（1991）证明对于接种了假单胞菌的商业农家干燥干酪凝乳进行脉冲光处理（剂量为 $16J/cm^2$，脉冲持续时间为 0.5 ms），两次脉冲后，微生物数量减少了 1.5 个对数值，凝乳表面温度升高 5℃。由经过训练的专家成员进行感官评估显示，在不影响干酪感官风味的情况下，对干酪凝乳进行脉冲光处理，可以降低假单胞菌的数量，进而改善农家干酪的货架期。

Smith 等（2002）将 1mL 乳暴露于 $25J/cm^2$ 的脉冲能量下，初步研究了脉冲光处理对整罐乳中的嗜温好氧菌的灭活。通过脉冲光处理，完全消除了整罐乳中的嗜温细菌，因为无法从处理过的样品中培养出嗜温细菌活菌（即使在培养 21 天后，任何平板或传代培养的样品均无该菌生长）。这些数据表明，用脉冲光处理可以很好控制生乳中的细菌含量。这种处理可用于农场（类似于预热），以减少腐败细菌的生长，从而，可以减少 UHT 乳的凝胶问题、UHT 乳及延长货架期乳的苦味和酸败味问题。

Krishnamurthy 等（2007）在一项参数研究中，研究了连续模式下，脉冲光处理对乳中金黄色葡萄球菌的灭活效率。研究比较了参数对使用每秒 3 个脉冲和每次对乳样脉冲照射 1.27J/cm 能量脉冲处理的影响，参数的变化包括乳样品与脉冲光源的距离（5~11cm）、脉冲次数（1~3 次）和乳流速（20~40mL/min）等。乳的脉冲光处理结果表明，金黄色葡萄球菌数量的对数值降低幅度为 0.55~7.26，并且在以下两种情况下实现了金黄色葡萄球菌的完全灭活：①样品距离脉冲光源 8cm，1 次脉冲和 20mL/min 流速；②样品距离脉冲光源 11cm，2 次脉冲和 20mL/min 流速组合（Krishnamurthy 等，2007）。乳样品与光源的距离是唯一具有统计学意义的变量，灭活效果最高的距离，就是脉冲光处理乳能量吸收最大时乳样与光源的距离。

Choi 等（2010）的工作是确定对婴儿配方食品进行脉冲光处理以替代传统热杀菌的商业可行性，这是脉冲光处理首次用于婴儿配方食品的尝试。在 10~25kV 电压脉冲下，使用分批处理模式，用脉冲光处理 2mm 厚含有 $10^5$ CFU/g 单核细胞增生李斯特氏菌的婴儿食品，包括婴儿饮料、婴儿餐和婴儿乳粉，样品表面距氙灯 60mm。在胰酶大豆琼脂（Tryptic soy agar，TSA）平板上生长的单核细胞增生李斯特氏菌也被用于灭活，目的是确定培养基的黏度和不透明度分别对脉冲光处理灭活效率的影响。在 10kV、15kV、20kV 和 25kV 电压脉冲下，脉冲光处理 5000μs、600μs、300μs 和 100μs，胰酶大豆琼脂（TSA）平板的单核细胞增生李斯特氏菌减少 4~5 个对数值（Choi 等，2010）。结果表明，在 25kV 电压脉冲下，脉冲光处理 100μs 可以完全杀死琼脂平板上的单核细胞增生李斯特氏菌。经脉冲光处理，婴儿配方食品中单核细胞增生李斯特氏菌的灭活率随处理时间的延长呈指数增长。与婴儿膳食和婴儿乳粉相比，婴儿饮料由于黏度和浊度较低，细胞失活最大。在 15kV 电压脉冲下，用 630μs 和 3500μs 的脉冲光处理婴儿饮料，观察到细胞数量分别减少 1 个和 5 个对数值，用 900μs 和 4800μs 的脉冲光处理婴儿餐，细胞数量分别减少 1 个和 3 个对数值，用 2300μs、4700μs 和 9500μs 的脉冲光处理婴儿乳粉，细胞数量分别减少 1 个、2 个和 3 个对数值。同样，用 10kV 和 15kV 的脉冲光处理，分别在 4.6ms 和 1.8ms 后，婴儿饮料、婴儿餐和婴儿乳粉中的阪崎克罗诺杆菌减少了 5 个对数值。用 15kV 的脉冲光处理时，随着处理时间的增加，细菌呈指数失活（Choi 等，2009）。这些数据表明了脉冲光处理在乳制品工业中应用于糊状物杀菌的可能性。Artíguz 等（2011）研究了脉冲光反应器中各种操作参数（输入电压、流量、液体厚度、脉冲数和总通量）对连续流动水中无致病性李斯特氏菌灭活的影响。使用连续脉冲光单元，随着脉冲数的增加和总通量的增加，无致病性李斯特氏菌的灭活速率也增加；在连续脉冲光单元中，在用光脉冲处理很薄的水层时，微生物充分暴露于入射光中，从而提高了脉冲光的有效性，因而只需用很小的光脉冲，无致病性李斯特氏菌就开始减少。

总通量 10J/cm$^2$ 的脉冲光处理使无致病性李斯特氏菌减少了 5 个对数值以上，而不会增加液体温度。结果表明，工业生产上可能可利用连续流动脉冲光装置来处理液体，脉冲光技术可能用作热杀菌的替代方法。

Miller 等（2012）为了确定脉冲光处理作为热杀菌替代方法的有效性，通过评估大肠杆菌的灭活，研究了脉冲光处理对生乳的杀菌作用。通过评价乳的总固体和脂肪含量对细菌失活的影响，确定了脉冲光处理的有效性。1mL 乳接种 $10^7$CFU 的大肠杆菌，在静态和湍流条件下，以 2.14~14.9J/cm$^2$ 的总能量剂量进行脉冲光处理，在脉冲光处理中使用的剂量（高达 14.9J/cm$^2$）高于美国 FDA 推荐剂量（12J/cm$^2$），以确定在脉冲光处理过程中大肠杆菌的灭活曲线是否有平稳期。剂量增加导致脉冲光处理中大肠杆菌的灭活水平增加；然而，大肠杆菌的灭活曲线中没有观察到出现平稳期的迹象。在脉冲光试验中，可变脂肪含量包括脱脂乳（2%脂肪）和全脂乳（4%脂肪）形式，所用乳的总固体含量分别为9.8%、25%和45%。受污染的生乳脉冲光处理后，导致的脱脂乳大肠杆菌数量的减少水平为3.4个对数值，在湍流条件下14.9J/cm²的脉冲光处理后，脱脂乳和全脂乳中的细菌数量减少超过2.5个对数值。湍流模式下，经过8.4J/cm²的脉冲光处理后，乳中的固体含量为9.8%时，大肠杆菌减少2.5个对数值，浓缩乳（25%和45%的固体含量）中细菌细胞减少小于1个对数值，而静态模式下脉冲光处理浓缩乳则是无效的。这些数据表明，脉冲光处理只在湍流条件下对杀灭乳中的大肠杆菌有效，而对浓缩乳中的微生物破坏效果有限，因为乳固体可吸收脉冲光，而且对细菌有屏蔽保护作用。乳脂的光散射效应也降低了脉冲光处理效果。

在批量结构的脉冲光反应器中，以4J/cm²的总剂量处理β-乳球蛋白溶液（蛋白质浓度0.5~10mg/mL），Fernández等（2012）评估了脉冲光技术对乳清蛋白表面性质的影响。脉冲光处理通过破坏乳清蛋白的二级和三级结构，暴露核心疏水基团，导致乳清蛋白的部分变性。这种情况发生时，温度没有显著升高，导致在空气-水界面上的蛋白质吸附量较高。因此，蛋白质结构的构象变化使空气-水界面中蛋白层的黏度显著增加，最终导致更高的发泡稳定性。结果表明，脉冲光处理后的乳清蛋白成分作为乳制品行业的一种功能性成分，有助于提高发泡能力。

## 7.9 商业化发展

脉冲光技术因其杀灭微生物的速度快、效果好等优点而受到乳品行业的广泛关注。然而，迄今为止，乳制品行业还没有安装使用商业脉冲光单元。在食品和医药行业的包装生产线上有许多商业应用。在乳制品工业中，灌装前经过脉冲光处理的瓶盖、封口盖和酸乳瓶显示出有效的杀菌效果，已取代了伽马辐射或化学消毒剂。2010年，一家欧洲饮料公司首次安装了一套用于糖浆杀菌的脉冲光装置。这一装置能够去除一种名为酸土脂环酸芽孢杆菌（*Alicyclobacillus acidoterrestris*）的耐热产孢菌，而不改变糖浆的感官和化学性质（Watson，2010）。有人建议在乳制品工业中采用类似的脉冲光处理应用，以处理跟乳相比更澄清的液体，如乳清和盐水（Harrington，2011）。

## 7.10 结论

对紫外线辐射技术的研究和现代工艺设备的出现导致了新的UV系统的发展，其中在UV反应器中目标流体的湍流和均匀混合使紫外线更好穿透液体，从而导致紫外线辐射的流体微生物杀灭水平更高。虽然UV技术已在水处理和饮料工业中得到了商业应用，但尚未被广泛应用于乳制品行业。UV技术在乳制品工业中的潜在应用包括：减少高细菌含量乳的农场变质；对饲喂给牛犊的乳进行处理以降低感染疾病的风险；减少对热处理不敏感的细菌；

减少长储存期冷藏乳中的嗜冷菌。目前，世界各地的乳制品加工者都在水处理车间使用 UV 技术对水中的细菌进行杀灭，以达到再循环利用的目的。紫外线技术在乳流体加工中应用不足的主要原因是：紫外线对乳的穿透程度低；紫外线对乳的风味有影响；无法完全杀灭细菌芽孢，一些病原体（例如禽亚结核分枝杆菌）对紫外线有抵抗力；以及紫外线杀菌效率没有指示剂和可靠的测试方法（如热杀菌乳中的碱性磷酸酶试验）。在这些方面的进一步研究将有助于开发紫外线技术，使之成为乳制品行业热杀菌的一种成本效益高、潜在可行的替代方法。

微生物灭活试验表明，脉冲光处理是一种很有前景的能够替代传统的低功率紫外线处理低透明和不透明液体（如乳）的技术。然而，据我们所知，目前还没有可供乳制品行业使用的商用脉冲光单元。近年来，脉冲光处理的研究越来越多，但这种新技术尚未得到充分的探索，仍然是研究最少的新兴非热技术之一。采用脉冲光处理的乳和干酪基质中主要病原菌的失活机制和失活动力学尚未建立。对这些领域的进一步研究对于在乳制品系统的安全性和质量参数方面评价脉冲光技术至关重要。要了解/获得乳主要成分的光学和紫外线吸收特性以及牛乳成分与紫外线和脉冲光的相互作用的全面知识，以在乳制品中充分利用这两种技术的潜力，还需要进行深入的研究。需要研究紫外线和脉冲光对乳中常见的酶（如蛋白酶、脂肪酶、碱性磷酸酶、乳过氧化物酶和溶菌酶）的影响，以及在酸乳和干酪生产过程中，紫外线和脉冲光处理过的乳在凝胶形成过程中的凝胶特性，以确定这些新技术的所有优势，然后再推荐给乳制品行业。

要决定这些新技术是作为乳制品加工中的辅助工艺还是替代工艺，需要必要的科学参数，以确定新技术在乳和其他乳制品中的杀菌效果。这需要包括联合国粮食及农业组织（FAO）和食品法典委员会（CAC）在内的国际机构之间的合作，以充分发挥这些技术在乳品系统中的潜力。

# 致谢

作者感谢 Nuwan Vithanage 女士和 Jeevana Bhongir 女士在本章的编写过程中提供的帮助，特别是她们对参考文献引用和编辑的贡献。

# 参考文献

[1] Altic, L. C., Rowe, M. T. and Grant, I. R. UV light inactivation of *Mycobacterium avium subsp. paratuberculosis* in milk as assessed by FASTPlaqueTB phage assay and culture, *Applied and Environmental Microbiology*, 2007, 73: 3728-3733.

[2] Artíguez, M. L., Lasagabaster, A. and Marañón, I. M. d. Factors affecting microbial inactivation by Pulsed Light in a continuous flow-through unit for liquid products treatment, *Procedia Food Science*, 2011, 1: 786-791.

[3] Bandla, S., Choudhary, R., Watson, D. G. and Haddock, J. UV-C treatment of soymilk in coiled

tube UV reactors for inactivation of *Escherichia coli* W1485 and *Bacillus cereus* endospores, *LWT − Food Science and Technology*, 2012, 46: 71−76.

[4] Berson UV−Techniek (2005) UV disinfection in the dairy industry, Food processing. com. au. http://www. foodprocessing. com. au /articles/158−UV−disinfection−in−the−dairy−industry. Accessed Feruary 02, 2013.

[5] Bolton, J. and Linden, K. Standardization of methods for fluence (UV dose) determination in bench−scale UV experiments, *Journal of Environmental Engineering*, 2003, 129 (3): 209−215.

[6] Burton, H. Ultraviolet irradiation of milk. , *Dairy Science Abstracts.* , 1951, 13: 229−224.

[7] Chang, J. C. , Ossoff, S. F. , Lobe, D. C. *et al.* UV inactivation of pathogenic and indicator microorganisms, *Applied and Environmental Microbiology*, 1985, 49: 1361−1365.

[8] Choi, M. −S. , Chan−Ick, C. , Eun−Ae, J. *et al.* Inactivation of *Enterobacter sakazakii* inoculated on formulated infant foods by intense pulsed light treatment, *Food Science and Biotechnology*, 2009, 18: 1537−1540.

[9] Choi, M. −S. , Cheigh, C. −I. , Jeong, E. −A. *et al.* Nonthermal sterilization of *Listeria* monocytogenes in infant foods by intense pulsed−light treatment, *Journal of Food Engineering*, 2010, 97: 504−509.

[10] Choudhary, R. and Bandla, S. Ultraviolet pasteurization for food industry, *International Journal of Food Science and Nutrition Engineering*, 2012, 2: 12−15.

[11] Choudhary, R. , Bandla, S. , Watson, D. G. *et al.* Performance of coiled tube ultraviolet reactors to inactivate *Escherichia coli* W1485 and *Bacillus cereus* endospores in raw cow milk and commercially processed skimmed cow milk, *Journal of Food Engineering*, 2011, 107: 14−20.

[12] Christen, L. , Lai, C. T. , Hartmann, B. *et al.* Ultraviolet−C irradiation: A novel pasteurization method for donor human milk, *PloS One*, 2013, 8: e68120.

[13] *Dairy Reporter* UV alternative to heat pasteurisation gains US approval. http://www. dairyreporter. com/ Regulation−Safety/UV−alternative−to−heat−pasteurisation−gains−US−approval (last accessed 5 January 2015), 2009.

[14] Dean, W. R. Motion of fluid in a curved pipe. *Philosophical Magazine and Journal of Science*, 1927, 4: 15−20.

[15] Deeth, H. C. , Datta, N. and Versteeg, C. Nonthermal technologies in dairy processing. In *Advances in Dairy Ingredients* (eds G. W. Smithers and M. A. Augustin). John Wiley & Sons, Inc, Hoboken, NJ, 2013: 161−215.

[16] Demirci, A. and Panico, L. Pulsed ultraviolet light, *Food Science and Technology International*, 2008, 14: 443−446.

[17] Donaghy, J. , Keyser, M. , Johnston, J. *et al.* Inactivation of *Mycobacterium avium ssp. paratuberculosis* in milk by UV treatment, *Letters in Applied Microbiology*, 2009, 49: 217−221.

[18] Dunn, J. E. , Clark, W. R. , Asmus, J. F. *et al. Methods for preservation of foodstuffs*. Maxwell Laboratories, Inc, San Diego, CA. 1991.

[19] Dunn, J. , Ott, T. and Clark, W. Pulsed−light treatment of food and packaging, *Food Technology*, 1995, 49: 95−98.

[20] Dunn, J. Pulsed − light disinfection of water and. sterilization of blow/fill/seal manufactured aseptic pharmaceutical products. In *Disinfection, Sterilization, and Preservation* (ed. S. S. Block). Lippincott Williams and Wilkins, USA. 2000.

[21] Engin, B. and Karagul, Y. Y. Effects of ultraviolet light and ultrasound on microbial quality and aroma−

active components of milk, *Journal of the Science of Food and Agriculture*, 2012, 92: 1245-1252.

[22] Falguera, V., Pagán, J., Garza, S. *et al*. Ultraviolet processing of liquid food: A review, *Food Research International*, 2011, 44: 1580-1588.

[23] FAO. OECD - FAO Agricultural Outlook 2012 - 2021. Retrieved from http://www.fao.org/fileadmin/templates/est/COMM_MARKETS_MONITORING/Oilcrops/Documents/OECD_Reports/Ch5StatAnnex.pdf (last accessed 5 January 2015).

[24] FAO Food Outlook: Biannual Report on Global Food Markets. http://www.fao.org/docrep/019/i3473e/i3473e.pdf (last accessed 5 January 2015).

[25] FDA (Food and Drug Administration) 21 CFR Part 179. Irradiation in the production, processing and handling of food, *Federal Register*, 2000, 65: 71056-71058.

[26] FDA (Food and Drug Administration) Guidance for industry: the juice HACCP regulation - questions and answers. http://www.fda.gov/food/guidanceregulation/guidancedocumentsregulatoryinformation/ucm072602.htm (last accessed 5 January 2015).

[27] FDA (Food and Drug Administration) Grade "A" Pasteurized Milk Ordinance; 2009 Revision. http://www.fda.gov/downloads/food/guidanceregulation/ucm209789.pdf (last accessed 5 January 2015).

[28] FDA (Food and Drug Administration). Grade "A" Pasteurized Milk Ordinance; 2011 Revision. http://www.fda.gov/downloads/food/guidanceregulation/ucm291757.pdf (last accessed 5 January 2015).

[29] Fernández, E., Artiguez, M. L., Martínez de Marañón, I. *et al*. Effect of pulsed - light processing on the surface and foaming properties of β-lactoglobulin, *Food Hydrocolloids*, 2012, 27: 154-160.

[30] Fine, F. and Gervais, P. Efficiency of pulsed UV light for microbial decontamination of food powders, *Journal of Food Protection*, 2004, 67: 787-792.

[31] Gailunas, K. M. Use of ultraviolet light for the inactivation of *Listeria* moniocytogenes and lactic acid bacteria species in recycled chill brines. MSc Thesis, Virginia Polytechnic Institute and State University, USA. 2003.

[32] Gómez - López, V. M., Ragaert, P., Debevere, J. and Devlieghere, F. Pulsed light for food decontamination: a review, *Trends in Food Science & Technology*, 2007, 18: 464-473.

[33] Gómez-López, V. M., Koutchma, T. and Linden, K. Ultraviolet and pulsed light processing of fluid foods. In *Novel Thermal and Non-Thermal Technologies for Fluid Foods* (eds P. J. Cullen, B. Tiwari and V. Valdramidis). Academic Press, San Diego, CA, 2012: 185-223.

[34] Gouws, P. Survival and elimination of pathogenic, heat resistant and other relevant microorganisms treated with UV. Food Microbiology Research Group, Department of Biotechnology, University of the Western Cape, South Africa. 2008.

[35] Guerrero-Beltrán, J. A. and Barbosa-Cánovas, G. V. Advantages and limitations on processing foods by UV light, *Food Science and Technology International*, 2004, 10: 137-147.

[36] Guneser, O. and Karagul Yuceer, Y. Effect of ultraviolet light on water - and fat - soluble vitamins in cow and goat milk, *Journal of Dairy Science*, 2012, 95: 6230-6241.

[37] Gupta, S. Milk goes ultraviolet, *New Scientist*, 2011, 210: 19.

[38] Harrington, R. Pulsed light poised for wider industry adoption. *Food Production Daily* (http://www.foodproductiondaily.com/Safety-Regulation/Pulsed-light-poised-for-wider-industry-adoption; last accessed 5 January 2015).

[39] Hembry, O. Fonterra health drink thrives under pressure, *The New Zealand Herald* [online] (http://

www. nzherald. co. nz/business/news/article. cfm? c _ id = 3&objectid = 10521364; last accessed 28 January 2015).

[40] Higgens, K. T. Fresh today safe next week, *Food Engineering*, 2001, 73: 44-49.

[41] Jay, J. M. Radiation preservation of foods and nature of microbial radiation resistance. In *Modern Food Microbiology* (ed. J. M. May). Springer New York, 1995: 304-327.

[42] Josset, S., Taranto, J., Keller, V. *et al.* UV-A photocatalytic treatment of high flow rate air contaminated with Legionella pneumophila, *Catalysis Today*, 2007, 129: 215-222.

[43] Keyser, M., Müller, I. A., Cilliers, F. P. *et al.* Ultraviolet radiation as a non-thermal treatment for the inactivation of microorganisms in fruit juice, *Innovative Food Science & Emerging Technologies*, 2008, 9: 348-354.

[44] Koutchma, T. Advances in ultraviolet light technology for non-thermal processing of liquid foods, *Food and Bioprocess Technology*, 2009, 2: 138-155.

[45] Koutchma, T., Parisi, B. and Patazca, E. Validation of UV coiled tube reactor for fresh juices, *Journal of Environmental Engineering and Science*, 2007, 6: 319-328.

[46] Koutchma, T., Forney, L. J. and Moraru, C. I. UV processing effects on quality of foods. In *Ultraviolet Light in Food Technology: Principles and Applications* (eds T. Koutchma, L. J. Forney, J. and C. I. Moraru). CRC Press, Boca Raton, FL, 2009: 103-123.

[47] Krishnamurthy, K., Demirci, A. and Irudayaraj, J. M. Inactivation of *Staphylococcus aureus* in milk using flow-through pulsed UV-light treatment system, *Journal of Food Science*, 2007, 72: M233-M239.

[48] Krishnamurthy, K., Demirci, A. and Irudayaraj, J. Inactivation of *Staphylococcus aureus* in milk and milk foam by pulsed UV-light treatment and surface response mod-elling, *Transactions of the ASABE*, 2008, 51: 2083-2090.

[49] Marquenie, D., Geeraerd, A. H., Lammertyn, J. *et al.* Combinations of pulsed white light and UV-C or mild heat treatment to inactivate conidia of *Botrytis cinerea* and *Monilia fructigena*, *International Journal of Food Microbiology*, 2003, 85: 185-196.

[50] Matak, K. E., Churey, J. J., Worobo, R. W. *et al.* Efficacy of UV light for the reduction of *Listeria monocytogenes* in goat's milk, *Journal of Food Protection*, 2005, 68: 2212-2216.

[51] Miller, B. M., Sauer, A. and Moraru, C. I. Inactivation of *Escherichia coli* in milk and concentrated milk using pulsed-light treatment, *Journal of Dairy Science*, 2012, 95: 5597-5603.

[52] Milly, P. J., Toledo, R. T., Chen, J. and Kazem, B. Hydrodynamic cavitation to improve bulk fluid to surface mass transfer in a nonimmersed ultraviolet system for minimal processing of opaque and transparent fluid foods, *Journal of Food Science*, 2007, 72: M407-M413.

[53] Moraru, C. I. High-intensity pulsed light food processing. In *Alternatives to Conventional Food Processing* (ed. A. Procter). The Royal Society of Chemistry, Cambridge, UK, 2011: 367-386.

[54] Morgan, R. UV: 'green' light disinfection, *Dairy Industry International*, 1989, 54: 33-35.

[55] Oms-Oliu, G., Martín-Belloso, O. and Soliva-Fortuny, R. Pulsed light treatments for food preservation. A review, *Food and Bioprocess Technology*, 2010, 3: 13-23.

[56] Orlowska, M., Koutchma, T., Grapperhaus, M. *et al.* Continuous and pulsed ultraviolet light for nonthermal treatment of liquid foods. Part 1: effects on quality of fructose solution, apple juice, and milk, *Food and Bioprocess Technology*, 2012, 6: 1580-1592.

[57] Palgan, I., Caminiti, I. M., Munoz, A. *et al.* Effectiveness of high intensity light pulses (HILP)

treatments for the control of *Escherichia coli* and *Listeria innocua* in apple juice, orange juice and milk, *Food Microbiology*, 2011, 28: 14−20.

[58] Pereira, R. N. and Vicente, A. A. Environmental impact of novel thermal and non−thermal technologies in food processing, *Food Research International*, 2010, 43: 1936−1943.

[59] Philips. Ultraviolet purification and application information ( Lighting Brochure ). Philips Lighting, The Netherlands, p. 18 ( www. philips. com/uvpurification; last accessed 28 January 2015).

[60] Prasad, P., Pagan, R., Kauter, M. and Price, N. Eco−efficiency for the dairy processing industry. In *Sustainable Business* ( ed. P. Crittenden). Dairy Australia, Dairy Processing Engineering Centre and UNEP Working Group for Cleaner Production, Sydney, Aus−tralia, 2011: 124−125.

[61] Reinemann D. J, Gouws. P., Chillier T *et al. New methods of UV treatment of milk for improved food safety and product quality*. Annual International Meeting, American Society of Agricultural and Biological Engineers ( ASABE), St Joseph, MI, Paper Number: 066088, 2006: 1−9.

[62] Rowan, N. J., MacGregor, S. J., Anderson, J. G. *et al.* Pulsed − light inactivation of food − related microorganisms, *Applied and Environmental Microbiology*, 1999, 65: 1312−1315.

[63] Rossitto, P. V., Cullor, J. S., Crook, J. *et al.* Effects of UV irradiation in a continuous turbulent flow UV reactor on microbiological and sensory characteristics of cow's milk, *Journal of Food Protection*, 2012, 75: 2197−2207.

[64] Sastry, S. K., Datta, A. K. and Worobo, R. W. Ultraviolet light, *Journal of Food Safety*, 2000, 65: 90−92.

[65] Scheidegger, D., Pecora, R. P., Radici, P. M. and Kivatinitz, S. C. Protein oxidative changes in whole and skim milk after ultraviolet or fluorescent light exposure, *Journal of Dairy Science*, 2010, 93: 5101−5109.

[66] Shama, G. Ultraviolet light. In *Encyclopedia of Food Microbiology* ( ed. K. R. Richard ) . Elsevier, Oxford, 1999: 2208−2214.

[67] Schmidt, S. and Kauling, J. Process and laboratory scale UV inactivation of viruses and bacteria using an innovative coiled tube reactor, *Chemical Engineering and Technology*, 2007, 30 (7): 945−950.

[68] Setlow, P. Resistance of spores of Bacillus species to ultraviolet light, *Environmental and Molecular Mutagenesis*, 2001, 38: 97−104.

[69] Simmons, M. J. H., Alberini, F., Tsoligkas, A. N. *et al.* Development of a hydrodynamic model for the UV−C treatment of turbid food fluids in a novel 'SurePure turbulator™' swirl−tube reactor, *Innovative Food Science & Emerging Technologies*, 2012, 14: 122−134.

[70] Smith, W. L., Lagunas−Solar, M. C. and Cullor, J. S. Use of pulsed ultraviolet laser light for the cold pasteurization of bovine milk, *Journal of Food Protection*, 2002, 65: 1480−1482.

[71] Surepure. *Bacillus sporothermodurans* milk trials. SurePure, Newlands, South Africa ( http://www. surepureinc. com/; last accessed 5 January 2015).

[72] Takeshita, K., Shibato, J., Sameshima, T. *et al.* Damage of yeast cells induced by pulsed light irradiation, *International Journal of Food Microbiology*, 2003, 85: 151−158.

[73] Tran, M. T. T. and Farid, M. Ultraviolet treatment of orange juice, *Innovative Food Science & Emerging Technologies*, 2004, 5: 495−502.

[74] *WaterWorld*. Atlantium's UV system provides U. S. dairy processors with equivalent to heat − pasteurized water. http://www. waterworld. com/articles/2009/10/atlantium − s − uv − system. html ( last accessed 4 January 2015).

[75] Watson, E. Pulsed light in bid to revolutionise soft drink production, Food Manufacture. co. UK (http://www. foodmanufacture. co. uk/Packaging/Pulsed-light-in-bid-to-revolutionise-soft-drinks-production (last accessed 5 January 2015).

[76] Webster, J. B., Duncan, S. E., Marcy, J. E. and O'Keefe, S. F. Effect of narrow wavelength bands of light on the production of volatile and aroma-active compounds in ultra-high temperature treated milk, *International Dairy Journal*, 2011, 21: 305-311.

[77] Wekhof, A. Sterilization of packaged pharmaceutical solutions, packaging and surgical tools with pulsed UV light. Paper presented at Second International Congress on UV Technologies, 9-11 July. Vienna. 2003.

# 8　二氧化碳：乳加工的一种替代方法

Laetitia M. Bonnaillie 和 Peggy M. Tomasula

*Dairy and Functional Foods Research Unit*，*United States Department of Agriculture/Agricultural Research Service/Eastern Regional Research Center*，*USA*

## 8.1　引言

在美国，高温短时（High temperature for a short time，HTST，通常为72℃、15s）巴氏杀菌液态乳的冷藏货架期通常约为14天。货架期通常受耐热嗜冷菌的生长及其产生的异味限制。更高的巴氏杀菌温度和更长的加热时间（例如78℃持续16~30s）可以增强微生物杀灭力，更好的灌装和包装技术可以减少巴氏杀菌后的污染，从而将高温短时乳的冷藏货架期延长至25天（Barbano 等，2006）。延长货架期乳发生腐败的主要原因是在冷藏存储超过17天后，革兰氏阳性产芽孢菌的增殖（Fromm 和 Boor，2004）。液态乳加工商希望高温短时乳的冷藏货架期达到60~90天，以实现更有效的产品营销和分销（Barbano 等，2006）。

除了高温和低温（巴氏杀菌，冷藏或冷冻）技术之外，还有60多个可供选择的其他类型的技术可以消除或控制食品的微生物增长，保持食品的感官特性和营养品质，并延长货架期，防止变质和食物中毒（Leistner，2000）。最受欢迎的食品保存技术（除了温度之外）包括改变酸度（pH），降低水分活度（Water activity，$A_w$）和添加防腐剂（亚硝酸盐、山梨酸盐、亚硫酸盐等）或竞争微生物（如乳酸菌）。栅栏技术通过不同机制影响微生物生理反应的不同方面，进而破坏微生物的稳态（例如引起代谢衰竭或应激反应等）（Lsistner，2000）。对于每一种食品，适当的技术组合和适当的强度可以确保消除所有病原体或使其无害化，同时兼顾经济可行性和消费者偏好。

二氧化碳（$CO_2$）是一种替代技术，可以杀死微生物或防止其生长导致腐败，延长食品货架期。高压二氧化碳（High-Pressure carbon dioxide，HPCD）是加工热敏食品的一种有效方法，因为在低温或中等温度条件下，它能有效保留食品的感官品质和功能；而巴氏杀菌可导致处理的液态乳出现一系列不良的质地和风味变化（Werner 和 Hotchkiss，2006）。特别是，用$CO_2$代替高温短时杀菌来加工的生乳和延长保存期的碳酸化生乳，可能会生产出比美国目前可生产的品种更广泛的干酪，并为乳制品行业开辟新的市场（Werner 和 Hotchkiss，2006）。

自20世纪初以来，对单独采用$CO_2$作为乳栅栏技术有效性的研究证明，在高压下，二氧化碳具有良好的抗菌性能。例如，生乳在50个大气压的$CO_2$下处理，然后在10个大气压的$CO_2$下室温储存，抑制了原生微生物的生长，使其超过72h不凝结，而未处理的乳会在24h内凝结（Hoffman，1906）。

当与某些其他保藏技术（例如升高温度、酸化、延长处理时间）联合使用时，可以协

同提高 $CO_2$ 以提升杀菌技术的有效性。相反，降低食品的水分活度（例如通过干燥或浓缩）具有拮抗作用。各种微生物对 $CO_2$ 的敏感性不同，有些微生物对 $CO_2$ 的抵抗力要大大强于其他微生物，杀灭不同的微生物、霉菌、酵母菌和孢子所需的操作条件和栅栏设置会有所不同（Haas 等，1989），下面将会加以介绍。

除了可能成为保存乳和乳制品的技术外，几十年来有关加压 $CO_2$ 与食品之间关系的研究还发现了其他一些有趣的应用，这些应用利用了 $CO_2$ 的不同物理化学性质。例如，本章简要介绍了如何加快干酪制造过程，各种乳和乳清蛋白的分离和纯化，特定脂肪和脂肪酸的提取，防水可食性包装材料的合成等。

## 8.2　物理化学原理

二氧化碳天然存在于大气中，是一种具有多种有趣特性的气体，可用于多种食品加工处理中，例如起泡、酸化或杀菌。$CO_2$ 不仅价格低廉且易于获得，纯度高，而且使用安全，可少量食用，因此在大多数使用气体的食品中通常都存在 $CO_2$。高压处理过程中使用的 $CO_2$ 大多数在随后膨胀到正常大气压过程中都会被除去，食品发酵产生的 $CO_2$ 不会造成环境温室气体问题，特别是有回收利用的话（Brunner，2005）。

在高于 31℃ 的临界温度和 7.35MPa 的临界压力（称为"临界点"）时（Butler，1991），高压二氧化碳变成"超临界"二氧化碳或 $sCO_2$（Supercritical $CO_2$），这是一种同时具有气体黏度和液体密度的物理状态，而扩散率比普通液体要高大约两个数量级（Brunner，2005），有利于 $CO_2$ 与各种食品的混合，并放大其某些理化特性。例如，$sCO_2$ 具有重要的溶剂性能。应用于食品原料中的 $sCO_2$ 的一些溶剂特性包括（Brunner，2005）：

①$sCO_2$ 能溶解非极性或微极性化合物。

②对低分子质量化合物的溶解能力高，并且随着分子质量的增加而降低。

③$sCO_2$ 与中等分子质量的含氧有机化合物具有高度亲和性。

④游离脂肪酸及其甘油酯溶解度低。

⑤色素更不容易溶解。

⑥液态水难溶于 $sCO_2$（<0.5% 质量分数）。

⑦蛋白质、多糖、糖和无机盐不溶。

⑧增加压力会增加 $sCO_2$ 的溶解能力，并能溶解挥发性较小的化合物或分子质量较高或极性较高的化合物。

### 8.2.1　$CO_2$ 在水溶液中的溶解度

反过来，$CO_2$ 在水中和水溶液中的溶解度非常高，甚至在非极性物质（如脂质）中的溶解度更高（Hotchkiss 和 Loss，2006）。溶解在液体中的 $CO_2$ 含量称为 $CO_2$ 浓度 [$CO_2$]，通常以 mg/L、g/kg 或 g/g 表示。在热力学平衡条件下可获得的最大 $CO_2$ 浓度（即饱和溶解度）取决于几个因素，例如 $CO_2$ 压力、温度和溶液的组成。如果添加的 $CO_2$ 超过饱和溶解度值，则会形成 $CO_2$ 气泡，在搅拌时会分散在整个液体中（Brunner，2005）。

人为将 $CO_2$ 加入水溶液称为"碳酸化"，目的通常是通过产生碳酸、碳酸氢盐和水合氢离子降低液体的 pH。其链式反应过程及链式反应在 25℃ 水中的平衡过程如下所示（Garcia-Gonzalez 等，2007）：

①$CO_{2(g)} \longleftrightarrow CO_{2(aq)}$，$c[CO_{2(aq)}] = c(H^+) \times P_{CO_2}$，$c(H^+) = 3.3 \times 10^{-2}$ mol/（L·atm）。

②$CO_{2(aq)} + H_2O \longleftrightarrow H_2CO_3$，$c(H_2CO_3)/c[CO_{2(aq)}] = 1.7 \times 10^{-3}$ mol/L。

③$H_2CO_3 \longleftrightarrow HCO_3^- + H^+$，$c(H^+) \, c(HCO_3^-)/c[H_2CO_3] = 2.5 \times 10^{-4}$ mol/L。

④$HCO_3^- \longleftrightarrow CO_3^{2-} + H^+$，$c(H^+) \, c(CO_3^{2-})/c(HCO_3^-) = 5.61 \times 10^{-11}$ mol/L。

溶解在水中的大部分 $CO_2$ 以 $CO_{2(aq)}$ 溶剂化形式存在。一小部分 $CO_{2(aq)}$ 与水反应生成 $H_2CO_3$。然后一部分 $H_2CO_3$ 分解成 $H^+$ 和 $HCO_3^-$，再进一步分解成 $CO_3^{2-}$ 和 $H^+$（Hotchkiss 和 Loss，2006）。所有反应的平衡常数依赖于压力 $P$ 和温度 $T$，最后两个步骤（③和④）依赖于 pH。在常压和室温下，$CO_2$ 饱和水溶液 pH 约为 4。当压力或温度改变时，这种平衡发生了改变：$CO_2$ 的饱和溶解度随着 $CO_2$ 压力的升高和温度的降低而增加，这通常会降低碳酸化溶液的 pH。压力也正向控制溶液中 $CO_2$ 的溶解速率，而在临界点以上，较高的温度降低了 $sCO_2$ 的密度，降低了其溶剂特性（Brunner，2005）。

## 8.2.2　$CO_2$ 在乳中的溶解度

新鲜的生乳在刚挤出时每升含有大约 5.5mmol 的 $CO_2$（Lee，1996）。在冷藏运输到商业乳加工厂期间，生乳中溶解的 $CO_2$ 与大气中的 $CO_2$ 达到平衡，到达工厂后其浓度下降到约 2mmol/L（Noll 和 Supplee，1941）。生乳的 pH 接近 6.8。巴氏杀菌处理和其他应用于乳加工的工艺，包括高温、低压或充气，会使乳中 60%~70% 的 $CO_2$ 气化，使巴氏杀菌乳中的 $CO_2$ 浓度降到 0.7mmol/L 左右（Moore 等，1961；Smith，1964）。

在巴氏杀菌前或后，通过在不同温度和压力下加入 $CO_2$，可以很容易地控制液态乳的 pH 和 $CO_2$ 含量，$CO_2$ 能以不同的浓度溶入乳中，直至到达当前温度和压力下的饱和溶解度为止。例如，在 pH 为 6.3~6.5 时，乳中大约 88% 的 $CO_2$ 以 $CO_{2(aq)}$ 的形式存在，2% 以 $H_2CO_3$ 的形式存在，其余 10% 以碳酸氢盐的形式存在（Daniels 等，1985）。不同的研究表明，在 15℃ 时，向生乳中注入 33.6mmol/L 的 $CO_2$ 会将 pH 从 6.8 降至约 6.1（Martin 等，2003），在 4℃ 时，向生乳中加入 35mmol/L 的 $CO_2$ 会将 pH 从 6.7 降至 5.9（Loss 和 Hotchkiss，2002）或在 38℃ 下加入 1000mg/L $CO_2$ 会将 pH 从 6.61 降低到 6.15（Ma 等，2001）。

在较高温度下，$CO_2$ 在乳和乳制品中的溶解度趋于下降，但产品的黏度可能会通过影响 $CO_2$ 在产品中的扩散率扭转这一趋势：例如，$CO_2$ 在温热的液体乳脂中比在冷的凝固乳脂（如黄油）中更易溶解（Ma 和 Barbano，2003）。通常，与温度相比，压力对乳中 $CO_2$ 的溶解度及其产生的 pH 影响更大。在中等温度（$T = 25 \sim 50$℃）下，乳中 $CO_2$ 的平衡溶解度接近在水中的溶解度，并且大概与压力成比例增加。在 25℃ 时，乳中 $CO_2$ 的溶解度比在水中低约 10%，可能是由于酪蛋白胶束的位阻和静水阻力。在 25℃ 时，酪蛋白在压力达到 6.9MPa 或更高的 $CO_2$ 饱和乳中仍然稳定，但 pH 随压力增加而线性下降。在 38℃ 时，当压力达到 2.8MPa 或更高时，酪蛋白开始变性，沉淀的酪蛋白可充当 pH 缓冲剂并减缓 pH 随压力增加而降低的速度。在 38~50℃，压力在 2.8~6.9MPa 时，$CO_2$ 在乳中的溶解度与在水中的溶解度大致相同（Tomasula 和 Boswell，1999；Tomasula 等，1999）。$CO_2$ 在乳清溶液中的溶解度也与压力成比例。由于乳清蛋白具有很强的缓冲特性，饱和乳清蛋白溶液的 pH 随压力增加呈对数下降，但随蛋白质浓度的增加而升高。而温度的微小变化对 pH 和 $CO_2$ 的饱和溶解度几乎无影响（Yver 等，2011；Bonnaillie 和 Tomasula，2012b）。

乳中溶入 $CO_2$ 后，冰点略有下降，下降程度与 $CO_2$ 浓度成正比。除去乳中溶解的 $CO_2$ 后，中等 $CO_2$ 浓度引起的冰点和 pH 变化是可逆的（Ma 等，2001），而在较高的温度和压力下溶入较大量的 $CO_2$ 可能会导致乳中酪蛋白（Tomasula 等，1999）或乳清液中乳清蛋白（Bonnaillie 和 Tomasula，2012b）的不可逆沉淀。

## 8.3 高压和超临界 $CO_2$ 对微生物的作用

$CO_2$ 的酸化和溶剂特性赋予其抗菌性能，抗菌性随着水介质中 $CO_2$ 含量的增加而增强，例如，当溶解度随较低的温度或较高的 $CO_2$ 压力而增加时，抗菌性能也增强（Enfors 和 Molin，1981）。在超临界状态下，$CO_2$ 的酸化作用和溶剂作用均最大化。当处于超临界状态时，与气态相比，液态化密度提高了 $sCO_2$ 的溶剂化能力，与液态相比，气态传质特性促进了其扩散。这些特性与极低的表面张力相结合（Garcia-Gonzalez 等，2007），使超临界 $CO_2$ 能够比气态或液态 $CO_2$ 更有效地穿透包括细菌细胞在内的各种微孔物质，以萃取维持生命所必需的细胞内成分并破坏细胞的生物系统（Tomasula，2003；Gunes 等，2005）。

多项研究表明，$CO_2$ 的酸化和压力依赖性溶解效应似乎具有协同作用，单独用一种酸降低介质的 pH，或单独用空气或氮气加压，在抑制细菌生长方面不如加压 $CO_2$ 有效。事实上，当氮气或空气在 20~42℃ 的温度下加压至 13.7MPa 时，在不同的时间内，对不同细菌几乎没有灭活作用。在相同的条件下，取决于被处理细菌的类型，$CO_2$ 能引起 1~9 个对数值的细菌失活（即完全灭活）（Fraser，1951；Haas 等，1989；Wei 等，1991；Lin 等，1992；Nakamura 等，1994；Enonioto 等，1997；Debs-Loukae 等，1999）。另外，将 $CO_2$ 与 $N_2O$（该气体具有 $CO_2$ 的许多临界、空间位阻、极性和溶剂化性质，但不具有酸化性质）进行比较，发现在完全相同的条件下，$CO_2$ 比 $N_2O$ 对大肠杆菌和酿酒酵母的灭活作用大得多（Fraser，1951；Enomoto 等，1997），这是因为 $CO_2$ 具有降低 pH 的特性。同时，$CO_2$ 对微生物的抑制作用比许多其他酸（如盐酸和磷酸）更强（Haas 等，1989；Wei 等，1991）：当 $CO_2$ 降低培养基的 pH 时，它与其他酸一样，增加了细菌细胞的外渗透性，但这反过来又促进了 $CO_2$ 渗透到微生物细胞中，并激活了其在细胞内的溶剂效应（Lin 等，1994）。$CO_2$ 的协同酸化和溶剂化作用可能解释了为什么 $CO_2$ 穿透细胞的速度比其他非酸化气体快得多（Garcia-Gonzalez 等，2007）。

### 8.3.1 $CO_2$ 的作用机理

$CO_2$ 能以两种不同的方式影响微生物，这取决于所使用的温度和压力：①在低压和低温下，如气调包装（Modified atmosphere packaging，MAP）中所使用的那样，$CO_2$ 可取代 $O_2$，抑制常见好氧病原体的生长和增殖，并降低病原体周围介质的 pH，进一步抑制病原体的生长；②在高压和中低温度下，$CO_2$ 会启动细胞内的有害活性，从而损伤或杀死细胞，并可能使微生物完全失活，使产品灭菌以防止长期变质（Hagemeyer 和 Hotchkiss，2011）。

目前认为高压 $CO_2$ 的微生物灭活机理包括七个步骤（Spilimbergo 和 Bertucco，2003；Damar 和 Balaban，2006；Garcia-Gonzalez 等，2007，2009）：

①高压 $CO_2$ 溶解在微生物细胞周围的液体中，降低了液体的 pH，即细胞外 pH（$pH_{ex}$）。

②由于具有较高的理论亲脂亲和力（Spilimbergo 等，2002），水中的 $CO_2$ 扩散到微生物细胞的质膜中，并在内层的磷脂中积累（Garcia-Gonzalez 等，2007）。这种 $CO_2$ 的积累导致紧密堆积的脂质链之间的秩序丧失，从而增加细胞膜的流动性及其对 $CO_2$ 的渗透性（Jones 和 Greenfield，1982）。此外，$HCO_3^-$ 离子还可以通过改变位于表面的磷脂头部基团和蛋白质上的电荷进一步改变膜的通透性（Garcia-Gonzalez 等，2007）。

③提高膜渗透性，使 $CO_2$ 水溶液渗透到微生物细胞的细胞质内部，在此转化为 $H_2CO_3$，并在形成 $HCO_3^-$ 和 $H^+$ 时触发细胞内 pH（$pH_{in}$）的快速下降。微生物细胞试图通过使用膜结合 $H^+$-ATPase 酶，从细胞质中排出多余的质子（$H^+$），来对抗普遍存在的 pH 梯度（$pH_{in}$ - $pH_{ex}$）和电化学（膜电位）梯度，从而抵抗 pH 的变化（Hutkins 和 Nannen，1993）。但是，当过量的 $CO_2$ 进入细胞质时，细胞无法排出产生的所有质子，$pH_{in}$ 开始下降（Spilimbergo 和 Mantoan，2005）。相反，非酸性气体（例如 $N_2O$）会诱导膜通透性增加，但不会降低细胞内 pH（Giulitti 等，2011）。

④降低细胞内部 pH，可能导致代谢和调节过程所必需的关键酶因构象发生变化而受到抑制或失活，因为酶偏离最佳 pH 时活性急剧下降（Hutkins 和 Nannen，1993）。

⑤渗入细胞内的 $CO_2$ 分子和所产生 $HCO_3^-$ 可以通过影响关键酶，尤其是脱羧酶上的阴离子敏感位点（Gill 和 Tan，1979），以及通过改变平衡、抑制或刺激合成特定氨基酸和核酸的羧化与脱羧代谢反应（Jones 和 Greenfield，1982），直接破坏细胞代谢反应。代谢途径的过度刺激会导致不利的净能量消耗和腺嘌呤核苷三磷酸（ATP）损失（Dixon 和 Kell，1989；Hong 和 Pyun，2001）。

⑥产生的 $CO_3^{2-}$ 离子可以通过沉淀 $Ca^{2+}$ 结合蛋白质以及胞内电解质（如 $Ca^{2+}$ 和 $Mg^{2+}$）而扰乱细胞内电解质平衡，$Ca^{2+}$ 和 $Mg^{2+}$ 是大量细胞活动的调节因子，有助于维持细胞与周围介质之间的渗透关系（Garcia-Gonzalez 等，2007）。

⑦最后，高压 $CO_2$ 是强溶剂，$CO_{2(aq)}$ 可以使细胞内疏水性组分（例如磷脂）溶剂化。突然释放压力时，溶剂化的化合物与 $CO_2$ 同时从细胞中抽提出来（Lin 等，1992）。重复的加压循环可以加速萃取过程，从而使细胞失活。快速降压还可能导致细胞膜变形或损坏，但不足以使细胞质泄漏到溶液中（Garcia-Gonzalez 等，2007）。

步骤③到步骤⑥是最致命的，可能协同灭活和杀死细菌细胞（Garcia-Gonzalez 等，2007）。

## 8.3.2　工艺参数的影响：温度、压力、搅拌和时间

一般来说，食品的 $CO_2$ 加工过程中，增加压力、搅拌速度或暴露时间都会增强微生物失活。搅拌增加了气态 $CO_2$ 和 $CO_2$ 水溶液与微生物之间的接触，增加了 $CO_2$ 分解成碳酸的

速率和随后的 pH 下降速率。在不搅拌的情况下，只有食物表面的微生物细胞会与 $CO_2$ 直接接触，其余部分则要靠 $CO_2$ 慢慢扩散进入介质中。

$CO_2$ 压力增加时，灭活相同数量的微生物细胞所需的暴露时间会缩短。由于超临界 $CO_2$ 具有更高的溶解度、表面张力和传质特性，因此在穿透细胞和实现微生物灭活方面也比亚临界 $CO_2$ 更有效（Lin 等，1992；Werner 和 Hotchkiss，2006）。快速降压（闪速减压）可能会在快速释放所施加压力的过程中，引起细胞壁的破裂促进细胞死亡。在 $CO_2$ 膨胀期间，由焦耳-汤姆森效应引起强烈的局部冷却也可能促进细胞裂解。但是，生理机制（上述步骤 ①~⑦）比细胞的机械性破裂更重要（Garcia-Gonzalez 等，2007）。

为最大限度地使微生物失活，加工温度（$T$）有最佳操作范围：较高的 $T$ 可通过增加 $CO_2$ 扩散率和细胞膜的流动性提高细胞的渗透性（Hong 和 Pyun，1999），从而刺激步骤②。但是，过高的 $T$ 会降低 $CO_2$ 的溶解度，降低其溶剂性和酸性，也会使处理后的食品品质变差（Garcia-Gonzalez 等，2007）。在中等压力和暴露时间下，已成功使用 20~45℃ 的温度对水基介质进行 $CO_2$ 处理（表 8.1）。在处理乳和乳制品时，必须使用远低于 45℃ 的温度，以防止蛋白质沉淀、融化等。在这样的低温下，$CO_2$ 对微生物的灭活能力显著降低，这可以通过延长暴露时间和/或增加压力补偿，以达到完全灭活细菌的目的（表 8.2）。

由于不同微生物的特定存活曲线不是对数线性的，用 $CO_2$ 灭活也不是时间的对数线性函数（Garcia-Gonzalez 等，2009），特定细菌对 $CO_2$ 处理的敏感性取决于时间以及历史压力和温度。

### 8.3.3 $CO_2$ 对不同微生物的灭活作用

主要病原微生物类型包括革兰氏阳性（$G^+$）和革兰氏阴性（$G^-$）营养菌、酵母菌、真菌以及细菌和真菌孢子。$G^+$ 菌具有肽聚糖外膜，而 $G^-$ 菌除了肽聚糖内膜外，还具有脂多糖/蛋白质外膜。$G^-$ 菌具有额外的膜和较厚的细胞壁，因此与 $G^+$ 菌相比，人们通常认为 $G^-$ 菌对 $CO_2$ 处理的敏感性较低。尽管情况似乎经常是这样，但有关此课题的研究结果是相互矛盾的（Garcia-Gonzalez 等，2009）。例如，在 10.5MPa 和 35℃ 下进行 20min 的 $CO_2$ 处理可有效灭活各种 $G^+$ 和 $G^-$ 营养菌，灭活程度可以使微生物数量降低 1.9~6.4 个对数值。在测试的营养细胞中，$G^+$ 的酸土脂环酸芽孢杆菌（*Alicyclobacillus acidoterrestris*）和粪肠球菌（*Enterococcus faecalis*）对 $CO_2$ 灭活的耐受力最高，减少量不到 0.3 个对数值，这可能是由于它们的嗜酸性和对低 pH 的耐受性（Garcia-Gonzalez 等，2009）。

营养细菌包括能够在 7℃ 或低于 7℃ 的温度下生长并导致冷藏食品变质的嗜冷菌。温度低于冰点会抑制嗜冷菌的生长，传统的高温短时杀菌就能杀灭绝大多数嗜冷菌。可以经受巴氏杀菌的细菌称为耐热菌；耐高温嗜冷菌中能够经受巴氏杀菌还可以在冷藏温度下生长的并不常见，例如产芽孢杆菌，即使乳在巴氏杀菌后未被污染，它们也可以造成巴氏杀菌乳的酸败。

与大多数营养细菌相比，酵母菌和孢子对高压 $CO_2$ 的敏感性较低。Garcia-Gonzalez 等（2009）在 10.5MPa 和 35℃ 下用 $CO_2$ 处理 20min 后，不同类型酵母菌的数量降低了不到 2 个对数值。在中等温度（20~45℃）下，细菌和真菌孢子对 $CO_2$ 处理非常有耐受力，并且当 $CO_2$ 压力高达 30MPa 时，存活的孢子数仅减少 1~2 个对数值（表 8.1）（Damar 和 Balaban，

2006；Garcia-Gonzalez 等，2007，2009）。将以下一项或多项措施与超临界 $CO_2$ 应用相结合可能有助于成功灭活孢子：更高的温度、更长的接触时间、压力循环、更低的 pH、脉冲电场和 $H_2O_2$（Spilimbergo 等，2002；Garcia-Gonzalez 等，2007）。例如，通过微过滤器在介质中混合 $CO_2$ 微气泡，可使 $CO_2$ 浓度最大化，并可改善其与微生物的接触，进一步降低 pH（Garcia-Gonzalez 等，2007）。联合处理可能会导致孢子萌发，对 $CO_2$ 灭活更加敏感。例如，60~95℃热处理和压力循环与突然压力释放相联合，可以使蜡样芽孢杆菌孢子萌发，然后被超临界 $CO_2$ 灭活（Dillow 等，1999；Spilimbergo 等，2002）。结果表明，在 60℃，20MPa 的条件下 $sCO_2$ 处理 4h（高压高温和长时间暴露）使蜡状芽孢杆菌完全失活（Dillow 等，1999）。

　　根据微生物的不同，$CO_2$ 也可能造成非致命的损伤，这类细胞稍后恢复，并会导致食物中毒或腐败。在一项病例中，损伤的金黄色葡萄球菌细胞在恢复培养基中孵育 2h 后开始恢复，而大肠杆菌细胞在孵育 30h 后没有恢复（Sirisee 等，1998；Kobayashi，2007）。

　　表 8.1 列出了在不同的水基培养基、肉汤或合成培养基中生长的各种营养性细菌、酵母菌、真菌和孢子在不同的压力（有或没有循环）、温度和暴露时间下用 $CO_2$ 处理的现有文献数据。$CO_2$ 处理前的起始细胞浓度一般为营养细菌 $10^7 \sim 10^8 CFU/mL$ 和酵母菌 $10^6 CFU/mL$（Garcia-Gonzalez 等，2009），$CO_2$ 处理所导致的灭活作用（Degree of inactivation，DI）为 $CO_2$ 处理前后微生物数量的对数值减少量：$DI = -\lg (N/N_0)$，其中 $N_0$、$N$ 为处理前后的微生物数量（表 8.2）。

表 8.1　加压 $CO_2$ 对各种培养基中微生物的灭活作用与压力、温度、时间和循环次数的函数关系，数据由 Garcia-Gonzalez 等（2007，2009）收集，所有参考文献均在此列出

| 微生物名称 | 种类 | 培养基 | 压力（$P_{CO_2}$）/MPa | 温度/℃ | 时间/min | 循环次数 | 对数值减少量 | 参考文献 |
|---|---|---|---|---|---|---|---|---|
| 嗜水气单胞菌（Aeromonas hydrophila） | $G^-$ | 脑心浸出液，pH 6.5 | 10.5 | 35 | 20 | | 5.4 | a |
| 脂环酸芽孢杆菌（Alicyclobacillus） | $G^+$ | 脑心浸出液，pH 6.5 | 10.5 | 35 | 20 | | 0.1 | a |
| 酸土脂环酸芽孢杆菌（Acidoterrestris） | 芽孢 | 脑心浸出液，pH 6.5 | 10.5 | 35 | 20 | | 0 | a |
| 黑曲霉孢子（Aspergillus niger spores） | 霉菌 | 脑心浸出液，pH 6.5 | 10.5 | 35 | 20 | | 0.1 | a |
| 蜡样芽孢杆菌（Bacillus cereus） | $G^+$ | 脑心浸出液，pH 6.5 | 10.5 | 35 | 20 | | 2.7 | a |
| | 芽孢 | 脑心浸出液，pH 6.5 | 10.5 | 35 | 20 | | 1.2 | a |
| | 芽孢 | 生长培养基 | 20.5 | 60 | 120 | 6 | 5 | c |

续表

| 微生物名称 | 种类 | 培养基 | 压力（$P_{CO_2}$）/MPa | 温度/℃ | 时间/min | 循环次数 | 对数值减少量 | 参考文献 |
|---|---|---|---|---|---|---|---|---|
| | 芽孢 | 生长培养基 | 20.5 | 60 | 240 | 6 | 8* | c |
| 枯草芽孢杆菌（*Bacillus subtilis*） | G⁺ | PS | 7.4 | 38 | 2.5 | | 7* | o |
| | G⁺ | 磷酸缓冲液 | 7.4 | 40 | 2.5 | | 7.6 | p |
| 热杀索丝菌（*Brochothrix thermosphacta*） | G⁺ | 脑心浸出液，pH 6.5 | 10.5 | 35 | 20 | | 4.5 | a |
| | G⁺ | 脑心浸出液，pH 6.5 | 6 | 45 | 30 | | 6* | u |
| | G⁺ | PS | 6 | 45 | 5 | | 6* | u |
| 郎比可假丝酵母（*Candida lambica*） | 酵母菌 | 脑心浸出液，pH 6.5 | 10.5 | 35 | 20 | | 2.1 | u |
| 粪肠球菌（*Enterococcus faecalis*） | G⁺ | 脑心浸出液，pH 6.5 | 10.5 | 35 | 20 | | 0.2 | a |
| | G⁺ | 亲水纸 | 5 | RT | 200 | | 1 | f |
| | G⁺ | 亲水纸 | 5 | RT | 420 | | 2 | f |
| | G⁺ | PS | 6 | 45 | 15 | | 8* | t |
| 大肠杆菌（*Escherichia coli*） | G⁻ | 干燥介质（6%水分） | 5 | RT | 300 | | 0.1 | f |
| | G⁻ | 干燥介质（2%~10%水分） | 20 | 35 | 120 | | 1.3 | l |
| | G⁻ | 合成培养基 | 3.5 | 37.5 | 3 | | 1.6 | e |
| | G⁻ | 水 | 20 | 34 | 10 | | 2.5 | q |
| | G⁻ | 磷酸缓冲液 | 31 | 35 | 40 | | 3.5 | r |
| | G⁻ | PS 或蒸馏水 | 4 | 20 | 120 | | 3.9 | l |
| | G⁻ | PS 或蒸馏水 | 4 | 35 | 120 | | 4 | l |
| | G⁻ | 亲水纸 | 5 | RT | 200 | | 4 | f |
| | G⁻ | 脑心浸出液，pH 6.5 | 10.5 | 35 | 20 | | 4.2 | a |
| | G⁻ | PS 或蒸馏水 | 10 | 35 | 120 | | 4.2 | l |
| | G⁻ | PS 或蒸馏水 | 20 | 20 | 120 | | 4.4 | l |
| | G⁻ | PS 或蒸馏水 | 10 | 20 | 120 | | 4.5 | l |

续表

| 微生物名称 | 种类 | 培养基 | 压力（$P_{CO_2}$）/MPa | 温度/℃ | 时间/min | 循环次数 | 对数值减少量 | 参考文献 |
|---|---|---|---|---|---|---|---|---|
| | G⁻ | PS 或蒸馏水 | 20 | 35 | 120 | | 5.1* | l |
| | G⁻ | 亲水纸 | 5 | RT | 420 | | 6 | f |
| | G⁻ | 营养肉汤 | 6.2 | ? | 120 | | 6.3* | d |
| | G⁻ | 磷酸缓冲液 | 31 | 42.5 | 10 | | 7 | r |
| | G⁻ | 营养肉汤 | 10 | 30 | 50 | | 7.5* | w |
| | G⁻ | 生长培养基 | 20.5 | 34 | 30 | 3 | 8* | c |
| | G⁻ | 生长培养基 | 11 | 38 | 45 | | 8.6* | c |
| | G⁻ | 生长培养基 | 20.5 | 42 | 20 | | 9* | c |
| 短乳酸杆菌（*Lactobacillus brevis*） | G⁺ | PS | 5 | 35 | 15 | | 2 | m |
| | G⁺ | PS | 7 | 25 | 15 | | 2 | m |
| | G⁺ | PS | 25 | 35 | 15 | | 6* | m |
| 植物乳杆菌（*Lactobacillus plantarum*） | G⁺ | 磷酸缓冲液 | 6.9 | 30 | 120 | | 7.3 | k |
| | G⁺ | 蒸馏水 | 6.9 | 30 | 120 | | 7.9 | k |
| | G⁺ | 醋酸盐缓冲液，pH 4.5 | 6.9 | 30 | 60 | | 8.7* | k |
| 清酒乳杆菌亚种（*Lactobacillus sakei subsp. carnosum*） | G⁺ | 脑心浸出液，pH 6.5 | 10.5 | 35 | 20 | | 4 | a |
| 军团菌（*Legionella dunnifii*） | G⁻ | 生长培养基 | 20.5 | 40 | 90 | 6 | 4 | c |
| 英诺克李斯特氏菌（*Listeria innocua*） | G⁺ | 生长培养基 | 20.5 | 34 | 36 | 3 | 3 | c |
| | G⁺ | 生长培养基 | 20.5 | 34 | 36 | 6 | 9* | c |
| 单核细胞增生李斯特氏菌（*Listeria monocytogenes*） | G⁺ | 脑心浸出液，pH 6.5 | 10.5 | 35 | 20 | | 4.5 | a |
| | G⁺ | PS | 6 | 45 | 60 | | 7* | s |
| | G⁺ | 蒸馏水 | 6.2 | 35 | 120 | | 8.9* | g |
| | G⁺ | 蒸馏水 | 13.7 | 35 | 120 | | 9* | g |
| | G⁺ | 生长培养基 | 6.9 | 45 | 8 | | 9.9* | b |
| 罗克福尔青霉菌孢子（*Penicillium roqueforti spores*） | 霉菌 | 脑心浸出液，pH 6.5 | 10.5 | 35 | 20 | | 1 | a |

续表

| 微生物名称 | 种类 | 培养基 | 压力（$P_{CO_2}$）/MPa | 温度/℃ | 时间/min | 循环次数 | 对数值减少量 | 参考文献 |
|---|---|---|---|---|---|---|---|---|
| 普通变形杆菌（*Proteus vulgaris*） | G⁻ | 生长培养基 | 20.5 | 34 | 36 | 3 | 8* | c |
| 绿脓假单胞菌（*Pseudomonas aeruginosa*） | G⁻ | 生长培养基 | 20.5 | 34 | 36 | 3 | 6 | c |
| | G⁻ | PS | 7.4 | 38 | 2.5 | | 7* | o |
| 荧光假单胞菌（*Pseudomonas fluorescens*） | G⁻ | 脑心浸出液，pH 9 | 10.5 | 35 | 5 | | 2 | a |
| | G⁻ | 脑心浸出液，pH 8 | 10.5 | 35 | 5 | | 3 | a |
| | G⁻ | 脑心浸出液，pH 5~7 | 10.5 | 35 | 5 | | 3.5 | a |
| | G⁻ | 脑心浸出液，pH 6.5 | 10.5 | 35 | 20 | | 4 | a |
| | G⁻ | 脑心浸出液，pH 4.5 | 10.5 | 35 | 5 | | 4 | a |
| | G⁻ | 脑心浸出液，pH 4 | 10.5 | 35 | 5 | | 7.5 | a |
| 酿酒酵母（*Saccharomyces cerevisiae*） | 酵母菌 | 干燥介质（2%~10%水分） | 20 | 35 | 120 | | 0.3 | l |
| | 酵母菌 | 干燥介质（6%水分） | 5 | RT | 300 | | 0.6 | f |
| | 酵母菌 | PS 或蒸馏水 | 4 | 20 | 120 | | 0.1 | l |
| | 酵母菌 | PS 或蒸馏水 | 4 | 35 | 120 | | 0.1 | l |
| | 酵母菌 | PS 或蒸馏水 | 10 | 20 | 120 | | 0.3 | l |
| | 酵母菌 | PS 或蒸馏水 | 20 | 20 | 120 | | 0.9 | l |
| | 酵母菌 | 脑心浸出液，pH 6.5 | 10.5 | 35 | 20 | | 1 | a |
| | 酵母菌 | 亲水纸 | 5 | RT | 200 | | 2 | f |
| | 酵母菌 | PS | 7 | 25 | 15 | | 2.5 | m |
| | 酵母菌 | 亲水纸 | 5 | RT | 420 | | 3 | f |
| | 酵母菌 | PS | 5 | 35 | 15 | | 3 | m |
| | 酵母菌 | PS 或蒸馏水 | 10 | 35 | 120 | | 3.9 | l |

续表

| 微生物名称 | 种类 | 培养基 | 压力（$P_{CO_2}$）/MPa | 温度/℃ | 时间/min | 循环次数 | 对数值减少量 | 参考文献 |
|---|---|---|---|---|---|---|---|---|
| | 酵母菌 | 生长培养基 | 6.9 | 25 | 45 | | 4 | *h* |
| | 酵母菌 | 生长培养基 | 13.8 | 25 | 35 | | 4 | *h* |
| | 酵母菌 | PS | 25 | 35 | 15 | | 5 | *m* |
| | 酵母菌 | 磷酸盐缓冲液 | 7.4 | 40 | 10 | | 5.8* | *p* |
| | 酵母菌 | PS 或蒸馏水 | 20 | 35 | 120 | | 6.3* | *l* |
| | 酵母菌 | 蒸馏水 | 4 | 40 | 240 | | 6.8 | *j* |
| | 酵母菌 | 生长培养基 | 6.9 | 35 | 15 | | 7* | *h* |
| | 酵母菌 | 生长培养基 | 20.7 | 25 | 60 | | 7* | *h* |
| | 酵母菌 | 生长培养基 | 13.8 | 35 | 10 | | 7* | *h* |
| | 酵母菌 | 蒸馏水 | 4 | 40 | 180 | | 8* | *i* |
| 鼠伤寒沙门氏菌（*Salmonella typhimurium*） | G⁻ | 脑心浸出液，pH 6.5 | 10.5 | 35 | 20 | | 3 | *a* |
| 索尔福特沙门氏菌（*Salmonella salford*） | G⁻ | 生长培养基 | 20.5 | 34 | 36 | 3 | 3 | *c* |
| | G⁻ | 生长培养基 | 20.5 | 34 | 36 | 6 | 3 | *c* |
| 金黄色葡萄球菌（*Staphylococcus aureus*） | G+ | 干燥介质（2%~10%水分） | 20 | 35 | 120 | | 1.4 | *l* |
| | G⁺ | 脑心浸出液，pH 6.5 | 10.5 | 35 | 20 | | 3 | *a* |
| | G⁺ | 生长培养基 | 20.5 | 34 | 36 | 3 | 3 | *c* |
| | G⁺ | 水 | 20 | 34 | 10 | | 3.5 | *q* |
| | G⁺ | PS 或蒸馏水 | 20 | 35 | 120 | | 4.8* | *l* |
| | G⁺ | 生长培养基 | 40 | 37 | 60 | 4 | 4.8 | *y* |
| | G⁺ | 生长培养基 | 10 | 45 | 60 | | 5.7 | *y* |
| | G⁺ | 生长培养基 | 10 | 55 | 60 | | 6.0 | *y* |
| | G⁺ | 磷酸盐缓冲液（=pH 7） | 31 | 42.5 | 10 | | 6.4 | *r* |
| | G⁺ | 磷酸盐缓冲液 | 31 | 35 | 30 | | 7 | *r* |
| | G⁺ | 生长培养基 | 20.5 | 34 | 36 | 6 | 7* | *c* |
| 腐生葡萄球菌（*Staphylococcus saprophyticus*） | G⁺ | 生长培养基 pH 9 | 5.5 | 22 | 120 | | 0.7 | *d* |
| | G⁺ | 生长培养基 pH 7.4 | 5.5 | 22 | 120 | | 2.4 | *d* |

续表

| 微生物名称 | 种类 | 培养基 | 压力($P_{CO_2}$)/MPa | 温度/℃ | 时间/min | 循环次数 | 对数值减少量 | 参考文献 |
|---|---|---|---|---|---|---|---|---|
| | G$^+$ | 生长培养基 pH 5 | 5.5 | 22 | 120 | | 3.9 | d |
| 小肠结肠炎耶尔森菌（*Yersinia enterocolitica*） | G$^-$ | 脑心浸出液，pH 6.5 | 10.5 | 35 | 20 | | 3.8 | a |
| | G$^-$ | PS | 6 | 45 | 12 | | 5.5* | v |
| 拜氏接合酵母（*Zygosaccharomyces bailii*） | 酵母菌 | 脑心浸出液，pH 6.5 | 10.5 | 35 | 20 | | 0.4 | a |

注：BHI—脑心浸出液（Oxoid，贝辛斯托克镇，英国），PS—生理盐水，RT—室温；*—总值；

a—（Garcia-Gonzalez 等，2009）；b—（Lin 等，1994）；c—（Dillow 等，1999）；d—（Haas 等，1989）；e—（Fraser，1951）；f—（Debs-Louka 等，1999）；g—（Wei 等，1991）；h—（Lin.，1992）；i—（Nakamura 等，1994），j—（Enomoto 等，1997）；k—（Hong 和 Pyun，1999）；l—（Kamihira 等，1987）；m—（Ishikawa 等，1995）；n—（Werner 和 Hotchkiss，2006）；o—（Spilimbergo 等，2002）；p—（Spilimbergo 等，2003b）；q—（Spilimbergo 等，2003a）；r—（Sirisee 等，1998）；s—（Erkmen，2000a）；t—（Erkmen，2000b）；u—（Erkmen，2000c）；v—（Erkmen，2001a）；w—（Erkmen，2001b）；x—（Erkmen，1997）；y—（Huang 等，2009）。

### 8.3.4 CO$_2$ 灭活细菌的动力学

灭菌过程中微生物数量随时间的变化最常用存活曲线方程描述，它类似于化学反应的一级动力学模型：

$$\log N(t)/N_0 = -t/D$$

式中，$N(t)$ 和 $N_0$ 分别为时间 $t$ 和时间 0 处的微生物浓度，$D$ 为十进制减少时间，即使微生物数量减少 1 个对数值所需的时间（Perrut，2012）。然而，由于微生物、工艺和处理条件的不同，一些失活速率曲线或多或少是凹的，甚至是双相的（有两个不同的斜率）（Garcia-Gonzalez 等，2007）。在这些情况下，已经开发了替代模型来描述非对数线性数据。Xiong 等（1999）提出的一种模型，使用 4 个生物学和物理学上合理的动力学参数将 3 个不同的经典模型整合为 1 个模型。该通用表达式能够拟合 4 种最常见的存活曲线：对数线性曲线、带肩曲线、带尾曲线（即双相曲线）和 S 形曲线（Xiong 等，1999；Parton 等，2007）：

当 $t \leq t_{lag}$ 时，$\lg[N(t)/N_0] = 0$

当 $t > t_{lag}$ 时，$\lg[N(t)/N_0] = \lg\{f\exp[-k_1(t-t_{lag})] + (1-f)\exp[-k_2(t-t_{log})]\}$

式中，$f$ 为对 CO$_2$ 灭活更敏感的微生物占微生物总数 $N(t)$ 的比例，$(1-f)$ 为对灭活更耐受的微生物所占的比例；$k_1$ 和 $k_2$（$k_1 > k_2 > 0$）为这两部分微生物的死亡率常数；$t_{lag}$ 为滞后时长。当 CO$_2$ 灭活作用立即发生时，$t_{lag} = 0$。应通过拟合试验数据获得与悬浮在给定食物基质中的给定微生物种群的 CO$_2$ 处理相对应的 4 个不同动力学参数（Parton 等，2007）。即使只有 1 种细菌菌株存在，参数 $k_2$ 和 $f$ 对于解释底物（或食品）对 CO$_2$ 灭活微生物程度的强烈影响也是有用的：不同底物可以通过改变微生物种群分布、$CO_2$ 扩散率、pH 和缓冲性能等，严重影响死亡率常数和滞后时间，从而阻止病原体的失活。例如，苹果汁阻碍了 $CO_2$ 灭活酵母菌（Parton 等，2007）。

# 8.4　高压 $CO_2$ 处理乳及乳制品

## 8.4.1　生乳和巴氏杀菌乳的微生物菌群

冷藏生乳和巴氏杀菌乳、农家干酪和类似产品的微生物降解会导致风味、质地和外观的变质（Hotchkiss 等，2006）。在冷藏生乳中鉴定出了 81 种不同的菌株（Ternstrom 等，1993）。Fromm 和 Boor（2004）测得 3 个不同乳制品加工厂的生乳的平均细菌总数为 4~4.8 个对数值（CFU/mL）（12000~66000CFU/mL），这远远低于巴氏杀菌前 5.5 个对数值（CFU/mL）（300000CFU/mL）的规定上限。经过高温短时巴氏杀菌后，根据乳制品加工厂的不同，商业液态乳的细菌总数通常达到下面的平均水平（Fromm 和 Boor，2004）：

第 1 天 1.5~3.5 个对数值（CFU/mL）；

第 7 天 2.3~3.5 个对数值（CFU/mL）；

第 14 天 2.5~6.5 个对数值（CFU/mL）；

第 17 天 3.0~7.2 个对数值（CFU/mL）。

导致乳制品腐败的微生物包括（Ternstrom 等，1993；Jay，2000；Boor 和 Murphy，2002；Chambers，2002；Fromm 和 Boor，2004；Hotchkiss 等，2006；Martin 等，2012a）如下几种情况。

①冷藏时，在生乳中发现革兰氏阳性（$G^+$）和单兰氏阴性（$G^-$）嗜冷菌。据报道，革兰阴性菌包括假单胞菌、不动杆菌（*Acinetobacter*）、黄杆菌（*Flavobacterium*）、肠杆菌（*Enterobacter*）、克雷伯氏菌（*Klebsiella*）、气杆菌（*Aerobacter*）、大肠埃希氏杆菌、沙雷氏菌（*Serratia*）、变形杆菌（*Proteus*）、气单胞菌（*Aeromonas*）、伯克霍尔德菌（*Burkholderia*）、寡养单胞菌（*Stenotrophomonas*）和产碱杆菌（*Alcaligenes*）（Ternstrom 等，1993；Hotchkiss 等，2006；Munsch-Alatossava 和 Alatossava，2006；Singh 等，2012）。假单胞菌属，荧光假单胞菌生物变种 Ⅰ（*P. flucrescens biovar* Ⅰ），莓实假单胞菌（*P. fragi*），隆德假单胞菌（*P. lundensis*）和荧光假单胞菌生物变种 Ⅲ（*P. flucrescens biovar* Ⅲ）（Ternstrom 等，1993）占乳中 $G^-$ 菌数量的 50% 以上，并可被传统高温短时巴氏杀菌法杀死；然而，由于不完善的卫生程序，特别是灌装机，巴氏杀菌后液体乳被 $G^-$ 嗜冷菌污染是很常见的（Murphy，2009）。这些细菌能产生细胞外蛋白酶和脂肪酶，导致蛋白质和脂质降解，产生不良的异味，主要是"果味"（Hotchkiss 等，2006），使高温短时巴氏杀菌乳的冷藏货架期被限制在 14~17 天（Barbano 等，2006）。从生乳中分离出的革兰氏阳性、非芽孢杆菌包括丙酸菌（*Propionibacteria*）、葡萄球菌和几种乳酸菌，如链球菌（*Streptococcus*）、明串珠菌（*Leuconostoc*）、乳酸菌、乳球菌（*Lactococcus*）和肠球菌（*Enterococcus*）（Hantsis-Zacharov 和 Halpern，2007；Singh 等，2012）。这些微生物可以通过分泌蛋白酶和脂肪酶影响乳的品质；由于有机酸（如醋酸、乳酸）的产生，会导致 pH 下降和凝固，从而使食品酸败（Jay，

2000）。导致乳酸败所需的 G⁺ 菌的数量通常高于 G⁻ 菌，而且其产生的变化可能不太明显（Hotchkiss 等，2006）。

②芽孢形成菌、耐热嗜冷菌、G⁺ 棒状芽孢杆菌、类芽孢杆菌和细小棒状杆菌是商业乳制品工厂中液体乳巴氏杀菌后存活下来的主要腐败微生物（Ranieri 等，2009；Ivy 等，2012）。在冷藏的巴氏杀菌乳中，大约25%的货架期问题是由耐热嗜冷菌引起的，主要是在乳中发酵生长的多粘芽孢杆菌（*Bacillus polymyxa*）和蜡样芽孢杆菌（Ternstrom 等，1993；Boor 和 Murphy，2002）。经过高温短时巴氏杀菌后，首先是芽孢杆菌，然后是类芽孢杆菌（*Paenibacillus*）在冷藏期间开始繁殖，令人惊讶的是，如果生乳在85℃而不是在72℃下进行巴氏杀菌，则生长得更快（Ranieri 等，2009；Martin 等，2012b）。它们诱导脂解和蛋白质水解产生异味：游离脂肪酸含量在17天内大约增加一倍，而酪蛋白则缓慢地分解成肽（Fromm 和 Boor，2004）。

③生乳中类芽孢杆菌和芽孢杆菌的孢子通常数量很少，但具有耐热性。由于产芽孢菌的生长，货架期17天，细菌总数<20000CFU/mL 的高温短时杀菌液态乳，通常会在21~28天变质（Barbano 和 Boor，2007；Martin 等，2012a）。

④在生乳中也发现了许多种类的真菌，如假丝酵母和地霉（*Geotrichum*），曲霉或青霉菌（Torkar 和 Vengušt，2008；Lavoie 等，2012）。

虽然乳中的细菌平板计数值主要与设备卫生有关，但由于奶牛乳腺炎引起的高体细胞数（Somatic cell count，SCC）也可能导致乳变质（Barbano 等，2006）。体细胞导致多种水解酶的释放，这些酶分解酪蛋白和乳脂肪，改变乳的成分。主要的蛋白水解酶为热稳定纤溶酶，主要的脂水解酶为脂蛋白脂肪酶。蛋白水解和脂解会释放游离脂肪酸和有苦味或涩味的短肽，从而引起酸败和苦味，尤其是乳在5℃下储存超过14天后（Ma 等，2003）。

## 8.4.2  食品成分对 $CO_2$ 杀菌作用的影响

Garcia-Gonzalez 等（2009）测试了不同参数以及在 BHI（Brain heart infusion broth）肉汤（初始 pH 6.5）中加入不同食物组分对 $sCO_2$ 灭活荧光假单胞菌（乳中主要腐败细菌）效果的影响，在10.5MPa 和35℃下处理20min（表8.2）（Garcia-Gonzalez 等，2009）。

①即使 $CO_2$ 吸附在多糖（例如马铃薯和玉米淀粉）上，添加高至30%的淀粉不会影响 $sCO_2$ 的杀菌力。在0~29.4MPa，$CO_2$ 的吸收率首先随压力线性增加，达到最大值，然后急剧下降至与压力无关的稳定水平（Hoshino 等，1993）。

②添加10%的乳清蛋白，由于乳清蛋白的缓冲特性阻碍了 pH 的降低，因此使 $sCO_2$ 的杀灭效果降低1个对数值。

③添加脂肪（高至30%的葵花籽油）将 $CO_2$ 溶解到有机相中，并从水相中抽走 $CO_2$，防止 pH 降低和与微生物接触，从而大大降低了杀菌效力。脂肪还可能改变细胞壁和细胞膜的结构，并阻碍 $CO_2$ 渗入细胞（Lin 等，1994）。

④较低的水分含量（或较低的水分活度）可保护细胞免受 $sCO_2$ 的灭活（Garcia-Gonzalez 等，2007）。

⑤低盐（NaCl）浓度（≥0.5%）会降低 $CO_2$ 效力，但盐浓度非常高（高达23%）可以使荧光假单胞菌的杀灭率提高几个对数值，直至完全失活。但是，添加盐对更耐盐的金黄色葡萄球菌几乎没有影响。

⑥不同的乳化剂可以改善 $CO_2$ 在水性介质中的溶解度，并增加细胞膜的通透性，从而提高 $CO_2$ 的效力。例如，蔗糖硬脂酸酯（0.01%~0.05%）使荧光假单胞菌的灭活增加1.8个对数值，而含10%卵磷脂的蛋黄，由于蛋黄中脂肪的相反作用，仅使荧光假单胞菌的灭活增加1个对数值。在一项研究中，0.01%的蔗糖单月桂酸酯有助于单核细胞增生李斯特氏菌的失活（Kim 等，2008）。

⑦醇类（甘油）的浓度高达20%时，对微生物没有明显的作用，但在高浓度（33%）时可以保护荧光假单胞菌和金黄色葡萄球菌。这可能是由于甘油容易穿过细胞膜并提供平衡，使微生物免受渗透压的影响。

⑧与甘油类似，糖（蔗糖）在浓度高达26%时，对荧光假单胞菌和金黄色葡萄球菌没有影响，但在更高的含量（52%）下可以保护荧光假单胞菌和金黄色葡萄球菌免受 $CO_2$ 的影响。

⑨介质的初始 pH 影响 $CO_2$ 产生的 pH 下降效果，从而影响杀灭效果，在更高 pH 时杀菌效果较差，而在较低 pH 时杀菌效率较好。另外，较低的 pH 也可以增加细胞对 $CO_2$ 的渗透性。

⑩黏度高于 $2.2 \times 10^{-3} Pa \cdot s$（通过添加5%~30%明胶）会阻碍 $CO_2$ 在整个培养基中的混合和扩散，从而大大降低了 $CO_2$ 的灭活效果。

鉴于以上研究，$sCO_2$ 杀菌在商业生产上对具有以下几个属性的食品，将是最有效的：低脂肪含量；高水分活度；中低糖、醇类和蛋白质含量；低 pH；低黏度。许多类型的饮料都非常符合这些要求。对于其他某些食品，加入大量盐或少量乳化剂可大大提高该过程的效率。

表 8.2 加压 $CO_2$ 对接种微生物的巴氏杀菌乳、生乳和各种食品原料中微生物的灭活作用

| 微生物名称 | 种类 | 培养基 | 压力 $(P_{CO_2})$ /MPa | 温度/℃ | 时间/min | $CO_2$ 质量分数/%, pH | 对数值减少量 | 参考文献 |
|---|---|---|---|---|---|---|---|---|
| 热杀索丝菌（*Brochothrix thermosphacta*） | G⁺ | PS | 6 | 45 | 5 | 不混合 | 6* | u |
| | | 全脂乳 | 6 | 45 | 150 | 不混合 | 0.4 | u |
| | | 脱脂乳 | 6 | 45 | 150 | 不混合 | 1.9 | u |
| 粪肠球菌（*Enterococcus faecalis*） | G⁺ | PS | 6 | 45 | 15 | 不混合 | 8* | t |
| | | 全脂乳 | 6 | 45 | 1440 | 不混合 | 5.8* | t |
| | | 脱脂乳 | 6 | 45 | 960 | 不混合 | 5.8* | t |
| 大肠杆菌（*Escherichia coli*） | G⁻ | 营养肉汤 | 10 | 30 | 50 | 不混合 | 7.5* | w |
| | | 全脂乳 | 10 | 30 | 360 | 不混合 | 1.2 | w |
| | | 脱脂乳 | 10 | 30 | 360 | 不混合 | 2.2 | w |

续表

| 微生物名称 | 种类 | 培养基 | 压力（$P_{CO_2}$）/MPa | 温度/℃ | 时间/min | $CO_2$质量分数/%，pH | 对数值减少量 | 参考文献 |
|---|---|---|---|---|---|---|---|---|
| 单核细胞增生李斯特氏菌（Listeria monocytogenes） | G⁺ | PS | 6 | 45 | 60 | 不混合 | 7* | s |
| | | 生长培养基 | 6.9 | 45 | 8 | | 9.9* | b |
| | | 全脂乳 | 6.9 | 45 | 60 | | 1 | b |
| | | 低脂乳 | 6.9 | 45 | 60 | | 5.9 | b |
| | | 低乳糖脱脂乳 | 6.9 | 45 | 60 | | 6.2 | b |
| | | 脱脂乳 | 6 | 45 | 960 | | 6.5* | s |
| | | 全脂乳 | 6 | 45 | 1440 | | 6.9* | s |
| 假单胞杆菌属（Pseudomonas fluorescens） | G⁻ | 脑心浸出液，pH 6.5 | 10.5 | 35 | 20 | | 4 | a |
| | | +1%~30%淀粉 | 10.5 | 35 | 20 | | 4，无淀粉的作用 | a |
| | | +0.5%~23%氯化钠 | 10.5 | 35 | 5 | | 0.5%为2~3；2%~8%为4~5；16%为7；23%为7.5* | a |
| | | +0.5%吐温80 +1%~30%葵花籽油 | 10.5 | 35 | 20 | | 0为6；1%为5；10%为4；30%为3 | a |
| | | +10%蛋黄 | 10.5 | 35 | 20 | | 5 | a |
| | | +0.01%~0.05%蔗糖硬脂酸酯乳化剂 | 10.5 | 35 | 20 | | 5~5.8 | a |
| | | +5%~30%明胶 | 10.5 | 35 | 20 | | 5%为3，10%~15%为2；30%为0.5 | a |
| | | +3%~33%甘油 | 10.5 | 35 | 20 | | 至20%无变化，33%为2.6 | a |
| 荧光假单胞菌（Pseudomonas fluorescens） | G⁻ | +7%~52%蔗糖 | 10.5 | 35 | 20 | | 至26%无变化，52%为1.5 | a |
| | | +1%乳清蛋白 | 10.5 | 35 | 20 | | 3.8 | a |
| | | +10%乳清蛋白 | 10.5 | 35 | 20 | | 3 | a |
| | | 脱脂乳 | 10.3 | 30 | 10 | 6.6% | 1.3 | n |

续表

| 微生物名称 | 种类 | 培养基 | 压力（$P_{CO_2}$）/MPa | 温度/℃ | 时间/min | $CO_2$质量分数/%,pH | 对数值减少量 | 参考文献 |
|---|---|---|---|---|---|---|---|---|
| | | 脱脂乳 | 20.7 | 30 | 10 | 13.2% | 2.9 | n |
| | | 脱脂乳 | 20.7 | 35 | 10 | 6.6% | 3.5 | n |
| | | 脱脂乳 | 10.3 | 35 | 10 | 13.2% | 3.7 | n |
| | | 脱脂乳 | 13.8 | 35 | 10 | 13.2% | 4.2 | n |
| | | 脱脂乳 | 20.7 | 35 | 10 | 13.2% | 5 | n |
| | | 全脂乳 | 气泡 | 50 | 35 | 0.066%,pH 6.25 | 3.5 | z |
| | | 全脂乳 | 气泡 | 50 | 35 | 0.092%,pH 6.13 | 4 | z |
| | | 全脂乳 | 气泡 | 50 | 20 | 0.158%,pH 6.04 | 7* | z |
| 金黄色葡萄球菌（Staphylococcus aureus） | G⁺ | 脑心浸出液，pH 6.5 | 10.5 | 35 | 20 | | 3 | a |
| | | +23%氯化钠，pH 6.5 | 10.5 | 35 | 20 | | 4 | a |
| | | +52%蔗糖，pH 6.5 | 10.5 | 35 | 20 | | 0.2 | a |
| | | +33%甘油，pH 6.5 | 10.5 | 35 | 20 | | 1.2 | a |
| | | 全脂乳 | 6 | 25 | 120 | 不混合 | 0.2 | x |
| | | 全脂乳 | 7 | 25 | 120 | 不混合 | 1.1 | x |
| | | 全脂乳 | 8 | 25 | 120 | 不混合 | 2.2 | x |
| | | 全脂乳 | 9 | 25 | 120 | 不混合 | 4.2 | x |
| | | 全脂乳 | 10 | 25 | 120 | 不混合 | 5.1 | x |
| | | 全脂乳 | 12 | 25 | 180 | 不混合 | 5.8 | x |
| | | 全脂乳 | 14.6 | 25 | 300 | 不混合 | 5.8* | x |
| | | 脱脂乳 | 6 | 25 | 120 | 不混合 | 0.4 | x |
| | | 脱脂乳 | 7 | 25 | 120 | 不混合 | 1.7 | x |
| | | 脱脂乳 | 8 | 25 | 120 | 不混合 | 2.9 | x |
| | G⁺ | 脱脂乳 | 9 | 25 | 60 | 不混合 | 4.2 | x |
| 生乳（新鲜或陈的） | 混合 | 全脂乳 | 6 | 45 | 150 | 不混合 | 0.7 | u |

续表

| 微生物名称 | 种类 | 培养基 | 压力<br>($P_{CO_2}$)<br>/MPa | 温度/<br>℃ | 时间<br>/min | $CO_2$<br>质量分数<br>/%,pH | 对数值<br>减少量 | 参考<br>文献 |
|---|---|---|---|---|---|---|---|---|
| 原生需氧菌群（Native aerobic flora） | | 脱脂乳 | 6 | 45 | 120 | 不混合 | 2.7 | *u* |
| | | 脱脂乳 | 6 | 45 | 360 | 不混合 | 2.9 | *s* |
| | | 脱脂乳 | 6 | 45 | 360 | 不混合 | 2.9* | *v* |
| | | 脱脂乳 | 10.3 | 30 | 10 | 不混合 | 1.2 | *n* |
| | | 脱脂乳 | 10.3 | 35 | 10 | 6.6% | 3.1 | *n* |
| | | 脱脂乳 | 13.8 | 35 | 10 | 6.6% | 3.5 | *n* |
| | | 脱脂乳 | 20.7 | 30 | 10 | 6.6% | 3.6 | *n* |
| | | 脱脂乳 | 20.7 | 30 | 10 | 13.2% | 3.9 | *n* |
| | | 脱脂乳 | 10.3 | 35 | 10 | 13.2% | 3.8 | *n* |
| | | 脱脂乳 | 13.8 | 35 | 10 | 13.2% | 4.7 | *n* |
| | | 脱脂乳 | 17.2 | 35 | 10 | 13.2% | 5.2 | *n* |
| | | 脱脂乳 | 20.7 | 35 | 10 | 13.2% | 5.4 | *n* |
| | | 脱脂乳 | 48.3 | 40 | 10 | 13.2% | 4.5 | *n* |
| | | 脱脂乳 | 48.3 | 40 | 10 | 0.3% | 2.6 | *n* |
| | | 脱脂乳 | 48.3 | 40 | 10 | 0 | 2.5 | *n* |
| | | 全脂乳 | 6 | 45 | 960 | 不混合 | 4.6 | *s* |
| | | 全脂乳 | 6 | 45 | 960 | 不混合 | 4.9* | *v* |
| | | 全脂乳 | 6 | 45 | 1440 | 不混合 | 5.8* | *t* |
| | | 脱脂乳 | 6 | 45 | 960 | 不混合 | 5.8* | *t* |
| | | 全脂乳 | 9 | 25 | 60 | 不混合 | 3.0 | *x* |
| | | 脱脂乳 | 9 | 25 | 60 | 不混合 | 3.1 | *x* |
| | | 全脂乳 | 9 | 25 | 120 | 不混合 | 4.1 | *x* |
| | | 脱脂乳 | 9 | 25 | 120 | 不混合 | 完全失活 | *x* |
| | | 全脂乳 | 10 | 25 | 120 | 不混合 | 5.8 | *x* |
| | | 全脂乳 | 12 | 25 | 180 | 不混合 | 6.2 | *x* |
| | | 脱脂乳 | 15 | 35~38 | 15 | 30%~33% | N/A 货架期<br>>35 天 | *y* |
| | | 全脂乳 | 25 | 50 | 70 | 不混合 | 5.0 | *aa* |

续表

| 微生物名称 | 种类 | 培养基 | 压力<br>($P_{CO_2}$)<br>/MPa | 温度/<br>℃ | 时间<br>/min | $CO_2$<br>质量分数<br>/%，pH | 对数值<br>减少量 | 参考<br>文献 |
|---|---|---|---|---|---|---|---|---|
| 原生酵母菌和霉菌 | | 全脂生乳 | 25 | 40 | 70 | 不混合 | 3.2 * | aa |
| 原生大肠杆菌 | | 全脂生乳 | 25 | 20 | 70 | 不混合 | 2.2 * | aa |

注：*—总值，PS—生理盐水，不混合—将装有10mL乳样品的试管置于静态加压的 $CO_2$ 下；
a—（Garcia-Gonzalez 等，2009）；b—（Lin 等，1994）；n—（Werner 和 Hotchkiss，2006）；s—（Erkmen，2000a）；t—（Erkmen，2000b）；u—（Erkmen，2000c）；v—（Erkmen，2001a）；w—（Erkmen，2001b）；x—（Erkmen，1997）；y—（Di Giacomo 等，2009）；z—（Hotchkiss 和 Loss，2006）；aa—（Hongmei 等，2014）。

尽管液态乳没有低的pH，但其脂肪、蛋白质和糖分含量，低黏度和高水分含量使其成为 $CO_2$ 杀菌（尤其是脱脂乳）的可行对象。但是，高压 $CO_2$ 处理对高蛋白和高糖含量（如酸乳）和高脂肪含量（如软干酪和奶油）的较浓稠的乳制品中微生物的灭活效果稍差；研究发现，在这些情况下，有时用低压 $CO_2$ 酸化是防止常规巴氏杀菌后细菌滋生并延长货架期的一个很好的选择（第8.5节）。在干乳制品（蛋白质粉、乳糖粉、脱脂乳粉、干酪等）中，$CO_2$ 的抗菌能力最弱，因为 $CO_2$ 需要水来溶解，降低pH并渗入细胞内。干燥的细胞壁收缩，孔隙较少，柔韧性差，$CO_2$ 难以渗透（Kamihira 等，1987；Lin 等，1993；Dillow 等，1999）。

### 8.4.3　高压 $CO_2$ 处理生乳

根据规定，A级生乳标准如下：来自单一生产商的细菌总数<100000CFU/mL（5个对数值），或混合生乳的细菌总数<300000CFU/mL（5.5个对数值）且体细胞<750000 SCC/mL（5.9个对数值）。杀菌后，细菌总数必须保持低于20000CFU/mL（4.3个对数值）（FDA，2011）。

表8.2列出了关于高压 $CO_2$ 对生乳的天然微生物菌群，以及接种的荧光假单胞菌或可能在全乳或脱脂乳中出现的不同病原体（例如单核细胞增生李斯特氏菌）的抗菌作用的现有研究，这些病原体在多达7%的生乳散装储罐取样中被发现（Oliver 等，2009）。$CO_2$ 对所研究的所有细菌均具有不利作用，但是，在所有情况下，灭活的程度都随着 $CO_2$ 压力、温度、暴露时间、能改变相应pH的 $CO_2$ 与生乳的进料比（$CO_2$ 浓度）以及 $CO_2$ 在乳中的分散方式（或没有混合）的不同而发生很大的变化。

在最佳加工条件下（充分混合，在高的温度、压力、时间和浓度下连续处理），$sCO_2$ 处理可以取得与高温短时巴氏杀菌相同或更好的减少微生物数量的效果（Werner 和 Hotchkiss，2006）。例如，在15MPa和35~40℃下以0.33的 $CO_2$ 与乳的进料比处理脱脂乳可将货架期延长至35天或更长（Di Giacomo 等，2009）。但是，在相同的加工条件下，由于存在乳脂，全脂乳中微生物的失活程度始终低于脱脂乳中的失活程度（Lin 等，1994；Erkmen，2001b），并且一些加工参数必须增加（例如，更长的停留时间或更高的浓度），以使全脂乳的杀菌效果与脱脂乳相同。

在乳中 $CO_2$ 混合的方式可以极大地提高杀菌效果：例如，在大约 6MPa 和 45℃ 下，在不到 1h 内将充分混合试验中的脱脂乳中李斯特氏菌减少了 6 个对数值，然而，在不混合的试验中，$CO_2$ 缓慢扩散穿过生乳表面（表 8.2），同样减少 6 个对数值需要大约 16h。

$CO_2$ 与乳的进料比与 $CO_2$ 浓度同样重要，乳中添加高压 $CO_2$ 导致 pH 降低，因此其杀灭效果不仅取决于 $CO_2$ 压力，还取决于可溶解在乳中的 $CO_2$ 量。表 8.2 列出了在完全相同条件（压力、温度、时间），但不同 $CO_2$ 与乳的进料比下进行的几个试验，灭活水平差异很大。此外，保持温度远低于 45℃ 并通过调节 $CO_2$ 浓度控制乳的 pH 是防止 pH 降至 4.6（酪蛋白的等电点）或更低的关键，可防止酪蛋白从乳中沉淀析出。

在采用最佳操作参数设置的情况下，$sCO_2$ 处理对于脱脂乳而言是一种温和且有效的杀菌工艺，可使产品有较长的货架期，同时保持新鲜未加工产品的感官特性（第 8.6 节）（Di Giacomo 等，2009）。可以通过以下两种方式提高 $sCO_2$ 杀菌工艺对全脂乳的杀菌效果，一是可以与高温短时杀菌结合使用，二是通过离心将奶油与生乳分离（通常的做法），用 UHT 处理奶油，用 $sCO_2$ 处理脱脂乳，并重新将奶油和脱脂乳混合。以上两种方法可以提供 35 天以上的货架期，而不会影响乳的感官特性。当然，建议在中试规模上对整个过程进行验证，并进行经济可行性研究（Di Giacomo 等，2009）。

就乳中的孢子失活而言，仅用高压 $CO_2$ 处理是不够的（Werner 和 Hotchkiss，2006）。有研究建议在 $CO_2$ 处理之前使用脉冲电场（Pulsed electric field，PEF）来减少模型甘油溶液中的孢子数：第一步，用至少 25kV/cm 和 20 个脉冲施加脉冲电场，第二步是在 40℃ 和 20MPa 下进行 $sCO_2$ 处理 24h，以有效减少芽孢杆菌孢子至少 3 个数量级（Spilimbergo 等，2003a）。脉冲电场在乳中的应用已得到广泛研究（第 5 章）。

## 8.5 低压 $CO_2$ 注入（碳酸化）以延长液态乳和软乳制品的货架期

### 8.5.1 碳酸化的优势

冷藏生乳并不会阻止嗜冷菌的生长，这些嗜冷菌会产生细胞外酶，诱导脂解和蛋白质水解，影响乳和乳制品的品质。这些酶是耐热的，不会被随后的生乳热巴氏杀菌破坏。当嗜冷菌的数量超过 $10^6 CFU/mL$ 时，酶的活性变得显著，并导致 UHT 乳凝胶，在许多乳制品中出现异味，干酪产量下降（Muir，1996；Vianna 等，2012）。在 UHT 乳中，天然乳蛋白酶（如纤溶酶）或嗜冷细菌产生的耐热蛋白酶的蛋白质酶解会增加乳的黏度，并导致凝胶的形成，从而使乳变质（Fox 和 McSweeney，1998；Datta 和 Deeth，2001）。除了老化胶凝，疏水性肽的释放会导致苦味，脂肪酸的分解会产生酸臭味，这些感官缺陷限制了 UHT 乳的货架期（Datta 和 Deeth，2001；Vianna 等，2012）。

在生乳中注入低压 $CO_2$（碳酸化）是一种延长生乳保存期的有效方法，可以抑制生乳中嗜冷菌的生长，而又不降低质量，还可以延长碳酸化生乳生产的杀菌乳的货架期（Hotchkiss 和 Loss，2006）。注入或鼓入少量 $CO_2$ 后，乳的 pH 会稍微降低至 6 左右，然后开始出现第

8.3.1 节中列出的某些机理。例如，乳上方和内部的氧气被 $CO_2$ 逐出并取代，因为 $CO_2$ 在水中和脂肪中的溶解度均比 $O_2$ 高。去除 $O_2$ 会影响需氧菌的生长，并使某些可降解乳制品的氧化反应降至最小（Heyndrickx 等，2010）。$CO_2$ 的存在延长了好氧 $G^-$ 嗜冷菌（例如荧光假单胞菌）的迟缓期和传代时间（Hendricks 和 Hotchkiss，1997；Vianna 等，2012），因此，减慢了这些细菌产生蛋白质水解酶和脂解酶的速度（Ma 等，2003；Martin 等，2003）。冷藏 10 天后，碳酸化的生乳中游离脂肪酸和可溶性氮含量显著低于非碳酸化生乳（Ravindra 等，2014a），从而延长了保存期。

正如前面所提到的，$CO_2$ 并不是均等地抑制所有的微生物：某些 $G^+$ 嗜冷菌，如乳酸菌，似乎较少受到乳碳酸化的影响（Hendricks 和 Hotchkiss，1997）。而保持合适的冷藏条件对于抑制厌氧病原菌［如肉毒梭菌（*Clostridium botulinum*）、单核细胞增生李斯特氏菌和小肠结肠炎耶尔森氏菌（*Yersenia enterocolitica*）］的生长很重要，因为这些细菌在高 $CO_2$ 浓度下，可能更有利（Singh 等，2012）。

将 $CO_2$ 直接添加到乳和软乳制品中的一些其他优点包括：由于低温下 $CO_2$ 溶解度增加，而具有更好的效果；保持食品的新鲜度、外观、营养和感官品质；没有防腐剂和污染物，因为一旦打开包装，$CO_2$ 就会自然地从食物中挥发掉；是一种低劳动力和低能源成本的加工工艺；能降低运输成本并延长乳和乳制品的储存期（Hagemeyer 和 Hotchkiss，2011；Singh 等，2012）。

## 8.5.2 $CO_2$ 处理是否影响乳制品的品质和功能

研究证明，在没有 $CO_2$ 的情况下，高压处理会改变蛋白质的二级和三级结构以及某些功能特性（Foegeding 和 Davis，2011）；但是，这种不可逆的变性需要超过 300MPa 的压力（Bertucco 和 Spilimbergo，2006）。在 $CO_2$ 处理期间，添加到乳和乳制品中的 $CO_2$ 压力始终远低于此值。尽管如此，由于 $CO_2$ 的酸化和溶剂化特性，它可以在较低的压力下影响乳蛋白，因为 $CO_2$ 溶解后会吸附在酪蛋白胶束上，并生成碳酸，从而与内部稳定胶束的钙离子结合（Dalgleish 和 Corredig，2012）。在低温（5～20℃）和高达 0.7MPa 的压力下向乳中注入 $CO_2$ 不会导致蛋白质沉淀，即使在储存 9 天后也是如此（Rajagopal 等，2005）。然而，$CO_2$ 的变性作用随温度和压力以及注入乳中 $CO_2$ 体积比的增加而增加。接近或高于 $CO_2$ 的临界点（接近 $T=30\sim40℃$，$P=7\sim10MPa$），并且在高 $CO_2$ 进料比的情况下，高达 10%（质量分数）的 $CO_2$ 吸附到酪蛋白胶束上（Nakamura 等，1991）并开始结合钙离子，使酪蛋白沉淀（Tomasula 等，1995）。当温度升高到 60℃ 或更高，压力高于临界点时，$sCO_2$ 触发不同乳清蛋白的沉淀，具体取决于温度和压力（Bonnaillie 和 Tomasula，2012b）。

为了防止在 $CO_2$ 处理过程中乳蛋白沉淀，乳的温度、$CO_2$ 压力或注入乳中的 $CO_2$ 量必须保持相对低。例如，将生乳碳酸化至 pH 6.4（初始乳 pH 为 6.9），在随后的巴氏杀菌过程中不会触发蛋白质变性或乳糖的异构化，也不会影响巴氏杀菌乳的感官特性；而巴氏杀菌前碳酸化至 pH 6.2～6.0 可能会轻微影响乳的感官特性（Olano 等，1992）。生乳在 4℃ 的冷藏过程中，通过用 $CO_2$ 对生乳加压 1h，可以显著降低 pH（低至 pH 5.2），而不会不可逆地影响生乳的任何物理化学性质。酪蛋白胶束的大小和缓冲能力在用 $CO_2$ 酸化后会暂时降低，但在用真空去除 $CO_2$ 恢复到中性 pH 后，或在冷藏一段时间后，所有变化都直接恢复。冷藏中碳酸化也不会改变乳的酸凝胶特性（Guillaume 等，2004a，2004b；Raouche 等，2007）。

同样，由于 $CO_2$ 溶解在乳中时会生成碳酸氢盐——大约在 pH 6.3 时，约有 88% 的溶解 $CO_2$ 以 $CO_2$ 水溶液 $[CO_{2(aq)}]$ 的形式存在，有 2% 以碳酸、10% 以碳酸氢盐的形式存在（Hotchkiss 等，2006）——因此盐的平衡可以通过形成碳酸钙和其他盐类改变，但是在脱气和 pH 恢复中性后，盐类会重新溶解，无机磷酸盐、钙和镁的浓度会恢复正常（Olano 等，1992；Guillaume 等，2004a，2004b）。

乳的感官品质似乎在 $CO_2$ 加工过程中也得以保留。许多感官研究表明，用 $CO_2$ 处理过的不同果汁与未经处理的果汁是无法区分的（Gunes 等，2005；Kincal 等，2006；Ferrentino 等，2009）。通常用 $CO_2$ 处理过的果汁与巴氏杀菌果汁相比，前者在冷藏过程中保留了更多的抗坏血酸、花青素、可溶性酚和抗氧化物（Garcia-Gonzalez 等，2007）。在用 $CO_2$ 处理生乳的温和温度下，维生素也不会被破坏。Di Giacomo 等（2009）在 $P=15MPa$ 和 $T=35\sim38℃$ 条件下，使用约 0.3 的 $CO_2$ 与乳的进料比，让乳与 $CO_2$ 接触 15min，然后每日将冷藏的乳提交给感官专家小组。该小组成员认为，$sCO_2$ 处理过的乳在长达 35 天的时间内感官特性都令人满意，而且始终比相同日期的高温短时巴氏杀菌乳的味道更好。然而，当 $CO_2$ 压力增加时，$CO_2$ 倾向于在减压过程中从乳中提取更多的芳香化合物，并可影响感官特性（Di Giacomo 等，2009）。

### 8.5.3 碳酸化生乳

在冷藏生乳中添加 $CO_2$ 可能是一种有效且经济的方法，既可以延长牧场或加工厂的冷藏生乳存储期，又可以实现生乳的远距离运输。常规生乳在巴氏杀菌之前只能保存几天，保存时间再延长就会开始变质并产生异味。相反，碳酸化生乳可减缓嗜冷菌的生长，从而降低脂解和蛋白质水解作用，将冷藏（$4\sim7℃$）保存期延长至 6 天以上（Rowe，1989；Sierra 等，1996）。生乳的保存期通过其微生物总数衡量，并与巴氏杀菌前后的最高允许值进行比较 [A 级生乳巴氏杀菌前的细菌总数最高允许值是 5.5 个对数值（CFU/mL），巴氏杀菌后的细菌总数最高允许值是 4.3 个对数值（CFU/mL）（FDA，2011）]；当细菌总数超过这些限值时，生乳被认为是变质的。通过 $CO_2$ 鼓泡几分钟或将生乳保持在低压 $CO_2$ 环境下（最高 0.7MPa），将多达 60mmol/L 的食品级 $CO_2$ 引入生乳（或高达 1500mg/L），是将其保存期延长至 6 天或以上的有效方法。$CO_2$ 溶解后可使 pH 降低（最好是降到 $6.0\sim6.2$），从而有效抑制生乳中的原生微生物以及嗜冷菌，如假单胞菌的生长。Vianna 等（2012）发现，在 4℃下 6 天后，碳酸化生乳的标准平板计数（the Standard plate count，SPC）[3.51 个对数值（CFU/mL）] 与起始生乳 [3.45 个对数值（CFU/mL）] 相比几乎没有变化，远远低于未经处理的生乳样本 [6.44 个对数值（CFU/mL）]。6 天之后，经过 $CO_2$ 处理的生乳仍然符合 A 级标准，而未经处理的生乳则已变质（Vianna 等，2012）。Rajagopal 等（2005）同样证明，在标准平板计数达到 4.30 个对数值（CFU/mL）（巴氏杀菌乳的最高允许限量）之前，A 级生乳的冷藏（4℃）保存期可以翻倍，从 4 天增加到 8 天（Rajagopal 等，2005）。使用高质量的生乳 [即初始平板计数（SPC）和体细胞数（SCC）较低]，可以在 4℃ 下保存 14 天（Ma 等，2003）。

除了能使冷藏生乳的标准平板计数保持低值外，碳酸化作用还可以在较长时期内有效抑制不同接种微生物的生长。在 6℃ 冷藏接种了肉毒梭菌孢子的碳酸化生乳中，即使在 60 天后，在所有处理过的样品中都未检测到导致肉毒杆菌中毒的肉毒毒素，并且肉毒梭菌也没有生长。标准平板计数低于对照样品，并随着 $CO_2$ 浓度的增加而降低（Glass 等，1999）。在乳中接种蜡样芽孢杆菌观察到了类似的结果，在 6℃下 35 天后，蜡样芽孢杆菌既没有死亡也没有生长（Werner 和 Hotchkiss，2002）。在高于冷藏温度（15℃）下，$CO_2$ 可以减少和延迟生乳中天然细菌以及接种到灭菌乳中单个菌株的生长，取决于 $CO_2$ 的浓度，最多可延迟 24h（Martin 等，2003）。$CO_2$ 可以有效抑制，甚至杀灭荧光假单胞菌、大肠杆菌、单核细胞增生李斯特氏菌、粪肠球菌、蜡状芽孢杆菌和地衣芽孢杆菌（Bacillus licheniformis）。试验观察到 $CO_2$ 对 $G^-$ 细菌的作用最强，在 50mmol/L $CO_2$ 下几天后，粪肠球菌大量减少，大肠杆菌几乎完全被杀死（Martin 等，2003）。

尽管低压 $CO_2$ 处理降低了乳的 pH 和冰点，但并不会影响冷藏生乳的理化品质和营养品质，相反，它比单独冷藏更好地保存了乳中的各种成分。未经处理的生乳通常会经历快速的酶促脂解和蛋白水解作用，并在运输和存储过程中产生异味（Vianna 等，2012）；溶解的 $CO_2$ 会减少微生物的生长和微生物蛋白酶的产生，以及微生物诱导的脂解作用，而酸性 pH 会使碱性蛋白酶（如纤溶酶）失活（Ma 等，2003）。在 pH 6.0～6.2、4～7℃下放置 6 天后，经 $CO_2$ 处理的生乳比未经处理的生乳含更少的游离脂肪酸，表明脂解作用更少，并且总蛋白质、酪蛋白和乳清蛋白的含量不受碳酸化作用或随后巴氏杀菌前真空作用的影响（Vianna 等，2012）。维生素也比未处理的乳更好地保留，包括全反式视黄醇、$\beta$-胡萝卜素、$\alpha$-生育酚、$\gamma$-生育酚、核黄素、13-顺式-视黄醇和硫胺素（Sierra 等，1996），而且当使用低于 40mmol/L 的 $CO_2$ 时，在长时间储存中，乳脂含量、糖含量以及储存期间的感官和生化特性均没有变化或变化很小（Ruas-Madiedo 等，1996a，1998b，2000；Wang 和 Li，2007）。

向生乳中注入 $CO_2$ 的过程可能包括向乳管道中喷射 $CO_2$，或通过在乳仓底部安装适当的气体喷射系统向乳仓中喷射 $CO_2$。在巴氏杀菌之前，乳应该在真空下脱气或通过向乳中喷射的流动氮气流（Ruas-Madiedo 等，1996b；Rajagopal 等，2005；Hotchkiss 等，2006；Hagemeyer 和 Hotchkiss，2011）减少巴氏杀菌机壁上沉积物的堆积（Calvo 和 De Rafael，1995）。

### 8.5.4　碳酸化的巴氏杀菌乳

一般来说，高温短时巴氏杀菌乳的货架期受到耐热嗜冷菌繁殖的限制，这些微生物在巴氏杀菌过程中没有被杀死，并且在生长过程中产生不良的味道（Fromm 和 Boor，2004）。向高温短时杀菌乳中添加略低于感官阈值（例如 1.8～3.2mmol/L）极低浓度的 $CO_2$，可以有效抑制耐热嗜冷菌的生长，并将乳的货架期延长 25%～200%（Hotchkiss 等，1999），具体取决于 $CO_2$ 浓度和储存温度：在 4℃时的货架期比在 6～7℃长，且添加更多 $CO_2$ 时更长（Hotchkiss 等，1999）。$CO_2$ 可以防止耐热芽孢在乳延长储存过程中萌发，例如蜡状芽孢杆菌芽孢，这种芽孢常见于乳和乳基产品（Bartoszewicz 等，2008），并且具有极强的热稳定性（Novak 等，2005；Luu-Thi 等，2014）。如果蜡状芽孢杆菌的芽孢萌发并生长，会触发乳中的蛋白水解和脂解作用，引起凝结和异味，并产生导致呕吐或腹泻的食源性疾病的毒素（Lindback 和 Granum，2013）。添加低压 $CO_2$ 既可以延长高温短时杀菌乳的货架期，在长期存储（35～60 天）中又不会促进蜡状芽孢杆菌或肉毒杆菌孢子的萌发和生长，并且不会增加食源性疾病的风险。

在巴氏杀菌前用 $CO_2$ 预处理生乳，可使微生物杀灭效果与 $CO_2$ 浓度成正比，与温度成指数关系。根据 Loss 和 Hotchkiss（2002）的研究，与仅加热相比，在 63℃ 的温度下，在生乳中添加 22mmol/L 的 $CO_2$ 不会显著降低平板计数；观察到的生存曲线是相同的，是多种微生物种群热灭活的典型曲线：与热敏微生物相对应的计数起初迅速减少，然后在 40min 内缓慢减少 1 个对数值（与耐热微生物相对应）。但是，与单独进行热处理相比，在较高温度（67~93℃）的巴氏杀菌后，较高的 $CO_2$ 浓度（44mmol/L）大大降低了最终标准平板计数（Loss 和 Hotchkiss，2002）。不同微生物种类对碳酸化和巴氏杀菌法联用或多或少是敏感的；例如，在 36mmol/L $CO_2$ 预处理的乳中接种荧光假单胞菌，并于 50℃ 加热 35min 后，荧光假单胞菌减少 5 个对数值，但是蜡状芽孢杆菌孢子在 89℃、25min 后几乎不受影响，与仅热处理的对照品相比有小于 0.3 个对数值的改善（Loss 和 Hotchkiss，2002）。$CO_2$ 注入巴氏杀菌生产线的位点也可能对微生物的灭活产生影响。例如，可以在回流段的升温时间，即保持管的前方或均质过程中的加压段加入 $CO_2$（Loss 和 Hotchkiss，2002）。

在巴氏杀菌之前用 $CO_2$ 酸化乳的一个问题是，如果在加热前未对 $CO_2$ 进行真空脱气，则在热交换器壁上会形成 2 倍的蛋白质沉积（Calvo 和 De Rafael，1995），这也会导致碳水化合物和乳蛋白的比例发生变化（Olano 等，1992）。

在超高温灭菌乳中，在灭菌前用 $CO_2$ 将其预先酸化至 pH 6.2（约 1000mg/L），然后进行脱气，可降低纤溶酶的活性，抑制嗜冷菌生长并产生热稳定的微生物蛋白酶，这会减慢 UHT 灭菌后的脂解和蛋白水解速度。未处理的对照组比 UHT 灭菌乳的蛋白质水解速度快 1.4 倍，这可能有助于延迟 UHT 乳的老化胶凝作用（Vianna 等，2012）。用 $CO_2$ 进行预处理不会对 UHT 乳的理化特性有不利影响，并可能进一步延长其货架期。此外，较低的脂解速率能够减缓具有强烈不良味道的短链和中链游离脂肪酸的产生，改善了乳的风味（Deeth，2006）。

### 8.5.5　农家干酪

农家干酪用 $CO_2$ 进行工业处理，以延长其货架期。为了抑制干酪表面和内部的嗜冷菌生长，在填充之前，用 $CO_2$ 冲洗干酪容器，以气泡形式将 $CO_2$ 加入整个干酪或奶油酱中，然后再次用 $CO_2$ 冲洗顶部空间，浓度为 10mmol/L 的 $CO_2$ 不会影响 pH 或风味（Moir 等，1993）。为了最大程度地利用碳酸化作用，农家干酪必须包装在 $CO_2$ 密闭容器中：常规的聚苯乙烯或聚烯烃塑料桶对 $CO_2$ 的渗透性很高，在存储过程中，$CO_2$ 的含量会迅速降低（Moir 等，1993），且常规摩擦盖不密封，不能阻止气体流失。为了在干酪储存过程中保持最初的 $CO_2$ 水平，桶和开口处的密封件都必须是良好的 $CO_2$ 屏障。或者，标准聚苯乙烯容器可以用高阻隔膜收缩包装（Hotchkiss 等，2006）。例如，将碳酸化农家干酪容器装在 2.3kg 高阻隔性聚合物袋中，在 4℃ 下可将其初始 $CO_2$ 浓度保持至少 29 天，同时可降低干酪中微生物的生长速率（Lee 和 Hotchkiss，1997），包括那些单核细胞增生李斯特氏菌（Chen 和 Hotchkiss，1993）。在容器外增加高阻隔热收缩膜，在 7℃ 下最多可保存 42 天，在 4℃ 下最多可保存 63 天，从而使农家干酪的冷藏货架期长达 9 周，而未碳酸化的农家干酪只能保存 3 周（Chen 和 Hotchkiss，1991）。

在商业生产上，通过为食品应用而设计的在线喷射装置，可将低压 $CO_2$ 注入干油状农家干酪的奶油酱中。要控制的几个参数包括：$CO_2$ 气泡的大小、温度、管线中的背压、停留时间以及填充过程（Hotchkiss 和 Lee，1996）。

### 8.5.6 酸乳

尽管 Choi 和 Kosikowski（1985）指出，在 4℃ 下以 50kPa 压力向甜味饮用型酸乳中添加 $CO_2$ 可以将其感官接受度和货架期从 30 天延长至 120 天，但随后的研究表明，碳酸化对饮用型酸乳和用勺子舀食型酸乳的保鲜作用都可以忽略不计。在过量的 $CO_2$ 产生气泡和泡沫之前，多达 1450mg/L（33mmol/L）的 $CO_2$ 可以溶解在冷藏（3.3℃）的用勺子舀食型模拟酸乳中，或在 17℃ 下可溶解 966mg/L（22mmol/L）的 $CO_2$（Taylor 和 Ogden，2002）；然而，酸乳中碳酸化的感官检测阈值只有 300mg/L（6mmol/L）左右（Wright 等，2003）。含低水平 $CO_2$ 的各种舀食型或饮用型风味酸乳（例如，在 8kPa 下起泡，或在 200kPa 下保持 2h）的酸化，不会显著改变其感官特性，也不会影响专家小组和消费者对其的接受度（Karagul-Yuceer 等，1999）；酸化不会抑制或杀死酸乳发酵剂和益生菌，也不会影响冷藏（4℃）多达 90 天的接种病原微生物的生长（Karagul-Yuceer 等，2001；Walsh 等，2014）。

如果酸乳是用 $CO_2$ 预处理过（在 pH 6.2 和 4℃ 下）并在巴氏杀菌前在 4℃ 下储存的生乳生产的，则发酵剂的生长和酸乳的感官特性均不会受到影响（Calvo 等，1999；Guei-monde 等，2003），或者可能比用未经处理的生乳生产的对照酸乳更好；例如，由经过 $CO_2$ 处理的乳制成的原味酸乳和益生菌酸乳，其中含有保加利亚乳杆菌（*Lactobacillus delbrueckii ssp. Bulgaricus*）和嗜热链球菌（*Streptoccocus thermophilus*）或嗜酸乳杆菌（*Lactobacillus acidophilus*），与对照酸乳相比，味道更新鲜，质地更硬，脱水收缩（即乳清分离）更少和总体可接受性更高（Ansari 等，2013）。

### 8.5.7 发酵和调味乳饮料

Ravindra 等（2014a，2014b）使用苏打瓶碳酸化装置研究了在 70~600kPa 的 $CO_2$ 下作用 10~120s，发酵和未发酵的调味乳饮料的碳酸化作用。在约 350kPa 的 $CO_2$ 下进行 30s 的处理似乎是最佳的方法，可以减缓嗜冷菌的生长并延长乳饮料的货架期，而不会降低试验消费者的接受度。在 15℃ 碳酸化后再冷藏，风味乳饮料变得更酸，同时几乎检测不到气泡，不会对感官特性（颜色和外观、风味、质地和总体接受度）产生负面影响，但冷藏 10 天后会显著降低游离脂肪酸和可溶性氮含量，并将可接受的货架期从 14 天延长至 30 天（Ravindra 等，2014a）。用乳酸乳球菌（*Lactococcus lactic*）发酵并在 7℃ 碳酸化的加糖 Lassi 饮料 pH 降低幅度微小，但与对照样品相比，蛋白质水解作用和脂解作用明显减少，且对感官品质没有不利影响。碳酸化抑制了冷藏过程中酵母菌和霉菌的生长，并使发酵 Lassi 饮料的货架期从 5 周延长至 12 周（Ravindra 等，2014b）。在益生菌饮料中［嗜酸乳杆菌/双歧杆菌（*Bifidobacterium bifidum*）/嗜热链球菌或嗜酸乳杆菌/嗜热链球菌］，对乳进行碳酸化可以加速发酵，而对产品的感官特性或益生菌发酵剂无不利影响。用 $CO_2$ 处理过的乳具有较高的酸度，可以增强某些益生菌培养物的生长和代谢活性。例如，许多嗜酸乳杆菌菌株的迟缓期缩短，而某些嗜热链球菌菌株的酸化能力增加，这缩短了 pH 达到 5 所需的时间（Vinderola 等，2000；Gueimonde 和 de los Reyes-Gavilan，2004）。同时，$CO_2$ 抑制了某些接种病原体的生长，例如蜡状芽孢杆菌（Noriega 等，2003）。因此，碳酸化可能是减少益生菌发酵乳生产时间，同时最大程度减少蜡状芽孢杆菌污染风险的有效方法。

### 8.5.8　黄油、酸奶油和冰淇淋

$CO_2$ 在脂类中的溶解度很高，可以通过在 $CO_2$ 环境下搅拌将其添加到黄油中，让它在整个搅拌过程中与黄油混合。如果将黄油包装在密闭的容器中，$CO_2$ 会抑制微生物的生长（Prucha 等，1925），并且还可以减少储存过程中由光照而引起的核黄素和类胡萝卜素（黄色）的降解（Juric 等，2003）。进行过该处理的黄油初尝味道有点酸。

对于冰淇淋混合物和酸奶油，注入高达 1000mg/L 的 $CO_2$ 并将其包装在高阻隔性容器中时，可以减缓酶的分解和脂肪的氧化作用，使货架期延长 75%～125%。这将有利于从生产工厂到加工厂的运输，在这个过程中 $CO_2$ 会逸出，因此不会影响冰淇淋的感官特性（Henzler 和 Paradis，1997）。

## 8.6　$CO_2$ 在其他乳制品中的相关应用

### 8.6.1　乳脂的分离

超临界 $CO_2$ 具有非极性溶剂特性，可以溶解构成乳脂的复杂混合物中的一些脂质，这些脂质是在乳制品的储存和老化过程中由于脂肪氧化和酶促脂解作用产生的。一般而言，相对分子质量较小的短链挥发性有机分子非极性脂类，更容易溶于 $sCO_2$ 中，溶解程度随温度、压力、$CO_2$ 浓度和时间的不同而不同，而分子较大的极性脂类则较难溶解。根据加工条件和所处理乳制品的类型，$sCO_2$ 可以去除挥发性异味和/或提取不同馏分的脂质，从而生产出更具有令人愉悦香气的低脂产品。在 7.5MPa 和 $T \geqslant 35℃$ 下，干乳清成分［例如乳清蛋白分离物（Whey protein isolate，WPI）粉末］用 $sCO_2$ 处理至少 30min，所含的挥发性异味比未处理的乳清蛋白分离物（WPI）所含的少量脂质在储存过程中氧化产生的异味要少。通过 $sCO_2$ 提取的化合物包括短链醛、甲基酮、醇类和游离脂肪酸，它们具有消费者不喜欢的酸味、肉汤味、双乙酰味、类黄瓜味、类似卷心菜味和脂肪香味或氧化味。去除这些异味后可以得到更清淡纯和的乳清蛋白混合物，是更常用的食品配料（Llonillo-Lamsen 和 Zhong，2011）。在较高的压力（20～35MPa）和较高的 $CO_2$ 浓度下，切达干酪和帕尔玛干酪等硬干酪中的一些非极性甘油三酯和游离脂肪酸与挥发性较强的化合物一起被 $sCO_2$ 萃取，而极性脂类如磷脂仍留在干酪基质中。所得干酪的脂肪最多可减少约 50%，异味也较少，与商用全脂或低脂同类干酪相比，一些更令人愉悦的香气可能也会更突出（Yee 等，2007）。对于无水乳脂粉，改变 $sCO_2$ 处理过程的压力和温度会改变中链和长链脂肪酸在 $sCO_2$ 提取相中的溶解度，而短链脂肪酸很容易在低压下溶解。根据压力（最高可达 36MPa）和温度（40～60℃）的不同，在 $sCO_2$ 提取物和剩余的粉末中可得到两个不同的乳脂馏分，其长链和短链脂肪酸比例不同，因此平均分子质量、熔点、碘值和色值也不同，可以作为食品或生物基材料的新配料（Spano 等，2004；Büyükbese 等，2014）。

当目标提取产物是游离脂肪酸时，添加脂酶（Lipozyme）可以加速甘油三酯（Triglycerides，TGs）脂解成双甘酯（Diglycerides，DGs）、单甘酯（Monoglycerides，MGs）

和游离脂肪酸（Free fatty acids，FFAs）。一种特别令人感兴趣的脂肪酸是共轭亚油酸（Conjugated linoleic acid，CLA），它对健康有许多益处。进入 $sCO_2$ 相的不同游离脂肪酸的产量和回收率取决于与乳脂（水或醇）混合的溶剂类型和数量，以及脂解过程中和之后的 $sCO_2$ 温度和压力。Prado 等在 55℃、23~30MPa 的 $CO_2$ 下，使用乳脂与水的比例为（1∶5）~（1∶30），根据条件的不同，产生游离脂肪酸总量高（高达 86.79%）或共轭亚油酸/游离脂肪酸（CLA/FFA）高（高达 6.81mg/g）（Prado 等，2012）。在较低的压力下，在部分脂解并以醇（如乙醇）为萃取促进剂，通过近临界 $CO_2$ 进行萃取后，可以萃取短链脂肪酸乙酯（天然调味剂），得到二酰基甘油为主的潜在优质的食用脂肪（Lubary 等，2010；Kaneno 等，2011）。

$\beta$-血清是一种油包水乳化剂，来自脂肪含量大于 60% 的乳制品。$\beta$-血清可在 30MPa 和 40℃条件下，用 $sCO_2$ 进行分离，再加另一种溶剂 [例如，在 60℃ 下以 4MPa 的二甲醚（Dimethylether，DME）]，得出三种新的功能性食材：在 $sCO_2$ 中，得到一种含有游离脂肪酸、胆固醇、$\beta$-胡萝卜素和一些甘油三酯的非极性脂类提取物；在二甲醚中，得到一种富含磷脂的极性脂类提取物（约 70%）；还有一种是脱脂乳糖/蛋白粉（Catchpole 等，2008）。

## 8.6.2 用 $CO_2$ 处理的乳生产干酪

对于干酪生产，在巴氏杀菌之前或之后的不同时间（从几分钟到几天）对牛乳或绵羊乳进行碳酸化，有助于在使用前保存生乳。无论 $CO_2$ 是否在干酪制作前被去除，似乎对干酪制作过程、不同干酪的质量和货架期都有积极的影响。$CO_2$ 对干酪属性和干酪制作过程的影响取决于干酪的类型以及在制作干酪之前添加的用于酸化生乳的 $CO_2$ 量。研究测试了不同的酸化水平（pH 6.55~4.8），以确定 $CO_2$ 对酪蛋白和胶束的影响，以及 $CO_2$ 对酶蛋白水解和凝结、干酪中水和盐的保留、老化过程中微生物生长等的影响。在乳中注入低水平的 $CO_2$ 会导致 pH 的小幅降低，如果随后将 $CO_2$ 去除，并不会永久影响酪蛋白胶束的结构（Guillaume 等，2004b），但当有 $CO_2$ 存在时，会对酪蛋白凝乳酶的相互作用产生相当大的影响。例如，乳在巴氏杀菌后立即用 $CO_2$ 轻微酸化到 pH 6.55（初始 pH 6.67），与未经处理的乳相比，凝乳所需的凝乳酶要少 30%，这与乳酸的作用类似，同时制造时间减少，脂肪回收率增加（St-Gelais 等，1997）。当巴氏杀菌后注入大量的 $CO_2$ 时（Nelson 等，2004b），酪蛋白胶束可能会发生不可逆的变化，进一步加速酶促凝固，从而显著提高干酪制作过程的产量。

将冷藏乳在 pH 为 5.2 或 4.8、$CO_2$ 压力为 0.55MPa 或 2MPa 的条件下碳酸化 15min，然后脱气，Guillaume 等观察到酪蛋白胶束和乳的一些性质发生了一些不可逆的变化，并推测 $CO_2$ 引起胶束内部的胶态磷酸钙和羧基的重组，从而重新排列胶束表面并提高了它们的表面反应性（Guillaume 等，2004a）。例如，干酪制作过程中糖巨肽的释放加快，这表明 $\kappa$-酪蛋白更易接近凝乳酶（Guillaume 等，2004a）。因此，用 $CO_2$ 对生乳进行预酸化，通过减少凝固所需的凝乳酶量，大大提高了干酪制作过程的效率和产量（Montilla 等，1995；Nelson 等，2004b），缩短凝乳时间（Ruas-Madiedo 等，2002；Nelson 等，2004b），改善和加速凝乳的凝固和乳清的分离（Ruas-Madiedo 等，2002）。另外，更好的保水率也可以增加干酪的产量，同时需使用的盐减少（Nelson 和 Barbano，2005）。当 $CO_2$ 浓度增加时，这些效果往往会更好。

总的来说，用 $CO_2$ 预处理的生乳制成的干酪的物理和感官质量没有受到负面影响，而且它们的货架期得到了提高。该方法成功地生产了传统切达干酪、新鲜（30 天）和熟化（75 天）的西班牙硬干酪（90%乳/10%羊乳）和盐水干酪（"土耳其白"品种），并与未经处理的生乳或巴氏杀菌乳制成的对照干酪进行了比较（Ruas-Madiedo 等，2002；Nelson 等，2004a，2004b；Derlli 和 Akin，2008）。在干酪制作过程中，在切达干酪的盐渍和压榨阶段，$CO_2$ 对酪蛋白胶束的改性会增加水分的保持力（即减少乳清）和凝乳对盐的吸收（Guillaume 等，2004a；Nelson 和 Barbano，2005），将在干酪中获得相同盐含量所需的盐用量减少约 30%。减少盐和乳清都可以减少加工浪费。此外，用 $CO_2$ 预处理的乳制成的切达干酪的乳清 pH（预处理后乳清 pH 为 5.93，未预处理时乳清 pH 为 6.35）、脂肪含量和钙含量较低，这减少了干酪中晶体的形成（Nelson 等，2004a，2004b）。

用乳酸凝结短期熟化的干酪后，生乳和巴氏杀菌乳的 $CO_2$ 预处理既不会影响乳酸菌的生长和活性，也不会影响干酪制造和成熟过程中挥发性化合物的产生。但是，在成熟的前几天，残留的 $CO_2$ 会减慢蛋白质水解的速度。15 天（最佳食用时间）后，$CO_2$ 处理的乳和对照乳生产的干酪之间的蛋白质水解或感官特性未发现有差异或差异被认为可以接受（Ruas-Madiedo 等，1998a，2002）。在切达干酪的老化过程中，$CO_2$ 预处理还会减慢蛋白质水解和脂解作用，这可能是因为用于凝结乳的凝乳酶用量较低。一两个月的老化后，没有明显的感官属性差异（St-Gelais 等，1997）。对于盐水干酪，乳预碳酸化可减少 90 天成熟后的细菌数量，并显著减少干酪中的酵母菌和霉菌，并且随着牛乳中注入的 $CO_2$ 量的增加，细菌的灭活作用也会增加（Dertli 等，2012）。

在制作干酪的过程中（用干酪发酵剂接种牛乳后），在高压下向乳中注入大量的 $CO_2$，$CO_2$ 的强烈酸化作用会导致酪蛋白胶束沉淀，从而大大加快干酪凝块的形成，前提是乳酪发酵剂在这一加工步骤中能够存活（Van Hekken 等，2000）。虽然 $CO_2$ 对嗜冷菌有很强的抑菌作用，但它对干酪制作中常用的兼性厌氧乳酸菌的危害较小。在 38℃、5.5MPa 的 $CO_2$ 环境下短时间暴露 5min 后，嗜热和嗜中温发酵剂如保加利亚乳杆菌、乳酸乳球菌和嗜热链球菌 [接种量约为 7 个对数值（CFU/mL）] 存活良好。保加利亚乳杆菌在凝乳中降低了 1~1.5 个对数值（CFU/mL），而乳酸乳球菌和嗜热链球菌基本不受 $CO_2$ 处理的影响。用发酵剂接种乳后进行高压碳酸化处理可将加工干酪所需的时间大大减少，从目前所需的几小时减少到几分钟。

### 8.6.3 乳蛋白的分离

由于超临界 $CO_2$ 有酸化和抗溶剂活性的双重作用，在高浓度和中到高温（40~80℃）下，当它与乳或乳蛋白溶液混合时会使蛋白质变性、失稳并导致一些乳蛋白沉淀。如前所述，当溶解在水溶液中时，$sCO_2$ 会形成碳酸并降低 pH，这可能会改变酪蛋白胶束和乳清蛋白（Whey protein，WP）中的离子和静电相互作用，并导致一些蛋白质的三级和/或二级结构发生变化，引发凝聚和沉淀（Bonnaillie 和 Tomasula，2008）。浓缩的溶剂化 $CO_{2(aq)}$ 还有抗溶剂的作用，可进一步破坏悬浮在水中的乳蛋白的稳定性，并加速一部分蛋白质的沉淀。当通过增加 $sCO_2$ 与溶液的进料比，将 $sCO_2$ 与乳/溶液混合并提高压力来提高乳或乳清蛋白溶液中的 $CO_{2(aq)}$ 浓度时，这种效果会放大。在间歇式高压反应器中，可以使用涡轮机叶轮将 $sCO_2$ 充分混合，该涡轮机叶轮从反应器的顶部空间收集 $sCO_2$，并将其连续喷射到溶液底部，同时产生湍流搅拌。当 $sCO_2$ 充分混合时，在将 $CO_2$ 注入溶液的几分钟内即可达到热力学和动力学平衡（即稳定的压力和 pH）（Yver 等，2011）。Tomasula 和 Bonnaillie 等（1995—2014）对利用 $sCO_2$ 分离乳和乳清蛋白溶液进行大量的中试研究，他们用 1L 的间歇式高压搅拌反应器，将乳或浓缩乳清蛋白（Whey protein concentrate，WPC）和分离乳清蛋白（Whey protein isolate，WPI）溶液与 8~31MPa 的 $CO_2$ 进行混合。样品量为 500~800g，给 $sCO_2$ 留下 200~500mL 的顶部空间；如果乳和蛋白质溶液不可压缩，则该体积相当于 60℃ 时 25~250g 的 $sCO_2$ 质量（根据理想气体定律），即如果 $sCO_2$ 与溶液充分混合，则 $CO_{2(aq)}$ 浓度为 3%~33%（质量分数）。

乳的各种蛋白质在乳和溶液中具有不同的稳定性和溶解性。温度、$sCO_2$ 压力和浓度的联合效应可用于触发乳蛋白质的连续变性和沉淀：在 38~40℃ 和 $sCO_2$ 压力为 7MPa 时，酪蛋白从乳中聚集和沉淀，形成 $CO_2$-酪蛋白（Jordan 等，1987；Tomasula，1995；Tomasula 等，1995；Hofland 等，1999），而乳清蛋白仍然是可溶的。到 55℃ 和 8MPa 时，存在乳清蛋白沉淀；当压力和温度进一步增加时，浓缩乳清蛋白溶液（WPC 或 WPI）开始凝聚和分离，$\alpha$-乳清蛋白（$\alpha$-LA）、乳铁蛋白、牛血清清蛋白和免疫球蛋白在 60~65℃ 和 8~31MPa 沉淀（Tomasula 等，1998b；Yver 等，2011；Bonnaillie 和 Tomasula，2012b），$\beta$-乳球蛋白（$\beta$-LG）大多在 70~80℃ 和 31MPa 左右析出（Bonnaillie 等，2014）。酪蛋白巨肽（也称为糖巨肽，Glycomacropeptide，GMP）在研究的整个温度和压力范围内都是可溶的（Bonnaillie 和 Tomasula，2012a）。在一个连续的过程，$sCO_2$ 可以从脱脂乳中分离出酪蛋白，接着是分离和浓缩乳清蛋白，然后通过一阶段或两阶段过程对浓缩乳清蛋白（WPC）和分离乳清蛋白（WPI）溶液进行分离，以分离出至多 4 种不同的乳清蛋白产品，如一种富含 $\alpha$-LA 或 $\beta$-LG 的粉末馏分，一种 $\beta$-LG 分离物和一种糖巨肽分离物（Bonnaillie 和 Tomasula，2012a，未出版文献）。

酪蛋白和不同乳清蛋白的变性和沉淀动力学在很大程度上取决于蛋白溶液的 pII、温度和浓度（Tomasula 等，1995；Hofland 等，2003；Bonnaillie 和 Tomasula，2012c）。因此，必须仔细调整控制 $CO_2$ 分离过程的各种参数（包括浓度、压力、温度、时间和 $CO_2$ 进料比），以得到所需颗粒尺寸的酪蛋白，或最富含一种蛋白质或另一种蛋白质的乳清蛋白馏分。通常，由于产品产量以及加工和设备成本均随 $CO_2$ 压力和温度的增加而增加，因此重要的是要牢记该方法的经济方面和技术可行性（Tomasula，1995；Tomasula 等，1997，1998a；Yver 等，2011；Bonnaillie 等，2014）。利用 $sCO_2$ 从乳中分离酪蛋白（Kollmann 等，2002）或分离浓缩乳清蛋白（WPC）和分离乳清蛋白（WPI）（Tomasula 和 Parris，1999），以及从高压系统中连续去除产品（如 $CO_2$-酪蛋白）（Tomasula，1995）的工艺已获得了多项专利。

与用有机或无机酸或其他溶剂沉淀的乳蛋白不同，用 $sCO_2$ 生产的酪蛋白和乳清蛋白在 $CO_2$ 汽化后具有中性 pH，并且不含任何污染物。获得的 $CO_2$-酪蛋白和各种乳清蛋白是可以加入各种特殊食品和非食品中的新成分。例如，富含 $\alpha$-LA 可以强化婴幼儿和老年人的营养食品，富含 $\beta$-LG 和 $\beta$-LG 分离物非常适合运动营养和胶凝应用；而且，糖巨肽不含苯丙氨酸，可能是无法代谢苯丙氨酸的苯丙酮尿症患者的蛋白质来源。糖巨肽也是 100% 可溶的，具有耐热性和低 pH，因此非常适合饮料应用。

与市售的酸沉淀酪蛋白相比，$CO_2$-酪蛋白的水溶性差（Strange 等，1998），用它制成的可食用薄膜和食品涂层不易受高湿度环境影响。可以通过调节 $sCO_2$ 工艺的参数定制可食用

$CO_2$-酪蛋白薄膜的外观和物理特性，或者通过研磨 $CO_2$-酪蛋白以减小其粒径：颗粒较大的酪蛋白会产生浑浊但结实且防水的薄膜，而颗粒较小的则产生更透明、更脆弱和更亲水的薄膜。薄膜选择可以根据目标食品、非食品或包装应用决定（Tomasula 等，1998c，2003；Parris 等，2001；Tomasula，2002；Kozempel 和 Tomasula，2005；Dangaran 等，2006）。

## 8.7  监管现状

尽管 $CO_2$ 对乳制品行业的好处是显而易见的，并且有大量数据支持，可将其用于改善生乳的卫生质量，但目前法规仍不允许高压 $CO_2$ 处理或将 $CO_2$ 掺入乳中。美国 FDA 认为按照"良好生产"或"饲养规范"[1] 使用，$CO_2$ 通常是安全的（Generally recognized as safe，GRAS）。允许作为膨松剂、加工助剂、喷射剂或疏松剂[2] 添加到食品中的 $CO_2$ 必须是"食品级"或"USP"（the United States Pharmacopeia），必须在容器上标注或在制造商的信函中说明。多年来，在农家干酪中加入 $CO_2$ 以延长货架期的做法已经被接受。如果将 $CO_2$ 填充顶部空间，则将其视为加工助剂，不需要任何额外的标识[3]。但是，当直接加入产品中时，需要在成分表中标出"二氧化碳"再加上"（防腐剂）"或"（延长货架期）"[4]。

对于液态乳，在包装过程中将 $CO_2$ 引入顶部空间尚未被美国 FDA 视为一种添加剂（截至 2007 年 1 月），并且没有违反"乳"的标识标准，也不必标识。相反，根据"乳"的标识标准，不允许通过喷射、注射等方式将 $CO_2$ 加入并保留在散装运输的液态乳制品中：美国 FDA 会将 $CO_2$ 视为一种成分，因而产品不符合乳标准，不能标识为"乳"。同样，浓缩乳、奶油和其他乳制品的标识标准还没有规定可以加入 $CO_2$[5]。

## 致谢

作者感谢 John Renye 博士提供宝贵意见并对本章的各个部分进行严格的审阅。

---

## 注：

1  21 CFR 582. 1240：Code of Fedzral Regulations Title 21，Volume 6，Sec. 582. 1240.

2  21 CFR 184. 1240：Code of Fedzral Regulations Title 21，Volume 3，Sec. 184. 1240.

3  21 CFR 101. 100：Code of Fedzral Regulations Title 21，Volume 2，Sec. 101. 100 Food；exemptions from labeling，（a）（3）（ii）.

4  21 CFR 101：Code of Fedzral Regulations Title 21，Volume 2，Part 101 Food labeling.

5  21 CFR 131：Code of Fedzral Regulations Title 21，Volume 2，Part 131，Milk and Cream.

# 参考文献

[1] Ansari, T., J. Hesari, et al. Effects of $CO_2$ Addition to Raw Milk on Microbial, Physiochemical and Sensory Properties of Probiotic Set Yoghurt. *JAgric Sci Tech*, 2013, 15 (2): 253-263.

[2] Barbano, D. M., Ma, Y. and Santos, M. V. Influence of raw milk quality on fluid milk shelf life. *J Dairy Sci*, 2006, 89 (Suppl. 1): E15-E19.

[3] Barbano, D. M. and Boor, K. J. Breaking the 21 to 28 day shelf-life barrier on refrigerated htst pasteurized milk. *J Dairy Sci*, 2007, 90 (Suppl. 1): 184-185.

[4] Bartoszewicz, M., Hansen, B. M. and Swiecicka, I. The members of the *Bacillus cereus* group are commonly present contaminants of fresh and heat-treated milk. *Food Microbiol*, 2008, 25 (4): 588-596.

[5] Bertucco, A. and Spilimbergo, S. Food pasteurization and sterilization with high pressure. In: *Functional Food Ingredients and Nutraceuticals* (ed. J. Shi). CRC Press, 2006: 269-295.

[6] Bonnaillie, L. M. and Tomasula, P. M. Whey protein fractionation. In: *Whey Processing, Functionality and Health Benefits* (eds C. I. Onwulata and P. J. Huth). IFT Press Series, John Wiley & Sons, Inc., Hoboken, NJ, 2008: 15-38.

[7] Bonnaillie, L. M. and Tomasula, P. M. Sequential fractionation of milk and whey proteins with supercritical carbon dioxide for new health-promoting food ingredients. *International Symposium on Supercritical Fluids*, San Francisco, CA, 2012.

[8] Bonnaillie, L. M. and Tomasula, P. M. Fractionation of whey protein isolate with supercritical carbon dioxide to produce enriched α-lactalbumin and β-lactoglobulin food ingredients. *J Agric Food Chem*, 2012b, 60 (20): 5257-5266.

[9] Bonnaillie, L. M. and Tomasula, P. M. Kinetics, aggregation behavior and optimization of the fractionation of whey protein isolate with hydrochloric acid. *Food Bioprod Proc*, 2012c, 90 (4): 737-747.

[10] Bonnaillie, L. M., Qi, P., Wickham, E. and Tomasula, P. M. Enrichment and purification of casein glycomacropeptide from whey protein isolate using supercritical carbon dioxide processing and membrane ultrafiltration. *Foods*, 2014, 3 (1): 94-109.

[11] Boor, K. J. and Murphy, S. C. Microbiology of market milks. In: *Dairy Microbiology Handbook: The Microbiology of Milk and Milk Products*, 3rd edn (ed R. K. Robinson). John Wiley & Sons, Inc., New York, 2002: 91-122.

[12] Brunner, G. Supercritical fluids: Technology and application to food processing. *J Food En.* 2005, 67 (1-2): 21-33.

[13] Butler, J. N. *Carbon Dioxide Equilibria and their Applications*. Lewis Publishers Inc., Chelsea, MI.

[14] Büyükbeşe, D., Emre, E. and Kaya, A. (2014) Supercritical carbon dioxide fractionation of anhydrous milk fat. *J Am Oil Chem Soc*, 1991, 91 (1): 169-177.

[15] Calvo, M. M. and De Rafael, D. Deposit formation in a heat exchanger during pasteurization of $CO_2$-acidified milk. *J Dairy Res*, 1995, 62 (4): 641-644.

[16] Calvo, M. M., Montilla, A. and Cobos, A. Lactic acid production and rheological properties of yogurt made from milk acidified with carbon dioxide. *J Sci Food Agric*, 1999, 79 (9): 1208-1212.

[17] Catchpole, O. J. , Tallon, S. J. , Grey, J. B. *et al*. Extraction of lipids from a specialist dairy stream. *J Supercrit Fluids*, 2008, 45 (3): 314–321.

[18] Chambers, J. V. The microbiology of raw milk. In: *Dairy Microbiology Handbook: The Microbiology of Milk and Milk Products*, 3rd edn (ed R. K. Robinson). John Wiley & Sons, Inc. , New York, 2002: 39–90.

[19] Chen, J. H. and Hotchkiss, J. H. Effect of dissolved carbon dioxide on the growth of psychrotrophic organisms in cottage cheese. *J Dairy Sci*, 1991, 74 (9): 2941–2945.

[20] Chen, J. H. and Hotchkiss, J. H. Growth of listeria monocytogenes and clostridium sporogenes in cottage cheese in modified atmosphere packaging. *J Dairy Sci*, 1993, 76 (4): 972–977.

[21] Choi, H. and Kosikowski, F. Sweetened plain and flavored carbonated yogurt beverages. *J Dairy Sci*, 1985, 68 (3): 613–619.

[22] Dalgleish, D. G. and Corredig, M. The structure of the casein micelle of milk and its changes during processing. *Ann Rev Food Sci Tech*, 2012, 3: 449–467.

[23] Damar, S. and Balaban, M. O. Review of dense phase $CO_2$ technology: Microbial and enzyme inactivation, and effects on food quality. *J Food Sci*, 2006, 71 (1): R1–R11.

[24] Dangaran, K. L. , Cooke, P. and Tomasula, P. M. The effect of protein particle size reduction on the physical properties of $CO_2$-precipitated casein films. *J Food Sci*, 71 (4): E196–E201. 2006.

[25] Daniels, J. A. , Krishnamurthi, R. and Rizvi, S. S. H. A review of the effects of carbon dioxide on microbial growth and food quality. *J Food Protect*, 1985, 48: 532–537.

[26] Datta, N. and Deeth, H. C. Age gelation of uht milk—a review. *Food Bioprod Proc*, 2001, 79 (C4): 197–210.

[27] Debs-Louka, E. , Louka, N. , Abraham, G. *et al*. Effect of compressed carbon dioxide on microbial cell viability. *Appl Environ Microbiol*, 1999, 65 (2): 626–631.

[28] Deeth, H. C. Lipoprotein lipase and lipolysis in milk. *Int Dairy J*, 2006, 16 (6): 555–562.

[29] Dertli, E. and Akin, N. $CO_2$ application on milk and dairy products–i: General informations. *Gida*, 2008, 33 (4): 193–201.

[30] Dertli, E. , Sert, D. and Akin, N. The effects of carbon dioxide addition to cheese milk on the microbiological properties of turkish white brined cheese. *Int J Dairy Tech*, 2012, 65 (3): 387–392.

[31] Di Giacomo, G. , Taglieri, L. and Carozza, P. Pasteurization and sterilization of milk by supercritical carbon dioxide treatment. Proceedings of the 9th International Symposium on Supercritical Fluids, 18–20 May, Arcachon, France. 2009.

[32] Dillow, A. K. , Dehghani, F. , Hrkach, J. S. *et al*. Bacterial inactivation by using near–and supercritical carbon dioxide. *Proc Natl Acad Sci USA*, 1999, 96 (18): 10344–10348.

[33] Dixon, N. M. and Kell, D. B. The inhibition by carbon dioxide of the growth and metabolism of microorganisms. *J Appl Bacteriol*, 1989, 67: 109–136.

[34] Enfors, S. –O. and Molin, G. The influence of temperature on the growth inhibitory effect of carbon dioxide on *pseudomonas fragi* and *Bacillus cereus. Can J Microbiol*, 1981, 27 (1): 15–19.

[35] Enomoto, A. , Nakamura, K. , Nagai, K. *et al*. Inactivation of food microorganisms by high–pressure carbon dioxide treatment with or without explosive decompression. *Biosci Biotech Biochem*, 1997, 61 (7): 1133–1137.

[36] Erkmen, O. Antimicrobial effect of pressurized carbon dioxide on *staphylococcus aureus* in broth and milk. *LWT – Food Sci Tech*, 1997, 30 (8): 826–829.

[37] Erkmen, O. Effect of carbon dioxide pressure on *listeria monocytogenes* in physiological saline and foods. *Food Microbiol*, 2000a, 17 (6): 589-596.

[38] Erkmen, O. Antimicrobial effect of pressurised carbon dioxide on *enterococcus faecalis* in physiological saline and foods. *J Sci Food Agric*, 2000b, 80 (4): 465-470.

[39] Erkmen, O. Antimicrobial effects of pressurised carbon dioxide on *brochothrix thermosphacta* in broth and foods. *J Sci Food Agric*, 2000c, 80 (9): 1365-1370.

[40] Erkmen, O. Note. Antimicrobial effect of pressurized carbon dioxide on *yersinia enterocolitica* in broth and foods. *Food Sci Tech Int*, 2001a7 (3): 245-250.

[41] Erkmen, O. Effects of high-pressure carbon dioxide on *escherichia coli* in nutrient broth and milk. *Int J Food Microbiol*, 2001b, 65 (1-2): 131-135.

[42] FDA (Food and Drug Administration) Grade 'A' pasteurized milk ordinance. US Department of Health and Human Services, Public Health Service. http://www. fda. gov/downloads/food/guidanceregulation/ucm291757. pdf (last accessed 7 January 2015).

[43] Ferrentino, G. , Plaza, M. L. , Ramirez-Rodrigues, M. *et al.* Effects of dense phase carbon dioxide pasteurization on the physical and quality attributes of a red grapefruit juice. *J Food Sci*, 2009, 74 (6): E333-E341.

[44] Foegeding, E. A. and Davis, J. P. Food protein functionality: A comprehensive approach. *Food Hydrocoll*, 2011, 25 (8): 1853-1864.

[45] Fox, P. F. and McSweeney, P. L. Heat-induced changes in milk. *Dairy Chemistry and Biochemistry*. Kluwer Academic/Plenum Publishers, New York, 1998: 347-378.

[46] Fraser, D. Bursting bacteria by release of gas pressure. *Nature*, 1951, 167 (4236): 33-34.

[47] Fromm, H. I. and Boor, K. J. Characterization of pasteurized fluid milk shelf-life attributes. *J Food Sci*, 2004, 69 (8): M207-M214.

[48] Garcia-Gonzalez, L. , Geeraerd, A. H. , Spilimbergo, S. *et al.* High pressure carbon dioxide inactivation of microorganisms in foods: The past, the present and the future. *Int J Food Microbiol*, 2007, 117 (1): 1-28.

[49] Garcia-Gonzalez, L. , Geeraerd, A. H. , Elst, K. *et al.* Influence of type of microorganism, food ingredients and food properties on high-pressure carbon dioxide inactivation of microorganisms. *Int J Food Microbiol*, 2009, 129 (3): 253-263.

[50] Gill, C. O. and Tan, K. H. Effect of carbon dioxide on growth of *Pseudomonas fluorescens*. *Appl Environ Microbiol*, 1979, 38 (2): 237-240.

[51] Giulitti, S. , Cinquemani, C. and Spilimbergo, S. High pressure gases: Role of dynamic intracellular pH in pasteurization. *Biotech Bioeng*, 2011, 108 (5): 1211-1214.

[52] Glass, K. A. , Kaufman, K. M. , Smith, A. L. *et al.* Toxin production by *clostridium botulinum* in pasteurized milk treated with carbon dioxide. *J Food Protect*, 1999, 62 (8): 872-876.

[53] Gueimonde, M. , Alonso, L. , Delgado, T. *et al.* Quality of plain yoghurt made from refrigerated and co2-treated milk. *Food Res Int*, 2003, 36 (1): 43-48.

[54] Gueimonde, M. and de los Reyes-Gavilan, C. G. Reduction of incubation time in carbonated streptococcus thermophilus/lactobacillus acidophilus fermented milks as affected by the growth and acidification capacity of the starter strains. *Milchwis-senschaft - Milk Sci Int*, 2004, 59 (5-6): 280-283.

[55] Guillaume, C. , Gastaldi, E. , Cuq, J. -L. and Marchesseau, S. Effect of ph on rennet clotting properties of $co_2$-acidified skim milk. *Int Dairy J*, 2004a, 14 (5): 437-443.

[56] Guillaume, C., Jiménez, L., Cuq, J. L. and Marchesseau, S. An original pH-reversible treatment of milk to improve rennet gelation. *Int Dairy J*, 2004b, 14 (4): 305-311.

[57] Gunes, G., Blum, L. K. and Hotchkiss, J. H. Inactivation of yeasts in grape juice using a continuous dense phase carbon dioxide processing system. *J Sci Food Agric*, 2005, 85 (14): 2362-2368.

[58] Haas, G. J., Prescott, H. E., Dudley, E. *et al.* Inactivation of microorganisms by carbon dioxide under pressure. *J Food Saf*, 1989, 9 (4): 253-265.

[59] Hagemeyer, R. and Hotchkiss, J. H. Extended shelf life and bulk transport of perishable organic liquids with low pressure carbon dioxide. US Patent 7892590, Cornell Research Foundation, Inc. (Ithaca, NY, US). 2011.

[60] Hantsis-Zacharov, E. and Halpern, M. Culturable psychrotrophic bacterial communities in raw milk and their proteolytic and lipolytic traits. *Appl Environ Microbiol*, 2007, 73 (22): 7162-7168.

[61] Hendricks, M. T. and Hotchkiss, J. H. Effect of carbon dioxide on the growth of *Pseudomonas fluorescens* and *Listeria monocytogenes* in aerobic atmospheres. *J Food Protect*, 1997, 60 (12): 1548-1552.

[62] Henzler, G. W. and Paradis, A. J. Method for preparing dairy products having increased shelf-life. Patent EP 0812544 A2 (Praxair Technology, Inc). 1997.

[63] Heyndrickx, M., Marchand, S., Jonghe, V. d. *et al.* Understanding and preventing consumer milk microbial spoilage and chemical deterioration. In: *Improving the Safety and Quality of Milk. Volume 2: Improving Quality in Milk Products* (ed. M. Griffiths). Woodhead Publishing Series in Food Science, Technology and Nutrition. CRC Press, 2010: 97-135.

[64] Hoffman, W. Ueber den einfluss hohen hohlensauredrucks auf bakterien im wasser und in der milch. *Arch Fur Hygiene*, 1906, 57: 379-383.

[65] Hofland, G. W., van Es, M., van der Wielen, L. A. M. and Witkamp, G. J. Isoelectric precipitation of casein using high-pressure $CO_2$. *Ind Eng Chem Res*, 1999, 38 (12): 4919-4927.

[66] Hofland, G. W., Berkhoff, M., Witkamp, G. J. and Van der Wielen, L. A. M. Dynamics of precipitation of casein with carbon dioxide. *Int Dairy J*, 2003, 13 (8): 685-697.

[67] Hong, S. I. and Pyun, Y. R. Inactivation kinetics of *Lactobacillus plantarum* by high pressure carbon dioxide. *J Food Sci*, 1999, 64 (4): 728-733.

[68] Hong, S. I. and Pyun, Y. R. Membrane damage and enzyme inactivation of *Lactobacillus plantarum* by high pressure $CO_2$ treatment. *Int. J. Microbiol*, 2001, 63: 19-28.

[69] Hongmei, L., Zhong, K., Liao, X. and Hu, X. Inactivation of microorganisms nat-urally present in raw bovine milk by highpressure carbon dioxide. *Int J Food Sci Tech*, 2014, 49 (3): 696-702.

[70] Hoshino, T., Nakamura, K. and Suzuki, Y. Adsorption of carbon dioxide to polysaccharides in the supercritical region. *Biosci Biotech Biochem*, 1993, 57 (10): 1670-1673.

[71] Hotchkiss, J. H., Chen, J. H. and Lawless, H. T. Combined effects of carbon dioxide addition and barrier films on microbial and sensory changes in pasteurized milk. *J Dairy Sci*, 1999, 82 (4): 690-695.

[72] Hotchkiss, J. and Lee, E. Extending shelf-life of dairy products with dissolved carbon dioxide. *Eur Dairy Mag*, 1996, 8 (3): 16-18.

[73] Hotchkiss, J. H. and Loss, C. R. Carbon dioxide as an aid in pasteurization. US Patent 7041327, Cornell Research Foundation, Inc. (Ithaca, NY). 2006.

[74] Hotchkiss, J. H., Werner, B. G. and Lee, E. Y. C. Addition of carbon dioxide to dairy products to improve quality: A comprehensive review. *Compr Rev Food Sci Food Saf*, 2006, 5 (4): 158-168.

［75］ Huang, H., Zhang, Y., Liao, H. *et al*. Inactivation of *staphylococcus aureus* exposed to dense-phase carbon dioxide in a batch system. *J Food Proc Eng*, 2009, 32 (1): 17-34.

［76］ Hutkins, R. W. and Nannen, N. L. pH homeostasis in lactic-acid bacteria. *JDairy Sci*, 1993, 76 (8): 2354-2365.

［77］ Ishikawa, H., Shimoda, H., Shiratsuchi, H. and Osajima, Y. Sterilization of microorganisms by the supercritical carbon - dioxide micro - bubble method. *Biosci Biotech Biochem*, 1995, 59 (10): 1949-1950.

［78］ Ivy, R. A., Ranieri, M. L., Martin, N. H. *et al*. Identification and characterization of psychrotolerant sporeformers associated with fluid milk production and processing. *Appl Environ Microbiol*, 2012, 78 (6): 1853-1864.

［79］ Jay, J. M. *Modern Food Microbiology*. Aspen Publishing, Gaithersburg, MD. 2000.

［80］ Jones, R. P. and Greenfield, P. F. Effect of carbon-dioxide on yeast growth and fermentation. *Enzyme Microbial Tech*, 1982, 4 (4): 210-222.

［81］ Jordan, P. J., Lay, K., Ngan, N. and Rodley, G. F. Casein precipitation using high pressure carbon dioxide. *J Dairy Sci Tech NZ*, 1987, 22: 247-256.

［82］ Juric, M., Bertelsen, G., Mortensen, G. and Petersen, M. A. Light - induced colour and aroma changes in sliced, modified atmosphere packaged semi - hard cheeses. *Int Dairy J*, 2003, 13 (2): 239-49.

［83］ Kamihira, M., Taniguchi, M. and Kobayashi, T. Sterilization of microorganisms with supercritical carbon-dioxide. *Agric Biol Chem*, 1987, 51 (2): 407-412.

［84］ Kaneno, M., Isogai, T., Tanaka, N. *et al*. *Methodfor separating dairy ingredient*, Snow Brand Milk Products Co Ltd. 2011.

［85］ Karagul-Yuceer, Y., Coggins, P. C., Wilson, J. C. and White, C. H. Carbonated yogurt: Sensory properties and consumer acceptance. *J Dairy Sci*, 1999, 82: 1394-1398.

［86］ Karagul-Yuceer, Y., Wilson, J. C. and White, C. H. Formulations and processing of yogurt affect the microbial quality of carbonated yogurt. *J Dairy Sci*, 2001, 84: 543-550.

［87］ Kim, S. R., Park, H. J., Yim, D. S. *et al*. Analysis of survival rates and cellular fatty acid profiles of *Listeria monocytogenes* treated with supercritical carbon dioxide under the influence of cosolvents. *J Microbiol. Methods*, 2008, 75 (1): 47-54.

［88］ Kincal, D., Hill, W. S., Balaban, M. *et al*. A continuous high-pressure carbon dioxide system for cloud and quality retention in orange juice. *J Food Sci*, 2006, 71 (6): C338-C44.

［89］ Kobayashi, F. The durability of the bactericidal effect of supercritical $CO_2$ bubbling of *E. Coli* bacteria. *Bulletin of the School of Agriculture Meiji University (Japan)*, 2007, 57 (1): 13-17.

［90］ Kollmann, C. J. W., Hofland, G. W., Van Der Wielen, L. A. M. and Witkamp, G. -J. Method for the sequential precipitation of casein and calcium phosphate from a milk source. US Patent No. 6, 2003, 558, 717.

［91］ Kozempel, M. and Tomasula, P. M. Development of a semi-continuous process for $CO_2$-precipitated-casein films. *Abstr Pap Am Chem Soc*, 2005, 229: U302.

［92］ Lavoie, K., Touchette, M., St-Gelais, D. and Labrie, S. Characterization of the fungal microflora in raw milk and specialty cheeses of the province of Quebec. *Dairy Sci Tech*, 2012, 92 (5): 455-468.

［93］ Lee, E. Y. C. Carbon dioxide gas analysis and application in the determination of the shelf - life of modified atmosphere packaged dairy products. MS thesis, Cornell University, USA. 1996.

[94] Lee, E. Y. C. and Hotchkiss, J. H. Microbial changes in cottage cheese packaged in 2. 27 kg flexible film pouches and stored at 4 and 7℃ (abstr). *J Dairy Sci*, 1997, 80 (Suppl 1): 129.

[95] Leistner, I. Basic aspects of food preservation by hurdle technology. *Int J Food Microbiol*, 2000, 55: 181-186.

[96] Lin, H. M., Yang, Z. Y. and Chen, L. F. Inactivation of saccharomyces-cerevisiae by supercritical and subcritical carbon-dioxide. *Biotech Prog*, 1992, 8 (5): 458-461.

[97] Lin, H. M., Yang, Z. Y. and Chen, L. F. Inactivation of leuconostoc-dextranicum with carbon-dioxide under pressure. *Chem Eng J Biochem Eng J*, 1993, 52 (1): B29-B34.

[98] Lin, H. M., Cao, N. J. and Chen, L. F. Antimicrobial effect of pressurized carbon-dioxide on *listeria monocytogenes*. *J Food Sci*, 1994, 59 (3): 657-659.

[99] Lindbäck, T. andGranum, P. E. *Bacillus cereus. Guide to Foodborne Pathogens*, 2nd edn. John Wiley & Sons Ltd, 2013: 75-81.

[100] Llonillo-Lamsen, M. R. and Zhong, Q. Impacts of supercritical extraction on gc/ms profiles of volatiles in whey protein isolate sampled by solid-phase microextraction. *J Food Proc Preserv*, 2011, 35 (6): 869-819283.

[101] Loss, C. R. and Hotchkiss, J. H. Effect of dissolved carbon dioxide on thermal inactivation of microorganisms in milk. *J Food Protect*, 2002, 65 (12): 1924-1929.

[102] Lubary, M., Hofland, G. W. and ter Horst, J. H. Synthesis and isolation of added-value milk fat derivatives using lipase-catalyzed reactions and supercritical carbon dioxide. *Lipid Tech*, 2010, 22 (3): 54-57.

[103] Luu-Thi, H., Grauwet, T., Vervoort, L. et al. Kinetic study of *Bacillus cereus* spore inactivation by high pressure high temperature treatment. *Innov Food Sci Emerg Tech*, 2014, 197: 45-52.

[104] Ma, Y. and Barbano, D. M. Milk pH as a function of $CO_2$ concentration, temperature, and pressure in a heat exchanger. *J Dairy Sci*, 2003, 86 (12): 3822-3830.

[105] Ma, Y., Barbano, D. M., Hotchkiss, J. H. et al. Impact of $CO_2$ addition to milk on selected analytical testing methods. *J Dairy Sci*, 2001, 84 (9): 1959-1968.

[106] Ma, Y., Barbano, D. M. and Santos, M. Effect of $CO_2$ addition to raw milk on pro-teolysis and lipolysis at 4℃. *J Dairy Sci*, 2003, 86 (5): 1616-1631.

[107] Martin, J. D., Werner, B. G. and Hotchkiss, J. H. Effects of carbon dioxide on bacterial growth parameters in milk as measured by conductivity. *J Dairy Sci*, 2003, 86 (6): 1932-1940.

[108] Martin, N. H., Cárey, N. R., Murphy, S. C. et al. A decade of improvement: New york state fluid milk quality. *J Dairy Sci*, 2012a, 95 (12): 7384-7390.

[109] Martin, N. H., Ranieri, M. L., Wiedmann, M. and Boor, K. J. Reduction of pasteur-ization temperature leads to lower bacterial outgrowth in pasteurized fluid milk during refrigerated storage: A case study. *J Dairy Sci*, 2012b, 95 (1): 471-475.

[110] Moir, C. J., Eyles, M. J. and Davey, J. A. Inhibition of *Pseudomonas* in cottage cheese by packaging in atmospheres containing carbon dioxide. *Food Microbiol*, 1993, 10: 345-351.

[111] Montilla, A., Calvo, M. M. and Olano, A. Manufacture of cheese made from $CO_2$-treated milk. *Zeitschrift fuer Lebensmittel- Untersuchung und Forschung*, 1995, 200 (4): 289-292.

[112] Moore, J. M., Smith, A. C. and Gosslee, D. G. Effect of carbon dioxide upon freezing point of vacuum treated milk. *J Milk Food Tech*, 1961, 24: 176-180.

[113] Muir, D. D. The shelf-life of dairy products: 1. Factors influencing raw milk and fresh products. *J Soc*

*Dairy Tech*, 1996, 49（1）：24-32.

[114] Munsch-Alatossava, P. and Alatossava, T. Phenotypic characterization of raw milk-associated psychrotrophic bacteria. *Microbiol Res*, 2006, 161：334-346.

[115] Murphy, S. C. Shelf life of fluid milk products-Microbial spoilage-The Evaluation of Shelf-Life. Dairy Foods Science Notes, Cornell University.（http://foodsafety. foodscience. cornell. edu/sites/foodsafety. foodscience. cornell. edu/files/shared/documents/CU-DFScience-Notes-Bacteria-Milk-Shelf-Life-Evaluaton-06-09. pdf；last accessed 16 January 2015）.

[116] Nakamura, K., Hoshino, T. and Ariyama, H. Adsorption of carbon dioxide onpro-teins in the supercritical region. *Agric Biol Chem*, 1991, 55（9）：2341-2347.

[117] Nakamura, K., Enomoto, A., Fukushima, H. *et al.* Disruption of microbial-cells by the flash discharge of high-pressure carbon-dioxide. *Biosci Biotech Biochem*, 1994, 58（7）：1297-1301.

[118] Nelson, B. and Barbano, D. Moisture retention and salt uptake in cheddar curds made from milk pre-acidificed with carbon dioxide：A possible solution to the salt whey problem. 2005 *ADSA-ASAS Joint Annual Meeting*, Cincinnati, OH. 2005.

[119] Nelson, B. K., Lynch, J. M. andBarbano, D. M. Impact of milk preacidification with $CO_2$ on the aging and proteolysis of cheddar cheese. *J Dairy Sci*, 2004a, 87（11）：3590-3600.

[120] Nelson, B. K., Lynch, J. M. and Barbano, D. M. Impact of milk preacidification with $cCO_2$ on cheddar cheese composition and yield. *J Dairy Sci*, 2004b, 87（11）：3581-3589.

[121] Noll, C. I. and Supplee, G. C. Factors affecting the gascontent of milk. *J Dairy Sci*, 1941, 24（22）：993-1013.

[122] Noriega, L., Gueimonde, M., Alonso, L. and de los Reyes-Gavilán, C. G. Inhibition of *Bacillus cereus* growth in carbonated fermented bifidus milk. *Food Microbiol*, 2003, 20（5）：519-526.

[123] Novak, J. S., Call, J., Tomasula, P. and Luchansky, J. B. An assessment of pasteurization treatment of water, media, and milk with respect to *Bacillus* spores. *J Food Protect*, 2005, 68（4）：751-757.

[124] Olano, A., Calvo, M. M., Troyano, E. and Amigo, L. Changes in the fractions of carbohydrates and whey proteins during heat-treatment of milk acidified with carbon-dioxide. *J Dairy Res*, 1992, 59（1）：95-99.

[125] Oliver, S. P., Boor, K. J., Murphy, S. C. and Murinda, S. E. Food safety hazards associated with consumption of raw milk. *Foodborne Pathog Dis*, 2009, 6（7）：793-806.

[126] Parris, N., Dickey, L. C., Tomasula, P. M. *et al.* Films and coatings from commodity agroproteins. *ACS Symposium Series*, 2001, 786：118-131.

[127] Parton, T., Elvassore, N., Bertucco, A. and Bertoloni, G. High pressure $CO_2$ inactivation of food：A multi-batch reactor system for inactivation kinetic determination. *J Supercrit Fluids*, 2007, 40（3）.

[128] Perrut, M. Sterilization and virus inactivation by supercritical fluids（a review）. *J Supercrit Fluids*, 2012, 66（0）：359-371.

[129] Prado, G. H. C., Khan, M., Saldana, M. D. A. and Temelli, F. Enzymatic hydrolysis of conjugated linoleic acid-enriched anhydrous milk fat in supercritical carbon dioxide. *J Supercrit Fluids*, 2012, 66：198-206.

[130] Prucha, M. J., Brannon, J. M. and Ruehe, H. A. Carbonation of butter. *J Dairy Sci*, 1925, 8：318-321.

[131] Rajagopal, M., Werner, B. G. and Hotchkiss, J. H. Low pressure $CO_2$ storage of raw milk：Microbiological effects. *J Dairy Sci*, 2005, 88（9）：3130-3138.

[132] Ranieri, M. L., Huck, J. R., Sonnen, M. *et al.* High temperature, short time pasteurization temperatures inversely affect bacterial numbers during refrigerated storage of pasteurized fluid milk. *J Dairy Sci*, 2009, 92 (10): 4823-4832.

[133] Raouche, S., Dobenesque, M., Bot, A. *et al.* Stability of casein micelle subjected to reversible $CO_2$ acidification: Impact of holding time and chilled storage. *Int Dairy J*, 2007, 17 (8): 873-880.

[134] Ravindra, M. R., Rao, K. J., Nath, B. S. and Ram, C. Extended shelf life flavoured dairy drink using dissolved carbon dioxide. *J Food Sci Tech*, 2014a, 51 (1): 130-135.

[135] Ravindra, M. R., Rao, K. J., Nath, B. S. and Ram, C. Carbonated fermented dairy drink-effect on quality and shelf life. *J Food Sci Tech*, 2014b, 51 (11): 3397-3403.

[136] Rowe, M. Carbon dioxide to prolong the safe storage of raw milk. *Milk Industry, UK*, 1989, 91 (7): 17-19.

[137] Ruas - Madiedo, P., Bada - Gancedo, J. C., Fernandez - Garcia, E. *et al.* Preservation of the microbiological and biochemical quality of raw milk by carbon dioxide addition: A pilot-scale study. *J Food Protect*, 1996a, 59 (5): 502-508.

[138] Ruas-Madiedo, P., Bada-Gancedo, J. C., Matilla-Villoslada, M. and De Los Reyes-Gavilán, C. G. Pilot plant application of carbon dioxide injection to increase the storage life of refrigerated raw milk. *Revista Española de Lechería*, 1996b, (74): 35-41.

[139] Ruas-Madiedo, P., Bada-Gancedo, J. C., Alonso, L. and de los Reyes-Gavilan, C. G. Afuega'l pitu cheese quality: Carbon dioxide addition to refrigerated milk in acid-coagulated cheesemaking. *Int Dairy J*, 1998a, 8 (12): 951-958.

[140] Ruas-Madiedo, P., Bascarán, V., Braña, A. F. *et al.* Influence of carbon dioxide addition to raw milk on microbial levels and some fat-soluble vitamin contents of raw and pasteurized milk. *J Agric Food Chem*, 1998b, 46 (4): 1552-1555.

[141] Ruas - Madiedo, P., de los Reyes - Gavilan, C. G., Olano, A. and Villamiel, M. Influence of refrigeration and carbon dioxide addition to raw milk on microbial levels, free monosaccharides and myo-inositol content of raw and pasteurized milk. *Eur. Food Res. Tech*, 2000, 212 (1): 44-47.

[142] Ruas-Madiedo, P., Alonso, L., Delgado, T. *et al.* Manufacture of spanish hard cheeses from $CO_2$-treated milk. *Food Res. Int*, 2002, 35 (7): 681-690.

[143] Sierra, I., Prodanov, M., Calvo, M. *et al.* Vitamin stability and growth of psychrotrophic bacteria in refrigerated raw milk acidified with carbon dioxide. *J Food Protect*, 1996, 59 (12): 1305-1310.

[144] Singh, P., Wani, A. A., Karim, A. A. and Langowski, H. C. The use of carbon dioxide in the processing and packaging of milk and dairy products: A review. *Int J Dairy Tech*, 2012, 65 (2): 161-177.

[145] Sirisee, U., Hsieh, F. and Huff, H. E. Microbial safety of supercritical carbon dioxide processes. *J Food Proc Preserv*, 1998, 22 (5): 387-403.

[146] Smith, A. C. The carbon dioxide content of milk during handling, processing and storage and its effect upon the freezing point. *J. Milk Food Technol*, 1964, 27 (2): 38-41.

[147] Spano, V., Salis, A., Mele, S. *et al.* Fractionation of sheep milk fat via supercritical carbon dioxide. *Food Sci Tech Int*, 2004, 10 (6): 421-425.

[148] Spilimbergo, S. and Bertucco, A. Non-thermal bacterial inactivation with dense $CO_2$. *Biotech Bioeng*, 2003, 84 (6): 627-638.

[149] Spilimbergo, S. and Mantoan, D. Stochastic modeling of *S. Cerevisiae* inactivation by supercritical

$CO_2$. *Biotechnol Prog*, 2005, 21 (5): 1461-1465.

[150] Spilimbergo, S., Elvassore, N. and Bertucco, A. Microbial inactivation by high-pressure. *J Supercrit Fluids*, 2002, 22 (1): 55-63.

[151] Spilimbergo, S., Dehghani, F., Bertucco, A. and Foster, N. R. Inactivation of bacteria and spores by pulse electric field and high pressure $CO_2$ at low temperature. *Biotech Bioeng*, 2003a, 82 (1): 118-125.

[152] Spilimbergo, S., Elvassore, N. and Bertucco, A. Inactivation of microorganisms by supercritical $CO_2$ in a semi-continuous process. *Ital J Food Sci*, 2003b, 15 (1): 115-124.

[153] St-Gelais, D., Champagne, C. P. and Belanger, G. Production of cheddar cheese using milk acidified with carbon dioxide. *Milchwissenschaft - Milk Sci Int*, 1997, 52 (11): 614-618.

[154] Strange, E. D., Konstance, R. P., Tomasula, P. M. *et al.* Functionality of casein precip itated by carbon dioxide. *J Dairy Sci*, 1998, 81 (6): 1517-1524.

[155] Taylor, D. P. and Ogden, L. V. Carbonation of viscous fluids: Carbon dioxide holding capacity and rate to saturation of simulated yogurt. *J Food Sci*, 2002, 67: 1032-1035.

[156] Ternstrom, A., Lindberg, A. M. and Molin, G. Classification of the spoilage flora of raw and pasteurized bovine-milk, with special reference to *Pseudomonas* and *Bacillus*. *J Appl Bacteriol*, 1993, 75: 25-34.

[157] Tomasula, P. M. Process for the continuous removal of products from high-pressure systems. US Patent No 5, 1995: 432, 265.

[158] Tomasula, P. M. Edible, water-solubility resistant casein masses US Patent No 6, 2002: 379, 726.

[159] Tomasula, P. M. Supercritical fluid extraction of foods. In: *Encyclopedia of Agricultural, Food, and Biological Engineering* (ed. D. R. Heldman). Dekker, New York, 2003: 964-967.

[160] Tomasula, P. M. and Boswell, R. T. Measurement of the solubility of carbon dioxide in milk at high pressures. *J Supercrit Fluid*, 1999, 16: 21-26.

[161] Tomasula, P. M. and Parris, N. Whey protein fractionation using high pressure or supercritical carbon dioxide. US Patent No 5, 1999, 925, 737.

[162] Tomasula, P. M., Craig, J. C., Jr., , Boswell, R. T. *et al.* Preparation of casein using carbon dioxide. *J Dairy Sci*, 1995, 78 (3): 506-514.

[163] Tomasula, P. M., Craig, J. C., Jr, and Boswell, R. T. A continuous process for casein production using high-pressure carbon dioxide. *J Food Eng*, 1997, 33: 405-419.

[164] Tomasula, P. M., Craig, J. C., Jr, and McAloon, A. J. Economic analysis of a continuous casein process using carbon dioxide as precipitant. *J Dairy Sci*, 1998a, 81 (12): 3331-3342.

[165] Tomasula, P. M., Parris, N., Boswell, R. T. and Moten, R. O. Preparation of enriched fractions of α-lactalbumin and β-lactoglobulin from cheese whey using carbon dioxide. *J Food Proc Preserv*, 1998b, 22: 463-476.

[166] Tomasula, P. M., Parris, N., Yee, W. and Coffin, D. Properties of films made from $CO_2$-precipitated casein. *J Agric Food Chem*, 1998c, 46 (11): 4470-4474.

[167] Tomasula, P. M., Boswell, R. T. and Dupre, N. C. Buffer properties of milk treated with high pressure carbon dioxide. *Milchwissenschaft - Milk Sci Int*, 1999, 54: 667-670.

[168] Tomasula, P. M., Yee, W. C. and Parris, N. Oxygen permeability of films made from $CO_2$-precipitated casein and modified casein. *J Agric Food Chem*, 2003, 51 (3): 634-639.

[169] Torkar, K. G. and Vengušt, A. The presence of yeasts, moulds and aflatoxin $M_1$ in raw milk and cheese in Slovenia. *Food Control*, 2008, 19 (6): 570-577.

［170］Van Hekken, D. L. , Rajkowski, K. T. , Tomasula, P. M. *et al*. Effect of carbon dioxide under high pressure on the survival of cheese starter cultures. *J Food Protect*, 2000, 63（6）: 758-762.

［171］Vianna, P. C. B. , Walter, E. H. M. , Dias, M. E. F. *et al*. Effect of addition of $CO_2$ to raw milk on quality of UHT-treated milk. *J Dairy Sci*, 2012, 95（8）: 4256-4262.

［172］Vinderola, C. G. , Gueimonde, M. , Delgado, T. *et al*. Characteristics of carbonated fermented milk and survival of probiotic bacteria. *Int Dairy J*, 2000, 10（3）: 213-220.

［173］Walsh, H. , Cheng, J. J. and Guo, M. R. Effects of carbonation on probiotic survivability, physicochemical, and sensory properties of milk-based symbiotic beverages. *J Food Sci*, 2014, 79（4）: M604-M613.

［174］Wang, L. and Li, X. Impact of carbon dioxide addition to raw milk on physical property and stability. *China Dairy Ind*, 2007, 35（4）: 26-29.

［175］Wei, C. I. , Balaban, M. O. , Fernando, S. Y. and Peplow, A. J. Bacterial effect of high-pressure $CO_2$ treatment on foods spiked with listeria or salmonella. *J Food Protect*, 1991, 54（3）: 189-193.

［176］Werner, B. G. and Hotchkiss, J. H. Effect of carbon dioxide on the growth of *Bacillus cereus* spores in milk during storage. *J Dairy Sci*, 2002, 85（1）: 15-18.

［177］Werner, B. G. and Hotchkiss, J. H. Continuous flow nonthermal $CO_2$ processing: The lethal effects of subcritical and supercritical $CO_2$ on total microbial populations and bacterial spores in raw milk. *J Dairy Sci*, 2006, 89（3）: 872-881.

［178］Wright, A. O. , Ogden, L. V. and Eggett, D. L. Determination of carbonation threshold in yogurt. *J Food Sci*, 2003, 68（1）: 378-881.

［179］Xiong, R. , Xie, G. , Edmondson, A. E. and Sheard, M. A. A mathematical model for bacterial inactivation. *Int J Food Microbiol*, 1999, 46: 45-55.

［180］Yee, J. L. , Khalil, H. and Jiménez-Flores, R. Flavor partition and fat reduction in cheese by supercritical fluid extraction: Processing variables. *Lait*, 2007, 87（4-5）: 269-285.

［181］Yver, A. L. , Bonnaillie, L. M. , Yee, W. *et al*. Fractionation of whey protein isolate with supercritical carbon dioxide-process modeling and cost estimation. *Int J Molec Sci*, 2011, 13（1）: 240-259.

# 9  集中高强度电场非热杀菌在乳中的应用

Shaobo Deng[1]、Paul Chen[1]、Yun Li[1]、Xiaochen Ma[1]、Yanling Cheng[1]、Xiangyang Lin[1]、Lloyd Metzger[2] 和 Roger Ruan[1]

[1]*Department of Bioproduets and Biosystems Engineering and Department of Food Science and Nutrition，University of Minnesota，USA*

[2]*Dairy Foods Research Center and Department of Dairy Science，South Dakota State University，USA*

## 9.1  引言

集中高强度电场（Concentrated high intensity electric field，CHIEF）是由美国明尼苏达大学研究人员开发的一种液体食品非热杀菌新方法（Ruan 等，2008）。集中高强度电场系统采用独特的处理室（孔）和电极配置，高强度电场集中在孔内，液体流过该孔并进行杀菌。集中高强度电场系统的结构具有与介质屏障非热等离子体（Nonthermal plasma，NTP）反应器相似的特点，通常由一层或两层介电材料隔开的两个电极组成。然而，与非热等离子体相比，集中高强度电场使微生物失活的机制与脉冲电场技术（第 5 章）机制更为相似。与脉冲电场技术相比，集中高强度电场具有一些独特的特性：①其电源是工业频率的交流电，不是高频脉冲直流（Direct current，DC）电，因此其投资成本显著降低；②采用非金属（电介质）屏障，避免电极与液体的直接接触，几乎消除了金属电极氧化、腐蚀和侵蚀带来的污染，而且不用定期更换电极。

已证实集中高强度电场工艺能够使橙汁中接种的大肠杆菌 O157：H7（*E. coli* O157）和乳酸菌分别减少了 5 个对数值和 7 个对数值，使乳中接种的大肠杆菌 O157、沙门氏菌和单核细胞增生李斯特氏菌减少了 3~5 个对数值（未发表数据）。产品中未观察到明显的物理和化学变化。到目前为止，已有的实验数据是有限的，而且缺乏对工艺的深入了解。本章旨在向感兴趣的研究人员讲述有关集中高强度电场工艺的基本原理和物理结构，以及它对微生物和食品成分影响方面的可用信息，以便开展更多的研究和开发工作来理解和改进这种新的非热技术。

## 9.2  原理

### 9.2.1  生物效应

集中高强度电场使微生物失活的机理尚未进行研究。如前所述，一般认为集中高强度电场工艺的杀菌方式类似于高强度脉冲电场（Pulsed electric fields，PEF）工艺。脉冲电场是对两个金属电极（通常为不锈钢）之间的食品原料（形成所谓的处理室）施加高压（通常为 20~80kV/cm）短脉冲（1~10μs）（Qin 等，1996；Vega-Mercado 等，1997），而在集中高强度电场工艺中，液体流过集中在小孔内的电场。微生物暴露于电场的研究表明，电场可以引起细胞膜的变化（Pothakamury 等，1997；Barbosa-Cánovas 等，1999）。当向细胞施加电压时，会引发在细胞膜上产生足够高的跨膜电位，从而导致膜破裂（直接机械损伤，即电击穿理论），或使细胞膜的脂质和蛋白层不稳定，从而产生孔隙（电穿孔理论）。受损的细胞膜失去了选择半渗透性，使水进入细胞，导致细胞体积过度膨胀，并最终导致细胞破裂和微生物失活。一些研究为这一理论提供了微观证据（Harrison 等，1997；Calderón-Miranda 等，1999）。最近的研究表明，脉冲电场处理后膜的渗透性增加（Aronsson 等，2005；García 等，2007）。根据样品类型、微生物种类、电场强度和过程中施加的脉冲数，脉冲电场处理可实现不同程度的微生物失活（Martin 等，1997；Pothakamury 等，1997；Bai-Lin 等，1998；Qin 等，1998）。脉冲电场使酶失活的作用是有限的，其效果随电场强度、过程中施加的脉冲数和酶本身的特性而变化（Bendicho 等，2003；Kambiz 等，2008）。为了更好地理解和改进集中高强度电场工艺，需要进一步研究集中高强度电场引起微生物和酶失活的生物学机制。

### 9.2.2　物理原理

产生集中高强度电场的基本原理是电容耦合。图 9.1 和图 9.2 为集中高强度电场处理室（孔）的结构及其等效电路模型。非导电块将液体层分成两部分（液体主体，Bulk liquid，BL），两部分之间有一个狭窄的液体通道（Liquid channel，LC）。介质屏障夹在金属电极和水电极之间形成电容器（$C_{DB}$），将液体主体和液体通道分别视为两个不同的电阻，即 $R_{BL}$ 和 $R_{LC}$。为了将电场集中在狭窄的通道上，必须显著降低主体液体的能量消耗。因此，必须将结构设计得使 $R_{BL}$ 比 $R_{LC}$ 小得多或可忽略不计，因此（$2R_{BL}+R_{LC}$）$\approx R_{LC}$。当施加电压 $U_a$ 时，电阻 $R_{LC}$ 的电场 $E_{LC}$（跨过液体通道长度 $d_{LC}$）表示为式（9.1）：

$$E_{LC} = \frac{U_{LC}}{d_{LC}} \tag{9.1}$$

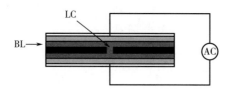

□　金属电极（Medal electrode，E）

▨　介质屏障（Dielectric barrier，DB）

▩　液体处理室，液体主体（BL）和狭窄液体通道（LC）

■　非导电块

Ⓐ🅒　交流电源

图 9.1　集中高强度电场处理室示意图，其特征是具有狭窄液体通道的介质屏障（DB）反应器

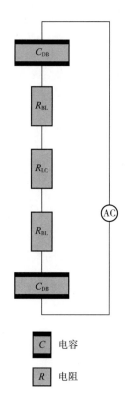

$$C \quad 电容$$

$$R \quad 电阻$$

图9.2 介质屏障反应器的模拟电路

液体通道的电压见式（9.2）：

$$U_{LC} = I \cdot R_{LC} = \frac{U_a}{Z} \cdot R_{LC} \tag{9.2}$$

电路 $Z$ 的总阻抗可由式（9.3）求得：

$$Z = \sqrt{R_{LC}^2 + X_C^2} \tag{9.3}$$

因此，式（9.2）转换为式（9.4）：

$$U_{LC} = \frac{U_a}{\sqrt{1 + \left(\dfrac{X_C}{R_{LC}}\right)^2}} \tag{9.4}$$

式中，液体通道的电阻为 $R_{LC} = \dfrac{d_{LC}}{\sigma A_{LC}}$，$\sigma$ 为电导率，$A_{LC}$ 为面积。电容器的电抗为 $X_C = \dfrac{1}{2\pi f C}$，$f$ 为电流频率，$C$ 为电路的总电容，计算如下：$\dfrac{1}{C} = \dfrac{2}{C_{DB}}$ 或 $C = \dfrac{1}{2} C_{DB} = \dfrac{1}{2} \cdot \dfrac{\varepsilon A_{DB}}{d_{DB}}$，其中 $\varepsilon$ 为介电常数，对于大多数固体介电材料，其值一般在 $2 \sim 10$。$A_{DB}$ 和 $d_{DB}$ 为介质屏障的面积和厚度。从式（9.4）中取 $U_{LC}$ 以及上述的 $R_{LC}$ 和 $X_C$，因此，式（9.1）转换为式（9.5）：

$$E_{LC} = \frac{U_a}{\sqrt{d_{LC}^2 + \left(\dfrac{\sigma d_{DB}}{\varepsilon \pi f} \cdot \dfrac{A_{LC}}{A_{DB}}\right)^2}} \tag{9.5}$$

式（9.5）表明如果 $\dfrac{\sigma d_{DB}}{\varepsilon \pi f} \cdot \dfrac{A_{LC}}{A_{DB}}$ 可以忽略不计，则 $E_{LC} \propto \dfrac{U_a}{d_{LC}}$，施加的大部分电压将被引导到狭窄通道内的液体中。为了使 $\dfrac{\sigma d_{DB}}{\varepsilon \pi f} \cdot \dfrac{A_{LC}}{A_{DB}}$ 忽略不计，可以使用具有很高介电常数（高 $\varepsilon$）且很薄（低厚度 $d_{DB}$）的介质屏障，或者使 $A_{LC}$ 与 $A_{DB}$ 的比率非常低（介质屏障面积也就是液体主体的面积 $A_{BL}$）。高强度电场的强度和产生效率，可以通过选择或优化处理室结构和介电屏障材料调控。由于高介电常数材料资源的可用性可能有限，因此改变面积比 $\dfrac{A_{LC}}{A_{DB}}$，似乎是增加电场的首选简单方法。

允许变换非导电块和其中心孔的直径，改变 $\dfrac{A_{LC}}{A_{DB}}$ 以在 $R_{LC}$ 上获得高电场。要使 $R_{BL}$ 比 $R_{LC}$ 小得多或小到可忽略的假设成立，$A_{DB}$ 或 $A_{BL}$ 特别大也很重要。图 9.3 显示了水和乳在峰值电压 ［将式（9.5）的分母替换为 $U_a\sqrt{2}$ ］ 下电场强度与 $\dfrac{A_{LC}}{A_{DB}}$ 的函数关系。由曲线可知，当施加电压（有效电压）为 4kV，$d_{LC}$ 和 $d_{DB}$ 均为 0.1cm，$\dfrac{A_{LC}}{A_{DB}}$ 分别为 $5\times10^{-3}$ 和 $5\times10^{-4}$ 时，就足以使乳和水的电场强度 $E_{LC}$ 分别大于或等于 25kV/cm。

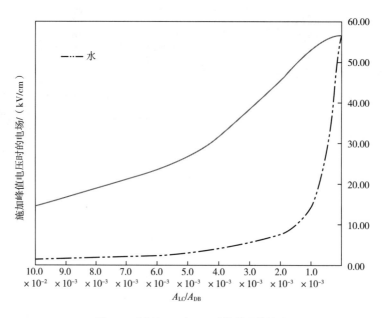

图 9.3　电场和 $A_{LC}$ 与 $A_{DB}$ 之比的函数关系

## 9.3　设备和工艺流程

简单的集中高强度电场实验装置由处理室、带有控制装置的电源、电线和液体管组成，

图 9.4（1）显示了整个装置，图 9.4（2）是处理室的放大图，孔位于玻璃外壳的中间，铜箔作为电极也是可见的。该装置用于理论验证实验。图 9.5 显示了一个小型的可移动的中试规模集中高强度电场系统，该系统由 4 个处理室/反应器组成，可以串联或并联布置。在反应器前后添加温度控制元件，以控制进出反应器的液体温度。使用背压调节器来维持适当的高压，以避免在液体流中形成气泡，因为气泡中可能会发生局部放电，从而导致材料被击穿。在这个系统中的高压大约为 1000kPa，使用高压有三个目的。首先，高压能确保流体以足够高的流速通过反应器小孔，将处理过程中产生的热量迅速带到冷却阶段。流体的目标出口温度低于 60℃。高压可以提高施加电压 $U_a$，从而提高电场 $E_{LC}$，而不会导致出口温度超过60℃。其次，高压可以防止液体中的放电，否则会对乳和反应器结构造成损害。再次，高压使被处理液体的导电性降低，从而使温度升高最小化。然而，找到一种具有适当机械强度以承受高压的介电材料是一个挑战。在这种小型中试规模系统中，我们对处理室/反应器进行改进，不使用介质屏障，舍弃了使用介质屏障将液态食品与金属电极隔开的优势，但是，由于式（9.4）中 $X_C = 0$，因此使 $E_{LC}$ 达到最大值。9.4 节和 9.5 节中的试验数据是使用该系统产生的。

（1）装置整体 　　　　　　　　　　　　　（2）处理室

图 9.4　证明集中高强度电场概念的实验装置

试验集中高强度电场系统工艺流程图如图 9.6 所示。液体从样品罐中泵出，通过一系列温度控制元件和处理室（反应器）。在整个过程中监控样品的温度。试验过程中可调整以下工艺参数：

①电场强度，$E_{LC}$：10～70kV/cm；

②交流电源频率：60Hz；

③流速（决定反应器中的停留时间）：500～2000mL/min；

④反应器的停留时间范围：10～400μs；

⑤乳的进料温度：4～10℃；

⑥串联的反应器数量：1～4；

⑦通过反应器的次数：1～2。

图 9.5 具有四个处理室/反应器（R1、R2、R3 和 R4）的小型中试集中高强度电场系统

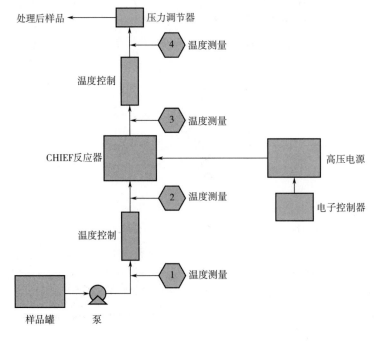

图 9.6 集中高强度电场处理的工艺流程图

## 9.4 工艺对微生物和产品质量的影响

### 9.4.1 微生物

表 9.1 显示，当施加电压为 35~40kV，出口温度低于 60℃时，接种于脱脂乳的 5 株不同的大肠杆菌 O157：H7 通过一次处理产生超过 3 个对数值的数量降低。电场强度越大，对数值减少越大，这是电场强度增加和温度升高共同作用的结果。施加的电场和温度之间存在协同作用。尽管 60℃低于传统巴氏杀菌温度，处理时间也远短于巴氏杀菌过程，但它可能引起应激反应，导致细菌衰竭和对电场处理抵抗力的降低（Geveke 和 Brunkhorst，2004；Ukuku 等，2008）。应激反应和细菌衰竭是栅栏技术提出的机制，它采用一系列最小化加工过程，包括对食品系统进行温和的热处理以达到所需的杀菌效果，但与传统工艺相比，又能减少不良影响。

表 9.1 用集中高强度电场处理接种了大肠杆菌 O157：H7 的脱脂乳，处理前后的细菌计数（温度 55~60℃，施加电压 3.5~4kV）

| 大肠杆菌 O157:H7 菌株 | 接种液/<br>lg（CFU/mL） | 处理后计数/<br>lg（CFU/mL） | 减少数量/<br>lg（CFU/mL） |
|---|---|---|---|
| ATCC43890 | 5.76 | <2.00 | ≥3.76 |
| ATCC43895 | 5.94 | <2.00 | ≥3.94 |
| ATCC35150 | 5.40 | <2.00 | ≥3.40 |
| 86-24 | 7.94 | 4.79 | 3.14 |
| ATCC43890、43895、<br>35150、86-24 和 3081 混合 | 8.05 | 4.16 | 3.88 |

为了研究混合细菌接种到脱脂乳中对集中高强度电场处理的反应，对多株目标细菌菌株的混合物进行了测试（表 9.2）。当对五种大肠杆菌 O157：H7 菌株的混合物测试时，单次通过集中高强度电场装置后（温度 55℃），细胞失活范围几乎在 2~3.9 个对数值（CFU/mL）。与大肠杆菌 O157：H7 相比，沙门氏菌似乎对集中高强度电场处理更敏感，且波动幅度较小，其减少量在 2.6~3.1 个对数值（CFU/mL）之间变化。革兰氏阳性致病菌李斯特氏菌与沙门氏菌的敏感性相似，平均降低 2.75（±0.25）个对数值（CFU/mL）。然而，集中高强度电场处理对蜡样芽孢杆菌孢子的致死效果似乎不是很好，单次处理失活的芽孢不超过 0.35 个对数值（CFU/mL）。通过集中高强度电场装置连续处理两次似乎会对杀死营养致病性菌株的程度产生累加效应，因为沙门氏菌最终计数平均对数减少量从 2.95 个对数值增加到 5.55 个对数值，几乎增加了两倍（表 9.3）。但是，对于李斯特氏菌和大肠杆菌 O157：H7，灭活作用增加没那么多，因为与单次处理相比（表 9.2），多处理一次灭活率只分别提高了 77% 和 59%（表 9.3）。

表 9.2　　　单次集中高强度电场处理对脱脂乳接种的病原菌存活数量的影响

（温度 55~60℃，施加电压 3.5~4kV）

| 细菌 | 平行试验编号 | 初始计数/<br>lg（CFU/mL） | 最终计数/<br>lg（CFU/mL） | 减少数量/<br>lg（CFU/mL） |
|---|---|---|---|---|
| 大肠杆菌 O157：H7 | EC1 | 8.05 | 4.16 | 3.88 |
| （5 株混合物） | EC2 | 8.01 | 5.61 | 2.39 |
| | EC3 | 7.95 | 5.99 | 1.96 |
| 沙门氏菌 | S-N | 7.93 | 4.86 | 3.07 |
| （5 株混合物） | S-Tn | 8.16 | 5.04 | 3.11 |
| | S-Ty1 | 8.19 | 5.38 | 2.81 |
| | S-Ty2 | 7.93 | 5.14 | 2.79 |
| | S-Ty3 | 8.09 | 4.90 | 3.18 |
| 沙门氏菌 | S1 | 8.10 | 4.78 | 3.32 |
| （5 株混合物） | S2 | 8.02 | 5.40 | 2.62 |
| | S3 | 8.14 | 5.24 | 2.90 |
| 单核细胞增生 | LM1 | 8.05 | 5.02 | 3.03 |
| 李斯特氏菌 | LM2 | 7.85 | 5.22 | 2.63 |
| （5 株混合物） | LM2 | 7.82 | 5.25 | 2.57 |
| 蜡状芽孢杆菌 | BC1 | 3.55 | 3.2 | 0.35 |
| （3 株混合物） | BC2 | 3.61 | 3.47 | 0.14 |
| | BC3 | 3.52 | 3.47 | 0.05 |

注：S-N—除 Newport AM05104 以外的所有沙门氏菌菌株；

　　S-Tn—除 Tennessee 以外的所有沙门氏菌菌株；

　　S-Ty1—除 UK-1 以外的所有沙门氏菌菌株；

　　S-Ty2—除 ATCC700804 以外的所有沙门氏菌菌株；

　　S-Ty3—除 ATCC14028 以外的所有沙门氏菌菌株。

表 9.3　　　两次集中高强度电场处理对脱脂乳接种的致病菌活菌计数的影响

（温度 55~60℃，施加电压 3.5~4kV）

| 细菌 | 平行试验编号 | 初始计数/<br>lg（CFU/mL） | 最终计数/<br>lg（CFU/mL） | 减少数量/<br>lg（CFU/mL） |
|---|---|---|---|---|
| 大肠杆菌 O157：H7 | ECD1 | 7.92 | 3.3 | 4.62 |
| （5 株混合物） | ECD2 | 7.86 | 3.57 | 4.29 |
| | ECD3 | 7.83 | 3.67 | 4.16 |
| 沙门氏菌 | SD1 | 7.99 | 2.48 | 5.51 |
| （5 株混合物） | SD2 | 8.00 | 2.31 | 5.69 |
| | SD3 | 7.97 | 2.53 | 5.44 |

续表

| 细菌 | 平行试验编号 | 初始计数/<br>lg（CFU/mL） | 最终计数/<br>lg（CFU/mL） | 减少数量/<br>lg（CFU/mL） |
|---|---|---|---|---|
| 单核细胞增生<br>李斯特氏菌<br>（5株混合物） | LMD1 | 8.30 | 3.44 | 4.86 |
| | LMD2 | 8.17 | 3.42 | 4.75 |
| | LMD3 | 8.06 | 3.47 | 4.59 |

## 9.4.2 产品质量

由于目前还没有关于集中高强度电场处理对乳品质影响的研究，因此，本文提供了一些有关集中高强度电场处理橙汁与高温短时（High temperature, short time, HTST）处理和均质比较研究的相关数据。这项研究的重点是集中高强度电场处理后橙汁中香气和维生素 C 的变化。结果发现，所有样品都含有 12~14 种香味活性化合物。如图 9.7 所示为集中高强度电场和高温短时处理对香味活性化合物的影响。集中高强度电场和高温短时处理不会破坏在未处理样品中发现的任何香味活性化合物。对于刚处理的样品，在维生素 C 保留方面，集中高强度电场处理样品的维生素 C 含量略高于高温短时处理（表 9.4）。有趣的是，经过集中高强度电场处理的样品在 4.4℃下保存三周后，其存留的维生素 C 差不多是高温短时处理样品的 13 倍。

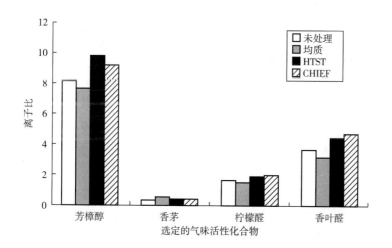

图 9.7　不同处理强度对橙汁风味的影响

注：离子比是定性离子与定量离子的比例，是色谱和质谱分析中采用的离子的定量和定性分析。

表 9.4　　　　集中高强度电场和高温短时处理后维生素 C 的保留情况

| 处理和储存条件 | 维生素 C 保留量/（mg/100g） |
|---|---|
| 处理前 | 33.3 |
| 高温短时处理后 0 天 | 30.8 |
| 集中高强度电场处理后 0 天 | 31.4 |

续表

| 处理和储存条件 | 维生素 C 保留量/（mg/100g） |
|---|---|
| 高温短时处理后在 4.4℃保存 3 周 | 1.67 |
| 集中高强度电场处理后在 4.4℃保存 3 周 | 21.5 |
| 高温短时处理后在 21℃保存 3 周 | 15.8 |
| 集中高强度电场处理后在 21℃保存 3 周 | 15.4 |
| 高温短时处理后在 37℃保存 3 周 | <0.5 |
| 集中高强度电场处理后在 37℃保存 3 周 | <0.5 |

## 9.5 集中高强度电场技术的其他用途

除了乳和橙汁，一种乳清饮料也使用集中高强度电场技术进行了测试。乳清是乳中富含蛋白质的液体成分，是干酪制作的副产品。摄取乳清的健康益处已得到公认（Luhovyy 等，2007；Smithers，2008），乳清的用途已扩展到许多功能性食品中。含乳清的高蛋白饮料有望成为消费者喜欢的健康产品。但是，应避免对含乳清饮料进行热处理，如巴氏杀菌。72℃以上的温度可使乳清蛋白变性，破坏一些生物活性化合物，导致不稳定，并降低营养和健康价值。

本研究配制了含乳清及橙汁、葡萄汁或苹果汁的模拟乳清饮料。制备以下乳清和果汁的混合物：100% 乳清，75% 乳清/25% 果汁，50% 乳清/50% 果汁，25% 乳清/75% 果汁。将约 7.5lgCFU/mL 大肠杆菌 25922 接种到模拟饮料中。用 30kV 电压对模拟饮料进行集中高强度电场处理。

试验结果表明，通过集中高强度电场处理一次和两次，分别可减少 2~3 个对数值和 4~6 个对数值的大肠杆菌营养细胞（表 9.5）。细菌的灭活作用似乎随着果汁比例的增加而增加，这可能是因为果汁降低了乳清的 pH 和/或稀释了乳清的保护作用。

表 9.5 在乳清饮料模型中接种的大肠杆菌 25922 用集中高强度电场处理前后的细菌数

| 乳清饮料模型 | 初始细菌数/lg（CFU/mL） | 一次处理后细菌数/lg（CFU/mL） | 二次处理后细菌数/lg（CFU/mL） |
|---|---|---|---|
| 100%乳清 | 7.6 | 5.0 | 3.2 |
| 75%乳清/25% 橙汁 | 7.4 | 4.6 | 2.7 |
| 50%乳清/50% 橙汁 | 7.3 | 4.0 | 2.5 |
| 25%乳清/75% 橙汁 | 7.4 | 3.8 | 2.1 |
| 75%乳清/25% 葡萄汁 | 7.4 | 4.5 | 2.3 |
| 75%乳清/25% 苹果汁 | 7.5 | 4.3 | 2.2 |

## 9.6 未来发展

集中高强度电场是一种非常新的技术，在科学文献中几乎没有资料。尽管从文献中查的许多脉冲电场知识是相关的，但由于集中高强度电场独特的电源和反应器结构，仍需要细致的研究和开发工作，这可能会给该技术商业化带来不同的机遇和挑战。

### 9.6.1 硬件开发

如前所述，集中高强度电场技术的独特之处在于其电源和处理室构造。虽然不同频率的交流电源很容易获得，但是通过将电源电感与系统电路的电容相匹配提高能量利用率还需要做更多的研究。必须开发和测试不同的处理室和介电材料，以增强电场，提高能效并提高耐用性。

### 9.6.2 过程评估

集中高强度电场对乳的化学和物理特性、货架期稳定性和感官品质的影响尚未得到评价。特别是集中高强度电场对酶的影响及其与货架稳定性的关系以及酶、维生素、脂质和乳风味对集中高强度电场的敏感性尚不清楚。例如，液态乳所应有风味是温和、平淡或低风味强度的，即使乳的风味谱发生非常轻微的变化，消费者也无法接受。在非热处理过程中，如果酶没有适当钝化，乳脂可经酶促反应分解为游离脂肪酸而产生异味。因此，在有更大规模的中试生产证实之前，必须解决集中高强度电场工艺对鲜乳的化学和物理性质、酶活性、风味谱和保质期稳定性等问题的影响。

### 9.6.3 栅栏技术

乳中的嗜热和耐热微生物能够在高温条件下（55℃或更高）生存或生长。控制乳中嗜热和耐热微生物的关键是确保农场和工厂采用适当的卫生方法，但一旦这些细菌进入乳，必须将其灭活以确保安全。目前乳在温和的条件下进行巴氏杀菌，以延长保质期。然而，要杀灭乳中的嗜热和耐热微生物需要进行高强度的热处理（高温和长时间的加工），这不利于营养和质量（Bylund，2003）。集中高强度电场技术可能提供了一个很好的机会，通过该工艺的热效应和非热效应协同作用使嗜热和耐热微生物失活。如果这种处理方法使用得当，在生乳到达乳品加工厂之前，生乳中嗜热和耐热细菌的数量可能会减少，可防止细菌在乳品链中进一步传播。

正如上面简要介绍的那样，由于集中高强度电场具有低温特性，可以成为液体食品保鲜的有效栅栏技术。近年来对脉冲电场的研究大多倾向于采用多因素结合的方法，如加热法（Craven 等，2008；Noci 等，2009；Yu 等，2009）、添加抗菌化合物（Sobrino-Lopez 和 Martin-Belloso，2008；Sobrino-Lopez 等，2009）和热超声法（Noci 等，2009）。细菌和酶灭活的正向协同作用效果已经得到了证实（Zhang 等，1995；Aronsson 和 Rönner，2001；Aronsson 等，2001；Jayaram 等，2004）。例如，Walkling-Ribeiro 等（2009）研究了热处理和脉冲电场处理的栅栏效应后得出结论，在 50℃ 下轻度加热和在低电场强度（40kV/cm，60μs）的脉冲电场处理对乳中天然微生物群的灭活效果与传统热杀菌法相近，而微生物货架期的稳定性则更长。因此，提高液体食品的温度可减少处理时间或所需的脉冲电场强度。脉冲电场诱导细胞死亡的效果随着温度的升高而增加，这是由于随着温度的升高，磷脂分子从凝胶向液晶相变，导致双层分子膜厚度减少和细胞膜流动性增加，从而增加膜对脉冲电场处理造成的不可逆破坏的敏感性（Liang 等，2002）。也有人认为失活率随温度的升高而增加可能是由于细菌细胞膜的电击穿电位降低（Coster 和 Zimmermann，1975）。此外，这种协同作用不但可以改善整体微生物灭活效果，而且可以通过节省多达 60% 的能源显著降低运行成本（Wouters 等，1999；Heinz 等，2003）。

## 致谢

感谢美国中西部乳品食品研究中心和美国生物精炼中心对本项工作的部分支持，还要感谢美国嘉吉公司食品科学与营养部 Francisco Diez 博士的团队，感谢他们帮忙评估了一些集中高强度电场处理样品的质量和细菌数量。

## 参考文献

［1］Aronsson, K. and Rönner, U. Influence of pH, water activity and temperature on the inactivation of *Escherichia coli* and *Saccharomyces cerevisiae* by pulsed electric fields, *Innovative Food Science & Emerging Technologies*, 2001, 2: 105-112.

［2］Aronsson, K., Lindgren, M., Johansson, B. R. and Rönner, U. Inactivation of microorganisms using pulsed electric fields: the influence of process parameters on *Escherichia coli*, *Listeria innocua*, *Leuconostoc mesenteroides* and *Saccharomyces cere- visiae*, *Innovative Food Science & Emerging Technologies*, 2001, 2: 41-54.

［3］Aronsson, K., Rönner, U. and Borch, E. Inactivation of *Escherichia coli*, *Listeria innocua* and Saccharomyces cerevisiae in relation to membrane permeabilization and subsequent leakage of intracellular compounds due to pulsed electric field processing, *International Journal of Food Microbiology*, 2005, 99: 19-32.

［4］Bai-Lin, Q., Barbosa-Canovas, G. V., Swanson, B. G. *et al.* Inactivating microorganisms using a pulsed electric field continuous treatment system, *IEEE Transactions on Industry Applications*, 1998, 34: 43-50.

［5］Barbosa-Cánovas, G. V., Góngora-Nieto, M. M., Pothakamury, U. R. and Swanson, B. *Preservation of Foods with Pulsed Electric Fields*. Food Science and Technology International Series, Academic Press, San Diego, CA. 1999.

［6］Bendicho, S., Barbosa-Canovas, G. V. and Martin, O. Reduction of protease activity in milk by continuous flow high-intensity pulsed electric field treatments, *Journal of Dairy Science*, 2003, 86: 697-703.

［7］ Bylund, G. *Dairy processing handbook*. Tetra Pak Processing Systems AB. 2003.

［8］ Calderón-Miranda, M. L., Barbosa-Cánovas, G. V. and Swanson, B. G. Transmission electron microscopy of Listeria innocua treated by pulsed electric fields and nisin in skimmed milk, *International Journal of Food Microbiology*, 1999, 51: 31-38.

［9］ Coster, H. G. L. and Zimmermann, U. The mechanism of electrical breakdown in the membranes of *Valonia utricularis*, *Journal of Membrane Biology*, 1975, 22: 73-90.

［10］ Craven, H. M., Swiergon, P., Ng, S. *et al*. Evaluation of pulsed electric field and minimal heat treatments for inactivation of pseudomonads and enhancement of milk shelf-life, *Innovative Food Science & Emerging Technologies*, 2008, 9: 211-216.

［11］ García, D., Gómez, N., Mañas, P. *et al*. Pulsed electric fields cause bacterial envelopes permeabilization depending on the treatment intensity, the treatment medium pH and the microorganism investigated, *International Journal of Food Microbiology*, 2007, 113: 219-227.

［12］ Geveke, D. J. and Brunkhorst, C. RFEF pilot plant for inactivation of *Escherichia coli* in apple juice, *Fruit Processing*, 2004, 14 (3): 166-171.

［13］ Harrison, S. L., Barbosa - Cánovas, G. V. and Swanson, B. G. *Saccharomyces cerevisiae* structural changes induced by pulsed electric field treatment, *Lebensmittel-Wissenschaft und-Technologie*, 1997, 30: 236-240.

［14］ Heinz, V., Toepfl, S. and Knorr, D. Impact of temperature on lethality and energy efficiency of apple juice pasteurization by pulsed electric fields treatment, *Innovative Food Science & Emerging Technologies*, 2003, 4: 167-175.

［15］ Jayaram, S., Castle, G. and Margaritis, A. Kinetics of sterilization of *Lactobacillus brevis* cells by the application of high voltage pulses, *Biotechnology and Bioengineering*, 2004, 40: 1412-1420.

［16］ Kambiz, S., Versteeg, C., Sherkat, F. and Wan, J. Alkaline phosphatase and microbial inactivation by pulsed electric field in bovine milk, *Innovative Food Science & Emerging Technologies*, 2008, 9: 217-223.

［17］ Liang, Z., Mittal, G. S. and Griffiths, M. W. Inactivation of *Salmonella Typhimurium* in orange juice containing antimicrobial agents by pulsed electric field, *Journal of Food Protection*, 2002, 65: 1081-1087.

［18］ Luhovyy, B. L., Akhavan, T. and Anderson, G. H. Whey proteins in the regulation of food intake and satiety, *Journal of the American College of Nutrition*, 2007, 26: 704S-712S.

［19］ Martin, O., Qin, B., Chang, F. *et al*. Inactivation of *Escherichia coli* in skim milk by high intensity pulsed electric fields, *Journal of Food Process Engineering*, 1997, 20: 317-336.

［20］ Noci, F., Walkling - Ribeiro, M., Cronin, D. A. *et al*. Effect of thermosonication, pulsed electric field and their combination on inactivation of *Listeria innocua* in milk, *International Dairy Journal*, 2009, 19: 30-35.

［21］ Pothakamury, U. R., Barbosa-Canovas, G. V., Swanson, B. G. and Spence, K. D. Ultra-structural changes in *Staphylococcus aureus* treated with pulsed electric fields / Cambios ultraestructurales en *Staphylococcus aureus* sometida a campos electricos pulsantes, *Food Science and Technology International*, 1997, 3: 113-121.

［22］ Qin, B. L., Pothakamury, U. R., Barbosa-Canovas, G. V. and Swanson, B. G. Nonthermal pasteurization of liquid foods using high-intensity pulsed electric fields, *Critical Reviews in Food Science & Nutrition*, 1996, 36: 603-627.

[23] Qin, B. L. , Barbosa－Canovas, G. V. , Swanson, B. G. *et al.* Inactivating microorganisms using a pulsed electric field continuous treatment system, *IEEE Transactions on Industry Applications*, 1998, 34: 43-50.

[24] Ruan, R. , Deng, S. , Chen, L. *et al.* Dielectric barrier reactor having concentrated electric field. UP Office, University of Minnesota, MN. 2008.

[25] Smithers, G. W. Whey and whey proteins-From 'gutter-to-gold', *International Dairy Journal*, 2008, 18: 695-704.

[26] Sobrino-Lopez, A. and Martin-Belloso, O. Enhancing the lethal effect of high-intensity pulsed electric field in milk by antimicrobial compounds as combined hurdles, *Journal of Dairy Science*, 2008, 91: 1759-1768.

[27] Sobrino-Lopez, A. , Viedma－Martinez, P. , Abriouel, H. *et al.* The effect of adding antimicrobial peptides to milk inoculated with *Staphylococcus aureus* and processed by high-intensity pulsed-electric field, *Journal of Dairy Science*, 2009, 92: 2514-2523.

[28] Ukuku, D. O. , Geveke, D. J. , Cooke, P. and Zhang, H. Q. Membrane damage and viability loss of *Escherichia coli* K－12 in apple juice treated with radio frequency electric field, *Journal of Food Protection*, 2008, 71: 684-690.

[29] Vega-Mercado, H. , Martin-Belloso, O. , Bai-Lin, Q. *et al.* Non-thermal food preservation: pulsed electric fields, *Trends in Food Science & Technology*, 1997, 8: 151-157.

[30] Walkling-Ribeiro, M. , Noci, F. , Cronin, D. *et al.* Antimicrobial effect and shelf life extension by combined thermal and pulsed electric field treatment of milk, *Journal of Applied Microbiology*, 2009, 106: 241-248.

[31] Wouters, P. C. , Dutreux, N. , Smelt, J. P. P. M. and Lelieveld, H. L. M. Effects of pulsed electric fields on inactivation kinetics of Listeria innocua, *Applied and Environmental Microbiology*, 1999, 65: 5364-5371.

[32] Yu, L. J. , Ngadi, M. and Raghavan, G. S. V. Effect of temperature and pulsed electric field treatment on rennet coagulation properties of milk, *Journal of Food Engineering*, 2009, 95: 115-118.

[33] Zhang, Q. , Barbosa-Cánovas, G. V. and Swanson, B. G. Engineering aspects of pulsed electric field pasteurization, *Journal of Food Engineering*, 1995, 25: 261-281.

# 10 乳酸菌细菌素的栅栏技术及其在乳制品中的应用

John A. Renye，Jr 和 George A. Somkuti

*Dairy and Functional FoodsResearch Unit*，*USDA/ARS/ERRC*，*USA*

## 10.1 引言

高温短时（High temperature for a short time，HTST）巴氏杀菌可以有效杀灭生乳中污染的微生物。然而，据报道，巴氏杀菌后仍有少量耐热菌存活，如肠球菌（*Enterococci*）、微球菌（*Micrococci*）和产芽孢菌（Spore-formers），[包括芽孢杆菌（*Bacillus*）和梭状芽孢杆菌（*Clostridium*）]。由于这些污染细菌继续繁殖产生的腐败或安全问题可能会缩短液态乳和其他乳制品的保质期。此外，巴氏杀菌不当、杀菌后污染或食用未经杀菌（生乳）的乳制品均与食源性疾病暴发有关。一项关于美国受污染食品商品消费的最新研究表明，乳制品是疾病和死亡的第二大原因及住院最常见的原因（Painter 等，2013）。一份于 2012 年发表的美国疾病控制和预防中心（Center for Disease Control and Prevention，CDC）的报告研究了 1993—2006 年 121 起与乳制品有关的食源性疾病暴发事件（已知受污染食品的杀菌状况）。在这些食源性疾病暴发事件中，48 起与食用巴氏杀菌乳制品有关，并导致 2842 例病例，37 例住院，1 例死亡。其余 73 起食源性疾病暴发事件与食用未杀菌乳制品有关，导致 1571 例病例，202 例住院，2 例死亡（Langer 等，2012）。在此期间进行的调查报告显示，不到 1%~1.5% 的受访者曾饮用未杀菌乳（CDC，2008a，2008b；Shiferaw 等，2000），由此得出结论，涉及未杀菌乳制品的食源性疾病暴发率明显高于涉及巴氏杀菌乳制品的食源性疾病暴发率（单位乳制品消费量暴发率高出 150 倍）（Langer 等，2012）。在与未杀菌乳制品消费相关的所有案例中，致病媒介被确定为下列病原菌：弯曲杆菌（*Campylobacter spp.*）、产志贺毒素的大肠杆菌（*Escherichia coli*）、沙门氏菌（*Salmonella* spp.）、布鲁氏菌（*Brucella* spp.）、志贺氏菌（*Shigella* ssp.）或李斯特氏菌（*Listeria* spp.）。但是在涉及巴氏杀菌乳制品的食源性疾病暴发事件中，最常见的病原体是诺如病毒（Norovirus）（73 起中有 13 起），其余与致病菌的存在有关（Langer 等，2012）。

为了提高乳及发酵乳制品的货架期和安全性，人们一直在努力开发杀灭微生物的有效技术。此外，消费者对减少食品中化学防腐剂使用的需求也在日益增长，同时寻求包括巴氏杀菌法在内的热处理的替代工艺，因为人们认为热处理会对乳的感官和营养品质产生负面影响。例如，超高温（Ultra high temperature，UHT）灭菌可以有效地消除乳中的病原微生物，从而生产出保质期比传统乳更长的安全产品。然而，也有报道称，UHT 会破坏乳中的一些维生素和蛋白质，且由于乳糖和乳蛋白之间的美拉德反应，以及乳糖异构化生成乳果糖而产生异常的蒸煮味（Nursten，1997）。尽管 UHT 乳已被许多欧洲国家所接受，但因为有蒸煮味使得它在美国不太受欢迎。出于这种考虑，乳制品行业一直在寻找添加天然生物防腐剂的新技术，天然生物防腐剂可以用来防止巴氏杀菌乳和生乳中的微生物污染，而不影响品质。最近一篇综述总结了几种天然的动物、植物或微生物源抗菌剂用作食品防腐剂的潜力（Juneja 等，2012）。被美国 FDA 批准为食品级防腐剂的微生物制剂包括抗单核细胞增生李斯特氏菌的两种噬菌体鸡尾酒制剂 Listex 和 LMP 102，以及乳酸链球菌素（Nisin，一种由乳酸链球菌产生的抗菌肽）。噬菌体产品已被批准用于即食肉类（Garcia 等，2010b），而尼萨普林（Nisaplin）这种半纯化的乳酸链球菌素制剂已被批准用于包括乳制品在内的多种食品。尽管乳酸链球菌素是美国食品和药物管理局 FDA 批准的唯一一种可用于食品生产的细菌素，但还有多种食品级乳酸菌能产生细菌素，人们认为这些细菌素具有作为天然食品防腐剂的可能性。

## 10.2　细菌素的结构和产生

细菌素最初被定义为核糖体合成的抗菌肽，可抑制与其密切相关的菌种的活性（Tagg 等，1976）。然而，乳酸菌（Lactic acid bacteria，LAB）产生的几种细菌素已被证明对革兰氏阳性的食源性病原体具有广谱活性，包括单核细胞增生李斯特氏菌（*Listeria monocytogenes*）和金黄色葡萄球菌（*Staphylococcus aureus*）（Chen 和 Hoover，2003），细菌素对革兰氏阴性食源性病原体也具有广谱抑制活性，比如大肠杆菌属（*E.coli* species）和耶尔森菌属（*Yersinia* species），只不过活性要小一些（Miteva 等，1998；Batdorj 等，2006）。细菌素的这种广谱活性加上食品生产中常用的乳酸菌已被认定为公认安全的（Generally recognized as safe，GRAS）微生物，导致人们越来越有兴趣将其作为食品级天然生物防腐剂使用。自从乳酸菌被确认为奶牛、水牛、绵羊和山羊生乳的固有微生物以来（Aziz 等，2009；Ortolani 等，2010；Delavenne 等，2012），人们一直在生乳和发酵乳制品中寻找，希望分离出能产生新型细菌素的菌株（表 10.1）。此外，目前食品级细菌基因组完全完成测序的越来越多，人们可以利用基因组学来筛选染色体，寻找可能与产生新细菌素有关的基因簇（Nes 和 Johnsborg，2004）。有人已利用该技术，在几株原来认为不产生细菌素的嗜热链球菌中找到类细菌素肽（Blp）基因簇（Hols 等，2005）。对这些菌株的进一步研究发现嗜热链球菌 LMD-9 能够产生一种新型广谱细菌素，称为嗜热菌素 9（Thermophilin 9）（Fontaine 等，2007）。

最初人们提出将乳酸菌细菌素分为四个不同的类别（Klaenhammer，1993），但最近提出了一个改进的分类方案，取消了Ⅲ类和Ⅳ类（Cotter 等，2005b），而Ⅰ类和Ⅱ类细菌素大体上分别被归类为羊毛硫菌素类（Lantibiotics）和未修饰肽类。大分子热不稳定抗菌蛋白，如 helvectin J（Joerger 和 Klaenhammer，1986）和肠道菌素 A（Enterolysin A）（Nilsen 等，2003）不再被归为Ⅲ类细菌素，而归类为溶菌素。Ⅳ类细菌素最初是按其活性所需的非蛋白质部分（例如碳水化合物或脂质）进行分类的，但由于此类抗菌肽是否存在缺乏令人信服的证据，因此，未将其列入在更新的分类方案中（Cotter 等，2005b）。

Ⅰ类细菌素是一种小分子肽，在翻译后要经过修饰。它们被统称为羊毛硫抗生素（Lantibiotics），因为含有羊毛硫氨酸（Lanthionine）和 $\beta$-甲基羊毛硫氨酸环（$\beta$-

Methyllantionine 环)。羊毛硫氨酸和 $\beta$-甲基羊毛硫氨酸环是由胱氨酸的巯基分别与邻近的脱水丝氨酸(脱氢丙氨酸 Dehydrobutyrine)或苏氨酸(脱氢丁酸 Dehydroalanine)之间的缩合反应产生的(Ingram, 1969；Sahl 和 Bierbaum, 1998；Cotter 等, 2005b)。羊毛硫抗生素根据其结构和作用模式可进一步细分,多年来人们建议分为几个亚类。最初,有人提出将羊毛硫抗生素分为 A 型和 B 型, A 型包括细长的两亲性阳离子多肽,通过在靶细菌的细胞膜内形成小的孔道而起作用；B 型包括带负电或不带净电荷的小分子球状肽,通过抑制特定的酶而起作用(Chen 和 Hoover, 2003)。然而,随着有关羊毛硫抗生素的信息越来越多,人们提出了几种不同的分类方案,包括 6 种(Twomey 等, 2002)、8 种(Guder 等, 2000)或 11 种(Cotter 等, 2005a)子类别。在较新的分类方案中,最初被归类为 A 型羊毛硫抗生素的乳酸链球菌素和乳酸菌素 481,是单个亚类的名称,其中乳酸菌素 481 类含羊毛硫抗生素的种数最多(Cotter 等, 2005a)。乳酸链球菌素和乳酸菌素 481 都使用靶细菌的脂质 II 作为对接分子,从而抑制肽聚糖的合成(Wiedemann 等, 2001；Bottiger 等, 2009；Islam 等, 2012；Knerr 等, 2012)。然而,在这两种蛋白质中,只有乳酸链球菌素能与脂类 II 的焦磷酸盐部分直接结合(Hsu 等, 2004),随后插入靶细胞膜中,从而形成孔道(Breukink 等, 1999；Wiedemann 等, 2001)。此外,有报道称乳酸链球菌素,可能还有其他羊毛硫抗生素,可以与脂质 III 和脂质 IV 结合,进一步阻止细胞壁生物合成(Muller 等, 2012)。新的羊毛硫抗生素分类方案还包括将原来的 B 型或球形多肽分为美杀菌素(Mersacidin)和肉桂霉素(Cinnamycin)亚类,以及双肽链羊毛硫抗生素,包括乳酸菌素 3147 到 LtnA2 亚类(Cotter 等, 2005a)。以乳酸菌素 3147 为例,它是由乳酸乳球菌(*L. lactis*)自然产生的(Ryan 等, 1996),研究表明,破坏两条肽链任何一条的环状结构的突变都能使羊毛硫抗生素失去活性(Cotter 等, 2006；Wiedemann 等, 2006)。

表 10.1　　从乳制品中分离的产生细菌素的乳酸菌实例

| 乳酸菌 | 乳制品 | 目标食物病原菌 | 参考文献 |
|---|---|---|---|
| 乳酸片球菌(*Pediococcus acidilactici*)Kp10 | 发酵乳 | 单核细胞增生李斯特氏菌 | Abbasiliasi 等, 2012 |
| 蒙氏肠球菌(*Enterococcus mundtii*)CRL35 粪肠球菌 ST88Ch | 干酪 | 单核细胞增生李斯特氏菌 | VeraPingitore 等, 2012 |
| 乳酸乳球菌 LL171 | 图伦干酪 | 单核细胞增生李斯特氏菌、金黄色葡萄球菌、产气荚膜梭菌(*Clostridium perfringens*) | Kumari 等, 2012 |
| 乳酸乳球菌(6 株) | 绵阳和山羊生乳及干酪 | 单核细胞增生李斯特氏菌 | Cosentino 等, 2012 |
| 乳酸杆菌(21 株) | 生乳和干酪 | 单核细胞增生李斯特氏菌、金黄色葡萄球菌 | Perin 等, 2012 |
| 粪肠球菌 UGRA10 | 西班牙羊乳干酪 | 单核细胞增生李斯特氏菌、金黄色葡萄球菌 | Cebrian 等, 2012 |

续表

| 乳酸菌 | 乳制品 | 目标食物病原菌 | 参考文献 |
|---|---|---|---|
| 肠膜明串珠菌（*Leuconostoc mescrtteroides*）406 | 发酵马乳 | 单核细胞增生李斯特氏菌、肉毒梭菌 | Wulijideligen 等，2012 |
| 耐久肠球菌（*Eorterococcus durans*）A5-11 | 发酵马乳 | 黄色镰孢菌（*Fusarium culmorum*）、娄地青霉（*Penicillum roqueforti*）、汉斯德巴氏酵母菌（*Debaryomyces hansenii*）、大肠杆菌、金黄色葡萄球菌、无致病性李斯特氏菌 | Belguesmia 等，2013 Batdorj 等，2006 |
| 耐久肠球菌 41D | 生乳干酪 | 单核细胞增生李斯特氏菌 | Du 等，2012 |
| 短乳杆菌 BG18 植物乳杆菌 BG33 | 图伦干酪 | 单核细胞增生李斯特氏菌、肉毒梭菌、金黄色葡萄球菌、蜡状芽孢杆菌 | Uymaz 等，2011 |
| 乳酸乳球菌（16 株） | 生乳干酪 | 无致病性李斯特氏菌、金黄色葡萄球菌 | Alegria 等，2010 |
| 乳酸乳球菌（18 株） 植物乳杆菌（2 株） | 生乳与软干酪 | 单核细胞增生李斯特氏菌 | Ortolani 等，2010 |
| 乳球菌 QU12 | 干酪 | 肠球菌属、片球菌属、芽孢杆菌属、单核细胞增生李斯特氏菌 | Sawa 等，2009 |

Ⅱ类细菌素大体上被归类为小分子的热稳定肽，翻译后不经过太多的修饰。其抗菌活性取决于其阳离子性质，阳离子可与靶细菌细胞膜上的阴离子脂质相互作用，导致孔道的形成和随后的质子动力耗散、ATP 消耗、营养物质和代谢物的泄漏（Eijsink 等，2002）。人们认为Ⅱ类细菌素与靶细胞膜的结合是通过静电相互作用发生的（Chen 等，1997），在某些情况下，结合过程涉及一种特殊的受体，这个受体是甘露糖-磷酸转移酶系统（Phosphotransferase system，PTS）的组成部分（Ramnath 等，2000；Dalet 等，2001；Hechard 等，2001；Diep 等，2007）。进一步的研究表明，Ⅱ类细菌素的 C 端区域（Kazazic 等，2002；Johnsen 等，2005），以及甘露糖-PTS 的ⅡC 亚基和酶Ⅱ的ⅡD 亚基的序列变化在确定抗菌谱方面至关重要（Kjos 等，2009）。

Ⅱ类细菌素可根据其结构和抗菌活性进一步归类。Ⅱa 类细菌素通常是指类片球菌素多肽（Pediocin-like peptides），对抑制单核细胞增生李斯特氏菌的生长具有高度的特异性（Montville 和 Chen，1998；Hechard 和 Sahl，2002）。片球菌素 PA-1/AcH（Pediocin PA-1/AcH）、米酒乳杆菌素 A/P（Sakacin A/P）和肠道菌素 A（Enterocin A）是这类细菌素，其特征是在 N 端有一个 YGNGVXCXXXXCXV（成熟肽的 3~16 残基）氨基酸保守序列（Nieto Lozano 等，1992；Eijsinket，1998）。该基序内的两个半胱氨酸残基（C）之间存在二硫键，且残基 11 和 12 处带正电荷的氨基酸参与非特异性静电相互作用，使肽与敏感细菌的细胞膜结合（Chen 等，1997；Kazazicet，2002）。Ⅱa 类细菌素的疏水或两亲 C 端结构域是靶细胞膜内形成孔所必需的（Fimland 等，1996；Miller 等，1998），并能调节非李斯特氏菌靶细胞的特异性（Fimland 等，2000；Johnsen 等，2005）。

Ⅱb 类细菌素被称为双组分细菌素，最佳抗菌活性须有两种不同的肽存在。Ⅱb 类细菌素包括来自乳球菌的乳球菌素 G（Lactococcin G）（Nissen-Meyer 等，1992）和植物乳杆菌的植物乳杆菌素 S（Plantaricin S）（Jimenez-Diaz 等，1995）。

剩下的不符合Ⅱa 类或Ⅱb 指定标准的Ⅱ类细菌素，曾经被分为Ⅱc 类 "其他肽类细菌素"（Eijsink 等，2002），后来被分为两个子类：Ⅱc 类环肽和Ⅱd 类非片球菌素单一线性肽（Cotter，2005b）。

随着更多新的细菌素被发现，分类方案很可能会继续改变。例如，来自嗜热链球菌的嗜热蛋白 9 似乎是Ⅱ类细菌素，然而其最佳抗菌活性依赖于一种基本肽（BlpD）和多种增强子肽，它们在结构上看起来像单个细菌素（BlpE、BlpF、BlpU）。此外，巯基二硫氧化酶的活性是抗李斯特氏菌活性所必需的（Fontaine 和 Hols，2008）。需要对嗜热蛋白 9 和类肽进一步研究以确定它们是否符合目前的分类方案或需要归入新的亚类。

无论细菌素属于什么种类，它们通常表达为在 N 端有一个氨基酸前导序列的前肽，这种前导肽（Leader peptide）具有多种作用，包括：①维护肽在宿主细胞内的非活性形式；②主导前肽易位至转运系统（分泌成熟的细菌素所需的）；③协助羊毛硫抗生素的翻译后修饰（van der Meer 等，1994；Xie 等，2004）。最近的研究表明，前导肽可以在反式结构中发挥作用，使羊毛硫抗生素翻译后适度修饰，这表明其作用可能是稳定肽和修饰酶（们）之间的相互作用（Oman 等，2012）。细菌素的分泌通常是通过一个专用的与膜结合的 ABC 转运蛋白进行的，该转运蛋白有一个蛋白水解结构域，负责去除前导肽（Havarstein 等，1995）。对于Ⅰ类和Ⅱ类细菌素，以乳酸链球菌素和片球菌素为例，这些肽类特异性的输出系统通常编码在负责细菌素产生的同一基因簇中（van der Meer 等，1993；Venema 等，1995）。还有一种输出体系也存在一种由宿主细胞的通用分泌途径（General secretion pathway，即 sec 途径）识别的细菌素前导肽，据报道来自耐久肠球菌 41D 的乳酸菌细菌素 GL（Durancin GL）的输出体系就属于这一种（Du 等，2012）。最近有报道称，有些细菌素没有 N 端前导肽，包括肠球菌素 L50AB（Cintas 等，1998）和 Weissellicins M、Y（Masuda 等，2011），这表明这些抗菌肽可能另有一个转运系统（Masuda 等，2012）。

负责细菌素生成的基因簇差异很大，这取决于几个因素，包括簇内编码的细菌素的数量，以及调节表达、分泌和翻译后修饰所需的基因数量。已证明羊毛硫抗生素基因簇包括 7 个（Lacticin 481）到 11 个（乳酸链球菌素）基因（Piard 等，1993；Ra 等，1996；Siezen 等，1996；Rince 等，1997）。而据鉴定，Ⅱ类细菌素基因簇中含有 2 个（Durancin GL）到 20 个以上（Plantaricin A；Thermophilin 9）的基因（Diep 等，1996；Eijsink 等，1998；Fontaine 和 Hols，2008；Du 等，2012）。大多数Ⅰ类和Ⅱ类细菌素基因簇的共同之处是都存在编码宿主细胞免疫的基因。编码各种免疫蛋白的基因通常是紧接在下游，与编码细菌素的基因在同一个操纵子内，但也有一些例外的报道（Franz 等，2000）。这些蛋白质通常通过结合和隔离细菌素或结合用于对接的细胞膜受体发挥作用。对于Ⅱa 类细菌素，有报道称免疫蛋白与 Man-PTS 受体结合，并将任何功能受阻的细菌素锁定在受体上，从而防止孔隙形成（Diep 等，2007）。还有一种被报道的羊毛硫抗生素和一些Ⅱ类细菌素的免疫机制需要有一个特定的 ABC 转运系统来将细菌素从宿主细胞膜中泵出（Rince 等，1997；Guder 等，2002；Diaz 等，2003；Gajic 等，2003；Stein 等，2005）。对于一些羊毛硫抗生素，包括乳酸链球菌素，需要一种特别的免疫肽和 ABC 转运系统才能获得最佳宿主免疫力（Alkhatib 等，2012）。最后，对于某些Ⅱb 类细菌素，还存在第三种免疫机制，它涉及特定跨膜蛋白酶的作用（Kjos 等，2010）。

一些细菌素基因簇的一个组成部分是双组分群体感应系统（QS 系统，Quorum sensing system），该系统调节细菌素的生成和宿主的免疫。在这些群体感应系统中，宿主细菌构成性地分泌一种诱导因子（Induction factor，IF）或信息素，直到达到高细胞密度，此时诱导因子浓度超过阈值水平，从而产生细菌素（Kleerebezem 和 Quadri，2001）。调节这种自诱导环的诱导因子既可以是细菌素本身，如乳酸链球菌素（Kuipers 等，1995），也可以是一种专用的信息素肽，如肠球菌素 A（Nilsen 等，1998）。在任一情况下，诱导因子结合到一个与膜结合的组氨酸激酶上，该激酶随后磷酸化一个特定的转录调控因子，从而诱导细菌素的表达。这些群体感应系统对大多数细菌素的产生是必不可少的，例如，嗜热链球菌 LMD-9 似乎拥有产生细菌素所需的所有基因，但其嗜热蛋白在标准实验室条件下却不能生成，因为信息素肽未达到阈值水平。此外，在生长培养基中添加合成信息素会促进细菌素的表达（Fontaine 等，2007）。另外，有报道称转录调控可能涉及多种反应调节因子（Diep 等，2003）或来自外源性反应成分（Xre）家族的抑制因子（McAuliffe 等，2001；Kreth 等，2004）。

## 10.3　细菌素在乳制品中的应用

几篇综述文章叙述了细菌素作为天然防腐剂或功能性食品添加剂的潜力（Cleveland 等，2001；Chen 和 Hoover，2003；Cotter 等，2005b；De Vuyst 和 Leroy，2007；Sobrino Lopez 和 Martin Belloso，2008b；Mills 等，2011b），细菌素可通过调节发酵剂和非发酵剂乳酸菌的生长影响感官品质（如在干酪中能加速成熟或风味形成）（Garde 等，2002；O'Sullivan 等，2003a）。适于应用的细菌素的特性包括：①对针对的病原体有广谱活性或特异性活性（如针对单核细胞增生李斯特氏菌的Ⅱa 类活性）；②热稳定性；③由公认安全的（GRAS）细菌自然产生；④对食用者没有相关的健康风险（Cotter 等，2005b）。此外，必须考虑食品基质内的环境条件，因为它们会影响细菌素的活性、溶解性和稳定性（Galvez 等，2007b）。例如，乳酸链球菌素在较低的 pH 下更具活性，这使其成为在酸性食品中应用的理想选择（Rayman 等，1983；Liu 和 Hansen，1990）；乳酸链球菌素在控制生猪肉的人为污染方面比片球菌素 AcH 更有效，这可能是由于内源性肉蛋白酶对片球菌素的快速降解（Murray 和 Richard，1997）。环境因素也会影响细菌素的表达，据报道，生长条件（如温度、pH、营养素、盐）会影响产生几种细菌素所需的群体感应系统（Brurberg 等，1997；Nilsen 等，1998；Diep 等，2000）。"竞争感知"一词被用来描述细菌如何感知特定的压力，如营养限制或受损细胞的分泌物，这些会诱导细菌素的表达，这是一种生存机制（Cornforth 和 Foster，2013）。由于影响细菌素的表达和活性的因素众多，所以需要在寻找新型抗菌肽并在充分利用其在食品中的应用潜力方面进行更多的研究。

### 10.3.1　改善食品安全的应用

细菌素在食品中的添加可以通过三种不同的方法实现：①直接添加纯化或部分纯化的细菌素；②添加含有细菌素的发酵物；③使用食品级产细菌素的乳酸菌作为发酵剂或辅助培养物用于原位肽表达。尽管有几种细菌素因其产生细菌在发酵食品生产中有常规应用的历史而被认为是安全的（GRAS），但其纯化的多肽在药效、潜在毒性、与其他抗菌药物交叉耐药等方面尚未被广泛研究。基于这个原因，乳酸链球菌素被纳入欧洲食品添加剂清单（European Food Safety Authority，EFSA，2006），后来成为美国 FDA 批准（目前仍然是世界卫生组织批准）的唯一可直接用作食品防腐剂的细菌素。基于毒性研究（Frazer 等，1962；Claypool 等，1966；Fowler，1973；Shtenberg，1973），美国 FDA 报道乳酸链球菌素在每日允许摄入量 2.9mg/人对人类食用是安全的（FDA，1988）。乳酸链球菌素在食品生产中最常见的形式是尼萨普林（Nisaplin），它由 2.5% 的乳酸链球菌素、77.5% 的 NaCl 和脱脂乳粉（12%蛋白质和6%碳水化合物）组成。食品中乳酸链球菌素的最高限量因产品和国家不同而异，例如在美国，再制干酪的最高限量为 10000IU/g；但在澳大利亚、法国和英国，对同一产品没有限量（Cleveland 等，2001）。乳酸链球菌素作为天然防腐剂在乳类食品中的有效性使用包括：抑制涂抹型乳酪梭状芽孢杆菌芽孢（Schillinger 等，1996；Wessels 等，1998）、乳中的芽孢杆菌芽孢（Wandling 等，1999）和再制干酪中的芽孢杆菌芽孢的生长（Plockova 等，1996）；抑制农家干酪（Cottage cheeses）（Ferreira 和 Lund，1996）、切达干酪（Cheddar cheeses）（Benech，2001）和里科塔干酪（Ricotta cheeses）（Davies 等，1997）中的单核细胞增生李斯特氏菌的生长；抑制脱脂乳粉和酸乳中的单核细胞增生李斯特氏菌生长（Benkerroum 等，2003）。对用 2.5mg/L 乳酸链球菌素制成的里科塔干酪的货架期进行了测试，在 6~8℃ 下储存时，单核细胞增生李斯特氏菌的生长可被抑制长达 8 周。此外，储存 10 周后，乳酸链球菌素仍能保持 68%~90% 的活性，这证明乳酸链球菌素在发酵乳制品中具有稳定性（Davies 等，1997）。

片球菌素 PAl/AcH 是一种由乳酸片球菌自然产生的抗菌肽，已被证明能抑制单核细胞增生李斯特氏菌在乳制品（包括农家干酪、混合奶油和干酪酱）中的生长（Pucci 等，1988）。虽然片球菌素未被批准作为食品配料，但它已经以 ALTA™ 2431（Quest）的形式商业化使用。ALTA™ 2431 是一种含有片球菌素 PA-1 的发酵粉，在生产墨西哥奎索布兰科干酪过程中能够防止李斯特氏菌的生长（Glass 等，1995）。除了片球菌素之外，由于乳酸菌细菌素的存在，人们还研究了其他乳制品发酵物作为天然食品防腐剂的潜力，包括肠球菌素 AS-48（Ananou 等，2008）、Piscicocin CS526（Azuma 等，2007）和乳酸菌素 3147（Morgan 等，2001）。Lacticin 3147 最初是从乳酸链球菌乳酸亚种 DPC 3147 中分离得到的（McAuliffe 等，1998），自从它被报道在 pH 为 5.0 时能保持至少 50% 的活性（Ryan 等，1996）并且不受巴氏杀菌的影响（Morgan 等，1999）以来，人们对它作为发酵乳制品防腐剂的潜力进行了广泛的研究。据报道，含乳酸菌素 3147 的脱盐乳清粉发酵物能抑制乳制品中李斯特氏菌的生长，在酸乳中加入 60min 后没有检测到活的李斯特氏菌，在农家干酪中加入 120min 后发现 85% 的微生物细胞不能存活（Morgan 等，2001）。同样的粉末制剂在 3h 内可以将婴儿配方食品中 99% 以上的单核细胞增生李斯特氏菌灭活（Morgan 等，1999）。

由于对开发纯化的细菌素作为食品配料有严格的规定，所以研究重点仍然是利用产细菌素乳酸菌作为发酵剂或辅助培养物以提高肉、鱼和乳制品的安全性（Chen 和 Hoover，2003）。用普通发酵剂的产细菌素菌株制作的发酵乳制品已被证明能提高食品的卫生质量。据报道，嗜热链球菌 B 直接在酸乳中原位合成的细菌素能抑制单核细胞增生李斯特氏菌的生长，延长 5 天的货架期（Benkerroum 等，2002）。以产乳酸链球菌素的乳酸链球菌作为发酵剂使用可以抑制再制干酪和涂抹型干酪中单核细胞增生性李斯特氏菌的生长（Zottola 等，1994），能抑制西班牙干酪中耐甲氧西林的金黄色葡萄球菌和酪丁酸梭菌（*Clostridium tyrobutyricum*）的生长（Rilla 等，2003，2004）。由于辅助培养物也能在乳制品中产生多种细菌素，所以可抑制腐败菌和病原菌的生长。能产生多种细菌素（Georgalaki 等，2013）的马其顿链球菌（*Streptococcus macedonicus*）ACA－DC 198，被证明可以抑制凯塞里干酪（Kesseri cheese）中梭状芽孢杆菌孢子的自然生长（Anastasiou 等，2009）；植物乳杆菌 LMG P-26358 可抑制实验室规模干酪中无致病性李斯特氏菌的生长（Mills 等，2011a）；粪肠球菌 AS-48 和 INIA 4 菌株分别可抑制干酪中蜡状芽孢杆菌（Munoz 等，2004）和单核细胞增生李斯特氏菌（Nunez 等，1997）的生长。粪肠球菌 CCM4231、7C5 和 F58 菌株能保护酸乳和干酪免受李斯特氏菌污染（Giraffa 等，1995；Laukova 等，1999；Acbemchem 等，2006），粪肠球菌 CCM4231 菌株也能抑制脱脂乳和酸乳中金黄色葡萄球菌的生长（Laukova 等，1999）。

### 10.3.2　细菌素应用的感官效果

据报道，细菌素肽对食品感官品质的负面影响尚未见报道。然而，许多研究已经对其抗菌活性进行测试，以评估其对食品品质和风味的改善潜力，包括：①抑制非发酵剂乳酸菌（Nonstarter lactic acid bacteria，NSLAB）的生长；②诱导发酵剂菌体自溶，导致酶的释放增加。在乳制品方面，这些研究重点在干酪生产。在干酪成熟过程中非发酵剂乳酸菌生长失控会导致乳酸钙晶体、挥发性化合物和气体的生成，从而产生具有异味和改变物理外观（如开裂或分裂）的劣质品。几项研究表明，当在切达干酪中使用产细菌素的发酵剂或辅助培养物来降低非发酵剂乳酸菌的水平时（Uljas 和 Luchansky，1995；Ryan 等，1996；O'Sullivan 等，2003a），这些有害影响可以减少。此外，据报道，使用产乳酸菌素 3147 的菌株能够抑制非发酵剂乳酸菌的生长并能在 12℃ 下加速熟化，从而促进低脂切达干酪的成熟，这将是一个更具成本效益的工艺（Fenelon 等，1998）。

据报道，由于细胞内蛋白酶和肽酶的释放，发酵剂菌体的分解也会影响干酪的感官质量（Wilkinson 等，1994）。这一方法已被应用到切达干酪的生产中，其中添加产生乳球菌素 A、乳球菌素 B 和乳球菌素 M 的乳酸乳球菌 DPC3286 被证明可以分解发酵剂的乳酸乳球菌 HP，导致干酪中游离氨基酸和乳酸脱氢酶的浓度增加（Morgan 等，1997，2002）。据报道，与不含乳酸乳球菌 DPC3286 的对照干酪相比，实验干酪具有细腻的黄油风味特征，并且苦味减少，这有助于其获得更高的感官评定分数（Morgan 等，2002）。在一项单独的研究中，能产生乳酸菌素 481 的乳酸乳球菌 CNRZ481 被证明可以分解切达干酪的发酵剂乳酸乳球菌 HP，与对照干酪相比，产生了更少的苦味和风味更浓郁的干酪（O'Sullivan 等，2003a）。据报道，在生产西班牙风格的干酪时加入产细菌毒素的菌株粪肠球菌 INIA 4 或乳酸乳球菌乳酸亚种 INIA 415，与对照干酪相比，干酪的风味强度和质量评分都得到了改善（Oumer 等，2001；Garde 等，2001）。据报道，使用产生乳酸菌素 3147 的乳酸乳球菌 IFPL105，由于发酵剂菌体的溶解，增加了山羊乳干酪的蛋白质水解（Martinez-Cuesta 等，1998）。

### 10.3.3　细菌素的耐药性

虽然已证明细菌素能很好地发挥天然食品防腐剂的作用，但有人担心，目标腐败菌和病原菌反复接触这些细菌素后会对这些细菌素产生耐药性。据报道，肉毒梭菌（Mazzotta 等，1997）、肺炎链球菌（*Streptococcus pneumoniae*）（Severina 等，1998）和无致病性李斯特氏菌（Maimier-Patin 和 Richard，1996）连续几次暴露于羊毛硫菌素后就会产生对乳酸链球菌素的耐药性；然而，自发性抗性是对其他环境压力的部分适应性反应（Crandall 和 Montville，1998；van Schaik 等，1999；Li 等，2002）。在单核细胞增生李斯特氏菌中，对乳酸链球菌素的耐药性通常与细菌细胞膜的改变有关，造成细胞膜流动性（Mazzotta 等，1997；Mazzotta 和 Montville，1997）或电荷的改变和/或（Ming 和 Daeschel，1993、1995）细胞壁厚度（Maisnier Patio 和 Richard，1996）或带电量的变化（Abachin 等，2002）。在细胞膜中的这些变化，可能阻止乳酸链球菌素与其预期的结合受体分子脂质Ⅱ结合，这可能解释了为什么乳酸链球菌素的耐药性与靶菌内脂质Ⅱ浓度的直接变化不相关（Kramer 等，2004）。这些耐药性机制的调控与如下相关：双组分信号传导系统在单核细胞增生李斯特氏菌（Cotter 等，2002）和干酪乳杆菌（*Lactobacillus casei*）（Revilla Guarinos 等，2013）中的表达；调节枯草芽孢杆菌胞外功能的 $\sigma$ 因子（$\sigma^M$，$\sigma^W$，$\sigma^X$）（Cao 和 Helmann，2004；Kingston 等，2013）；在肺炎链球菌、金黄色葡萄球菌、蜡状芽孢杆菌和艰难梭菌（*Clostridium difficile*）中调节磷壁酸的 $d$-丙氨酰化的 *dlt* 操纵子（Peschel 等，1999；Kovacs 等，2006；AbiKhattar 等，2009；McBride 和 Sonenshein，2011）、单核细胞增生李斯特氏菌中的青霉素结合蛋白（Graveen 等，2001）、金黄色葡萄球菌中的葡萄糖基转移酶（Blake 和 O'Neill，2013），以及据报道在芽孢杆菌可分泌直接降解乳酸链球菌素的乳酸链球菌素酶（Janris，1967）。

类似于在羊毛硫菌素中观察到的，细胞膜流动性（Yadyvaloo 等，2002）和细胞表面电荷（Yadyvaloo 等，2004a）的变化已被证实与Ⅱ类细菌素的耐药性有关。然而，Ⅱa 类细菌素一个独特的耐药性机制是使用磷酸转移酶系统（PTS）的甘露糖通透酶作为靶细菌表面的对接受体。在耐受Ⅱa 类细菌素的单核细胞增生李斯特氏菌突变体中由于 *mpt*ACD 操纵子表达减少，没有甘露糖 PTS 通透酶（Graves 等，2000、2002；Vadyvaloo 等，2004b）。操纵子的转录受 $\sigma^{54}$ 因子和 ManR 激活因子（Dalet 等，2001）的调控。这两者的突变都已证明可导致产生对Ⅱa 类细菌素的耐药性（Robichon 等，1997；Dalet 等，2001）。此外，在耐受Ⅱa 类细菌素的单核细胞增生李斯特氏菌突变体中观察到 $\beta$-葡萄糖苷-PTS 细菌素的表达增加（Graves 等，2000）。$\beta$-葡萄糖苷-PTS 的表达增加被认为是甘露糖-PTS 表达降低的结果，据报道，甘露糖-PTS 可调控其他 PTS 的表达，这是其他革兰氏阳性菌分解代谢物阻遏作用的一部分（Chaillou 等，2001）。有人提出导致这两个 PTS 表达模式改变的一般机制是单核细胞增生李斯特氏菌对Ⅱa 类细菌素的耐药性所必需的（Graveen 等，2002）。

随着细菌素潜在的工业和医药领域的应用研究不断深入，有望发现新的耐药机制。然而，有人提出，可以通过先后使用包括这些抗菌肽在内的几种因素或"栅栏"的方法抑制病原菌和腐败微生物的生长，从而降低产生耐药性的风险。在食品保存中，这一方法被称为"栅栏技术"。它提供了降低每种成分的用量的可能性，同时依赖多种因素的协同作用以抑制不良微生物的生长（Leistner 和 Gorris，1995）。

## 10.4　细菌素是栅栏技术的组成部分

### 10.4.1　结合常规处理

人类了解栅栏效应已有几个世纪，栅栏效应被用来抑制腐败菌和致病微生物在食品中的生长。例如，高温短时杀菌不能消除生乳中的所有污染微生物，因此产品被储存在冷藏条件下以延长保质期。或者，UHT灭菌使产品可以在室温下保存数月，但高温处理会使产品产生异味。由于这个原因，许多消费者更喜欢双栅栏方法的保藏乳，以提供可接受的货架期，同时保持产品所需的感官质量。使用多种温和的措施来抑制不良微生物的生长，同时保持食品的感官和营养品质的理念是"栅栏技术"的基础。该过程必不可少的是对微生物稳态的理解，微生物的稳态是指微生物试图维持稳定和一致的内部环境（Leistner和Gorris，1995）。当外部环境发生变化时，微生物必须与之适应才能生存，因此通过了解微生物如何适应环境压力，就可找到微生物重要的稳态机制，用作抑制微生物存活的潜在目标。针对的系统包括：细胞膜结构、DNA复制、酶活性、蛋白质合成、pH调节和氧化还原电位（Eh）。由于微生物不太可能克服所有栅栏，因此针对多个系统的方法可以使用较低强度的处理。

一旦确定了潜在的栅栏效应，测试微生物对各种组合的反应就至关重要，因为可能产生潜在的应激诱导交叉耐受（Leistner，2000）。已证明，微生物暴露于诸如高温、氧化性化合物、pH变化等压力下可以表达通用的压力休克蛋白，从而抵抗直接威胁并提高对后续压力的耐受性。例如，据报道，预先暴露于各种亚致死压力后的单核细胞增生李斯特氏菌产生了热和酸的交叉耐受性（Skandamis等，2008），一种 $\sigma$ 因子（Sigma B）调控了碱诱导的单核细胞增生李斯特氏菌对乙醇和渗透压的交叉耐受性（Giotis等，2008）。与栅栏技术的使用相关的一种现象是新陈代谢衰竭和由此导致的食物自动灭菌（Leistner，2000）。据报道，当营养细胞暴露于多个栅栏时，它们将消耗所有能量以维持体内平衡，从而代谢衰竭并最终死亡。这种作用的关键是将细胞保持在营养状态，因此在抑制生长的条件下（例如冷藏）保存食物会阻碍这种作用。例如，据报道，发酵香肠中在成熟过程中存活的沙门氏菌在环境温度下死亡更快，而在冷藏时存活时间更长（Leistner，1995）。

基于以上考虑，成功使用栅栏技术需要了解微生物如何在特定食品环境中生存，要针对哪些稳态系统以及微生物将如何应对施加的单独和组合压力（即"栅栏"）。对所有这些因素透彻理解才能开发出低强度栅栏的智慧组合，以控制土著微生物种群数量，而不影响食品的质量或营养价值。萨拉米发酵香肠可以在环境温度下长时间保存，这是成功应用栅栏技术的一个很好的例子。在其生产过程中，最初将肉糜用盐和亚硝酸盐处理，以抑制土著微生物，在此栅栏中存活的微生物会继续繁殖，从而导致可用的氧气减少和氧化还原电位下降。这些条件有利于乳酸发酵细菌的生长，它们能降低香肠的pH防止微生物的污染。在长时间成熟的过程中，香肠变干会使水分活度（Water activity，$A_w$）降低，这是储存过程中的主要栅栏（Leistner和Gorris，1995）。干酪和其他发酵乳制品的生产中也使用了类似的技术，也是依靠发酵乳酸菌作为保存的一个"栅栏"。

目前，在文献中已经报道了60多个潜在的"栅栏"（Leistner，1999），并且随着人们越来越重视使用这种技术来保存食物，对新"栅栏"的研究仍在继续。新栅栏技术的研发仍然依赖于传统栅栏技术，例如温度（高或低）、水分活度、氧化还原电势、pH和防腐剂（如亚硝酸盐、盐），但是也试图纳入其他"栅栏"，例如脉冲电场、气调包装、高静水压和超声处理。乳酸菌由于能够迅速降低发酵食品中的pH并竞争性抑制其他微生物的生长（部分是由于它们产生了广谱细菌素），所以长期以来一直被用作栅栏技术的组成部分。尽管已有报道使用产生细菌素的细菌培养物或单独使用其纯化的肽成功地防止了微生物对食品的污染，但是最近的研究表明，当它们与其他栅栏联合使用时，它们作为食品防腐剂的潜力会增加。几篇综述总结了细菌素在栅栏技术中的成功应用（Chen 和 Hoover，2003；Galvez 等，2007a；Mills 等，2011b），报道了控制食源性病原体生长的累加和协同效应，说明了进一步拓宽这些肽的抗菌谱的潜力。

当有机酸及其盐衍生物作为栅栏时，pH 下降会增加细菌素的溶解度和总净电荷，从而有利于肽通过靶细菌细胞壁的转运（Galvez 等，2007a）。已证明这些天然防腐剂的加入可增强几种细菌素的活性，其中包括：乳酸链球菌素（Buncic 等，1995；Avery 和 Buncic，1997；Nykanen 等，2000）、乳酸菌素 3147（Scannell 等，2000）、肠道菌素 AS-48（Grande 等，2006）和片球菌素（Schlyter 等，1993；Uhart 等，2004）。据报道与乳酸菌细菌素具有协同作用的其他天然防腐剂包括乙醇（Brewer 等，2002）、蔗糖脂肪酸酯（Thomas 等，1998）、亚硝酸盐（Taylor 等，1985；Gill 和 Holley，2003）和精油中的酚类化合物如香芹酚、丁香油酚和百里酚等（Pol 和 Smid，1999；Periago 等，2001；Yamazaki 等，2004）以及气调包装的二氧化碳（Nilsson 等，2000）。据报道，乳酸菌细菌素存在时使用的亚硝酸盐和酚类化合物浓度可以降低，从而可提高食品的整体质量。尽管细菌素已成功与几种天然防腐剂联合使用，但使用氯化钠作为附加栅栏的结果却并不一致。一些研究报道氯化钠可增强细菌素的活性，如乳酸链球菌素（Thomas 和 Wimpenny，1996）和肠道菌素 AS-48（Ananou 等，2004）。然而，其他研究报道，NaCl 抑制了其他细菌素的抗李斯特氏菌活性，如片球菌素（Jydegaard 等，2000）和 Acidocin CHS（Chumchalova 等，1998）。也有报道称，低浓度的氯化钠会抑制乳酸链球菌素的活性（Bouttefroy 等，2000）。有人认为这种对立效果是由于细菌素与靶细胞结合所需的离子相互作用的干扰（Bhunia 等，1991），这可能是 NaCl 诱导的在肽结构上（Lee 等，1993）或靶细菌的细胞膜内构象变化的结果（Jydegaard 等，2000）。

已证明，当细菌素与热处理联合使用时，可增强热灭活作用，因此达到同样的灭活作用，可用较低的强度和较短的处理时间。乳酸链球菌素和热处理具有协同作用，可使蛋液或蛋清的灭菌时间缩短 35%（Boziaris 等，1998），使乳和包装后灭菌龙虾肉（Budu-Amoako 等，1999）中单核细胞增生李斯特菌的耐热性降低。研究还证明这些"栅栏"联合使用可使单核细胞增生李斯特氏菌耐乳酸链球菌素突变体在 55℃ 时对热灭活敏感（Modi 等，2000），说明交叉耐性不会发生。在用肠球菌素 AS-48 进行的研究中，热处理使金黄色葡萄球菌对细菌素活性敏感（Ananou 等，2004），并且据报道，这种细菌素的存在降低了细菌芽孢（Beard 等，1999；Wandling 等，1999；Grande 等，2006）灭活所需的热处理强度。

## 10.4.2　与新兴技术结合

已经报道了细菌素与多种非热栅栏一起使用的成功应用，包括高静水压（High hydrostatic pressure，HHP）、脉冲电场（Pulsed electric fields，PEF）和辐照。高静水压处理破坏了氢键、离子键和疏水性相互作用，造成细菌细胞膜产生亚致死性损伤，从而影响 ATP 生成和转运蛋白的功能（Hoover，1993；Kato 和 Hayashi，1999）。有几项研究已经研究了细菌素和高静水压技术的联合作用，例如，乳酸链球菌素（Farkas 等，2003）和片球菌素（Kalchayanand 等，1998）与高静水压技术联合使用在单核细胞增生李斯特氏菌和其他食源性病原体的培养物中均显示出协同作用，两种细菌素组合被证明能杀死经高静水压处理（Kalchayanand 等，2004）诱导萌发的梭状芽孢杆菌的芽孢。脉冲电场技术通过在一组电极之间发生高压脉冲破坏细菌细胞膜（Vega-Mercado 等，1997）。这项技术仅限用于可以在电极之间泵送的食品，但是一些研究已经研究了将该过程与细菌素结合以提高其有效性的潜力。根据所用的脉冲电场条件，当脉冲电场与乳酸链球菌素联合用于抑制蛋液和脱脂乳中无致病性李斯特氏菌的生长时，据报道，二者具有累加与协同作用（Calderon-Miranda 等，1999a，1999b）。据报道，片球菌素联合辐照技术增强了对法兰克福香肠中单核细胞增生李斯特氏菌的抗菌作用（Chen 等，2004），与仅加热相比，联合使用乳酸链球菌素（80IU/g豆）和辐照（5kGy）使真空低温烹饪（90℃，10min）熏制猪肉和水煮豆中蜡状芽孢杆菌的减少量超过 5 个对数值（Farkas 等，2002）。乳酸链球菌素的添加对于抑制在 10℃下储存超过 28 天以上的猪肉中蜡状芽孢杆菌的生长至关重要。

使用乳酸菌的细菌素作为天然食品防腐剂的主要局限是它们普遍缺乏针对革兰氏阴性菌如大肠杆菌、沙门氏菌和假单胞菌的抗菌活性。但是，当与其他栅栏组合使用时，它们的抑菌谱会扩大到包括革兰氏阴性菌。例如，螯合剂（如 EDTA）可通过获取 $Mg^{2+}$ 阳离子渗透进革兰氏阴性菌外膜，从而稳定脂多糖结构。通过破坏外膜的稳定性，这些细菌素可进入革兰氏阴性菌细胞膜，该膜易受其成孔活性的影响（Schved 等，1994；Herlander 等，1997）。除螯合剂外，其他栅栏如高温（Kalchayanand 等，1992；Boziaris 等，1998）、脉冲电场（Terebiznik 等，2000；Liang 等，2002；Santi 等，2003）和高静水压（Hauben 等，1996；Masschalck 等，2001）的作用是破坏细菌细胞膜，也已证明可将细菌素抑菌谱扩展到革兰氏阴性菌。

## 10.5　细菌素在乳制品安全栅栏技术中的作用

栅栏技术在乳制品保存中是必不可少的。常规使用的栅栏包括高温短时（HTST）或超高温瞬时（UHT）杀菌、冷藏、腌制、降低 pH（由于乳酸菌发酵）和降低水分活度。人们也研究了其他加工方法（如脉冲电场和高静水压）在各种乳制品保存方面的潜力。细菌素单用或与其他栅栏技术联合使用成为一篇综述的主题（Sobrino-Lopez 和 Martin Belloso，2008b），但充分发挥细菌素在乳制品栅栏技术中的潜力的研究还在持续开展。表 10.2 列出了旨在将细菌素作为几种乳制品保鲜栅栏技术组分的研究。乳酸链球菌素是大多数研究的焦点，因为它是被完全批准用于食品中的纯化的细菌素。尽管乳酸链球菌素在乳制品中具有抑菌活性，但在存在其他栅栏技术下的抑菌效果仍在研究中，因为之前的研究表明当乳酸链球菌素与其他防腐剂（如 NaCl）一起使用时，抑菌效果会降低（Bouttefroy 等，2000）。

### 10.5.1　细菌素与温度调控的联合

已证明，乳酸链球菌素可降低杀灭乳中食源性病原体所需的热处理强度。添加 25IU/mL 或 50IU/mL 乳酸链球菌素可降低干酪乳中单核细胞增生李斯特氏菌减少 3~6 个对数值所需的热处理强度（Maisnier-Patin 等，1995）。当将含有 25IU/mL 乳酸链球菌素的乳加热至 54℃时，在 16min 内单核细胞增生李斯特氏菌的数量减少了 3 个对数值，与不添加乳酸链球菌素所需的 77min 相比，时间减少了 80%。此外，据报道，热处理前在 4℃下储存时，乳酸链球菌素的存在可减少单核细胞增生李斯特氏菌耐热表型的数量。有人提出，由于所需的热强度较低，所观察到的协同作用将降低生产成本，并且能生产出具有更传统的生乳品质的改良产品。一项研究报道了在接种无致病性李斯特氏菌并随后在 4℃ 或 10℃ 下储存的干酪凝乳中，加热（63℃、5min）和乳酸链球菌素（1000IU/mL 或 1500IU/mL）具有协同作用（Al-Holy 等，2012）。当干酪在 10℃ 下储存时，无致病性李斯特氏菌的减少速度更快，但是在储存 12 天后，无法从 4℃ 或 10℃ 下储存的干酪中培养出无致病性李斯特氏菌。单核细胞增生李斯特氏菌从完全成熟的希腊 Graviera 干酪中消除，因为希腊 Graviera 干酪存在多种产细菌素的乳酸菌并在 25℃ 下储存了 60 天（Giarulou 等，2009）。当在较低温度（4℃ 或 12℃）下储存时，产细菌素的培养物抑制了李斯特氏菌的生长，但病原体会长期存活（>60 天）。这些结果表明，需要优化栅栏技术的条件，以有效地消除细菌污染物。

表 10.2　　　　　在乳制品中使用细菌素作为栅栏技术组成部分的研究

| 细菌素 | 其他"栅栏" | 目标微生物 | 乳制品 | 参考文献 |
|---|---|---|---|---|
| Gassericin A（49AU/mL） | 甘氨酸（0.5%） | 蜡状芽孢杆菌<br>乳酸乳球菌<br>反硝化无色杆菌（*Achromobacter denitrificans*）<br>荧光假单胞菌 | 淡奶油 | Arakawa 等，2009；<br>Nakamura 等，2013 |
| Nisin（1000IU/mL 或 1500IU/mL） | 温度（63℃） | 无致病性李斯特氏菌 | 白干酪 | Al-Holy 等，2012 |
| Nisin（328IU/mL） | 高压（654MPa）<br>高温（74℃） | 产气荚膜梭菌孢子 | UHT 乳 | Gao 等，2011 |
| Nisin（400IU/mL） | 百里香酚（0.08mg/mL） | 单核细胞增生李斯特氏菌 | UHT 乳 | Xiao 等，2011 |
| Nisin（250IU/mL） | 聚乳酸（1g）<br>温度（4℃ 或 10℃） | 单核细胞增生李斯特氏菌 | 脱脂乳蛋液 | Jin，2010 |
| Nisin（0.75μg/mL） | 溶菌酶 LysH5（15 U/mL） | 金黄色葡萄球菌 | 乳 | Garcia 等，2010a |
| Nisin（50IU/mL） | 乳酸，苹果酸，柠檬酸（1.5%或3.0%） | 单核细胞增生李斯特氏菌 | 乳清蛋白基膜（用作干酪包装） | Pintado 和 Ferreira，2009 |
| Nisin（20IU/mL） | 高压脉冲电场（HIPEF，800μs） | 金黄色葡萄球菌 | 乳 | Sobrino-Lopez 等，2009 |
| Enterocin A（在干酪制作中的辅助培养物） | 温度（4℃、12℃ 或 25℃） | 单核细胞增生李斯特氏菌 | 希腊 Graviera 干酪 | Giannou 等，2009 |
| Nisin（500IU/mL） | 高压（500MPa） | 枯草芽孢杆菌<br>蜡状芽孢杆菌孢子 | 重组脱脂乳 | Black 等，2008 |

续表

| 细菌素 | 其他"栅栏" | 目标微生物 | 乳制品 | 参考文献 |
|---|---|---|---|---|
| Nisin（0.0025μM） | $\alpha_{S2}$-酪蛋白 f（183-207）（0.0025μmol/L） | 单核细胞增生李斯特氏菌 | 在脑心浸液琼脂（Brain heart infusion Agar，BHIA）中测试 | Lopez-Exposito 等，2008 |
| Nisin（300IU/mL） | 高压脉冲电场（1200μs） | 金黄色葡萄球菌 | 乳 | Sobrino-Lopez 和 Martin-Belloso，2008a |
| Nisin（100IU/mL） | 罗伊氏素（2AU/mL）乳过氧化物酶（0.2 AB-TSU/mL） | 单核细胞增生李斯特氏菌 金黄色葡萄球菌 | Cuajada（凝乳） | Arques 等，2008 |
| Nisin（100IU/mL） | Microgard™（5%） | 无致病性李斯特氏菌 | 液体乳酪乳清 | von Staszewski 和 Jagus，2008 |
| Nisin，lacticin 481，bacteriocin TAB57，Enterocin AS-48，Enterocin I | 高压（300MPa 或 500MPa） | 大肠杆菌 O157:H7 金黄色葡萄球菌 | 生乳干酪 生乳干酪 | Rodrigue 等，2005 Arques 等，2005 |
| Nisin（1.56mg/mL） | 高静水压（400MPa） | 蜡状芽孢杆菌 | 生乳干酪 | Lopez-Pedemonte 等，2003 |
| Nisin（1200IU/mL） | 高压电场（PEF，5kV/cm）水分活度（0.95） | 大肠杆菌 | 模拟乳超滤介质 | Terebiznik 等，2002 |
| Nisin（0.04μg/mL） | 脉冲电场（16.7kV/cm）香芹酚（1.2 mM） | 蜡状芽孢杆菌 | 乳 | Pol 等，2001 |
| Nisin（75IU/mL 和 150IU/mL） | 热处理（117℃，2s） | 产孢菌（杆菌） | 乳 | Wirjantoro 等，2001 |
| Lacticin 3147（10000AU/mL 或 15000AU/mL） | 高静水压（150MPa、275MPa、400MPa 或 800MPa） | 金黄色葡萄球菌无致病性李斯特氏菌 | 乳和乳清 | Morgan 等，2000 |
| Nisin（100IU/mL 或 200IU/mL） | 乳过氧化物酶 | 单核细胞增生李斯特氏菌 | 脱脂乳 | Boussouel 等，2000 |
| Nisin（10IU/mL 或 100IU/mL） | 脉冲电场（30，40，50kV/cm） | 无致病性李斯特氏菌 | 脱脂乳 | Calderon-Miranda 等，1999b |

续表

| 细菌素 | 其他"栅栏" | 目标微生物 | 乳制品 | 参考文献 |
| --- | --- | --- | --- | --- |
| Nisin（2000IU/mL 或 4000IU/mL） | 加热（97℃、100℃、103℃和130℃） | 蜡状芽孢杆菌 嗜热脂肪芽孢杆菌（*Bacillus stearothermophilus*） | 脱脂乳 | Wandling 等，1999 |
| Nisin（10IU/mL 或 100IU/mL） | 乳过氧化物酶（0.2 ABTSU/mL 或 0.8 ABTSU/mL） | 单核细胞增生李斯特氏菌 | UHT 脱脂乳 | Zapico 等，1998 |
| Nisin（2.5mg/mL） | 乙酸，山梨酸盐 | 单核细胞增生李斯特氏菌 | Ricotta 干酪 | Davies 等，1997 |

乳酸链球菌素（75IU/mL 或 150IU/mL）与减热处理（Reduced heat treatment，RHT，117℃，2s）的联合应用可降低乳的腐败率（30℃下储存150天），而90%的 RHT 乳样品在两周后出现变质迹象。此外，RHT-乳酸链球菌素乳在10℃或20℃下储存时，储存长达一年仍未检测到微生物。感官评价也显示，RHT-乳酸链球菌素奶优于 UHT 乳（Wirjantoro 等，2001）。由于乳酸链球菌素（4000IU/mL）和热处理的协同作用，乳中的芽孢控制也得到了增强（Wandling 等，1999）。乳酸链球菌素和热处理（103℃）联合应用使杀死乳中90%蜡状芽孢杆菌芽孢所需的时间减少了42%。同样，当将热处理温度提高到130℃时，杀死嗜热脂肪芽孢杆菌的芽孢所需的时间减少了21%。

### 10.5.2 细菌素与其他天然防腐剂的联合使用

生乳中天然存在乳过氧化物酶-硫氰酸盐-过氧化氢系统（Lactoperoxidase-Thiocyanate-Hydrogen peroxide system，LPS），通过产生次硫氰酸根离子保护乳免受细菌污染，据报道，次硫氰酸根离子对革兰氏阴性菌具有杀菌活性（Beumer 等，1985；Wolfson 和 Sumner，1994），对革兰氏阳性菌具有抑菌活性（Kamau 等，1990）。UHT 乳的乳过氧化物酶-硫氰酸盐-过氧化氢系统活性可以通过添加纯化的乳过氧化物酶、硫代硫酸钠和过氧化氢测定，据报道乳过氧化物酶-硫氰酸盐-过氧化氢系统与乳酸链球菌素联用时具有协同作用（Zapico 等，1998）。据报道，其联用效果对单核细胞增生李斯特氏菌具有杀菌作用，可能是由于两个栅栏都以细胞质膜为靶点。有趣的是，当两种栅栏交叉使用时，其联用效果得到了改善。在接种细菌时同时使用两种栅栏，观察到单核细胞增生李斯特氏菌减少了5.6个对数值。然而，在接种细菌后2h使用乳酸链球菌素和5h使用乳过氧化物酶-硫氰酸盐-过氧化氢系统时，观察到细菌减少了7.4个对数值（Zapico 等，1998）。其他研究表明，这两个栅栏的联用效应不依赖于环境 pH（Boussouel 等，1999），乳过氧化物酶-硫氰酸盐-过氧化氢系统、乳酸链球菌素和罗伊氏菌素［罗伊氏乳杆菌（*Lactobacillus reuteri*）产生的抗菌化合物］联用可以抑制金黄色葡萄球菌的生长。在西班牙 Cuajadan 凝乳中金黄色葡萄球菌对仅使用乳过氧化物酶-硫氰酸盐-过氧化氢系统和乳酸链球菌素的栅栏技术具有耐受性（Arques 等，2008）。

已证明有机酸和精油都是有效的抗微生物剂。但是，当以高浓度使用时，它们会给食品带来异味。月桂酸单酯（Monolaurin）具有抗微生物特性（Wang 和 Johnson，1997），但它也可能使乳制品带有肥皂的滋气味（Bell 和 del Lacy，1987）。为了降低其有效浓度，已将其与乳酸链球菌素联用作为乳品防腐剂进行了测试。据报道，同时添加乳酸链球菌素和月桂酸单酯可抑制地衣芽孢杆菌（*Bacillus licheniformis*）的生长（Mansour 等，1999），一项研究显示对几种芽孢杆菌具有杀菌活性，可防止脱脂乳中的孢子形成或再生（Mansour 和 Milliere，2001）。据报道乳酸链球菌素还可以抑制用乙酸直接酸化生乳制备的 Ricotta 干酪中单核细胞增生李斯特氏菌的生长。据报道，在没有乳酸链球菌素的情况下，在储存 1~2 周达到单核细胞增生李斯特氏菌的不安全水平，但是在 6~8℃储存下，加入细菌素可抑制李斯特氏菌的生长超过 10 周（Davies 等，1997）。

关于乳酸链球菌素和有机酸结合用于生产抗菌膜和涂层的潜力还有以下研究。乳清分离蛋白和甘油结合形成可食用的薄膜，可在这种薄膜中加入抗菌剂，作为干酪的保护涂层。通过加入乳酸、苹果酸或柠檬酸可降低膜的 pH；再加入乳酸链球菌素（50IU/mL）作为防止单核细胞增生李斯特氏菌生长的另一个栅栏。据报道，当存在乳酸或柠檬酸时，加入乳酸链球菌素会改变膜的黏度，但含有苹果酸的膜不受影响。苹果酸和乳酸链球菌素的联用也显示出最高的抗李斯特氏菌活性。因此，这种栅栏组合具有产生有效抗菌膜的潜力（Pintado 和 Ferreira，2009）。通过生产含不同浓度乳酸链球菌素的聚乳酸（Polylactic acid，PLA）聚合物，研究了开发一种供脱脂乳或液态鸡蛋使用的抗菌瓶涂层的潜力。在 4℃ 或 10℃ 下，在有聚乳酸和 250mg 乳酸链球菌素涂层的瓶子中，脱脂乳中初始接种的单核细胞增生李斯特氏菌（约 $1 \times 10^4$）在 3 天内降低到检测不到的水平，在 42 天储存期中仍未检测到（Jin，2010）。据报道，在 25℃ 下，百里酚和乳酸链球菌素联用可抑制 2% 低脂乳中单核细胞增生李斯特氏菌的生长（Xiao 等，2011）。据报道，在这项研究中，将两种抗菌剂包埋在喷雾干燥的玉米醇溶蛋白胶囊中，使两种抗菌剂持续释放，比使用未包埋的抗菌剂更有效。这些结果表明，胶囊输送系统可能为在乳制品中使用栅栏技术提供优势。

乳酸链球菌素和具有抗菌特性的乳源肽或乳源蛋白联用显示出抑制微生物污染物生长的潜力。据报道，源自 αs2-酪蛋白的 25-mer 肽［f（183-207）］可以协同增强乳酸链球菌素对表皮葡萄球菌和单核细胞增生李斯特氏菌的抗菌活性，这可能是通过使靶细菌的膜失稳实现的（Lopez-Exposito 等，2008）。然而，当乳酸链球菌素与 αs2-酪蛋白 f（183-207）或乳铁蛋白 f（17-41）组合使用时，各个"栅栏"在抑制大肠杆菌活性方面相互拮抗。这些结果说明在开发可能影响目标食品中几种微生物的潜在栅栏方法时，需要测试多个目标。

在开发用于乳制品保鲜的新型栅栏技术中，乳酸链球菌素与其他微生物因子联用的潜力方面的研究为数不多。据报道，当在干酪乳中乳酸链球菌素与溶菌酶联用时，对几种乳酸菌菌株具有抑制作用，但未测试该组合对潜在病原体的作用（Kozakova 等，2005）。当乳酸链球菌素与地衣芽孢杆菌 ZJU12（*Bacillus licheniformis* ZJU12）的无细胞上清液联用，以抑制黄色微球菌（*Micrococcus flavus*）、蜡状芽孢杆菌（*B. Cereus*）和金黄色葡萄球菌（*S. Aureus*）的生长时（He 和 Chen，2006）；当乳酸链球菌素与噬菌体内溶素 LysH5 联用，以抑制金黄色葡萄球菌时（Garcia 等，2010a），均具有协同作用。乳酸链球菌素和 LsyH5 联用时，其最低抑菌浓度降低了 64 倍和 16 倍，并且据报道，从乳中完全清除金黄色葡萄球菌菌株 Sa9 需要同时使用这两种抗菌剂。当乳酸链球菌素与 Microgard™ 联用时，产生了矛盾的结果。Microgard™ 是谢尔曼丙酸杆菌（*Propionibacterium shermanii*）或特定的乳酸菌发酵脱脂乳或葡萄糖而获得的细菌素样抑制产物。据报道，这些发酵产物对乳制品中的腐败菌和病原菌具有抑菌活性。然而，当乳酸链球菌素和其他"栅栏"（如在7℃的低温下储存）联用时，在液态干酪乳清中观察到了对无致病性李斯特氏菌的拮抗作用。如果没有额外的压力，则有报道称乳酸链球菌素可以增强Microgard™的抗李斯特氏菌活性，从而使这种组合成为延长干酪乳清货架期的潜在方法（von Staszewski和Jagus，2008）。

已经有人对使用多种细菌素的潜力进行了广泛研究，以测试交叉耐药的可能模式，然而，其仍然缺乏在乳制品中的直接应用。有一个试验对乳酸链球菌素和片球菌素34和/或肠球菌素FH99对控制单核细胞增生李斯特氏菌生长的潜力进行了研究（Kaur等，2013）。该研究报道两种或所有三种细菌素联用均能产生更高的抗菌活性。人们观察到，细菌对同一类别的细菌素会产生交叉耐药性，因为耐受片球菌素（Pediocin）的李斯特氏菌对肠球菌素FH99的耐受性更高，但未发现与乳酸链球菌素的交叉耐药性。还有人指出，对细菌素的耐药性并不会带来对其他固有"栅栏"（如低pH、氯化钠、山梨酸钾或亚硝酸钠）的交叉耐性。这些结果表明在食品保鲜中有使用多种细菌素的潜力，但要在乳制品类食品中应用需要更详细的研究。两项研究调查了使用从格氏乳杆菌（*Lactobacillus gasseri*）中分离出的新型细菌素细菌分泌环肽A（Gasericin A）和甘氨酸组合来保存蛋奶羹的潜力（Arakawa等，2009；Nakamura等，2013）。据报道，甘氨酸（0.5%）和细菌素细菌分泌环肽A（123 AU）联用能够抑制蛋奶羹中蜡状芽孢杆菌（*Bacillus cereus*）和乳酸乳球菌乳酸亚种（*Lactococcus lactis* ssp. *lactis*）的生长，在不存在甘氨酸只有细菌分泌环肽A时，两种细菌都能克服最初的生长抑制作用。这项研究证明了甘氨酸作为"栅栏"与其他细菌素联用的潜力，并证实了新发现的细菌素的应用潜力。

### 10.5.3　细菌素和脉冲电场

高压脉冲电场（High intensity pulsed electric fields，HIPEF）会导致细胞膜结构发生变化，从而使其无法正常发挥半渗透性屏障的作用。在30~50kV/cm的电场强度下处理脱脂乳中的无致病性李斯特氏菌，透射电镜显示其细胞壁粗糙度增加、细胞质结块、细胞物质渗漏以及细胞壁和膜破裂（Calderon-Miranda等，1999c）。当脉冲电场与37IU/mL乳酸链球菌素联合使用时，发现二者对细胞壁和细胞膜形态损害有累加效应，在40kV/cm或更高的强度下能在细胞膜上形成孔。在先暴露于脉冲电场（50kV/cm）随后用37IU/mL的乳酸链球菌素处理后，这种累加效应将无致病性李斯特氏菌的数量减少3.8个对数值单位（Calderon-Miranda等，1999b）。但是，在一项研究中，用高压脉冲电场预处理大肠杆菌导致乳酸链球菌素的活性降低。有人提出乳酸链球菌素活性降低可能是由于细菌素与脉冲电场预处理释放的细胞碎片的非特异性结合所致（Terebiznik等，2002）。通过将水分活度降低至0.95，可以恢复和改善乳酸链球菌素的活性。据报道，当水分活度降低至0.95并与低强度脉冲电场（5kV/cm）联合使用，随后再用1200IU/mL乳酸链球菌素处理时，产生了协同效应，使大肠杆菌减少5个对数值。其他研究也报告了处理顺序会产生不同的效果，当首先使用乳酸链球菌素时，发现高压脉冲电场和乳酸链球菌素有协同效应（Gallo等，2007）。这些研究报告相互矛盾的结果表明，需要进一步的研究来优化这种栅栏技术。

研究表明，将高压脉冲电场、乳酸链球菌素处理与第三个栅栏联用可取得成功。据报道，添加1.2mmol/L香芹酚可强化脉冲电场（16.7kV/cm）和乳酸链球菌素（0.04µg/mL）对乳中蜡状芽孢杆菌生长抑制的协同作用（Pol等，2001）。还有人报道，乳蛋白的存在不影响活性，有人在 5% 或 20% 乳蛋白的存在下获得了相似的结果。将高压脉冲电场（35kV/cm）应用于含 1IU/mL 乳酸链球菌素和 300IU/mL 溶菌酶的乳中能使金黄色葡萄球菌减少 6.2 个对数值（Sobrino-Lopez 和 Martin-Belloso，2008a）。据报道，当乳酸链球菌素（20IU/mL）与肠道菌素 AS-48（28AU/mL）联合使用，继而用高压脉冲电场（35kV/cm）进行后续处理时，乳中金黄色葡萄球菌的数量也有类似的减少（Sobrino-Lopez 等，2009）。据报道，这两种方法均取决于应用顺序，因此，有人认为，需对这些系统进行进一步优化，以成功应用于乳制品。

### 10.5.4　细菌素和高静水压加工

据报道，对革兰氏阳性菌和革兰氏阴性菌使用乳酸链球菌素和高静水压的栅栏技术均可产生协同抗菌作用。据推测，这种协同作用可能是由于乳酸链球菌素结合到细胞膜上，固定了膜磷脂并增加了微生物对压力处理的敏感性（Ter Steeg 等，1999），或者是细胞壁或外膜亚致死性破膜作用使微生物对乳酸链球菌素的作用更敏感的结果（Hauben 等，1996）。已证明将高静水压（500MPa，5min）和乳酸链球菌素（500IU/mL）组合的协同作用，可完全灭活乳中的荧光假单胞菌和大肠杆菌，并将无致病性李斯特氏菌数量减少 8.3 个对数值（Black 等，2005）。据报道，在高压工艺（High-Pressure processing，HPP）处理（550MPa）之前添加乳酸链球菌素（400IU/mL）或溶菌酶（400μg/mL）可使脱脂乳中耐压大肠杆菌的数量减少 3 个对数值，但在全脂乳中的减少水平却少得多（Garcia-Graells 等，1999）。当将片球菌素 PA1 与乳酸链球菌素和高静水压处理（345MPa）结合使用时，乳中的金黄色葡萄球菌减少了 8 个对数值，并且在 25℃ 的 30 天储存期内未观察到生长（Alpas 和 Bozoglu，2000）。Morgan 等研究了其他细菌素与高静水压结合使用的可能性，据报道，在乳清和乳中乳酸菌素 3147 与高静水压（250MPa）具有累加效应（Morgan 等，2000）。乳酸菌素 3147 和高静水压的联合使非致病性李斯特菌 DPC1770 的数量减少了 6 个对数值；据报道，随着压力增加至 400MPa，细菌素活性增加。

Rodriguez 等评估了高静水压处理在用产细菌素的发酵剂或辅助培养物生产的生乳干酪中控制细菌污染的能力。在储存的第 2 天，加入产生乳酸菌素 481、乳酸链球菌素 A、细菌素 TAB57、肠球菌素 I 或肠球菌素 AS-48 的乳酸菌，联合高静水压（300MPa）处理，可将 60 天龄的干酪中大肠杆菌 O157∶H7（以约 10⁵CFU/mL 的浓度接种）的水平降至 2 个对数值以下。如果在第 50 天施加高静水压，则在第 60 天检测不到大肠杆菌水平（Rodriguez 等，2005）。还有报道称，用产细菌素的乳酸菌和高静水压处理对生乳干酪中金黄色葡萄球菌的生长具有协同抑制作用（Argues 等，2005）。据报道，干酪在储存的第 2 天以 500MPa 的高静水压处理后，到储存 3 天后金黄色葡萄球菌最多减少了 4 个对数值。这些结果表明，高静水压可能是用已知能产生细菌素的辅助培养物生产的生乳干酪的有效保存方法。

有研究测试了乳酸链球菌素和高静水压的联用对乳和干酪中芽孢杆菌和梭菌芽孢萌发和灭活的影响。据报道，在含 1.56mg/mL 乳酸链球菌素，并在 30℃ 下以 400MPa 的高静水压循环处理了两轮 15min 的干酪模型中，蜡状芽孢杆菌 ATCC 9139 芽孢减少了 2.4 个对数值（Lopez-Pedemonte 等，2003）。用溶菌酶（22.4mg/L）代替乳酸链球菌素不会增强高静水压诱导的芽孢灭活，这些结果表明乳酸链球菌素对芽孢灭活至关重要。一项研究报道了含有 500IU/mL 乳酸链球菌素并在 500MPa 的压力下进行了两轮高静水压处理的乳中，枯草芽孢杆菌减少了 5.9 个对数值。相同的处理导致乳中蜡状芽孢杆菌的 3~4 个对数值灭活和 5~8 个对数值萌发（取决于所测试的特定菌株）（Black 等，2008）。产气荚膜梭菌芽孢的灭活需要使用 645MPa 的压力，74℃ 的温度，13.6min 的保持时间和 328IU/mL 的乳酸链球菌素浓度。它导致孢子减少了 6 个对数周期（Gao 等，2011）。尽管条件比灭活营养细胞所需的条件更为严格，但这些报告表明了高静水压与乳酸菌细菌素联用具备灭活乳制品中芽孢的潜力。

# 10.6　结论

大量研究表明，乳酸菌细菌素可有效控制液态乳和其他乳制品中不良微生物的生长。这些研究表明，细菌素具有作为唯一防腐剂的潜力。但是，一些研究表明，将它们作为栅栏技术的组成部分具有明显的优势，包括：降低处理强度、对抗菌活性有协同和累加作用且可扩大其抗菌谱。尽管它们在栅栏技术方面的成功已得到很好的证明，但仍需要进一步的研究，因为许多研究是在实验室模型中进行的，必须在实际产品中进行测试以确保其效果不受食品环境的影响，并确保这些处理方法不会抑制必需微生物的生长（如发酵剂或辅助培养物）且不会对食品的品质有不良影响。

随着分子生物学的不断发展，这些抗菌剂的潜力有望增长。随着越来越多的细菌基因组完成，有理由相信，新型抗菌肽将被发现，细菌宿主内调节其生产的机制也会被发现。通过使用生物技术，这些发现将有助于开发生产和掺入这些肽作为天然食品防腐剂的新方法。成功实施生物技术的例子包括：用来生产细菌素的新型乳制品发酵剂和辅助培养物的开发（Coderre 和 Somkuti，1999；Somkuti 和 Steinberg，2003）。能够产生多种细菌素的乳酸菌培养物的开发（O'Sullivan 等，2003b）；使用诱导表达系统来增加细菌素的产生（Renye 和 Somkuti，2010）；潜在的食品级基因传递系统的开发（Renye 和 Somkuti，2009）。另外，生物技术的进步可能找到增加从天然和重组宿主中生产细菌素的方法，从而有可能降低其生产成本。据报道，乳酸链球菌素和其他肽类抗菌剂的生产成本比较高，一直限制其在食品保存栅栏技术中的应用（Jones 等，2005）。因此，尽管人们已充分认识到细菌素作为天然食品防腐剂的潜力，但研究仍在持续，目的是优化其生产，提高其在食品基质中的有效性，并确定理想的"栅栏"组合，以最大限度地发挥其活性。

# 参考文献

［1］ Abachin, E., Poyart, C., Pellegrini, E. et al. Formation of D-alanyl-lipoteichoic acid is required for adhesion and virulence of Listeria monocytogenes, Molecular Microbiology, 2002, 43: 1-14.

［2］ Abbasiliasi, S., Tan, J. S., Ibrahim, T. A. et al. Isolation of Pediococcus acidilactici Kp10 with ability to secrete bacteriocin-like inhibitory substance from milk products for applications in food industry, BMC Microbiology, 2012, 12: 260.

［3］ Abi Khattar, Z., Rejasse, A., Destoumieux-Garzon, D. et al. The dlt operon of Bacillus cereus is required for resistance to cationic antimicrobial peptides and for virulence in insects, *Journal of Bacteriology*, 2009, 191: 7063-7073.

[4] Achemchem, F., Abrini, J., Martinez-Bueno, M. *et al*. Control of *Listeria monocytogenes* in goat's milk and goat's jben by the bacteriocinogenic *Enterococcus faecium* F58 strain, *Journal of Food Protection*, 2006, 69: 2370-2376.

[5] Al-Holy, M. A., Al-Nabulsi, A., Osaili, T. M. *et al*. Inactivation of *Listeria innocua* in brined white cheese by a combination of nisin and heat, *Food Control*, 2012, 23: 48-53.

[6] Alegria, A., Delgado, S., Roces, C. *et al*. Bacteriocins produced by wild *Lactococcus lactis* strains isolated from traditional, starter-free cheeses made of raw milk, *International Journal of Food Microbiology*, 2010, 143: 61-66.

[7] Alkhatib, Z., Abts, A., Mavaro, A. *et al*. Lantibiotics: how do producers become self-protected? *Journal of Biotechnology*, 2012, 159: 145-154.

[8] Alpas, H. and Bozoglu, F. The combined effect of high hydrostatic pressure, heat and bacteriocins on inactivaiton of foodborne pathogens in milk and orange juice, *World Journal of Microbiology and Biotechnology*, 2000, 16: 387-392.

[9] Ananou, S., Valdivia, E., Martinez Bueno, M. *et al*. Effect of combined physico-chemical preservatives on enterocin AS-48 activity against the enterotoxigenic *Staphylococcus aureus* CECT 976 strain, *Journal of Applied Microbiology*, 2004, 97: 48-56.

[10] Ananou, S., Munoz, A., Galvez, A. *et al*. Optimization of enterocin AS-48 production on a whey-based substrate, *International Dairy Journal*, 2008, 18: 923-927.

[11] Anastasiou, R., Aktypis, A., Georgalaki, M. *et al*. Inhibition of *Clostridium tyrobutyricum* by *Streptococcus macedonicus* ACA-DC 198 under conditions mimicking Kasseri cheese prodcution and ripening, *International Dairy Journal*, 2009, 19: 330-335.

[12] Arakawa, K., Kawai, Y., Iioka, H. *et al*. Effects of gassericins A and T, bacteriocins produced by *Lactobacillus gasseri*, with glycine on custard cream preservation, *Journal of Dairy Science*, 2009, 92: 2365-2372.

[13] Arques, J. L., Rodriguez, E., Gaya, P. *et al*. Inactivation of *Staphylococcus aureus* in raw milk cheese by combinations of high-pressure treatments and bacteriocin-producing lactic acid bacteria, *Journal of Applied Microbiology*, 2005, 98: 254-260.

[14] Arques, J. L., Rodriguez, E., Nunez, M. and Medina, M. Antimicrobial activity of nisin, reuterin, and the lactoperoxidase system on *Listeria monocytogenes* and *Staphylococcus aureus* in cuajada, a semisolid dairy product manufactured in Spain, *Journal of Dairy Science*, 2008, 91: 70-75.

[15] Avery, S. M. and Buncic, S. Antilisterial effects of a sorbate-nisin combination in vitro and on packaged beef at refrigeration temperature, *Journal of Food Protection*, 1997, 60: 1075-1080.

[16] Aziz, T., Khan, H., Bakhtair, S. M. and Naurin, M. Incidence and relative abundance of lactic acid bacteria in raw milk of buffalo, cow and sheep, *The Journal of Animal and Plant Sciences*, 2009, 19: 168-173.

[17] Azuma, T., Bagenda, D. K., Yamamoto, T. *et al*. Inhibition of *Listeria monocytogenes* by freeze-dried piscicocin CS526 fermentate in food, *Letters in Applied Microbiology*, 2007, 44: 138-144.

[18] Batdorj, B., Dalgalarrondo, M., Choiset, Y. *et al*. Purification and characterization of two bacteriocins produced by lactic acid bacteria isolated from Mongolian airag, *Journal of Applied Microbiology*, 2006, 101: 837-848.

［19］ Beard, B. M., Sheldon, B. W. and Foegeding, P. M. Thermal resistance of bacterial spores in milk-based beverages supplemented with nisin, *Journal of Food Protection*, 1999, 62: 484-491.

［20］ Belguesmia, Y., Choiset, Y., Rabesona, H. *et al*. Antifungal properties of durancins isolated from *Enterococcus durans* A5-11 and of its synthetic fragments, *Letters in Applied Microbiology*, 2013, 56: 237-244.

［21］ Bell, R. G., and del Lacy, K. M. The efficacy of nisin, scorbic acid and monolaurin as preservatives in pasteurized cured meat products, *Food Microbiology*, 1987, 4: 277-287.

［22］ Benech, R. O., Kheadr, E. E., Laridi, R. *et al*. Inhibition of *Listeria innocua* in cheddar cheese by addition of nisin Z in liposomes or by *in situ* production in mixed culture, *Applied and Environmental Microbiology*, 2002, 68: 3683-3690.

［23］ Benkerroum, N., Oubel, H. and Mimoun, L. B. Behavior of *Listeria monocytogenes* and *Staphylococcus aureus* in yogurt fermented with a bacteriocin-producing thermophilic starter, *Journal of Food Protection*, 2002, 65: 799-805.

［24］ Benkerroum, N., Oubel, H. and Sandine, W. E. Effect of nisin on yogurt starter, and on growth and survival of *Listeria monocytogenes* during fermentation and storage of yogurt, *Internet Journal of Food Safety*, 2003, 1: 1-5.

［25］ Beumer, R. R., Noomen, A., Marijs, J. A. and Kampelmacher, E. H. Antibacterial action of the lactoperoxidase system on *Campylobacterjejuni* in cow's milk, *Netherlands Milk Dairy Journal*, 1985, 39: 107-114.

［26］ Bhunia, A. K., Johnson, M. C., Ray, B. and Kalchayanand, N. Mode of action of pediocin AcH from *Pediococcus acidilactici H* on sensitive bacterial strains, *Journal of Applied Bacteriology*, 1991, 70: 25-33.

［27］ Black, E. P., Kelly, A. L. and Fitzgerald, G. F. The combined effect of high pressure and nisin on inactivation of microorganisms in milk, *Innovative Food Science and Emerging Tehnologies*, 2005, 6: 286-292.

［28］ Black, E. P., Linton, M., McCall, R. D. *et al*. The combined effects of high pressure and nisin on germination and inactivation of *Bacillus spores* in milk, *Journal of Applied Microbiology*, 2008, 105: 78-87.

［29］ Blake, K. L. and O'Neill, A. J. Transposon library screening for identification of genetic loci participating in intrinsic susceptibility and acquired resistance to antistaphylococcal agents, *Journal of Antimicrobial Chemotherapy*, 2013, 68: 12-16.

［30］ Bottiger, T., Schneider, T., Martinez, B. *et al*. Influence of Ca (2+) ions on the activity of lantibiotics containing a mersacidin-like lipid II binding motif, *Applied and Environmental Microbiology*, 2009, 75: 4427-4434.

［31］ Boussouel, N., Mathieu, F., Benoit, V. *et al*. Response surface methodology, an approach to predict the effects of a lactoperoxidase system, Nisin, alone or in combination, on *Listeria monocytogenes* in skim milk, *Journal of Applied Microbiology*, 1999, 86: 642-652.

［32］ Boussouel, N., Mathieu, F., Revol-Junelles, A. M. and Milliere, J. B. Effects of combinations of lactoperoxidase system and nisin on the behaviour of *Listeria monocytogenes* ATCC 15313 in skim milk, *International Journal of Food Microbiology*, 2000, 61: 169-175.

［33］ Bouttefroy, A., Mansour, M., Linder, M. and Milliere, J. B. Inhibitory combinations of nisin, sodium chloride, and pH on *Listeria monocytogenes* ATCC 15313 in broth by an experimental design approach,

*International Journal of Food Microbiology*, 2000, 54: 109-115.

[34] Boziaris, I. S., Humpheson, L. and Adams, M. R. Effect of nisin on heat injury and inactivation of *Salmonella enteritidis* PT4, *International Journal of Food Microbiology*, 1998, 43: 7-13.

[35] Breukink, E., Wiedemann, I., van Kraaij, C. *et al*. Use of the cell wall precursor lipid II by a pore-forming peptide antibiotic, *Science*, 1999, 286: 2361-2364.

[36] Brewer, R., Adams, M. R. and Park, S. F. Enhanced inactivation of *Listeria monocytogenes* by nisin in the presence of ethanol, *Letters in Applied Microbiology*, 2002, 34: 18-21.

[37] Brurberg, M. B., Nes, I. F. and Eijsink, V. G. Pheromone - induced production of antimicrobial peptides in *Lactobacillus*, *Molecular Microbiology*, 1997, 26: 347-360.

[38] Budu-Amoako, E., Ablett, R. F., Harris, J. and Delves-Broughton, J. Combined effect of nisin and moderate heat on destruction of *Listeria monocytogenes* in cold-pack lobster meat, *Journal of Food Protection*, 1999, 62: 46-50.

[39] Buncic, S., Fitzgerald, S., Bell, C. M. and Hudson, R. G. Individual and combined listericidal effects of sodium lactate, potassium sorbate, nisin, and curing salts at refrigeration temperatures, *Journal of Food Safety*, 1995, 15: 247-264.

[40] Calderon-Miranda, M. L., Barbosa-Canovas, G. V. and Swanson, B. G. Inactivation of *Listeria innocua* in liquid whole egg by pulsed electric fields and nisin, *International Journal of Food Microbiology*, 1999a, 51: 7-17.

[41] Calderon - Miranda, M. L., Barbosa - Canovas, G. V. and Swanson, B. G. Inactivation of *Listeria innocua* in skim milk by pulsed electric fields and nisin, *International Journal of Food Microbiology*, 1999b, 51: 19-30.

[42] Calderon - Miranda, M. L., Barbosa - Canovas, G. V. and Swanson, B. G. Transmis - sion electron microscopy of *Listeria innocua* treated by pulsed electric fields and nisin in skimmed milk, *International Journal of Food Microbiology*, 1999c, 51: 31-38.

[43] Cao, M. and Helmann, J. D. The *Bacillus subtilis* extracytoplasmic - function sigmaX factor regulates modification of the cell envelope and resistance to cationic antimicrobial peptides, *Journal of Bacteriology*, 2004, 186: 1136-1146.

[44] CDC (US Centers for Disease Control and Prevention) *National Health and Nutrion Examination Survey data*, 2003 - 2004. National Center for Health Statistics, Hyattsville, MD, 2008a.

[45] CDC (US Centers for Disease Control and Prevention) *National Health and Nutrition Examination Survey data*, 2005 - 2006. National Center for Health Statistics, Hyattsville, MD, 2008b.

[46] Cebrian, R., Banos, A., Valdivia, E. *et al*. Characterization of functional, safety, and probiotic properties of *Enterococcus faecalis* UGRA10, a new AS-48-producer strain, *Food Microbiology*, 2012, 30: 59-67.

[47] Chaillou, S., Postma, P. W., and Pouwels, P. H. Contribution of the phosphoenolpyru - vate: mannose phosphotransferase system to carbon catabolite repression in *Lactobacillus pentosus*, *Microbiology*, 2001, 147: 671-679.

[48] Chen, C. M., Sebranek, J. G., Dickson, J. S., and Mendonca, A. F. Combining pediocin with post - packaging irradiation for control of *Listeria monocytogenes* on frankfurters, *Journal of Food Protection*, 2004, 67: 1866-1875.

[49] Chen, H., and Hoover, D. G. Bacteriocins and their food applications, *Comprehensive Reviews in Food Science and Food Safety*, 2003, 2: 82-100.

[50] Chen, Y., Ludescher, R. D., and Montville, T. J. Electrostatic interactions, but not the YGNGV consensus motif, govern the binding of pediocin PA-1 and its fragments to phospholipid vesicles, *Applied and Environmental Microbiology*, 1997, 63: 4770-4777.

[51] Chumchalova, J., Josephsen, J., and Plockova, M. The antimicrobial activity of acidocin CH5 in MRS broth and milk with added NaCl, NaNO₃ and lysozyme, *Interna - tional Journal of Food Microbiology*, 1998, 43: 33-38.

[52] Cintas, L. M., Casaus, P., Holo, H. *et al.* Enterocins L50A and L50B, two novel bacteriocins from *Enterococcus faecium* L50, are related to staphylococcal hemolysins, *Journal of Bacteriology*, 1998, 180: 1988-1994.

[53] Claypool, L., Heinemann, B., Voris, L. and Stumbo, C. R. Residence time of nisin in the oral cavity following consumption of chocolate milk containing nisin, *Journal of Dairy Science*, 1966, 49: 314-316.

[54] Cleveland, J., Montville, T. J., Nes, I. F. and Chikindas, M. L. Bacteriocins: safe, natural antimicrobials for food preservation, *International Journal of Food Microbiology*, 2001, 71: 1-20.

[55] Coderre, P. E. and Somkuti, G. A. Cloning andexpression of the pediocin operon in *Streptococcus thermophilus* and other lactic fermentation bacteria, *Current Microbiology*, 1999, 39: 295-301.

[56] Cornforth, D. M. and Foster, K. R. Competition sensing: the social side of bacterial stress responses, *Nature Reviews in Microbiology*, 2013, 11: 285-293.

[57] Cosentino, S., Fadda, M. E., Deplano, M. *et al.* Antilisterial activity of nisin - like bacteriocin - producing *Lactococcus lactis* subsp. *lactis* isolated from traditional Sardinian dairy products, *Journal of Biomedical Biotechnology*, 2012: 376428.

[58] Cotter, P. D., Guinane, C. M. and Hill, C. The LisRK signal transduction system determines the sensitivity of *Listeria monocytogenes* to nisin and cephalosporins, *Antimicrobial Agents and Chemotherapy*, 2002, 46: 2784-2790.

[59] Cotter, P. D., Hill, C. and Ross, R. P. Bacterial lantibiotics: strategies to improve therapeutic potential, *Current Protein Peptide Science*, 2005a, 6: 61-75.

[60] Cotter, P. D., Hill, C. and Ross, R. P. Bacteriocins: developing innate immunity for food, *Nature Reviews in Microbiology*, 2005b, 3: 777-788.

[61] Cotter, P. D., Deegan, L. H., Lawton, E. M. *et al.* Complete alanine scanning of the two-component lantibiotic lacticin 3147: generating a blueprint for rational drug design, *Molecular Microbiology*, 2006, 62: 735-747.

[62] Crandall, A. D. and Montville, T. J. Nisin resistance in *Listeria monocytogenes* ATCC 700302 is a complex phenotype, *Applied and Environmental Microbiology*, 1998, 64: 231-237.

[63] Dalet, K., Cenatiempo, Y., Cossart, P. and Hechard, Y. A sigma (54) -dependent PTS permease of the mannose family is responsible for sensitivity of *Listeria monocytogenes* to mesentericin Y105, *Microbiology*, 2001, 147: 3263-3269.

[64] Davies, E. A., Bevis, H. E. and Delves - Broughton, J. The use of the bacteriocin, nisin, as a preservative in ricotta-type cheeses to control the food-borne pathogen *Listeria monocytogenes*, *Letters in Applied Microbiology*, 1997, 24: 343-346.

[65] De Vuyst, L. and Leroy, F. Bacteriocins from lactic acid bacteria: production, purification, and food applications, *Journal of Molecular Microbiology and Biotechnology*, 2007, 13: 194-199.

[66] Delavenne, E., Mounier, J., Deniel, F. *et al.* Biodiversity of antifungal lactic acid bacteria isolated

from raw milk samples from cow, ewe and goat over one-year period, *International Journal of Food Microbiology*, 2012, 155: 185-190.

[67] Diaz, M., Valdivia, E., Martinez-Bueno, M. *et al.* Characterization of a new operon, as-48EFGH, from the as-48 gene cluster involved in immunity to enterocin AS-48, *Applied and Environmental Microbiology*, 2003, 69: 1229-1236.

[68] Diep, D. B., Havarstein, L. S. and Nes, I. F. Characterization of the locus responsible for the bacteriocin production in *Lactobacillus plantarum* C11, *Journal of Bacteriology*, 1996, 178: 4472-4483.

[69] Diep, D. B., Axelsson, L., Grefsli, C. and Nes, I. F. The synthesis of the bacteriocin sakacin A is a temperature-sensitive process regulated by a pheromone peptide through a three-component regulatory system, *Microbiology*, 2000, 146 (Pt 9): 2155-2160.

[70] Diep, D. B., Myhre, R., Johnsborg, O. *et al.* Inducible bacteriocin production in *Lactobacillus* is regulated by differential expression of the *pln* operons and by two antagonizing response regulators, the activity of which is enhanced upon phosphorylation, *Molecular Microbiology*, 2003, 47: 483-494.

[71] Diep, D. B., Skaugen, M., Salehian, Z. *et al.* Common mechanisms of target cell recognition and immunity for class II bacteriocins, *Proceedings of the National Academy of Sciences USA*, 2007, 104: 2384-2389.

[72] Du, L., Somkuti, G. A. and Renye, J. A., Jr, Molecular analysis of the bacteriocin-encoding plasmid pDGL1 from *Enterococcus durans* and genetic characterization of the durancin GL locus, *Microbiology*, 2012, 158: 1523-1532.

[73] EFSA (The European Food Safety Authority) The use of nisin (E 234) as a food additive, *The European Food Safety Authority Journal*, 2006, 314: 1-16.

[74] Eijsink, V. G., Skeie, M., Middelhoven, P. H. *et al.* Comparative studies of class IIa bacteriocins of lactic acid bacteria, *Applied and Environmental Microbiology*, 1998, 64: 3275-3281.

[75] Eijsink, V. G., Axelsson, L., Diep, D. B. *et al.* Production of class II bacteriocins by lactic acid bacteria; an example of biological warfare and communication, *Antonie Van Leeuwenhoek*, 2002, 81: 639-654.

[76] Farkas, J., Polyak-Feher, K., Andrassy, E. and Meszaros, L. Improvement of microbiological safety of sous-vide meals by gamma radiation, *Radiation Physics and Chemistry*, 2002, 63: 345-348.

[77] Farkas, J., Andrassy, E., Meszaros, L. and Simon, A. Increased salt - and nisin sensitivity of pressure-injured bioluminescent *Listeria monocytogenes*, *Acta Microbiologica et Immunologica Hungarica*, 2003, 50: 331-337.

[78] FDA (US Food and Drug Administration) Nisin Preparation: Affirmation of GRAS status as direct human food ingredient. *Federal Register*, 1988, 53, 11247-11251.

[79] FDA (US Food and Drug Administration). Nisin Preparataion. CFR-Code of Federal Regulations Title 21, Pt. 184. 1538. 2013.

[80] Fenelon, M. A., Ryan, M. P., Rea, M. C. *et al.* Elevated temperature ripening of reduced fat Cheddar made with or without lacticin 3147 producing starter cultures, *Journal of Dairy Science*, 1998, 82: 10-22.

[81] Ferreira, M. A. and Lund, B. M. The effect of nisin on *Listeria monocytogenes* in culture medium and long-life cottage cheese, *Letters in Applied Microbiology*, 1996, 22: 433-438.

[82] Fimland, G., Blingsmo, O. R., Sletten, K. *et al.* New biologically active hybrid bacteriocins constructed by combining regions from various pediocin-like bacteriocins: the C-terminal region is important for

determining specificity, *Applied and Environmental Microbiology*, 1996, 62: 3313-3318.

[83] Fimland, G., Johnsen, L., Axelsson, L. *et al.* A C-terminal disulfide bridge in pediocin-like bacteriocins renders bacteriocin activity less temperature dependent and is a major determinant of the antimicrobial spectrum, *Journal of Bacteriology*, 2002, 182: 2643-2648.

[84] Fontaine, L. and Hols, P. The inhibitory spectrum of thermophilin 9 from *Streptococcus thermophilus* LMD-9 depends on the production of multiple peptides and the activity of BlpG (St), a thiol-disulfide oxidase, *Applied and Environmental Microbiology*, 2008, 74: 1102-1110.

[85] Fontaine, L., Boutry, C., Guedon, E. *et al.* Quorum-sensing regulation of the production of Blp bacteriocins in *Streptococcus thermophilus*, *Journal of Bacteriology*, 2007, 189: 7195-7205.

[86] Fowler, G. G. Toxicology of nisin, *Food Cosmetic Toxicology*, 1973, 11: 351-352.

[87] Franz, C. M., van Belkum, M. J., Worobo, R. W. *et al.* Characterization of the genetic locus responsible for production and immunity of carnobacteriocin A: the immunity gene confers cross-protection to enterocin B, *Microbiology* 146 (Pt 3), 2000: 621-631.

[88] Frazer, A., Sharratt, M., and Hickman, J. Biological effects of food additives, *Journal of Science Food and Agriculture*, 1962, 13: 32-42.

[89] Gajic, O., Buist, G., Kojic, M. *et al.* Novel mechanism of bacteriocin secretion and immunity carried out by lactococcal multidrug resistance proteins, *Journal of Biological Chemistry*, 2003, 278: 34291-34298.

[90] Gallo, L. I., Pilosof, A. M. and Jagus, R. J. Effect of the sequence of nisin and pulse electric fields treatments and mechanisms involved in the in activaiton of *Listeria innocua* in whey, *Journal of Food Protection*, 2007, 79: 188-193.

[91] Galvez, A., Abriouel, H., Lopez, R. L. and Ben Omar, N. Bacteriocin-based strategies for food biopreservation, *International Journal of Food Microbiology*, 2007a, 120: 51-70.

[92] Galvez, A., Abriouel, H., Lopez, R. L. and Omar, N. B. Bacteriocin-based strategies for food biopreservation, *Food Microbiology*, 2007b, 120: 51-70.

[93] Gao, Y., Weifen, Q., Wu, D. and Fu, Q. Assessment of *Clostridium perfringens* spore response to high hydrostatic pressure and hear with nisin, *Applied Biochemistry and Biotechnology*, 2011, 164: 1083-1095.

[94] Garcia-Graells, C., Masschalck, B. and Michiels, C. W. Inactivation of *Escherichia coli* in milk by high-hydrostatic-pressure treatment in combination with antimicrobial peptides, *Journal of Food Protection*, 1999, 62: 1248-1254.

[95] Garcia, P., Martinez, B., Rodriguez, L. and Rodriguez, A. Synergy between the phage endolysin LysH5 and nisin to kill *Staphylococcus aureus* in pasteurized milk, *International Journal of Food Microbiology*, 2010a, 141: 151-155.

[96] Garcia, P., Rodriguez, L., Rodriguez, A. and Martinez, B. Food biopreservation: promising strategies using bacteriocins, bacteriophages and endolysins, *Trends in Food Science and Technology*, 2010b, 21: 373-382.

[97] Garde, S., Tomillo, J., Gaya, P. *et al.* Proteolysis in Hispanico cheese manufactured using a mesophilic starter, a thermophilic starter, and bacteriocin-producing *Lactococcus lactis* subsp. *lactis* INIA 415 adjunct culture, *Journal of Agricultural Food Chemistry*, 2002, 50: 3479-3485.

[98] Georgalaki, M., Papadimitriou, K., Anastasiou, R. *et al.* Macedovicin, the second food-grade lantibiotic produced by *Streptococcus macedonicus* ACA-DC 198, *Food Microbioloogy*, 2013, 33: 124-130.

[99] Giannou, E., Kakouri, A., Matijasic, B. B. *et al.* Fate of *Listeria monocytogenes* on fully ripened Greek Graviera cheese stored at 4, 12, or 25 degrees C in air or vacuum packages: *in situ* PCR detection of a cocktail of bacteriocins potentially contributing to pathogen inhibition, *Journal of Food Protection*, 2009, 72: 531-538.

[100] Gill, A. O. and Holley, R. A. Interactive inhibition of meat spoilage and pathogenic bacteria by lysozyme, nisin and EDTA in the presence of nitrite and sodium chloride at 24 degrees C, *International Journal of Food Microbiology*, 2003, 80: 251-259.

[101] Giotis, E. S., Julotok, M., Wilkinson, B. J. *et al.* Role of sigma B factor in the alkaline tolerance response of *Listeria monocytogenes* 10403S and cross-protection against subsequent ethanol and osmotic stress, *Journal of Food Protection*, 2008, 71: 1481-1485.

[102] Giraffa, G., Carminati, D. and Tarelli, G. T. Inhibition of *Listeria innocua* in milk by bacteriocin-producing *Enterococcus faecium* 7C5, *Journal of Food Protection*, 1995, 96: 165-172.

[103] Glass, K. A., Bhanu, P., B., Schlyter, J. H. *et al.* Effects of acid type and ALTATM 2431 on *Listeria monocytogenes* in a Queso Blanco type of cheese, *Journal of Food Protection*, 1995, 58: 737-741.

[104] Grande, M. J., Lucas, R., Abriouel, H. *et al.* Inhibition of toxicogenic *Bacillus cereus* in rice-based foods by enterocin AS-48, *International Journal of Food Microbiology*, 2006, 106: 185-194.

[105] Gravesen, A., Warthoe, P., Knochel, S. and Thirstrup, K. Restriction fragment differential display of pediocin-resistant *Listeria monocytogenes* 412 mutants shows consistent overexpression of a putative beta-glucoside-specific PTS system, *Microbiology*, 146 (Pt 6), 2000: 1381-1389.

[106] Gravesen, A., Sorensen, K., Aarestrup, F. M. and Knochel, S. Spontaneous nisin-resistant *Listeria monocytogenes* mutants with increased expression of a putative penicillin-binding protein and their sensitivity to various antibiotics, *Microbial Drug Resistance*, 2001, 7: 127-135.

[107] Gravesen, A., Ramnath, M., Rechinger, K. B. *et al.* High-level resistance to class IIa bacteriocins is associated with one general mechanism in *Listeria monocytogenes*, *Microbiology*, 2002, 148: 2361-2369.

[108] Gravesen, A., Kallipolitis, B., Holmstrom, K. *et al.* pbp2229-mediated nisin resistance mechanism in *Listeria monocytogenes* confers cross-protection to class IIa bacteriocins and affects virulence gene expression, *Applied and Environmental Microbiology*, 2004, 70: 1669-1679.

[109] Guder, A., Wiedemann, I. and Sahl, H. G. Posttranslationally modified bacteri ocins-the lantibiotics, *Biopolymers*, 2000, 55: 62-73.

[110] Guder, A., Schmitter, T., Wiedemann, I. *et al.* Role of the single regulator MrsR1 and the two-component system MrsR2/K2 in the regulation of mersacidin production and immunity, *Applied and Environmental Microbiology*, 2002, 68: 106-113.

[111] Hauben, K. J. A., Wuytack, E. Y., Soontjens, C. C. F. and Michiels, C. W. High pressure transient sensitization of *Escherichia coli* to lysozyme and nisin by disruption of outer membrane permeability, *Journal of Food Protection*, 1996, 59: 350-355.

[112] Havarstein, L. S., Diep, D. B. and Nes, I. F. A family of bacteriocin ABC transporters carry out proteolytic processing of their substrates concomitant with export, *Molecular Microbiology*, 1995, 16: 229-240.

[113] He, L. and Chen, W. Synergistic activity of nisin with cell-free supernatant of *Bacillus lichenformis* ZJU12 against food-borne bacteria, *Food Research International*, 2006, 39: 905-909.

[114] Hechard, Y. and Sahl, H. G. Mode of action of modified and unmodified bacteriocins from Gram-positive bacteria, *Biochimie*, 2002, 84: 545-557.

[115] Hechard, Y., Pelletier, C., Cenatiempo, Y. and Frere, J. Analysis of sigma (54) -dependent genes in *Enterococcus faecalis*: a mannose PTS permease [EII (Man)] is involved in sensitivity to a bacteriocin, mesentericin Y105, *Microbiology*, 2001, 147: 1575-1580.

[116] Herlander, I. M., von Wright, A. and Mattila-Sandholm, T. Potential of lactic acid bacteria and novel antimicrobials against Gram-negative bacteria, *Trends in Food Science and Technology*, 1997, 8: 146-150.

[117] Hols, P., Hancy, F., Fontaine, L. *et al*. New insights in the molecular biology and physiology of *Streptococcus thermophilus* revealed by comparative genomics, *FEMS Microbiological Reviews*, 2005, 29: 435-463.

[118] Hoover, D. G. Pressure effects on biological systems, *Food Technology*, 1993, 47: 150-155.

[119] Hsu, S. T., Breukink, E., Tischenko, E. *et al*. The nisin-lipid II complex reveals a pyrophosphate cage that provides a blueprint for novel antibiotics, *Nature Structural and Molecular Biology*, 2004, 11: 963-967.

[120] Ingram, L. C. Synthesis of the antibiotic nisin: formation of lanthionine and beta-methyl-lanthionine, *Biochimica Biophysica Acta*, 1969, 184: 216-219.

[121] Islam, M. R., Nishie, M., Nagao, J. *et al*. Ring A of nukacin ISK-1: a lipid II-binding motif for type-A (II) lantibiotic, *Journal of the American Chemical Society*, 2012, 134: 3687-3690.

[122] Jarvis, B. Resistance to nisin and production of nisin-inactivating enzymes by several *Bacillus* species, *Journal of General Microbiology*, 1967, 47: 33-48.

[123] Jimenez-Diaz, R., Ruiz-Barba, J. L., Cathcart, D. P. *et al*. Purification and partial amino acid sequence of plantaricin S, a bacteriocin produced by *Lactobacillus plantarum* LPCO10, the activity of which depends on the complementary action of two peptides, *Applied and Environmental Microbiology*, 1995, 61: 4459-4463.

[124] Jin, T. Inactivation of *Listeria monocytogenes* in skim milk and liquid egg white by antimicrobial bottle coating with polylactic acid and nisin, *Journal of Food Science*, 2010, 75: 83-88.

[125] Joerger, M. C. and Klaenhammer, T. R. Characterization and purification of helveticin J and evidence for a chromosomally determined bacteriocin produced by *Lactobacillus helveticus* 481, *Journal of Bacteriology*, 1986, 167: 439-446.

[126] Johnsen, L., Fimland, G. and Nissen-Meyer, J. The C-terminal domain of pediocin-like antimicrobial peptides (class IIa bacteriocins) is involved in specific recognition of the C-terminal part of cognate immunity proteins and in determining the antimicrobial spectrum, *Journal of Biological Chemistry*, 2005, 280: 9243-9250.

[127] Jones, E., Salin, V. and Williams, G. W. Nisin and the Market for Commercial Bacteriocins. Texas Agribusiness Market Research Center Consumer and Product Research Report, Texas A&M University, College Station, TX. 2005.

[128] Juneja, V. K., Dwivedi, H. P. and Yan, X. Novel natural food antimicrobials, *Annual Review of Food Science and Technology*, 2012, 3: 381-403.

[129] Jydegaard, A. M., Gravesen, A. and Knochel, S. Growth condition-related response of *Listeria monocytogenes* 412 to bacteriocin inactivation, *Letters in Applied Microbiology*, 2000, 31: 68-72.

[130] Kalchayanand, N., Hanlin, M. B. and Ray, B. Sublethal injury makes Gram-negative and resistant

Gram‐positive bacteria sensitive to the bacteriocins, pediocin AcH and nisin, *Letters in Applied Microbiology*, 1992, 16: 239-243.

[131] Kalchayanand, N., Sikes, A., Dunne, C. P. and Ray, B. Interaction of hydrostatic pressure, time and temperature of pressurization and pediocin AcH on inactivation of foodborne bacteria, *Journal of Food Protection*, 1998, 61: 425-431.

[132] Kalchayanand, N., Dunne, C. P., Sikes, A. and Ray, B. Germination induction and inactivation of *Clostridium* spores at medium‐range hydrostatic pressure treatment, *Innovative Food Science and Emerging Tehnologies*, 2004, 5: 277-283.

[133] Kamau, D. N., Doores, S. and Pruitt, K. M. Antibacteria activity of the lactoperoxidase system against *Listeria monocytogenes* and *Staphylococcus aureus* in milk, *Journal of Food Protection*, 1990, 53: 1010-1014.

[134] Kato, M. and Hayashi, R. Effects of high pressure on lipids of biomembranes for understanding high‐pressure‐induced biological phenomena, *Bioscience Biotechnology and Biochemistry*, 1999, 68: 1321-1328.

[135] Kaur, G., Singh, T. P. and Malik, R. K. Antibacterial efficacy of nisin, pediocin 34 and enterocin FH99 against *Listeria monocytogenes* and cross resistance of its bacteriocin resistant variants to common food preservatives, *Brazilian Journal of Microbiology*, 2013, 44: 63-71.

[136] Kazazic, M., Nissen‐Meyer, J. and Fimland, G. Mutational analysis of the role of charged residues in target‐cell binding, potency and specificity of the pediocin‐like bacteriocin sakacin P, *Microbiology*, 2002, 148: 2019-2027.

[137] Kingston, A. W., Liao, X. and Helmann, J. D. Contributions of the sigma W, sigmaM and sigma X regulons to the lantibiotic resistome of *Bacillus subtilis*, *Molecular Microbiology*, 2013, 90: 502-518.

[138] Kjos, M., Nes, I. F. and Diep, D. B. Class II one‐peptide bacteriocins target a phylogenetically defined subgroup of mannose phosphotransferase systems on sensitive cells, *Microbiology*, 2009, 155: 2949-2961.

[139] Kjos, M., Snipen, L., Salehian, Z. *et al.* The abi proteins and their involvement in bacteriocin self‐immunity, *Journal of Bacteriology*, 2010, 192: 2068-2076.

[140] Klaenhammer, T. R. Genetics of bacteriocins produced by lactic acid bacteria, *FEMS Microbiology Reviews*, 1993, 12: 39-85.

[141] Kleerebezem, M. and Quadri, L. E. Peptide pheromone‐dependent regulation of antimicrobial peptide production in Gram‐positive bacteria: a case of multicellular behavior, *Peptides*, 2001, 22: 1579-1596.

[142] Knerr, P. J., Oman, T. J., Garcia De Gonzalo, C. V. *et al.* Non‐proteinogenic amino acids in lacticin 481 analogues result in more potent inhibition of peptidoglycan transglycosylation, *ACS Chemical Biology*, 2012, 7: 1791-1795.

[143] Kovacs, M., Halfmann, A., Fedtke, I. *et al.* A functional *dlt* operon, encoding proteins required for incorporation of d‐alanine in teichoic acids in gram‐positive bacteria, confers resistance to cationic antimicrobial peptides in *Streptococcus pneumoniae*, *Journal of Bacteriology*, 2006, 188: 5797-5805.

[144] Kozakova, D., Holubova, J., Plockova, M. *et al.* Impedance measurement of growth of lactic acid bacteria in the presence of nisin and lysozyme, *European Food Research and Technology*, 2005, 221: 774-778.

[145] Kramer, N. E., Smid, E. J., Kok, J. *et al.* Resistance of Gram‐positive bacteria to nisin is not

determined by lipid II levels, *FEMS Microbiology Letters*, 2004, 239: 157-161.

[146] Kreth, J., Merritt, J., Bordador, C. *et al.* Transcriptional analysis of mutacin I ( *mutA* ) gene expression in planktonic and biofilm cells of *Streptococcus mutans* using fluorescent protein and glucuronidase reporters, *Oral Microbiology and Immunology*, 2004, 19: 252-256.

[147] Kuipers, O. P., Beerthuyzen, M. M., de Ruyter, P. G. *et al.* Autoregulation of nisin biosynthesis in *Lactococcus lactis* by signal transduction, *Journal of Biological Chemistry*, 1995, 270: 27299-27304.

[148] Kumari, A., Akkoc, N. and Akcelik, M. Purification and partial characterization of bacteriocin produced by *Lactococcus lactis* ssp. *lactis* LL171, *World Journal of Microbiology and Biotechnology*, 2012, 28: 1647-1655.

[149] Langer, A. J., Ayers, T., Grass, J. *et al.* Nonpasteurized dairy products, disease outbreaks, and state laws-United States, 1993-2006, *Emerging Infectious Diseases*, 2012, 18: 385-391.

[150] Laukova, A., Czikkova, S., Dobransky, T. and Burdova, O. Inhibition of *Listeria monocytogenes* and *Staphylococcus aureus* by enterocin CCM4231 in milk products, *Food Microbiology*, 1999, 16: 93-99.

[151] Lee, S., Iwata, T. and Oyagi, H. Effects of salts on conformational change of basic amphipathic peptides from beta-structure to alpha-helix in the presence of phospholipid liposomes and their channel-forming ability, *Biochemica et Biophysica Acta*, 1993, 1151: 75-82.

[152] Leistner, L. *Principles and Applications of Hurdle Technology*. Blackie Academic and Professional, London. 1995.

[153] Leistner, L. *Combined Methods for Food Preservation*. Marcel Dekker, New York. 1999.

[154] Leistner, L. Basic aspects of food preservation by hurdle technology, *International Journal of Food Microbiology*, 2000, 55: 181-186.

[155] Leistner, L. and Gorris, L. G. M. Food Preservation by hurdle technology, *Trends in Food Science and Technology*, 1995, 6: 41-46.

[156] Li, J., Chikindas, M. L., Ludescher, R. D. and Montville, T. J. Temperature – and surfactant – induced membrane modifications that alter *Listeria monocytogenes* nisin sensitivity by different mechanisms, *Applied and Environmental Microbiology*, 2002, 68: 5904-5910.

[157] Liang, Z., Mittal, G. S. and Griffiths, M. W. Inactivation of *Salmonella Typhimurium* in orange juice containing antimicrobial agents by pulsed electric field, *Journal of Food Protection*, 2002, 65: 1081-1087.

[158] Liu, W. and Hansen, J. N. Some chemical and physical properties of nisin, a small-protein antibiotic produced by *Lactococcus lactis*, *Applied and Environmental Microbiology*, 1990, 56: 2551-2558.

[159] Lopez-Exposito, I., Pellegrini, A., Amigo, L. and Recio, I. Synergistic effect between different milk-derived peptides and proteins, *Journal of Dairy Science*, 2008, 91: 2184-2189.

[160] Lopez-Pedemonte, T. J., Roig-Sagues, A. X., Trujillo, A. J. *et al.* Inactivation of spores of *Bacillus cereus* in cheese by high hydrostatic pressure with the addition of nisin or lysozyme, *Journal of Dairy Science*, 2003, 86: 3075-3081.

[161] Maisnier-Patin, S., Tatini, S. R. and Richard, J. Combined effect of nisin and mod-erate heat on destruction of in milk, *Le Lait*, 1995, 75: 81-91.

[162] Maisnier-Patin, S. and Richard, J. Cell wall changes in nisin-resistant variants of *Listeria innocua* grown in the presence of high nisin concentrations, *FEMS Microbiology Letters*, 1996, 140: 29-35.

[163] Mansour, M. and Milliere, J. B. An inhibitory synergistic effect of a nisin-monolaurin combination on

*Bacillus sp.* vegetative cells in milk, *Food Microbiology*, 2001, 18: 87-94.

[164] Mansour, M., Amri, D., Bouttefroy, A. *et al.* Inhibition of *Bacillus licheniformis* spore growth in milk by nisin, monolaurin, and pH combinations, *Journal of Applied Microbiology*, 1999, 86: 311-324.

[165] Martinez-Cuesta, M. C., Fernandez de Palencia, P., Requena, T. and Palaez, C. Enhancement of proteolysis by a *Lactococcus lactis* bacteriocin producer in a cheese model system, *Journal of Agricultural Food Chemistry*, 1998, 46: 3863-3867.

[166] Masschalck, B., Van Houdt, R. and Michiels, C. W. High pressure increases bactericidal activity adn spectrum of lactoferrin, lactoferricin and nisin, *Journal of Food Microbiology*, 2001, 64: 325-332.

[167] Masuda, Y., Zendo, T., Sawa, N. *et al.* Characterization and identification of weissellicin Y and weissellicin M, novel bacteriocins produced by *Weissella hellenica* QU 13, *Journal of Applied Microbiology*, 2011, 112: 99-108.

[168] Masuda, Y., Zendo, T. and Sonomoto, K. New type non-lantibiotic bacteriocins: circular and leaderless bacteriocins, *Beneficial Microbes*, 2012, 3: 3-12.

[169] Mazzotta, A. S. and Montville, T. J. Nisin induces changes in membrane fatty acid composition of *Listeria monocytogenes* nisin-resistant strains at 10 degrees C and 30 degrees C, *Journal of Applied Microbiology*, 1997, 82: 32-38.

[170] Mazzotta, A. S., Crandall, A. D. and Montville, T. J. Nisin resistance in *Clostridium botulinum* spores and vegetative cells, *Applied and Environmental Microbiology*, 1997, 63: 2654-2659.

[171] McAuliffe, O., Ryan, M. P., Ross, R. P. *et al.* Lacticin 3147, a broad-spectrum bacteriocin which selectively dissipates the membrane potential, *Applied and Environmental Microbiology*, 1998, 64: 439-445.

[172] McAuliffe, O., O'Keeffe, T., Hill, C. and Ross, R. P. Regulation of immunity to the two-component lantibiotic, lacticin 3147, by the transcriptional repressor LtnR, *Molecular Microbiology*, 2001, 39: 982-993.

[173] McBride, S. M. and Sonenshein, A. L. The *dlt* operon confers resistance to cationic antimicrobial peptides in *Clostridium difficile*, *Microbiology*, 2011, 157: 1457-1465.

[174] Miller, K. W., Schamber, R., Osmanagaoglu, O. and Ray, B. Isolation and characterization of pediocin AcH chimeric protein mutants with altered bactericidal activity, *Applied Environmental Microbiology*, 1998, 64: 1997-2005.

[175] Mills, S., Serrano, L. M., Griffin, C. *et al.* Inhibitory activity of *Lactobacillus plantarum* LMG P-26358 against *Listeria innocua* when used as an adjunct starter in the manufacture of cheese, *Microbial Cell Factories*, 10 (Suppl 1): S7. 2011a.

[176] Mills, S., Stanton, C., Hill, C. and Ross, R. P. New developments and applications of bacteriocins and peptides in foods, *Annual Reviews in Food Science and Technology*, 2011b, 2: 299-329.

[177] Ming, X. and Daeschel, M. A. Nisin resistance of foodborne bacteria and the specific responses of *Listeria monocytogenes* Scott A, *Journal of Food Protection*, 1993, 56: 944-948.

[178] Ming, X. and Daeschel, M. A. Correlation of cellular phospholipid content with nisin resistance of *Listeria monocytogenes* Scott A, *Journal of Food Protection*, 1995, 58: 416-420.

[179] Miteva, V., Ivanova, I., Budakov, I. *et al.* Detection and characterization of a novel antibacterial substance produced by a *Lactobacillus delbrueckii* strain 1043, *Journal of Applied Microbiology*, 1998, 85: 603-614.

[180] Modi, K. D., Chikindas, M. L. and Montville, T. J. Sensitivity of nisin-resistant *Listeria monocytogenes* to heat and the synergistic action of heat and nisin, *Letters in Applied Microbiology*, 2000, 30: 249-253.

[181] Montville, T. J. and Chen, Y. Mechanistic action of pediocin and nisin: recent progress and unresolved questions, *Applied Microbiology and Biotechnology*, 1998, 50: 511-519.

[182] Morgan, S. M., Ross, R. P., and Hill, C. Increasing starter cell lysis in Cheddar cheese using a bacteriocin-producing adjunct, *Journal of Dairy Science*, 1997, 80: 1-10.

[183] Morgan, S. M., Galvin, M., Kelly, J. *et al.* Development of a lacticin 3147-enriched whey powder with inhibitory activity against foodborne pathogens, *Journal of Food Protection*, 1999, 62: 1011-1016.

[184] Morgan, S. M., Ross, R. P., Beresford, T. and Hill, C. Combination of hydrostatic pressure adn lacticin 3147 causes increased killing of *Staphylococcus* and *Listeria*, *Journal of Applied Microbiology*, 2000, 88: 414-420.

[185] Morgan, S. M., Galvin, M., Ross, R. P. and Hill, C. Evaluationof a spray-dried lacticin 3147 powder for the control of *Listeria monocytogenes* and *Bacillus cereus* in a range of food systems, *Letters in Applied Microbiology*, 2001, 33: 387-391.

[186] Morgan, S. M., O'Sullivan, L., Ross, R. P. and Hill, C. The design of a three strain starter system for Cheddar cheese manufacture exploiting bacteriocin-induced starter lysis, *International Dairy Journal*, 2002, 12: 985-993.

[187] Muller, A., Ulm, H., Reder-Christ, K. *et al.* Interaction of type A lantibiotics with undecaprenol-bound cell envelope precursors, *Microbial Drug Resistance*, 2012, 18: 261-270.

[188] Munoz, A., Maqueda, M., Galvez, A. *et al.* Biocontrol of psychrotrophic enterotoxigenic *Bacillus cereus* in a nonfat hard cheese by an enterococcal strain-producing enterocin AS-48, *Journal of Food Protection*, 2004, 67: 1517-1521.

[189] Murray, M. and Richard, J. A. Comparative study of the antilisterial activity of nisin A and pediocin AcH in fresh ground pork stored aerobically at 5℃, *Journal of Food Protection*, 1997, 60: 1534-1540.

[190] Nakamura, K., Arakawa, K., Kawai, Y. *et al.* Food preservative potential of gassericin A-containing concentrate prepared from cheese whey culture supernatant of *Lactobacillus gasseri* LA39, *Animal Science Journal*, 2013, 84: 144-149.

[191] Nes, I. F. and Johnsborg, O. Exploration of antimicrobial potential in LAB by genomics, *Current Opinion in Biotechnology*, 2004, 15: 100-104.

[192] Nieto Lozano, J. C., Meyer, J. N., Sletten, K. *et al.* Purification and amino acid sequence of a bacteriocin produced by *Pediococcus acidilactici*, *Journal of General Microbiology*, 1992, 138: 1985-1990.

[193] Nilsen, T., Nes, I. F. and Holo, H. An exported inducer peptide regulates bacteriocin production in *Enterococcus faecium* CTC492, *Journal of Bacteriology*, 1998, 180: 1848-1854.

[194] Nilsen, T., Nes, I. F. and Holo, H. Enterolysin A, a cell wall-degrading bacteriocin from *Enterococcus faecalis* LMG 2333, *Applied and Environmental Microbiology*, 2003, 69: 2975-2984.

[195] Nilsson, L., Chen, Y., Chikindas, M. L. *et al.* Carbon dioxide and nisin act synergistically on *Listeria monocytogenes*, *Applied and Environmental Microbiology*, 2000, 66: 769-774.

[196] Nissen-Meyer, J., Holo, H., Havarstein, L. S. *et al.* A novel lactococcal bacteriocin whose activity depends on the complementary action of two peptides, *Journal of Bacteriology*, 1992, 174:

5686-5692.

[197] Nunez, M., Rodriguez, J. L., Garcia, E. *et al.* Inhibition of *Listeria monocytogenes* by enterocin 4 during the manufacture and ripening of Manchego cheese, *Journal of Applied Microbiology*, 1997, 83: 671-677.

[198] Nursten, H. E. The flavour of milk and dairy products: I. Milk of different kinds, milk powder, butter and cream, *International Journal of Dairy Technology*, 1997, 50: 48-56.

[199] Nykanen, A., Weckman, K. and Lapvetelainen, A. Synergistic inhibition of *Listeria monocytogenes* on cold-smoked rainbow trout by nisin and sodium lactate, *International Journal of Food Microbiology*, 2000, 61: 63-72.

[200] O'Sullivan, L., Ross, R. P. and Hill, C. A lacticin 481-producing adjunct culture increases starter lysis while inhibiting nonstarter lactic acid bacteria proliferation during Cheddar cheese ripening, *Journal of Applied Microbiology*, 2003a, 95: 1235-1241.

[201] O'Sullivan, L., Ryan, M. P., Ross, R. P. and Hill, C. Generation of food-grade lactococcal starters which produce the lantibiotics lacticin 3147 and lacticin 481, *Applied and Environmental Microbiology*, 2003b, 69: 3681-3685.

[202] Oman, T. J., Knerr, P. J., Bindman, N. A. *et al.* An engineered lantibiotic synthetase that does not require a leader peptide on its substrate, *Journal of American Chemical Society*, 2012, 134: 6952-6955.

[203] Ortolani, M. B., Moraes, P. M., Perin, L. M. *et al.* Molecular identification of naturally occurring bacteriocinogenic and bacteriocinogenic-like lactic acid bacteria in raw milk and soft cheese, *Journal of Dairy Science*, 2010, 93: 2880-2886.

[204] Oumer, B. A., Gaya, P., Fernandez-Garcia, E. *et al.* Proteolysis and formation of volatile compounds in cheese manufactured with a bacteriocin-producing adjunct culture, *Journal of Dairy Research*, 2001, 68: 117-129.

[205] Painter, J. A., Hoekstra, R. M., Ayers, T. *et al.* Attribution of foodborne illnesses, hospitalizations, and deaths to food commodities by using outbreak data, United States, 1998-2008, *Emerging Infectious Diseases*, 2013, 19: 407-415.

[206] Periago, P. M., Palop, A. and Fernandez, P. S. Combined effect of nisin, carvacol and thymol on the viability of *Bacillus cereus* heat-treated vegatative cells, *Food Science and Technology International*, 2001, 7: 487-492.

[207] Perin, L. M., Moraes, P. M., Silva, A., Jr, and Nero, L. A. Lantibiotics biosynthesis genes and bacteriocinogenic activity of *Lactobacillus* spp. isolated from raw milk and cheese, *Folia Microbiology* (*Praha*), 2012, 57: 183-190.

[208] Peschel, A., Otto, M., Jack, R. W. *et al.* Inactivation of the *dlt* operon in *Staphylococcus aureus* confers sensitivity to defensins, protegrins, and other antimicrobial peptides, *Journal of Biological Chemistry*, 1999, 274: 8405-8410.

[209] Piard, J. C., Kuipers, O. P., Rollema, H. S. *et al.* Structure, organization, and expression of the *lct* gene for lacticin 481, a novel lantibiotic produced by *Lactococcus lactis*, *Journal of Biological Chemistry*, 1993, 268: 16361-16368.

[210] Pintado, C. M. B. S. and Ferreira, M. A. S. S. S., I. Properties of whey protein-based films containing organic acids and nisin to control *Listeria monocytogenes*, *Journal of Food Protection*, 2009, 72: 1891-1896.

[211] Plockova, M., Stepanek, M., Demnerova, K. *et al*. Effect of nisin for improvement in shelf life and quality of processed cheese, *Advances in Food Science*, 1996, 18: 78-83.

[212] Pol, I. E. and Smid, E. J. Combined action ofnisin and carvacrol on *Bacillus cereus* and *Listeria monocytogenes*, *Letters in Applied Microbiology*, 1999, 29: 166-170.

[213] Pol, I. E., Mastwijk, H. C., Slump, R. A. *et al*. Influence of food matrix on inactivation of *Bacillus cereus* by combinations of nisin, pulsed electric field treatment, and carvacrol, *Journal of Food Protection*, 2001, 64: 1012-1018.

[214] Pucci, M. J., Vedamuthu, E. R., Kunka, B. S. and Vandenbergh, P. A. Inhibition of *Listeria monocytogenes* by using bacteriocin PA-1 produced by *Pediococcus acidilactici* PAC 1.0, *Applied and Environmental Microbiology*, 1988, 54: 2349-2353.

[215] Ra, S. R., Qiao, M., Immonen, T. *et al*. Genes responsible for nisin synthesis, regulation and immunity form a regulon of two operons and are induced by nisin in *Lactoccocus lactis* N8, *Microbiology* 142 (Pt 5), 1996: 1281-1288.

[216] Ramnath, M., Beukes, M., Tamura, K. and Hastings, J. W. Absence of a putative mannose - specific phosphotransferase system enzyme IIAB component in a leucocin A-resistant strain of *Listeria monocytogenes*, as shown by two - dimensional sodium dodecyl sulfate - polyacrylamide gel electrophoresis, *Applied and Environmental Microbiology*, 2000, 66: 3098-3101.

[217] Rayman, K., Malik, N. and Hurst, A. Failure of nisin to inhibit outgrowth of *Clostridium botulinum* in a model cured meat system, *Applied and Environmental Microbiology*, 1983, 46: 450-452.

[218] Renye, J. A., Jr, and Somkuti, G. A. Insertion of a heterologous gene construct into a non-functional ORF of the *Streptococcus thermophilus* chromosome, *Biotechnology Letters*, 2009, 31: 759-764.

[219] Renye, J. A., Jr, and Somkuti, G. A. Nisin - induced expression of pediocin in dairy lactic acid bacteria, *Journal of Applied Microbiology*, 2010, 108: 2142-2151.

[220] Revilla-Guarinos, A., Gebhard, S., Alcantara, C. *et al*. Characterization of a regulatory network of peptide antibiotic detoxification modules in *Lactobacillus casei* BL23, *Applied and Environmental Microbiology*, 2013, 79: 3160-3170.

[221] Rilla, N., Martinez, B., Delgado, T. and Rodriguez, A. Inhibition of *Clostridium tyrobutyricum* in Vidiago cheese by *Lactococcus lactis* ssp. *lactis* IPLA 729, a nisin Z producer, *International Journal of Food Microbiology*, 2003, 85: 23-33.

[222] Rilla, N., Martinez, B. and Rodriguez, A. Inhibition of a methicillin-resistant *Staphylococcus aureus* strain in Afuega'l Pitu cheese by the nisin Z-producing strain *Lactococcus lactis* subsp. *lactis* IPLA 729, *Journal of Food Protection*, 2004, 67: 928-933.

[223] Rince, A., Dufour, A., Uguen, P. *et al*. Characterization of the lacticin 481 operon: the *Lactococcus lactis* genes *lctF*, *lctE*, and *lctG* encode a putative ABC transporter involved in bacteriocin immunity, *Applied and Environmental Microbiology*, 1997, 63: 4252-4260.

[224] Robichon, D., Gouin, E., Debarbouille, M. *et al*. The *rpoN* (sigma54) gene from *Listeria monocytogenes* is involved in resistance to mesentericin Y105, an antibacterial peptide from *Leuconostoc mesenteroides*, *Journal of Bacteriology*, 1997, 179: 7591-7594.

[225] Rodriguez, E., Arques, J. L., Nunez, M. *et al*. Combined effect of high - pressure treatments and bacteriocin-producing lactic acid bacteria on inactivation of *Escherichia coli* O157: H7 in raw-milk cheese, *Applied and Environmental Microbiology*, 2005, 71: 3399-3404.

[226] Ryan, M. P., Rea, M. C., Hill, C. and Ross, R. P. An application in cheddar cheese manufacture

for a strain of *Lactococcus lactis* producing a novel broad-spectrum bacteriocin, lacticin 3147, *Applied and Environmental Microbiology*, 1996, 62: 612-619.

[227] Sahl, H. G. and Bierbaum, G. Lantibiotics: biosynthesis and biological activities of uniquely modified peptides from gram-positive bacteria, *Annual Reviews of Microbiol-ogy*, 1998, 52: 41-79.

[228] Santi, L., Cerrutti, P., Pilosof, A. M. and de Huergo, M. S. Optimization of the conditions for electroporation and the addition of nisin for *Pseudomonas aeruginosa* inhibition, *Revista Argentina de Microbiologia*, 2003, 35: 198-204.

[229] Sawa, N., Zendo, T., Kiyofuji, J. *et al.* Identification and characterization of lactocyclicin Q, a novel cyclic bacteriocin produced by *Lactococcus* sp. strain QU 12, *Applied and Environmental Microbiology*, 2009, 75: 1552-1558.

[230] Scannell, A. G., Ross, R. P., Hill, C. and Arendt, E. An effective lacticin biopreservative in fresh pork sausage, *Journal of Food Protection*, 2000, 63: 370-375.

[231] Schillinger, U., Geisen, R. and Holzapfel, W. H. Potential of antagonistic microorganisms and bacteriocins for the biological preservation of foods., *Trends in Food Science and Technology*, 1996, 7: 158-164.

[232] Schlyter, J. H., Glass, K. A., Loeffelholz, J. *et al.* The effects of diacetate with nitrite, lactate, or pediocin on the viability of *Listeria monocytogenes* in turkey slurries, *International Journal of Food Microbiology*, 1993, 19: 271-281.

[233] Schved, F., Henis, Y. and Juven, B. J. Response of spheroplasts and chelatorpermeabilized cells of gram-negative bacteria to the action of the bacteriocins pediocin SJ-1 and nisin, *International Journal of Food Microbiology*, 1994, 21: 305-314.

[234] Severina, E., Severin, A. and Tomasz, A. Antibacterial efficacy of nisin against multidrug-resistant Gram-positive pathogens, *Journal of Antimicrobial Chemotherapy*, 1998, 41: 341-347.

[235] Shiferaw, B., Yang, S., Cieslak, P. *et al.* Prevalence of high-risk food consumption and food-handling practices among adults: a multistate survey, 1996 to 1997. The Foodnet Working Group, *Journal of Food Protection*, 2000, 63: 1538-1543.

[236] Shtenberg, A. I. Toxicity of nisin, *Food and Cosmetics Toxicology*, 1973, 11: 352.

[237] Siezen, R. J., Kuipers, O. P. and de Vos, W. M. Comparison of lantibiotic gene clusters and encoded proteins, *Antonie Van Leeuwenhoek*, 1996, 69: 171-184.

[238] Skandamis, P. N., Yoon, Y., Stopforth, J. D. *et al.* Heat and acid tolerance of *Listeria monocytogenes* after exposure to single and multiple sublethal stresses, *Food Microbiology*, 2008, 25: 294-303.

[239] Sobrino-Lopez, A. and Martin-Belloso, O. Enhancing the lethal effect of high-intensity pulsed electric field in milk by antimicrobial compounds as combined hurdles, *Journal of Dairy Science*, 2008a, 91: 1759-1768.

[240] Sobrino-Lopez, A. and Martin-Belloso, O. Use of nisin and other bacteriocins for preservation of dairy products, *International Dairy Journal*, 2008b, 18: 329-343.

[241] Sobrino-Lopez, A., Viedma-Martinez, P., Abriouel, H. *et al.* The effect of adding antimicrobial peptides to milk inoculated with *Staphylococcus aureus* and processed by high-intensity pulsed-electric field, *Journal of Dairy Science*, 2009, 92: 2514-2523.

[242] Somkuti, G. A. and Steinberg, D. H. Pediocin production by recombinant lacticacid bacteria, *Biotechnology Letters*, 2003, 25: 473-477.

[243] Stein, T., Heinzmann, S., Dusterhus, S. *et al.* Expression and functional analysis of the subtilin

immunity genes *spaIFEG* in the subtilin – sensitive host *Bacillus subtilis* MO1099, *Journal of Bacteriology*, 2005, 187: 822-828.

[244] Tagg, J. R., Dajani, A. S. and Wannamaker, L. W. Bacteriocins of gram – positive bacteria, *Bacteriology Review*, 1976, 40: 722-756.

[245] Taylor, J. I., Somer, E. B. and Kruger, L. A. Antibotulinal effectiveness of nisin-nitrite combinations in culture medium and chicken frankfurteremulsions, *Journal of Food Protection*, 1985, 48: 234-249.

[246] Ter Steeg, P. F., Hellemons, J. C. and Kok, A. E. Synergistic actions of nisin, sublethal ultrahigh pressure, and reduced temperature on bacteria and yeast, *Applied and Environmental Microbiology*, 1999, 65: 4148-4154.

[247] Terebiznik, M. R., Jagus, R. J., Cerrutti, P. *et al.* Combined effect of nisin and pulsed electric fields on the inactivation of *Escherichia coli*, *Journal of Food Protection*, 2000, 63: 741-746.

[248] Terebiznik, M. R., Jagus, R. J., Cerrutti, P. *et al.* Inactivation of *Escherichia coli* by a combination of nisin, pulsed electric fields and water activity reduction by sodium chloride, *Journal of Food Protection*, 2002, 65: 1253-1258.

[249] Thomas, L. V. and Wimpenny, J. W. Investigation of the effect of combined variations in temperature, pH, and NaCl concentration on nisin inhibition of *Listeria monocytogenes* and *Staphylococcus aureus*, *Applied and Environmental Microbiology*, 1996, 62: 2006-2012.

[250] Thomas, L. V., Davies, E. A., Delves-Broughton, J. and Wimpenny, J. W. Synergist effect of sucrose fatty acid esters on nisin inhibition of gram-positive bacteria, *Journal ofApplied Microbiology*, 1998, 85: 1013-1022.

[251] Twomey, D., Ross, R. P., Ryan, M. *et al.* Lantibiotics produced by lactic acid bacteria: structure, function and applications, *Antonie Van Leeuwenhoek*, 2002, 82: 165-185.

[252] Uhart, H. M., Ravishankar, S. and Maks, N. D. Control of *Listeria monocytogenes* with combined antimicrobials on beef franks stored at 4 degrees C, *Journal of Food Protection*, 2004, 67: 2296-2301.

[253] Uljas, H. and Luchansky, J. B. Characterization of bacteriocins produced by Lactobacilli and their use to control calcium lactate crystal – forming lactic acid bacteria in Cheddar cheese, MSc Thesis, University of Wisconsin-Madison, Madison, WI. 1995.

[254] Uymaz, B., Akkoc, N. and Akcelik, M. Partial characterization of bacteriocins produced by two *Lactobacilus* strains with probiotic properties, *Acta Biologica Hungarica*, 2011, 62: 95-105.

[255] Vadyvaloo, V., Hastings, J. W., van der Merwe, M. J. and Rautenbach, M. Membranes of class IIa bacteriocin-resistant *Listeria monocytogenes* cells contain increased levels of desaturated and short-acyl-chain phosphatidylglycerols, *Applied and Environmental Microbiology*, 2002, 68: 5223-5230.

[256] Vadyvaloo, V., Arous, S., Gravesen, A. *et al.* Cell – surface alterations in class IIa bacteriocin-resistant *Listeria monocytogenes* strains, *Microbiology*, 2004a, 150: 3025-3033.

[257] Vadyvaloo, V., Snoep, J. L., Hastings, J. W. and Rautenbach, M. Physiological implications of class IIa bacteriocin resistance in *Listeria monocytogenes* strains, *Microbiology*, 2004b, 150: 335-340.

[258] van der Meer, J. R., Polman, J., Beerthuyzen, M. M. *et al.* Characterization of the *Lactococcus lactis* nisin A operon genes *nisP*, encoding a subtilisin-like serine protease involved in precursor processing, and *nisR*, encoding a regulatory protein involved in nisin biosynthesis, *Journal of Bacteriology*, 1993,

175: 2578-2588.

[259] van der Meer, J. R., Rollema, H. S., Siezen, R. J. *et al*. Influence of amino acid substitutions in the nisin leader peptide on biosynthesis and secretion of nisin by *Lactococcus lactis*, *Journal of Biological Chemistry*, 1994, 269: 3555-3562.

[260] Van Schaik, W., Gahan, G. C. and Hill, C. Acid-adapted *Listeria monocytogenes* displays enhanced tolerance against the lantibiotics nisin and lacticin 3147, *Journal of Food Protection*, 1999, 62: 536-539.

[261] Vega-Mercado, H., Martin-Belloso, O., Qin, B.-L. *et al*. Non-thermal food preservation pulsed field electric fields, *Trends in Food Science and Technology*, 1997, 8: 151-157.

[262] Venema, K., Kok, J., Marugg, J. D. *et al*. Functional analysis of the pediocin operon of *Pediococcus acidilactici* PAC1.0: PedB is the immunity protein and PedD is the precursor processing enzyme, *MolecularMicrobiology*, 1995, 17: 515-522.

[263] Vera Pingitore, E., Todorov, S. D., Sesma, F. and Franco, B. D. Application of bac-teriocinogenic *Enterococcus mundtii* CRL35 and *Enterococcus faecium* ST88Ch in the control of *Listeria monocytogenes* in fresh Minas cheese, *Food Microbiology*, 2012, 32: 38-47.

[264] von Staszewski, M. and Jagus, R. J. Natural antimicrobials: Effect of Microgard™ and nisin against *Listeria innocua* in liquid cheese whey, *International Dairy Journal*, 2008, 18: 255-259.

[265] Wandling, L. R., Sheldon, B. W. and Foegeding, P. M. Nisin in milk sensitizes *Bacillus* spores to heat and prevents recovery of survivors, *Journal of Food Protection*, 1999, 62: 492-498.

[266] Wang, L. L. and Johnson, E. A. Control of *Listeria monocytogenes* by monoglycerides in foods, *Journal of Food Protection*, 1997, 60: 131-138.

[267] Wessels, S., Jelle, B. and Nes, I. F. Bacteriocins of lactic acid bacteria. Report of the Danish Toxicology Centre, Hoersholm, Denmark. 1998.

[268] Wiedemann, I., Breukink, E., van Kraaij, C. *et al*. Specific binding of nisin to the peptidoglycan precursor lipid II combines pore formation and inhibition of cell wall biosynthesis for potent antibiotic activity, *Journal of Biological Chemistry*, 2001, 276: 1772-1779.

[269] Wiedemann, I., Bottiger, T., Bonelli, R. R. *et al*. The mode of action of the lantibiotic lacticin 3147-a complex mechanism involving specific interaction of two peptides and the cell wall precursor lipid II, *Molecular Microbiology*, 2006, 61: 285-296.

[270] Wilkinson, M. G., Guinee, T. P., O'Callaghan, D. M. and Fox, P. F. Autolysis and proteolysis in different strains of starter bacteria during Cheddar cheese rippening, *Journal of Dairy Research*, 1994, 61: 249-262.

[271] Wirjantoro, T. I., Lewis, M. J., Grandison, A. S. *et al*. The effect of nisin on the keeping quaility of reduced heat-treated milks, *Journal of Food Protection*, 2001, 64: 213-219.

[272] Wolfson, L. M. and Sumner, S. S. Antibacterial activity of the lactoperoxidase system against *Salmanella typhimurium* in trypticase soy broth in the present and absence of heat treament, *Journal of Food Protection*, 1994, 57: 365-368.

[273] Wulijideligen, Asahina, T., Hara, K. *et al*. Production of bacteriocin by *Leuconostoc mesenteroides* 406 isolated from Mongolian fermented mare's milk, airag, *Animal Science Journal*, 2012, 83: 704-711.

[274] Xiao, D., Davidson, P. M. and Zhong, Q. Spray-dried zein capsules with coencapsulated nisn and thymol as antimicrobial delivery system for enhanced antilisterial properties. , *Journal of Agricultural*

*and Food Chemistry*, 2011, 59: 7393-7404.

[275] Xie, L., Miller, L. M., Chatterjee, C. *et al.* Lacticin 481: *in vitro* reconstitution of lantibiotic synthetase activity, *Science*, 2004, 303: 679-681.

[276] Yamazaki, K., Yamamoto, T., Kawai, Y. and Inoue, N. Enhancement of antilisterial acitivity of essential oil constituents by nisin and diglycerol fatty acid ester, *Food Microbiology*, 2004, 21: 283-289.

[277] Zapico, P., Margarita, M., Gaya, P. and Nunez, M. Synergistic effect of nisin and the lactoperoxidase system on *Listeria monocytogenes* in skim milk, *International Journal of Food Microbiology*, 1998, 40: 35-42.

[278] Zottola, E. A., Yezzi, T. L., Ajao, D. B. and Roberts, R. F. Utilization of cheddar cheese containing nisin as an antimicrobial agent in other foods, *International Journal of Food Microbiology*, 1994, 24: 227-238.

# 11 有机乳和传统乳中有益化合物的利用

Michael H. Tunick、Diane L. Van Hekken 和 Moushumi Paul

*Dairy and Functional Foods Research Unit*，USDA/ARS/ERRC，USA

## 11.1 引言

有机食品，包括乳可能带来的益处已经引发了很多讨论。按认证的有机生产体系（在放牧季有大量牧草）饲养管理的奶牛生产的乳称为有机乳，有机乳可能含有一些传统牧场乳中没有或比传统牧场乳含量更高的成分，因为传统牧场奶牛在新鲜草地上放牧的时间可能很有限。这些成分的性质以及它们是否对健康有益，是我们需要继续研究的主题。

本章将探讨有机标识的监管和法规问题、乳中蛋白质（肽）、脂肪酸、维生素和矿物质等生物活性，以及由于饲料、加工而导致的这些成分的变化、趋势和研究需求。

## 11.2 监管现状

### 11.2.1 有机牧场和传统牧场

几千年来，牧场和小型家庭农场的奶牛以牧草和粗饲料为食，基本上是有机可持续的。在 20 世纪，大量的农业研究主要集中在增加乳产量和提高生产效率上。随着动物营养学、遗传学和健康方面的进步以及农场管理和机械化的改进，才形成了今天的牧场。传统牧场的管理特点是采用高密度饲养以及使用抗生素和激素来提高产乳量和维持奶牛健康。饲料是在许多不同的体系下生产的，可能包括使用杀虫剂、合成肥料和转基因生物。奶牛日粮通常配制成最低成本日粮，使用高能谷物–蛋白质补充料，对新鲜草料不太重视，奶牛可能吃到牧草，也可能吃不到牧草。有些农场的奶牛可能有很多时间在新鲜牧草地放牧，但由于部分日粮没有经过有机认证，所以乳不能作为有机食品出售。

食品"有机"标签是由美国农业部（US Department of Agriculture，USDA）根据 1990 年美国的《有机食品生产法》和 2000 年美国《联邦法规》第 7 篇第 205 部《（美国）国家有机计划》（CFR，2013）制定的。为了从美国农业部官方认可的认证机构获得"有机"标签，无论是种植农作物还是养殖牲畜，美国农业系统都必须遵守所有的规范。对于乳生产商来说，奶牛必须按照批准的有机规范饲养管理整一年，生产的乳才能被认证为有机乳、作为有机乳销售。奶牛的饲料必须 100% 有机，放牧季至少应有 120 天，在放牧季奶牛必须从草地获得平均不低于 30% 的干物质摄入量（Dry matter intake，DMI）。病牛必须得到治疗。如果所用药物不在有机许可物质清单上（CFR，2013），奶牛就不再是有机的，必须从牛群中移走。有机系统中不允许使用生长激素、抗生素、基因工程和克隆技术。有机奶牛的饲料和药物都必须有记录。

### 11.2.2 营养声称

乳及乳制品加工者有策略性地利用产品标签上的营养声称来告知消费者产品的营养价值。营养声称必须符合美国 FDA、美国联邦贸易委员会（the Federal Trade Commission, FTC）和美国其他管理机构（FDA，2003，2012；FTC，1994）制定的法规和行业标准。乳和乳制品的营养声称分为三类：营养含量声称、健康声称、结构/功能声称（FDA，2003，2012）。目前美国已针对供人们食用的食品制定了许多标签法规（第 21 章，CFR，2013），涵盖了营养声称的所有要点，从允许使用的术语到字体大小以及声称在标签上的位置（FDA，2012）。美国乳品研究所（DRI，2011）已对美国乳制品行业营养声称的相关法规进行了全面综述。

（1）营养含量声称　美国食品标签中营养成分表的营养含量声称（21 CFR 101.13，101.54-101.69）是以食品中营养成分的含量（FDA，2003，2012）为依据的，还包括剂量、每个容器的份数、总能量、脂肪提供的能量以及以每日摄入量百分比形式列出的营养素列表、DV（Daily values）表（基于 2000 卡/日膳食）等。DV 表包含总脂肪、饱和脂肪、反式脂肪、胆固醇、钠、总碳水化合物、糖、膳食纤维、蛋白质、维生素 A、维生素 C、钙和铁。参考量用于计算在营养成分标签上的标示值，并用于确定食品是否符合营养声称的要求或是否需要公开声称［营养素含量高于总脂肪（13g）、饱和脂肪（4g）、胆固醇（60mg）或钠（480mg）的设定限值］。

营养声称的术语是严格规定的。绝对营养声称是针对特定食品中的特定营养素的，是否能达到声称的标准是基于该营养素的美国 FDA 规定值；使用绝对营养声称时，只作同类食品比较，不与其他食品进行比较。乳制品中使用的绝对营养声称的实例包括"高钙""低脂""低钠"。绝对营养声称还包括当参考数量的食物所含营养素超出 DV 参考量 20% 时可以使用"……的优质来源""富含……"或者"富有……"等术语；当参考数量的食物所含营养素超出 DV 参考量 19% 时可以用"……的良好来源"的术语。符合要求的乳可以标注"高钙和高磷"和"良好的蛋白质来源"，而大多数原味酸乳可以宣称"高钙和高磷"和"良好的钾来源"（DRI，2011）。多种干酪都符合使用"高钙"和"蛋白质和磷的良好来源"声称的要求。

当两种食品中同一个营养素的含量水平相差不低于 DV 参考量的 10% 时，可以使用相对营养声称。使用形容词"更多"的声称可以比较相似或不相似的食品，并且必须在标签上注明两种食品的营养含量和差异百分比。使用"更少"或"减少"的声称，同类食品参考量中特定营养素减少量必须超过 DV 参考量的 25%，也要求注明两种食品的营养含量和差异百分比。使用"强化"或"补充"的声称必须针对相同的食品，例如强化酸乳与普通酸乳。脂肪含量低于 0.5% 的乳和酸乳可宣称"零脂"，每参考量的乳、酸乳、农家干酪脂肪含量低于 3g 可标称"低脂"（DRI，2011）。参考量总脂肪含量必须减少 25% 时才能宣称"减脂"。在大多数情况下，零脂和低脂乳、酸乳、农家干酪可能符合低胆固醇声称的要求。

暗示的营养声称由美国 FDA 逐案批准，因为当使用以下内容时，该声称暗示健康益处：是否存在规定量的营养素，产品名称可能包含与营养益处相关的成分或"营养含量与其食品一样多"的声明。在标签上使用"健康"一词意味着总脂肪、饱和脂肪、胆固醇和钠含量低。"健康"的乳制品必须满足低脂肪和低饱和脂肪的要求，低于胆固醇和钠的公开限量，并且至少包含维生素 A、钙、铁、蛋白质或纤维中的一种或多种，且占每日所需营养素至少 10%。通常，脱脂乳、酸乳和低脂农家干酪可能符合"健康"声称的要求（DRI，2011）。在营养含量声称中使用"健康"与健康声称是不同的。

（2）健康声称 健康声称（21 CFR 101.4，101.70-101.83）可用于宣称某营养素与降低疾病或者健康相关状况的风险有相关性（FDA，2003，2012）。健康声称必须有科学依据证实并获得美国 FDA 的认可。得到批准的关键是必须符合美国"明确科学共识标准"（the Significant scientific agreement standard，SSAS）的要求，在该标准中，有资质的专家必须已经达成重要明确的共识，认为可公开获取的证据能支持营养素与疾病或健康相关状况之间的关系。通过 1990 年的《营养标签和教育法》（FDA，1990），美国 FDA 被授权在对科学证据进行全面评估后制定关于健康声称的法规，在使用"明确科学共识标准"（SSAS）后表明营养素和疾病或健康相关状况之间存在良好的关系。1997 年美国的《FDA 现代化法》（FDA，1997）允许根据美国政府的科学团体或联邦政府批准的机构（如美国国家科学院、美国国家卫生研究所或美国疾病控制与预防中心）的权威声称来批准健康宣称。美国 FDA 审查支持健康声称所需的科学证据的过程指南是可参考的（FDA，2009）。根据 2003 年美国 FDA 的消费者营养改善健康信息计划，美国 FDA 可在有新的研究结果能给营养素与疾病的关系提供强有力的支持，但证据尚未达到"明确科学共识标准"（SSAS）的标准时发布合格健康声称。美国 FDA 在做出批准或拒批健康宣称申请的决定前会仔细审查各项研究，评估科学证据的完整性，评估"明确科学共识标准"（SSAS）并审查健康声称的具体文字表述。一旦获得授权，食品企业就可以使用健康声称。声称的措辞必须经过仔细斟酌，应易理解并真实表述在总体饮食框架中摄入/减少摄入可能会影响疾病或健康相关状况。声称必须说明有很多因素可对疾病产生影响。声称不能对风险可能降低进行量化，健康声称的食品不能用于两岁以下的婴幼儿。

美国 FDA 批准了几项健康声称（21 CFR 101.72-101.83），其中与乳制品行业有关的例举如下。

① "钙是均衡膳食的组成部分，一生摄入足够的钙（和维生素 D）可降低骨质疏松症的风险"（21 CFR 101.72）。含 0~2% 脂肪的乳、零脂或低脂原味酸乳符合要求，可以使用该声称。

② "低钠饮食可以降低患高血压的风险，这种疾病与许多因素有关"和"高血压的发生取决于许多因素。此产品可以作为低钠、低盐饮食的一部分，可能会降低患高血压的风险"（21 CFR 101.74）。脂肪含量为 0~2% 且钠含量低（每份参考量最高 140mg 钠）的乳可以使用这些声称。

③ "癌症的发生取决于许多因素。总脂肪含量低的饮食可以降低患某些癌症的风险"（21 CFR 101.73）。每份参考量中总脂肪含量少于 3g 的乳制品都可以使用此声称，如含 0~1% 脂肪的乳、零脂和低脂原味酸乳以及零脂农家干酪。

④ "虽然影响心脏病的因素很多，但低饱和脂肪和低胆固醇的饮食可以降低患心脏病的风险"（21 CFR 101.75）。只有每份参考量饱和脂肪含量<1 g、胆固醇含量<20mg、总脂肪含量<3 g，且来自脂肪的能量占比不超过 15% 的乳制品才可以使用此声称，如乳、原味酸

乳和农家干酪。

⑤ "饮食中包含富钾低钠的食物可能会降低高血压和中风的风险"（21 CFR 101.83）。零脂乳是钾的良好来源，符合低钠、低脂和其他要求，是唯一可以使用此健康声称的乳制品。

（3）结构/功能声称 结构/功能声称（21 CFR 101.93）说明营养素对人体结构或功能的作用；它们没有宣称或暗示与疾病或健康相关状况有关（FDA，2003，2012）。结构/功能声称不必经过美国 FDA 的审查或批准，只要声称是真实的、没有误导性，并且有可信且可靠的科学证据来支持即可。以下是乳制品结构/功能声称的示例：

"钙有助于强健骨骼"；

"钾有助于维持正常血压"；

"维生素 A 有助于维持正常视力"。

## 11.3 乳中的生物活性物质

### 11.3.1 肽类和蛋白质

目前乳中生物活性肽越来越受欢迎，因为它既可用于保健食品中，也可用作药食同源物质，用于各种疾病的饮食控制，如心血管疾病、Ⅱ型糖尿病和肥胖症（Korhonen，2009）。已有大量研究证实乳蛋白是生物活性肽的重要来源（Tomita 等，1991；Meisel 和 Bockelmann 等，1999；FitzGerald 等，2004；Séverin 和 Xia，2005；Korhonen 和 Pihlanto，2006；Hirota 等，2007；Hernandez-Ledesma 等，2008）。活性肽嵌在母体蛋白序列中，经消化酶、细菌相关蛋白酶或其他蛋白酶处理后水解释放（Korhonen 和 Pihlanto，2006）。所得肽类都显示出多种体外生物活性，从免疫调节肽到具有阿片类药物活性，再到有抗氧化和降血压活性的肽类等（Nagpal 等，2011），但普遍尚未在体内应用。由于活性多肽具有广泛的活性，在乳制品工业生产的许多食品中具有巨大的应用潜力。

（1）降血压肽 高血压是一种可导致中风和冠心病等更严重和致命疾病的慢性疾病。血管紧张素转换酶（Angiotensin-Converting enzyme，ACE）是调节人体血压的生物途径中的一种关键成分。血管紧张素转换酶通过多种机制（Pihlanto 等，2010）引起血压升高。因此，抑制血管紧张素转换酶的作用可使血压降低（Chen 等，2009）。许多研究都针对乳制品消费与降低血压之间存在相关性展开（Lopez-Fandino 等，2006；Jauhiainen 和 Korpela，2007），并对从各种乳制品中提取的具有血管紧张素转换酶抑制活性的特定乳蛋白衍生化合物进行了表征（Korhonen 和 Pihlanto，2006）。抗高血压肽通常是短序列的肽，含有脯氨酸、色氨酸、酪氨酸和苯丙氨酸等疏水性残基，可增强与血管紧张素转换酶的结合（Meisel，1998；Foltz 等，2009）。这些活性肽来自肠道中的胃肠道酶或乳发酵过程中细菌蛋白酶对乳蛋白（主要是酪蛋白）的酶解（Pihlanto 等，2010）。因此，许多成熟的干酪都是抗高血压肽等生物活性物质的来源，如切达奶酪（Singh 等，1997）或陈年高达干酪（Saito 等，2000）。已证明，用多种乳酸菌发酵的乳能从 $\beta$-酪蛋白衍生出降血压肽（Pihlanto 等，2010）。最近也有报道称，Queso Fresco 干酪的蛋白质提取物具有降血压性能（Paul 和 Van

Hekken, 2011；Torres-Llanez 等，2011）。

众所周知的血管紧张素转换酶抑制三肽 VPP 和 IPP（Nakamura 等，1995a，1995b）在体内对蛋白质水解具有抵抗力，表明这些成分可在体内长期有效存在，不会被迅速降解或灭活。在人类高血压受试者中进行了测试，它们改善了中心血压和动脉硬化（Nakamura 等，2011）。其他新型酪蛋白衍生短肽的体内降血压作用也已被证实（Quiros 等，2007，2012；del Mar Contreras 等，2009）。其他人还报道了从酪蛋白和 $\beta$-乳球蛋白中生产抗高血压肽（Welderufael 等，2012）。还有许多其他关于乳蛋白衍生降血压肽的报道，也有全面的综述（Saito，2008；Nagpal 等，2011）。

（2）抗菌肽　许多乳蛋白衍生肽显示抗菌活性。最早发现的肽有 $\alpha_{s2}$-酪蛋白片段 Casocidin-I（Zucht 等，1995），是用胃蛋白酶处理 $\alpha_{s2}$-酪蛋白后产生的，以及 $\alpha_{s1}$-酪蛋白片段 Isracidin（Lahov 和 Regelson，1996），是用胃蛋白酶或凝乳酶处理 $\alpha_{s1}$-酪蛋白后得到的；一些综述提供了关于它们的鉴定、生产和抑制病原体与食品腐败菌功效的更详细的信息（Korhonen 和 Pihlanto，2006；Lopez-Esposito 和 Recio，2008；Korhonen，2009；Nagpal 等，2011）。简而言之，Casocidin-I 肽已被证明对革兰氏阳性菌，特别是嗜热链球菌更有效，而 Isracidin 肽对金黄色葡萄球菌、化脓性链球菌（Streptococcus pyogenes）和单核增生李斯特氏菌表现出更强的活性。

抗菌成分的来源并不局限于酪蛋白衍生产物。乳清蛋白的蛋白水解处理也会产生抗菌肽片段。胰蛋白酶水解 $\alpha$-乳清蛋白（$\alpha$-LA）产生对革兰氏阳性菌［如枯草芽孢杆菌和表皮葡萄球菌（Staphylococcus epidermis）］具有活性的肽段（Pellegrini，2003）。胰蛋白酶水解 $\beta$-乳球蛋白（$\beta$-LG）也能产生对多种微生物有活性的多肽（Pellegrini，2003）。改变这些肽类的序列，可以改变化合物的功效。以对革兰氏阳性菌有活性的阴离子肽片段为例，该片段可以通过氨基酸置换转化为更广泛的抑制革兰氏阴性菌的成分。

乳铁蛋白是在乳清中发现的一种微量乳蛋白，已被证明具有广谱抗菌活性（Brock，2012）。完整的乳铁蛋白与乳铁蛋白衍生的肽片段（称为乳铁蛋白肽）可有效对抗链球菌、大肠杆菌，预防铜绿假单胞菌（Pseudomonas aeruginosa）和口腔病原体的生物膜形成。乳铁蛋白是乳中的一种铁结合蛋白，具有多种生物活性。乳铁蛋白及其衍生肽具有抗菌性、抗病毒性，如抗肝炎、疱疹和艾滋病毒（Valenti 等，1998；Valenti 和 Antonini，2005）、抗真菌、抗寄生虫活性（Legrand 等，2008）以及抗炎活性（Legrand 和 Mazurier，2010）。最近，据报道乳铁蛋白的一个 6 个氨基酸肽片段 bLFcin（6）是一种细胞渗透肽，可作为治疗各种疾病的药物传送载体（Fang 等，2012）。

（3）其他肽　能够结合阿片受体并表现出阿片样活性的肽（如脑啡肽和内啡肽）被称为阿片肽。据报道，乳蛋白衍生的阿片肽包括：从 $\beta$-酪蛋白衍生的具有阿片受体激动剂作用的 $\beta$-酪啡肽（Teschemacher 等，1997）；阿片类受体拮抗剂 $\alpha$-酪蛋白衍生的外啡肽（Teschemacher 等，1997）；$\kappa$-酪蛋白衍生物，包括酪新素 D（Teschemacher 等，1997）。

糖巨肽（Glycomacropeptide，GMP）来自凝乳酶处理的 $\kappa$-酪蛋白，具有许多与之相关的生物学应用，包括抗菌和抗血栓活性（Zimecki 和 Kruzel，2007）。由于糖巨肽的序列不含任何芳香族氨基酸，所以它可用于苯丙酮尿症患者的饮食中，苯丙酮尿症是一种由于无法代谢芳香族氨基酸苯丙氨酸而导致的疾病（Nagpal 等，2011）。

其他乳蛋白衍生肽包括酪蛋白磷酸肽，已在临床中用于治疗龋齿，并在口腔护理和其他牙科产品中有潜在的应用（Cross 等，2007）。乳制品中生物活性肽的新活性和潜在用途经常被报道，包括从乳酪蛋白衍生出的一种被称为 $\alpha$-Casozepine 的苯二氮类多肽，可有效治疗焦虑症（Cakir-Kiefer 等，2011a，2011b）。在大多数情况下，这些肽的实际功用尚不清楚，充分了解这些化合物在体内的生物利用度和功效有望在未来生产具有商业价值的肽。

### 11.3.2　脂肪酸

约一半的乳脂肪是由血浆脂肪合成的，其中 88% 的血浆脂肪来自奶牛的饲料（Grummer，1991）。因此，日粮的变化会显著影响乳脂的组成。生乳含有 3.5%~5% 的脂肪，因品种不同而异。乳加工者通常将产品的脂肪标准化为 3.25%（标为全脂乳）、2.0%、1.0% 或 0.1%（脱脂或零脂）。尽管近年来人们认为乳脂有害健康，但它也有一些积极的作用，直到现在才受到媒体的关注。

乳脂肪分子多数是由 3 个脂肪酸（FAs）与甘油结合形成的甘油三酯。短链和中链脂肪酸（碳原子少于 12 个）在肠道吸收后，转运到肝脏，并通过 $\beta$-氧化迅速代谢。长链脂肪酸重新转变为甘油二酯，储存在脂肪组织中或作为能量消耗（Parodi，2006）。乳脂肪中约有 1/3 的脂肪酸含有 14 个或更少的碳原子，这表明乳脂对脂肪囤积和肥胖的影响可能不像其他含有较高比例长链脂肪酸的脂肪那么大。而且，短链和中链脂肪酸可能对健康有益：丁酸（4:0）可调节基因功能，可能在癌症预防中发挥作用；辛酸（8:0）和癸酸（10:0）已证明具有抗病毒活性；癸酸也被证明可延缓肿瘤生长；月桂酸（12:0）可能具有抗病毒、抗菌、防龋齿和抗菌斑活性（Claeys 等，2013）。

饱和脂肪酸（Saturated fatty acids，SFAs）碳链中不含双键，单不饱和脂肪酸（Monoun-saturated fatty acids，MFAs）含有一个双键，多不饱和脂肪酸（Polyunsaturated fatty acids，PUFAs）含有两个或三个双键。虽然长期以来认为饱和脂肪酸与血浆胆固醇升高有关，但似乎只有月桂酸（12:0）、肉豆蔻酸（14:0）、棕榈酸（16:0）具有升高胆固醇的特性（Grummer，1991；Mensink 等，2003）。

根据美国国家科学院的说法，"共轭亚油酸（Conjugated linoleic acid，CLA）是唯一确定可抑制实验动物致癌作用的脂肪酸"（美国国家科学院，1996）。共轭亚油酸是亚油酸异构体（18:2）的混合物，其中主要异构体瘤胃酸（顺-9，反-11 18:2）被认为是具有生物活性的形式（Ip 等，1994）。乳脂中共轭亚油酸含量在 0.1%~2.0%。乳制品是人类饮食中共轭亚油酸的主要来源，且共轭亚油酸的浓度不受产品加工过程的影响（Lin 等，1995），但受乳中总脂肪含量的影响，即脱脂乳中共轭亚油酸的含量明显低于全脂乳（3.25% 脂肪）。

反式脂肪酸与低密度脂蛋白胆固醇的增加和高密度脂蛋白胆固醇的降低有关。这些效应已与氢化脂肪中的反式脂肪酸有关，主要是反油酸（反式-9 18:1）。乳中的反油酸含量甚微，乳脂中 1/4 的反式脂肪酸是瘤胃酸，其余大部分是异油酸（反式-11 18:1）（Parodi，2006）。瘤胃酸可能与人类抗癌特性有关（Elgersma 等，2006），而异油酸可降低肿瘤生长和冠心病的风险（Field 等，2009）。大体而言，人类能将大约 1/5 的膳食异油酸转化为瘤胃酸（Turpeinen 等，2002）。

### 11.3.3　维生素和矿物质

乳中所含的维生素和矿物质含量很少（表 11.1），它们都是人体正常功能所必需的。乳中的维生素分为脂溶性维生素（维生素 A、维生素 D、维生素 E 和维生素 K）和水溶性维生素（B 族维生素）。乳中的矿物质分为常量元素（钙、氯、镁、钾、磷和钠）和微量元素（砷、硼、铬、钴、铜、氟、碘、铁、锰、钼、镍、硒、硅和锌）。

表 11.1　未强化维生素 A 和维生素 D 的全脂（3.25% 脂肪）乳中维生素和矿物质的含量（Cashman，2003a，2003b；USDA，2012）（含量是根据乳中维生素或矿物质的含量给出的，不反映实际的饮食需求）

| 维生素 | 含量/（mg/100g 乳） | 矿物质 | 含量/（mg/100mL 乳） |
|---|---|---|---|
| 脂溶性 | | 常量元素 | |
| 维生素 A* | 0.046 | 钙** | 113 |
| β-胡萝卜素 | 0.007 | 氯 | 97 |
| 视黄醇 | 0.045 | 镁 | 10 |
| 维生素 D* | 0.0001 | 磷** | 84 |
| 维生素 E | 0.07 | 钾* | 132 |
| 维生素 K | 0.0003 | 钠 | 43 |
| 水溶性 | | 微量元素 | |
| B 族维生素 | | 砷 | <0.01 |
| 维生素 $B_1$，硫胺素 | 0.046 | 硼 | <0.01 |
| 维生素 $B_2$，核黄素** | 0.169 | 铬 | <0.01 |
| 烟酸* | 0.089 | 钴 | <0.01 |
| 泛酸 | 0.373 | 铜 | 0.025 |
| 维生素 $B_6$，吡哆醇，吡哆醛 | 0.036 | 氟 | <0.01 |
| 生物素 | 0.003 | 碘 | 0.01 |
| 叶酸* | 0.005 | 铁 | 0.03 |
| 维生素 $B_{12}$，钴胺素** | 0.00045 | 锰 | <0.01 |
| | | 钼 | <0.01 |
| | | 镍 | <0.01 |
| | | 硒 | 3.7 |
| | | 硅 | <0.02 |
| | | 锌 | 0.37 |

注：＊—全脂乳是此化合物的良好或较好来源；
　　＊＊—全脂乳是此化合物的极好来源。

（1）脂溶性维生素　乳中维生素含量受奶牛的健康状况、泌乳期、遗传和日粮的影响。乳制品中脂溶性维生素的含量又取决于产品中脂肪的含量；因此，黄油、冰淇淋和干酪的脂溶性维生素含量比乳高。全脂乳被认为是维生素 A 的良好来源和维生素 D 的较好来源；乳制品工业通常会对乳进行强化，使其成为维生素 A 和维生素 D 的极好来源，尤其是在低脂乳中（DPC，2001）。乳不被认为是维生素 E 和维生素 K 的良好来源，但酸乳和干酪等发酵乳制品中可能含有比全脂乳略高的维生素 K（Elder 等，2006）。

维生素 A 由几种脂溶性类视黄醇组成，它们在生长发育、免疫和视力方面发挥作用（Ross，2010）。乳是维生素 A 前体视黄醇、视黄酯的良好来源，在一些品种的牛（如更赛牛）中，是维生素 A 原类胡萝卜素 $\beta$-胡萝卜素（NIH，2012）的良好来源。前体和维生素原化合物在人体细胞内转化为维生素 A 的活性形式视黄醛和视黄酸。维生素 A 对维持眼睛健康至关重要，因为它能在角膜、视网膜受体和结膜中发挥作用。维生素 A 有助于调节细胞的生长和分化，对维持心脏、肺、肾脏和皮肤等重要器官的功能非常重要（Ross，2010）。维生素 A 对繁殖、免疫与骨骼生长都很重要。

乳中的脂溶性维生素 D 是以胆钙化醇（维生素 $D_3$）或其代谢物 25-羟基维生素 D 形式存在的；两者都无活性，在肾脏中转化为 1，25-二羟基维生素 D，才成为活性最强的维生素 D 形式（Institute of Medicine，2010）。维生素 D 在促进钙吸收、维持血清钙水平、骨骼和牙齿生长以及骨密度方面至关重要（Holick，2004；医学研究所，2010）。维生素 D 主要通过调节全身组织中的基因转录发挥作用，从而影响神经系统、细胞生长、胰岛素分泌和免疫功能。研究表明，维生素 D 可预防骨质疏松症（Heaney，2003）和佝偻病（Wharton and Bishop，2003），并可以降低高血压（Pfeifer 等，2001）和心血管疾病（Bauman 等，2006）的风险。维生素 D 可能在限制自身免疫性疾病方面发挥作用，如 I 型糖尿病（Holick，2004）、多发性硬化症（Munger 等，2004，2006）和类风湿性关节炎（Merlino 等，2004）。虽然人们已经发现维生素 D 可以抑制癌细胞生长和促进细胞的体外分化（Blutt 和 Weigel，1999），并且有报道它在结肠直肠癌、乳腺癌和前列腺癌（Holick，2004）方面也有不错的结果，但维生素 D 在降低癌症的风险方面的作用仍有待证实（Holick，2004）。

脂溶性维生素 E 是生育酚和三烯生育酚的集合，主要起抗氧化作用，但只有 $\alpha$-生育酚在人体内存在活性（Traber，2006）。作为一种抗氧化剂，维生素 E 可以拦截在正常新陈代谢或应激情况下人体内形成的自由基，这些自由基可通过氧化性化合物破坏细胞，特别是细胞膜中的脂质。虽然一些研究表明维生素 E 可以降低冠心病和癌症的风险（Institute of Medicine，2000；Glynn 等，2007），但没有足够的临床证据可支持这些观点。有些研究表明，视力障碍如老年性黄斑变性和白内障可能与氧化应激有关，维生素 E 可延缓视力障碍的出现（Chong 等，2007；Evans，2007），尤其是与其他抗氧化剂（如锌和铜）配合使用时（AREDS，2001）。

脂溶性维生素 K 有两种形式：来自植物的维生素 $K_1$ 叶绿醌和来自动物/微生物的维生素 $K_2$ 甲萘醌。甲萘醌（MK-$n$，$n=2$-15）按其侧链的异戊二烯（C5）基团数来命名。据报道，在乳中发现了维生素 $K_1$ 和 MK-4（Elder 等，2006），而在发酵乳及发酵乳制品中发现了 MK-5～MK-9（Koivu-Tikkanen 等，2000）。作为一种辅助因子，维生素 K 对特定维生素 K 依赖蛋白上谷氨酸残基的 $\gamma$-羧化至关重要，控制钙结合功能（Shearer，1997；Ferland，2006），影响凝血、骨代谢、细胞生长和止血作用（Koivu-Tikkanen 等，2000；Ferland，2006）。

（2）水溶性维生素　水溶性维生素不能在体内储存，必须每天从饮食中获得。乳是维生素 $B_{12}$ 和维生素 $B_2$ 的极好来源，是维生素 $B_1$、维生素 $B_5$ 和维生素 $B_9$ 的一般来源，是维生素 $B_3$、维生素 $B_6$ 和维生素 $B_7$ 的不佳来源（USDA，2012）。B 族维生素的主要功能是作为辅酶参与许多不同能量代谢途径和一碳单位转移过程（Institute of Medicine，1998）。

水溶性维生素 $B_{12}$ 是一类含钴化合物，称为钴胺素（Institute of Medicine，1998）。维生素 $B_{12}$ 是一种辅酶，它在形成红细胞、维持神经系统、合成 DNA 以及代谢脂质和蛋白质的关键途径中发挥作用。维生素 $B_{12}$、维生素 $B_6$ 和维生素 $B_9$ 有助于同型半胱氨酸的代谢（Clarke，2008），并与降低中风风险有关（Lonn 等，2006）。这些维生素可能可降低心脏病（Lichtenstein 等，2006）或痴呆（Balk 等，2007）的风险。尽管如此，还需要进行更多的研究。

维生素 $B_2$ 即核黄素是在几种关键代谢途径氧化还原反应中起作用的辅酶的重要组成部分。维生素 $B_2$ 在碳水化合物、蛋白质和脂类为人体提供能量的代谢中非常重要（McCormick，2006），而且对于维生素 $B_3$、维生素 $B_6$ 和叶酸的代谢也是必不可少的。

硫胺素，也称为维生素 $B_1$，含有硫，以游离或磷酸化的形式（1-磷酸硫胺素、3-磷酸硫胺素或焦磷酸硫胺素）存在于体内。焦磷酸硫胺素是碳水化合物和氨基酸代谢的一种必需辅酶，维持心血管、胃肠、神经和肌肉系统（Rindi，1996）功能，参与合成 DNA 和 RNA（Brody，1999）。

泛酸，也称为维生素 $B_5$，是辅酶 A 的组成部分，在细胞的许多反应中是必需的（Trumbo，2006）。从碳水化合物、蛋白质和脂质中产生能量，以及合成胆固醇、激素、神经递质和血红素（Brody，1999）都需要辅酶 A 参与。泛酸的磷酸-泛氨酸形式在脂肪酸的代谢中是必需的（Institute of Medicine，1998）。

维生素 $B_9$ 以叶酸的形式存在于乳中（Institute of Medicine，1998）。叶酸作为辅酶，在氨基酸和核酸代谢过程中参与一碳单位的转移（Bailey 和 Gregory，1999）。叶酸以及维生素 $B_{12}$ 和维生素 $B_6$ 在同型半胱氨酸的代谢中是必需的（Clark，2008）。这些维生素可能在降低心脏病（Lichstein 等，2006）、癌症（Bailey 和 Gregory 等，1999）或痴呆症（Balk 等，2007）的风险方面发挥作用，尽管还需要更多证据。

（3）常量元素　乳为人类提供了 20 种必需元素（但其含量差异很大）（表 11.1），矿物元素赋予乳极好的缓冲能力。虽然乳中的矿物质含量可能会因畜体的健康状况、泌乳期、遗传和日粮而异，但常量元素（钙、氯、镁、磷、钾和钠）的含量通常为 mg/100mL 乳。微量元素铜、碘、铁、硒和锌的含量通常以 μg/100mL 乳计（Cashman，2003a）。乳是微量元素砷、硼、铬、钴、氟、锰、钼、镍和硅的不佳来源。

常量矿物质钙是乳中最易鉴别的矿物质，其中 66% 与乳蛋白结合，与磷酸盐一起在胶束形成中起到稳定蛋白质的作用。其余的钙以可溶性柠檬酸钙和游离离子的形式存在（Cashman，2003a）。钙一旦进入体内，约 99% 会与磷酸盐结合形成羟基磷灰石，这是骨骼和牙齿的结构成分。人体中约 1% 的钙存在于血液和细胞外液中，是维持身体功能（包括血管收缩/扩张、神经冲动、肌肉收缩和激素分泌）所必需的（Institute of Medicine，1997）。膳食钙不足以维持体液中必需的水平将导致骨骼脱矿（Weaver 和 Heaney，2006）。钙也是一种辅助因子，能稳定和激活体内的许多关键蛋白质和酶。钙与降低骨质疏松症（Heaney，2000）、结肠直肠癌（Baron 等，1999；Bostick，2001）、高血压（Appel 等，1997；Miller 等，2000）风险，以及协同减肥（Davies 等，2000；Lin 等，2000）有关。

乳中还有一种常量元素是磷，以磷酸盐形式存在。大约 20% 的磷酸盐与酪蛋白中的丝氨酸残基结合，35% 与钙结合对酪蛋白胶束起稳定作用，其余的磷酸盐可作为自由离子溶解。磷是人体内许多生物分子所必需的，包括蛋白质、碳水化合物、脂类和核酸

（Cashman，2003a）。磷酸盐在钙和蛋白质代谢、骨骼、牙齿和细胞膜结构以及维持机体 pH 方面都是至关重要的（Knochel，2006）。虽然血液中过高的磷酸盐水平会影响钙的吸收和排出，但极低的磷酸盐水平与贫血、肌肉和骨骼无力及佝偻病有关（Institute of Medicine，1997）。

乳中的常量元素钾主要以游离离子的形式存在。在人体内，钾存在于所有体液中，是细胞内的主要阳离子，对膜电位的形成至关重要。钾是几种关键酶的辅因子，如 ATP 酶和丙酮酸激酶。钾在体液平衡、肌肉功能、神经传递、心脏功能和血压维持（Sheng，2000；Cashman，2003a）方面都发挥作用。高钾摄入与降低中风（Larsson 等，2008）、高血压（Whelton 等，1997）和骨质疏松症（Zhu 等，2009）风险有关。

乳中也含钠，主要以游离离子的形式存在。虽然乳中含钠，但由于在加工和制造过程中添加了盐，许多乳制品含有更高的钠。钠是细胞外的主要阳离子，对膜电位的形成至关重要，在体内具有许多功能包括调节细胞外液容量、渗透压和 pH 平衡，且对肌肉和心脏功能以及神经传递至关重要（Sheng，2000；Cashman，2003a）。过高的血清钠水平与高血压、心脏病和中风有关（Elliott 等，1996；Whelton 等，1997；Cook 等，2007）。美国人饮食中钠的过量摄入引起许多营养机构呼吁减少钠摄入（Institute of Medicine，2004；Gunn 等，2013）。

乳中的常量元素镁以可溶形式如柠檬酸镁和磷酸镁或作为游离离子形式存在，其中大部分与酪蛋白中的钙和磷酸盐结合。在人体内，镁是许多酶的辅助因子，是蛋白质和核酸代谢、神经和肌肉功能、骨骼生长和维持以及维持血压所必需的（Miller 等，2000；Cashman，2003a）。低血清镁水平与糖尿病和偏头痛有关（Wang 等，2003）。虽然有几项研究表明，镁摄入量的增加会降低血压（Ascherio 等，1992，1996），增加镁和钾水平会提高骨密度（Tucker 等，1999），但其在降低高血压、心脏病和骨质疏松症风险方面的有效性仍不清楚。

氯以游离离子形式存在于乳中。在人体内，它是主要的细胞外阴离子，对于维持电解质和体液平衡至关重要（Cashman，2003a）。

（4）微量元素 乳和乳制品被认为是碘的良好来源。在人体内，碘被结合到甲状腺激素中，从而有助于维持身体新陈代谢速度和生殖功能（Cashman，2003a）。

乳中的铁通常与糖蛋白乳铁蛋白结合（Cashman，2003a）。在体内，铁是氧运输和储存系统中许多化合物的重要组成部分，并作为许多酶的辅因子发挥作用（Cashman，2003a）。

硒也存在于乳中，是激活一种被称为硒蛋白的酶所必需的，硒蛋白在免疫系统、抗氧化防御和激素调节中起作用（Gladyshev，2006）。

锌也是乳中的一种微量元素。在人体内，锌是胰岛素的重要组成部分，也是生长、愈合、免疫反应和生殖所需的许多酶的重要组成部分（Cashman，2003a；Cousins，2006）。锌也有助于细胞膜和蛋白质的结构维持（O'Dell，2000；King 和 Cousins，2006）。

## 11.4　生物活性成分的变化

### 11.4.1　有机乳与传统乳

正如本章前面所定义的那样，目前经过认证的有机奶牛必须在至少 120 天的放牧季中从草地获取平均30%的干物质摄入量，并且所有饲料必须经过有机认证。然而，各个有机牧场的饲养方案存在巨大差异，从添喂发酵饲料如玉米青贮饲料、不同水平和类型的精料补充料到纯草饲喂都有（Sato 等，2005；Haas 等，2007；Weller 与 Bowling，2007；Griswold 等，2008a）。食草牛群可以是传统的或有机的，但它们的饲料100%来自牧草和草料，不含精料补充料。关于100%食草牛群的研究数据非常有限。在主要文献中，关于传统牧场和有机牧场管理中牛乳成分差异的研究很少。

关于有机饲料或牧草饲养对乳脂肪组成影响的报道经常是相互矛盾的。在英国的一项研究中，有机乳中多不饱和脂肪酸（PUFAs）和单不饱和脂肪酸的（MUFAs）比例高于传统乳（Ellis 等，2006），而在瑞典的一项研究中，发现二者之间没有差异（Toledo 等，2002）。在普通食品中，单不饱和脂肪酸通常更受欢迎。法国的一项研究发现，放牧饲养的奶牛乳中18C脂肪酸的水平明显较高；在传统饲养的奶牛乳中，发现含碳链较短的脂肪酸含量明显较高（Couvreur 等，2007）。相比之下，Ellis 等（2006）和 Toledo 等（2002）的研究发现，有机乳和传统乳的共轭亚油酸（CLA）含量没有差异。研究还发现有机乳中亚麻酸（18:3）含量更高，研究者认为这是因为奶牛放牧大量食用苜蓿（Ellis 等，2006）。最近，Benbrook 等（2013）在一项关于传统乳和有机乳的大规模研究中报告了脂肪酸存在显著差异，他们发现有机乳中共轭亚油酸的含量高18%，并认为以牧草和草料为基础的饲料在改善乳和乳制品的脂肪酸组成方面具有相当大的潜力。

奶牛的异油酸分泌随着海拔的升高而增加，因为奶牛所吃的植物更富含多不饱和脂肪酸（PUFAs）。顺式异构体形式的多不饱和脂肪酸随后转化为热力学上更稳定的反式异构体，可在分泌的乳中鉴定出来（Collomb 等，2001）。尽管一项研究发现放牧饲养的奶牛乳中异油酸比普通饲养的奶牛高5倍（Couvreur 等，2007），但另一项研究发现有机牧场和传统牧场的乳中反式脂肪酸没有差异（Toledo 等，2002）。

### 11.4.2 巴氏杀菌和均质

美国市售的乳是经过均质和巴氏杀菌的。乳通常在71.7℃下巴氏杀菌15s（高温，短时间）或在138℃下灭菌2s（超高温，UHT）。巴氏杀菌将维生素 C 的浓度降低了35%（Lindmark-Månsson 和 Åkesson，2000），但不影响共轭亚油酸的量，因为共轭亚油酸对热稳定。几乎所有的细菌和酶都被巴氏杀菌灭活，包括那些可能对健康有益的细菌和酶；许多科学家认为，这些益处远远比不上非巴氏杀菌乳中致病菌相关疾病减少的好处（Oliver 等，2009；Claeys 等，2013）。放牧奶牛的乳、有机乳和传统乳的维生素（除维生素 C 外）、矿物质、脂肪酸、肽和蛋白质水平不会因巴氏杀菌而产生差异。

乳中的脂肪以球体的形式存在，它的外面有一层称为乳脂肪球膜（Milk fat globule membrane，MFGM）的保护层。在未经处理的乳中，这些脂肪球会聚集并形成奶油层。在均质过程中，乳通常在8~20MPa的压力下被强制通过小孔，使脂肪球大小从平均3~5μm减小到<1μm（Michalski 和 Januel，2006）。均质过程中乳脂肪球膜被剥离，酪蛋白胶束和乳清蛋白被吸附在脂肪小球上，从而阻止了奶油层的形成。乳脂肪球膜由胆固醇、酶、糖蛋白和其他蛋白、磷脂和维生素组成。脱附的膜碎片可能提供健康益处，如磷脂的抗胆固醇血作用，某些糖蛋白的胃病预防作用，某些吸收的肽和磷脂（如鞘磷脂）的抗癌作用（Spitsberg，2005）。奶牛日粮中任何脂肪含量的增加都会增加乳中乳脂肪球膜的含量，并提

高有益化合物的浓度。

### 11.4.3　饲料变化

因为生物活性化合物（Biologically active compounds，BACs）或其前体必须存在于奶畜的日粮中，以增加其在乳中的含量，所以目前的研究正在寻找天然增加乳中生物活性化合物的方法。虽然人类消费的乳和乳制品来自许多不同的动物，包括山羊、绵羊、水牛、牦牛和马，但本章重点讨论的是乳本身。

众所周知，动物的日粮类型对产乳量和乳成分有显著影响（Bargo 等，2003；Schroeder 等，2003；Griswold 等，2008a，2008b；Khanal 等，2008）。不像早期的研究只是简单地报告了乳的整体成分，目前的研究更深入地评估构成乳的脂肪、蛋白质和固形物的各种成分。主要的挑战是确定影响有益化合物水平的牧草数量和质量。虽然传统牧场可能会也可能不会为奶牛提供放牧，但经过认证的美国有机牧场必须记录至少120天草场为奶牛提供平均30%的干物质摄入量。研究有机牧场全年乳中生物活性化合物含量的变化也很重要，特别是通过饲养方式的季节性转变（Butler 等，2011）。

研究表明，食草奶牛乳中共轭亚油酸、β-胡萝卜素、维生素 A 和维生素 E 等化合物含量会升高（Dhiman 等，2000；Martin 等，2002；Bergamo 等，2003；Schoeder 等，2003；Couvreur 等，2006；Ellis 等，2006；Nozière 等，2006；Agabriel 等，2007；Chillard 等，2007；Ferlay 等，2008）。英国的一项研究报告称，来自日粮中苜蓿含量高的奶牛的有机乳比传统奶牛的乳多64%的 ω-3 脂肪酸（Dewhurst 等，2003）。一项英国研究的结论是，零售有机乳比传统乳多含24%的多不饱和脂肪酸、32%的共轭亚油酸和57%的亚麻酸（Butler 等，2011）。最近的文献综述发现，一般存在于动物产品（乳、鸡蛋和肉类）中的10种有益化合物中，只有反式脂肪、多不饱和脂肪酸和未查明的脂肪酸在有机产品中含量较高（Dangour 等，2009），而其他研究发现，来自有机和传统群的牛乳中有益成分的水平没有差异（Toledo 等，2002）。

乳中的共轭亚油酸受饲养方式、奶牛年龄和季节的影响（Collomb 等，2001）。然而，在草地放牧的奶牛乳中共轭亚油酸的增加最显著。奶牛放牧在郁郁葱葱的草场上，每日采食大量牧草，产出含有更多共轭亚油酸的乳脂（Roca Fernandez 和 Gonzalez Rodriguez，2012）。当奶牛从饲喂全混合日粮改成牧草时，乳脂中共轭亚油酸的浓度增加（Kelly 等，1998），并随着牧草采食量的增加线性增加（Dhiman 等，2000；Stockdale 等，2003）。Dhiman 等（2000）发现，放牧奶牛的乳脂中共轭亚油酸的含量比饲喂典型日粮奶牛高5倍，而 Couvreur 等（2007）发现其高3.3倍。在对荷斯坦牛和娟姗牛（White 等，2001）以及荷斯坦牛和瑞士褐牛（Kelsey 等，2003）的比较中，乳脂中的共轭亚油酸浓度并没有因牛品种不同而有差异。Stanton 等（1997）发现，共轭亚油酸含量不会因泌乳阶段不同而有不同，但确实观察到，当在放牧饲养的奶牛日粮中添加全脂油菜籽时，共轭亚油酸增加了65%。在阿尔卑斯山，随着海拔的升高，牧草被药草取代，共轭亚油酸含量升高更为显著（Collomb 等，2001，Kraft 等，2003）。

天然生物活性物质的浓度可通过日粮、乳畜品种的选择和精细加工提高。用生物活性化合物强化乳也是一种选择，如添加鱼油以提高共轭亚油酸水平，但有一系列与之相关的问题，这里不做讨论。乳不可能是人类饮食中生物活性化合物的唯一来源。相反，优化乳中生物活性化合物含量应视为在平衡膳食生物活性化合物总量的基础上的锦上添花。

# 11.5　展望

## 11.5.1　趋势

由于乳和乳制品的生物活性成分对健康有益，为增强食品的整体健康性，用乳源成分来强化食品的做法在食品生产中越来越流行（Ward，2012）。许多情况下，消费者会寻找高蛋白质食品来解决他们担心的饮食问题，为吸引消费者，配方设计师将来源于蔬菜和谷物的蛋白质与乳蛋白一起加入各种食品中。

许多营养强化乳制品也越来越受到美国消费者的欢迎。如低脂高蛋白的希腊酸乳和冷冻酸乳在过去的几年里销量有所增加。这些替代其他类似类型的低脂肪、高蛋白的食品可通过强化各种乳蛋白浓缩物而专门为其应用定制（Ward，2012）。

在添加强化成分工艺方面也存在一些技术挑战，导致出现了各种新技术，包括提供以可溶形式的特定氨基酸组合用于饮料制造的方法，以及开发允许用蛋白质强化的巧克力涂层。（Ward，2012）。

在一项研究中，UHT 灭菌的 $\omega$-3 脂肪酸已被加入到乳饮料中，以生产具有长保质期的氧化稳定性的产品（Moore 等，2012）。现在已有一些公司专门生产配制可添加到各种食品（包括乳和乳制品）中的补充剂。有家公司用基于鱼油、白藜芦醇和绿茶提取物的产品来强化乳（DSM，nd）。

现在，市场上有面向儿童销售的各种乳制品，包括强化铁以促进健康生长和发育，强化益生元以促进消化的全脂乳，强化 $\omega$-3 脂肪酸和膳食纤维以及强化维生素 A、维生素 D 和维生素 C 的乳，这些乳不需要冷藏，可以成为学生自备午餐的选项（Richman，2012）。对2005—2008 年超高温灭菌乳趋势的调查发现，许多公司把重点放在乳制品的强化上，包括针对成人和儿童人群的维生素/矿物质强化，添加 $\omega$-3 和植物固醇（来支持心脏健康声称）、添加钙以及针对女性消费者的成分包括胶原蛋白、叶酸、碘和胆碱。

## 11.5.2　目标和研究需求

最终目标是为消费者提供富含生物活性物质的产品，希望这些产品在药理学层面对健康有益。目前仍需要进一步的研究确定传统乳和有机乳的差异。迄今为止的结果表明，放牧的奶牛可能可以生产出对消费者更加有益的乳。在动物和人类营养、食品科学和技术、人类营养、动物和人体实验、人类健康和疾病方面需要进行更多的研究。最终，一幅关于各种因素如何影响乳成分的完整画面将会出现。

# 声明

本文中提及的商品名称或商品的目的仅为提供特定信息，并不意味着美国农业部的推荐或认可。美国农业部是一个机会均等的提供者和雇主。

# 参考文献

［1］ Agabriel，C.，Cornu，A.，Journal，C. et al. Tanker milk variability according to farm feeding practices：Vitamins A and E，carotenoids，color，and terpenoids，*Journal of Dairy Science*，2007，90：4884-4896.

［2］ AREDS（Age-Related Eye Disease Study Research Group）A randomized，placebo-controlled，clinical trial of high-dose supplementation with vitamins C and E，beta carotene，and zinc for age-related macular degeneration and vision loss. AREDS report No 8，*Archives of Ophthalmology*，2001，119：1414-1436.

［3］ Appel，L. J.，Moore，T. J.，Obarzanek，E. et al. A clinical trial of the effects of dietary patterns on blood pressure. DASH Collaborative Research Group，*New England Journal of Medicine*，1997，336：1117-1124.

［4］ Ascherio，A.，Rimm，E. B.，Giovannucci，E. L. et al. A prospective study of nutritional factors and hypertension among US men，*Circulation*，1992，86：1475-1484.

［5］ Ascherio，A.，Hennekens，C.，Willett，W. C. et al. Prospective study of nutritional factors，blood pressure，and hypertension among US women，*Hypertension*，1996，27：1065-1072.

［6］ Bailey，L. B. and Gregory，J. F. Folate metabolism and requirements，*Journal of Nutrition*，1999，129：779-782.

［7］ Balk，E. M.，Raman，G.，Tatsioni，A. et al. Vitamin $B_6$，$B_{12}$，and folic acid supplementation and cognitive function：a systematic review of randomized trials，*Archives of Internal Medicine*，2007，167：21-30.

［8］ Bargo，F.，Muller，L. D. Kolver，E. S. and Delahoy，J. E. Invited review：Production and digestion of supplemented dairy cows on pasture，*Journal of Dairy Science*，2003，86：1-42.

［9］ Baron，J. A.，Beach，M.，Mandel，J. S. et al. Calcium supplements and colorectal ade-nomas. Polyp Prevention Study Group，*Annals of the New York Academy of Science*，1999，889：138-145.

［10］ Bauman，D. E.，Mather，I. H.，Wall，R. J. and Lock，A. L. Major advances associated with the biosynthesis of milk，*Journal of Dairy Science*，2006，89：1235-1243.

［11］ Benbrook，C. M.，Butler，G.，Latif，M. A. et al. Organic production enhances milk nutritional quality by shifting fatty acid composition：a United States-wide，18-month study，*PLOS One*，2013，8（12）：e82429.

［12］ Bergamo，P.，Fedele，E.，Iannibelli，L. and Marzillo，G. Fat-soluble vitamin contents and fatty acid composition in organic and conventional Italian dairy products，*Food Chemistry*，2003，82：625-631.

［13］ Blutt，S. E. and Weigel，N. L. Vitamin D and prostate cancer，*Proceedings of the Society for Experimental Biology and Medicine*，1999，22：89-98.

［14］ Bostick，R. Diet and nutrition in the prevention of colon cancer，in *Preventive Nutrition：The Comprehensive Guide for Health Professionals*，2nd edn（eds A. Bendich and R. J. Deckelbaum）. Humana Press，Totowa，NJ，2001：57-95.

［15］ Brock，J. H. Lactoferrin-50 years on，*Biochemistry and Cell Biology*，2012，90：245-251.

［16］ Brody，T. *Nutritional Biochemistry*，2nd edn. Academic Press，San Diego，CA. 1999.

［17］ Butler, G. , Stergiadis, S. , Seal, C. *et al.* Fat composition of organic and conventional retail milk in northeast England, *Journal of Dairy Science*, 2011, 94: 24-36.

［18］ Cakir－Kiefer, C. , Le Roux, Y. , Balandras, F. *et al. In vitro* digestibility of α－casozepine, a benzodiazepine－like peptide from bovine casein, and biological activity of its main proteolytic fragment, *Journal of Agricultural and Food Chemistry*, 2011a, 59: 4464-4472.

［19］ Cakir－Kiefer, C. , Miclo, L. , Balandras, F. *et al.* Transport across Caco－2 cell monolayer and sensitivity to hydrolysis of two anxiolytic peptides from $\alpha_{s1}$－casein, α－casozepine, and $\alpha_{s1}$－casein-f91-97: effect of bile salts, *Journal of Agricultural and Food Chemistry*, 2011b, 59: 11956-11965.

［20］ Cashman, K. D. Minerals in dairy products, in *Encyclopedia of Dairy Science* (eds H. Roginski, J. W. Fuquay and P. F. Fox). Academic Press, San Diego, CA, 2003a: 2051-2065.

［21］ Cashman, K. D. Vitamins, in *Encyclopedia of Dairy Science* (eds H. Roginski, J. W. Fuquay and P. F. Fox). Academic Press, San Diego, CA, 2003b: 2653-2726.

［22］ CFR. Code of Federal Regulations (Annual Edition). Available at http://www. gpo. gov/fdsys/browse/ collectionCfr. action? collectionCode=CFR (last accessed 11 January 2015).

［23］ Chen, Z. Y. , Peng, C. , Jiao, R. *et al.* Anti－hypertensive nutraceuticals and functional foods, *Journal of Agricultural and Food Chemistry*, 2009, 57: 4485-4499.

［24］ Chillard, Y. , Glasser, F. , Ferlay, A. *et al.* Diet, rumen biohydrogenation and nutritional quality of cow and goat milk fat, *European Journal of Lipid Science and Technology*, 2007, 109: 828-855.

［25］ Chong, E. W.－T. , Wong, T. Y. , Dreis, A. J. and Guymer, R. H. Dietary antioxidants and primary prevention of age－related macular degeneration: Systematic review and meta－analysis, *British Medical Journal*, 2007, 335: 755.

［26］ Claeys, W. L. , Cardoen, S. , Daube, G. *et al.* Raw or heated cow milk consumption: Review of risks and benefits, *Food Control*, 2013, 31: 251-262.

［27］ Clarke, R. B－vitamins and prevention of dementia, *Proceedings of the Nutrition Society*, 2008, 67: 75-81.

［28］ Collomb, M. , Bütikofer, U. , Sieber, R. *et al.* Conjugated linoleic acid and trans fatty acid composition of cows' milk fat produced in lowlands and highlands, *Journal of Dairy Research*, 2001, 68: 519-523.

［29］ Cook, N. R. , Cutler, J. A. , Obarzanek, E. *et al.* Long－term effects of dietary sodium reduction on cardiovascular disease outcomes: Observational follow－up on the trials of hypertension prevention, *British Medical Journal*, 2007, 334: 885-888.

［30］ Cousins, R. J. Zinc, in *Present Knowledge in Nutrition*, Vol. 1, 9th edn (eds B. A. Bowman, and R. M. Russell). ILSI Press, Washington, DC, 2006: 445-457.

［31］ Couvreur, S. , Hurtaud, C. , Lopez, C. *et al.* The linear relationship between the proportion of fresh grass in the cow diet, milk fatty acid composition, and butter properties, *Journal of Dairy Science*, 2006, 89: 1956-1969.

［32］ Couvreur, S. , Hurtaud, C. , Marnet, P. G. *et al.* Composition of milk fat from cows selected for milk fat globule size and offered either fresh pasture or a corn silage－based diet, *Journal of Dairy Science*, 2007, 90: 392-403.

［33］ Cross, K. J. , Huq, N. L. and Reynolds, E. C. Casein phosphopeptides in oral health－chemistry and clinical applications, *Current Pharmaceutical Design*, 2007, 13: 793-800.

［34］ DPC (Dairy Practices Council). Guideline for vitamin A and D fortification of fluid milk. Dairy Practices Council, Richboro, PA (http://www. dairypc. org/ catalog/vitamin-a-and-d-fortification-of-fluidmilk；last accessed 11 January 2015）.

［35］DRI（Dairy Research Institute）. Quick reference guide. Nutrition claims for dairy products. Available at：http://www. usdairy. com/~/media/usd/public/quick-reference%20guide. pdf. pdf（last accessed 11 January 2015）.

［36］Dangour, A., Dodhia, S., Hayter, A. *et al.* Comparison of composition（nutrients and other substances）of organically and conventionally produced foodstuffs：A systematic review of the available literature. Report for the Food Standards Agency, London, p. 1. 2009.

［37］Davies, K. M., Heaney, R. P., Recker, R. R. *et al.* Calcium intake and body weight, *Journal of Clinical Endocrinology and Metabolism*, 2000, 85：4635-4638.

［38］del Mar Contreras, M., Carron, R., Montero, M. J. *et al.* Novel casein-derived peptides with antihypertensive activity, *International Dairy Journal*, 2009, 19：566-573.

［39］Dewhurst, R. J., Fisher, W. J., Tweed, J. K. S., and Wilkins, R. J. Comparison of grass and legume silages for milk production, *Journal of Dairy Science*, 2003, 86：2598-2600.

［40］Dhiman, T. R., Anand, G. R., Satter, L. D. and Pariza, M. W. Conjugated linoleic acid content of milk from cows fed different diets, *Journal of Dairy Science*, 2000, 82：2146-2156.

［41］DSM（nd）Company website. http://www. dsm. com/markets/foodandbeverages/en_US/ markets-home/market-dairy-lp. html（last accessed 11 January 2015）.

［42］Elder, S. J., Haytowitz, D. B., Howe, J. *et al.* Vitamin K contents of meat, dairy, and fast food in the U. S. diet, *Journal of Agricultural and Food Chemistry*, 2006, 54：463-467.

［43］Elgersma, A., Tamminga, S. and Ellen, G. Modifying milk composition through forage, *Animal Feed Science and Technology*, 2006, 131：207-225.

［44］Elliot, P., Stamler, J., Nichols, R. *et al.* Intersalt revisited：further analyses of 24 hour sodium excretion and blood pressure within and across population, *British Medical Journal*, 1996, 312：1249-1253.

［45］Ellis, K. A., Innocent, G., Grove-White, D. *et al.* Comparing the fatty acid composi-tion of organic and conventional milk, *Journal of Dairy Science*, 2006, 89：1938-1950.

［46］Evans, J. Primary prevention of age related macular degeneration, *British Medical Journal*, 2007, 335：729.

［47］Fang, B., Guo, H. Y., Zhang, M. *et al.* The six-amino acid antimicrobial peptide bLFcin6 penetrates cells and delivers siRNA, *FEBS Journal*, 2012, 280：1007-1017.

［48］FDA. Nutrition Labeling and Education Act of 1990, Public Law 101-535. US Government Printing Office, Washington, DC. 1990.

［49］FDA. Food and Drug Administration Modernization Act of 1997. Public Law 105-115. US Government Printing Office, Washington, DC. 1997.

［50］FDA. Claims that can be made for conventional foods and dietary supplements. US Government Printing Office, Washington, DC. 2003.

［51］FDA. Guidance for Industry：Evidence-based review system for the scientific evaluation of health claims-final. US Government Printing Office, Washington, DC. 2009.

［52］FDA. Code of Federal Regulations. Title 21. Part 101. Office of Federal Register, Washington, DC. 2012.

［53］Ferland, G. Vitamin K, in *Present Knowledge in Nutrition*, Vol. 1, 9th edn（eds B. A. Bowman, and R. M. Russell）. ILSI Press, Washington, DC, 2006：220-230.

［54］Ferlay, A., Agabriel, C., Sibra, C. *et al.* Tanker milk variability in fatty acids according to farm feeding and husbandry practices in a French semi−mountain area, *Dairy Science and Technology*, 2008, 88: 193−215.

［55］ Field, C. J., Blewett, H. H., Proctor, S. and Vine, D. Human health benefits of vaccenic acid, *Applied Physiology and Nutritional Metabolism*, 2009, 34: 979−991.

［56］ FitzGerald, R. J., Murray, B. A. and Walsh, D. J. Hypotensive peptides from milk proteins, *Journal of Nutrition*, 2004, 134: 980S−988S.

［57］ Foltz, M., Van Buren, L., Klaffke, W. and Duchateau, G. S. M. J. E. Modeling of the Relationship between dipeptide structure and dipeptide stability, permeability, and ACE inhibitory activity, *Journal of Food Science*, 2009, 74: H243−H251.

［58］ FTC (Federal Trade Commission). Enforcement policy statement on food advertising. Available at: http://ftc. gov/bcp/policystmt/ad−food. shtm (last accessed 11 January 2015).

［59］ Gladyshev, V. N. Selenoproteins and selenoproteomes, in *Selenium: Its Molecular Biology and Role in Human Health*, 2nd edn (eds D. L. Hatfield, M. J. Berry and V. N. Gladyshev). Springer, New York, 2006: 99−114.

［60］ Glynn, R. J., Ridker, P. M., Goldhaber, S. Z. et al. Effects of random allocation to vitamin E supplementation on the occurrence of venous thromboembolism: Report from the Women's Health Study, *Circulation*, 2007, 116: 1497−1503.

［61］ Griswold, K., Karreman, H. Dinh, S. and High, J. Effects of nutrition and feeding management on production, health and culling by organically − managed dairy herds in Southeastern Pennsylvania, *Journal of Dairy Science*, 2008a, 91 (E−Suppl. 1): 134.

［62］ Griswold, K., Karreman, H. and High, J. Effect of calving scheme, seasonal vs. year − round, on production, reproductive performance, and culling by organically−managed dairy herds in Southeastern Pennsylvania, *Journal of Dairy Science*, 2008b, 91 (E−Suppl. 1): 469.

［63］ Grummer, R. R. Effect of feed on the composition of milk fat, *Journal of Dairy Science*, 1991, 74: 3244−3257.

［64］ Gunn, J. P., Barron, J. L., Bowman, B. A. et al. Sodium reduction is a public health priority: reflections on the institute of medicine's report, sodium intake in populations: assessment of evidence, *American Journal of Hypertension*, 2013, 26: 1178−1180.

［65］ Haas, G., Deittert, C. and Köpke, U. Impact of feeding pattern and feed purchase on area−and cow−related dairy performance of organic farms, *Livestock Science*, 2007, 106: 132−144.

［66］ Heaney, R. P. Calcium, dairy products and osteoporosis, *Journal of the American College of Nutrition*, 2000, 19 (2 Suppl.): 83S−99S.

［67］ Heaney, R. P. Long−latency deficiency disease: Insights from calcium and vitamin D, *American Journal of Clinical Nutrition*, 2003, 78: 912−919.

［68］ Hernandez−Ledesma, B., Recio, I. and Amigo, L. β−lactoglobulin as source of bioactive peptides, *Amino Acids*, 2008, 35: 257−265.

［69］ Hirota, T., Ohki, K., Kawagishi, R. et al. Casein hydrolysate containing the antihypertensive tripeptides Val−Pro−Pro and Ile−Pro−Pro improves vascular endothelial function independent of blood pressure−lowering effects: contribution of the inhibitory action of angiotensin−converting enzyme, *Hypertension Research*, 2007, 30: 489−496.

［70］ Holick, M. F. Vitamin D: Importance in the prevention of cancers, type 1 diabetes heart disease, and osteoporosis, *American Journal of Clinical Nutrition*, 2004, 79: 362−371.

［71］ Institute of Medicine. Food and Nutrition Board. Dietary Reference Intakes: Calcium, Phosphorus, Magnesium, Vitamin D, and Fluoride. National Academy Press, Washington, DC. 1997.

［72］ Institute of Medicine. Food and Nutrition Board. Dietary Reference Intakes: Thiamin, Riboflavin, Niacin, Vitamin B6, Folate, Vitamin B12, Pantothenic Acid, Biotin, and Choline. National Academy Press, Washington, DC. 1998.

［73］ Institute of Medicine. Food and Nutrition Board. Dietary Reference Intakes for Water, Potassium, Sodium, Chloride, and Sulfate. National Academy Press, Washington, DC. 2000.

［74］ Institute of Medicine. Food and Nutrition Board. Dietary Reference Intakes for Vitamin C, Vitamin E, Selenium and Carotenoids. National Academy Press, Washington, DC. 2004.

［75］ Institute of Medicine. Food and Nutrition Board. Dietary Reference Intakes for Calcium and Vitamin D. National Academy Press, Washington, DC. 2010.

［76］ Ip, C., Scimeca, J. A. and Thompson, H. J. Conjugated linoleic acid: a powerful anticarcinogen from animal fat sources, *Cancer*, 1994, 74: 1050-1054.

［77］ Jauhiainen, T. and Korpela, R. Milk peptides and blood pressure, *Journal of Nutrition*, 2007, 137: 8255-8295.

［78］ Kelly, M. L., Kolver, E. S., Bauman, D. E. *et al*. Effect of intake of pasture on concentrations of conjugated linoleic acid in milk of lactating cows, *Journal of Dairy Science*, 1998, 81: 1630-1636.

［79］ Kelsey, J. A., Corl, B. A., Collier, R. J. and Bauman, D. E. The effect of breed, parity, and stage of lactation on conjugated linoleic acid (CLA) in milk fat from dairy cows, *Journal of Dairy Science*, 2003, 86: 2588-2597.

［80］ Khanal, R. C., Dhiman, T. R. and Bowman, R. L. Changes in fatty acid composition of milk from lactating dairy cows during transition to and from pasture, *Livestock Science*, 2008, 114: 164-175.

［81］ King, J. C. and Cousins, R. J. Zinc, in *Modern Nutrition in Health and Disease*, 10th edn (eds M. E. Shilis, M. Shike, A. C. Ross *et al*.). Lippincott Williams & Wilkins, Baltimore, MD, 2006: 247-285.

［82］ Knochel, J. P. Phosphorus, in *Modern Nutrition in Health and Disease*, 10th edn (eds M. E. Shilis, M. Shike, A. C. Ross *et al*.). Lippincott Williams & Wilkins, Baltimore, MD, 2006: 211-222.

［83］ Koivu-Tikkanen, T. J., Ollilainen, V. and Piironen, V. Determination of phylloquinone and menaquinones in animal products with fluorescence detection after postcolumn reduction with metallic zinc, *Journal of Agricultural and Food Chemistry*, 2000, 48: 6325-6331.

［84］ Korhonen, H. Milk-derived bioactive peptides: From science to applications, *Journal of Functional Foods*, 2009, 1: 177-187.

［85］ Korhonen, H. and Pihlanto, A. Bioactive peptides: Production and functionality, *International Dairy Journal*, 2006, 16: 945-960.

［86］ Kraft, J., Collomb, M., Möckel, P. *et al*. Differences in CLA isomer distribution of cow's milk lipids, *Lipids*, 2003, 38: 657-664.

［87］ Lahov, E. and Regelson, W. Antibacterial and immunostimulating casein-derived substances from milk: casecidin, isracidin peptides, *Food and Chemical Toxicology*, 1996, 34: 131-145.

［88］ Larsson, S. C., Virtanen, M. J., Mars, M. *et al*. Magnesium, calcium, potassium, and sodium intakes and risk of stroke in male smokers, *Archives of Internal Medicine*, 2008, 168: 459-465.

［89］ Legrand, D. and Mazurier, J. A critical review of the roles of host lactoferrin in immunity, *Biometals*, 2010, 23: 365-376.

［90］ Legrand, D., Pierce, A., Elass, E. *et al.* Lactoferrin structure and functions, *Advances in Experimental Medicine and Biology*, 2008, 606: 163-194.

［91］ Lichtenstein, A. H., Appel, L. J., Brands, M. *etal.* Diet and lifestyle recommendations revision 2006: a scientific statement from theAmerican Heart Association Nutrition Committee, *Circulation*, 2006, 114: 82-96.

［92］ Lin, H., Boylston, T. D., Chang, M. J. *et al.* Survey of the conjugated linoleic acid contents of dairy products, *Journal of Dairy Science*, 1995, 78: 2358-2365.

［93］ Lin, Y. C., Lyle, R. M., McCabe, L. D. *et al.* Dairy calcium is related to changes in body composition during a two-year exercise intervention in young women, *Journal of the American College of Nutrition*, 2000, 19: 754-760.

［94］ Lindmark-Månsson, H. and Åkesson, B. Antioxidative factors in milk, *British Journal of Nutrition*, 2000, 84 (Suppl. 1): S103-S110.

［95］ Lonn, E., Yusuf, S., Arnold, M. J. *et al.* Homocysteine lowering with folic acid and B vitamins in vascular disease, *New England Journal of Medicine*, 2006, 354: 1567-1577.

［96］ Lopez - Exposito, I. and Recio, I. Protective effect of milk peptides: antibacterial and antitumor properties, *Advances in Experimental Medicine and Biology*, 2008, 606: 271-293.

［97］ Lopez-Fandino, R., Otte, J. and van Camp, J. Physiological, chemical and technological aspects of milk-protein-derived peptides with antihypertensive and ACE-inhibitory activity, *International Dairy Journal*, 2006, 16: 1277-1293.

［98］ Martin, B., Verdier-Metz, I., Cornu, A. *et al.* Do terpenes influence the flavour of cheeses? II. *Cantal cheese*, *Caseus International*, 2002, 3: 25-27.

［99］ McCormick, D. B. Riboflavin, in *Modern Nutrition in Health and Disease*, 10th edn (eds M. E. Shilis, M. Shike, A. C. Ross *et al.*). Lippincott Williams & Wilkins, Baltimore, MD, 2006: 434-441.

［100］ Meisel, H. Overview on milk protein-derived peptides, *International Dairy Journal*, 1998, 8: 363-373.

［101］ Meisel, H. and Bockelmann, W. Bioactive peptides encrypted in milk proteins: proteolytic activation and thropho-functional properties, *Antonie Van Leeuwenhoek*, 1999, 76: 207-215.

［102］ Mensink, R. P., Zock, P. L., Kester, A. D. M. and Katan, M. B. Effects of dietary fatty acids and carbohydrates on the ratio of serum total to HDL cholesterol and on serum lipids and apolipoproteins: a meta-analysis of 60 controlled trials, *American Journal of Clinical Nutrition*, 2003, 77: 1146-55.

［103］ Merlino, L. A., Curtis, J., Mikuls, T. R. *et al.* Vitamin D intake is inversely associated with rheumatoid arthritis: Results from the Iowa Women's Health Study, *Arthritis and Rheumatism*, 2004, 50: 72-77.

［104］ Michalski, M. -C. and Januel, C. Does homogenization affect the human health properties of cow's milk?, *Trends in Food Science & Technology*, 2006, 17: 423-437.

［105］ Miller, G. D., DiRienzo, D. D., Reusser, M. E. and McCarron, D. A. Benefits of dairy product consumption on blood pressure in humans: a summary of the biomedical literature, *Journal of the American College of Nutrition*, 2000, 19 (2 Suppl): 147S-164S.

［106］ Moore, R. L., Duncan, S. E., Rasor, A. S. *et al.* Oxidative stability of an extended shelf-life dairy-based beverage system designed to contribute to heart health, *Journal of Dairy Science*, 2012, 95: 6242-6251.

［107］ Munger, K. L., Zhang, S. M. and O'Reilly E. Vitamin D intake and incidence of multiple sclerosis,

*Neurology*, 2004, 62: 60. 65.

[108] Munger, K. L. , Levin, L. I. , Hollis, B. W. *et al.* Serum 25 - hydroxyvitamin D levels and risk of multiple sclerosis, *Journal of the American Medical Association*, 2006, 296: 2832-2838.

[109] Nagpal, R. , Behare, P. , Rana, R. *et al.* Bioactive peptides derived from milk proteins and their health beneficial potentials: an update, *Food and Function*, 2011, 2: 18-27.

[110] Nakamura, Y. , Yamamoto, N. , Sakai, K. *et al.* Purification and characterization of angiotensin I - converting enzyme inhibitors from sour milk, *Journal of Dairy Science*, 1995a, 78: 777-783.

[111] Nakamura, Y. , Yamamoto, N. , Sakai, K. and Takano, T. Antihypertensive effect of sour milk and peptides isolated from it that are inhibitors to angiotensin I - converting enzyme, *Journal of Dairy Science*, 1995b, 78: 1253-1257.

[112] Nakamura, T. , Mizutani, J. , Ohki, K. *et al.* Casein hydrolysate containing Val-Pro-Pro and Ile-Pro-Pro improves central blood pressure and arterial stiffness in hypertensive subjects: a randomized, double-blind, placebo-controlled trial, *Atherosclerosis*, 2011, 219: 298-303.

[113] National Academy of Sciences. *Carcinogens and Anticarcinogens in the Human Diet: A Comparison of Naturally Occurring and Synthetic Substances.* National Academy Press, Washington, DC, 1996: 85.

[114] NIH (National Institutes of Health) Dietary supplement fact sheet: Vitamin A. Available at: http:// ods. od. nih. gov/factsheets/VitaminA-HealthProfessional/(last accessed 11 January 2015).

[115] Nozière, P. , Graulet, B. , Lucas, A. *et al.* Carotenoids for ruminants: From forages to dairy products, *Animal Feed Science and Technology*, 2006, 131: 418-450.

[116] O'Dell, B. L. Role of zinc in plasma membrane function, *Journal of Nutrition*, 2000, 130: 271-285.

[117] Oliver, S. P. , Boor, K. J. , Murphy, S. C. and Murinda, S. E. Food safety hazards associated with consumption of raw milk, *Foodborne Pathogens and Disease*, 2009, 6: 793-806.

[118] Parodi, P. W. Nutritional significance of milk lipids, in *Advanced Dairy Chemistry*, Vol. 2, 3rd edn (eds P. F. Fox and P. L. H. McSweeney). Springer, New York, 2006: 601-639.

[119] Paul, M. and Van Hekken, D. L. Short communication: Assessing antihypertensive activity in native and model Queso Fresco cheeses, *Journal of Dairy Science*, 2011, 94: 2280-2284.

[120] Pellegrini, A. Antimicrobial peptides from food proteins, *Current Pharmaceutical Design*, 2003, 9: 1225-1238.

[121] Pfeifer, M. , Begerow, B. , Minne, H. W. *et al.* Effects of a short - term vitamin $D_3$ and calcium supplementation on blood pressure and parathyroid hormone levels in elderly women, *Journal of Clinical Endocrinology*, 2001, 86: 1633-1637.

[122] Pihlanto, A. , Virtanen, T. and Korhonen, H. Angiotensin I converting enzyme (ACE) inhibitory activity and antihypertensive effect of fermented milk, *International Dairy Journal*, 2010, 20: 3-10.

[123] Quirós, A. , Ramos, M. , Muguerza, B. *et al.* Identification of novel antihypertensive peptides in milk fermented with *Enterococcus faecalis*, *International Dairy Journal*, 2007, 17: 33-41.

[124] Quiros, A. , Hernandez - Ledesma, B. , Ramos, M. *et al.* Short communication: Production of antihypertensive peptide HLPLP by enzymatic hydrolysis: optimization by response surface methodology, *Journal of Dairy Science*, 2012, 95: 4280-4285.

[125] Richman, A. Children's Vitamins: Nutrients for Kids. *Nutritional Outlook* [online] (http://www. nutritionaloutlook. com/article/children%E2%80%99s-vitamins-healthy- nutrients-kids-3-10544; last accessed 14 January 2015).

[126] Rindi, G. Thiamin, in *Present Knowledge in Nutrition*, 7th edn (eds E. E. Zeigler, and L. J. Filer). ILSI

Press, Washington, DC, 1996: 160-166.

[127] Roca Fernandez, A. I. and Gonzalez Rodriguez, A. Effect of dietary and animal factors on milk fatty composition of grazing dairy cows: a review. *Iranian Journal of Applied Animal Science*, 2012, 2: 97-109.

[128] Ross, C. A. Vitamin A, in *Encyclopaedia of Dietary Supplements*, 2nd edn. Informa Healthcare, London, 2010: 778-791.

[129] Saito, T. Antihypertensive peptides derived from bovine casein and whey proteins, *Advances in Experimental Medicine and Biology*, 2008, 606: 295-317.

[130] Saito, T., Nakamura, T., Kitazawa, H. *et al*. Isolation and structural analysis of antihypertensive peptides that exist naturally in Gouda cheese, *Journal of Dairy Science*, 2000, 83: 1434-1440.

[131] Sato, K., Bartlett, P. C., Erskine, R. J. and Kaneene, J. B. A comparison of production and management between Wisconsin organic and conventional dairy herds, *Livestock Production Science*, 2005, 93: 105-115.

[132] Schroeder, G. F., Delahoy, J. E., Vidaurreta, I. *et al*. Milk fatty acid composition of cows fed a total mixed ration or pasture plus concentrates replacing corn with fat, *Journal of Dairy Science*, 2003, 86: 3237-3248.

[133] Séverin, S. and Xia, W. Milk biologically active components as nutraceuticals: Review, *Critical Reviews in Food Science and Nutrition*, 2005, 45: 645-656.

[134] Shearer, M. J. The roles of vitamin D and K in bone health and osteoporosis prevention, *Proceedings of the Nutrition Society*, 1997, 56: 915-937.

[135] Sheng, H. -W. Sodium, chloride and potassium, in *Biochemical and Physiological Aspects of Human Nutrition* (ed. M. Stipanuk). W. B. Saunders Co., Philadelphia, PA, 2000: 687-710.

[136] Singh, T. K., Fox, P. F. and Healy, A. Isolation and identification of further peptides in the diafiltration retentate of the water-soluble fraction of Cheddar cheese, *Journal of Dairy Research*, 1997, 64: 433-443.

[137] Sipola, M., Finckenberg, P., Vapaatalo, H. *et al*. α-lactorphin and β-lactorphin improve arterial function in spontaneously hypertensive rats, *Life Sciences*, 2002, 71: 1245-1253.

[138] Spitsberg, V. L. Invited review: Bovine milk fat globule membrane as a potential nutraceutical, *Journal of Dairy Science*, 2005, 88: 2289-2294.

[139] Stanton, C., Lawless, F., Kjellmer, G. *et al*. Dietary influences on bovine milk *cis*-9, *trans*-11-conjugated linoleic acid content. *Journal of Food Science*, 1997, 62: 1083-1086.

[140] Stockdale, C. R., Walker, G. P., Wales, W. J. *et al*. Influence of pasture and concentrates in the diet of grazing dairy cows on the fatty acid composition of milk, *Journal of Dairy Research*, 2003, 70: 267-276.

[141] Teschemacher, H., Koch, G. and Brantl, V. Milk protein-derived opioid receptor ligands, *Biopolymers*, 1997, 43: 99-117.

[142] Toledo, P., Andrén, A. and Björck, L. Composition of raw milk from sustainable production systems, *International Dairy Journal*, 2002, 12: 75-80.

[143] Tomita, M., Bellamy, W., Takase, M. *et al*. Potent antibacterial peptides generated by pepsin digestion of bovine lactoferrin, *Journal of Dairy Science*, 1991, 74: 4137-4142.

[144] Torres-Llanez, M. J., Gonzalez-Cordova, A. F., Hernandez-Mendoza, A. *et al*. Angiotensin-converting enzyme inhibitory activity in Mexican Fresco cheese, *Journal of Dairy Science*, 2011, 94: 3794-3800.

［145］Traber, M. G. Vitamin E, in *Modern Nutrition in Health and Disease*, 10th edn （eds M. E. Shilis, M. Shike, A. C. Ross *et al.* ）. Lippincott Williams & Wilkins, Baltimore, MD, 2006: 396-411.

［146］Trumbo, P. R. Pantothenic acid, in*Modern Nutrition in Health and Disease*, 10th edn （eds M. E. Shilis, M. Shike, A. C. Ross *et al.* ）. Lippincott Williams & Wilkins, Baltimore, MD, 2006: 462-469.

［147］Tucker, K. L. , Hannan, M. T. , Chen, H. *et al.* Potassium, magnesium, and fruit and vegetable intakes are associated with greater bone mineral density in elderly men and women, *American Journal of Clinical Nutrition*, 1999, 69: 727-736.

［148］Turpeinen, A. M. Mutanen, M. , Aro, A. *et al.* Bioconversion of vaccenic acid to conjugated linoleic acid in humans. *American Journal of Clinical Nutrition*, 2002, 76: 504-510.

［149］USDA （United States Department of Agriculture）. Nutrient data for milk, whole, 3. 25% milkfat, without added vitamin A and vitamin D. National Nutrient Database for Standard Reference, Release 25. （http://ndb. nal. usda. gov/ndb/foods; last accessed 12 January 2015）.

［150］Valenti, P. and Antonini, G. Lactoferrin: an important host defence against microbial and viral attack, *Cellular and Molecular Life Sciences*, 2005, 62: 2576-2587.

［151］Valenti, P. , Marchetti, M. , Superti, F. *et al.* Antiviral activity of lactoferrin, *Advances in Experimental Medicine and Biology*, 1998, 443: 199-203.

［152］Wang, F. , Van Den Eeden, S. K. , Ackerson, L. M. *et al.* Oral magnesium oxide prophylaxis of frequent migrainous headaches in children: a randomized, double-blind, placebo-controlled trial, *Headache*, 2003, 43: 601-610.

［153］Ward, L. Functional ingredients for fortified dairy, *Food Manufacturing*, 25: 38. （Available at: http://www. foodmanufacturing. com/articles/2012/09/functional-ingredients-fortified-dairy; last accessed 12 January 2015）.

［154］Weaver, C. M. and Heaney, R. P. Calcium, in*Modern Nutrition in Health and Disease*, 10th edn （eds M. E. Shilis, M. Shike, A. C. Ross *et al.* ）. Lippincott Williams & Wilkins, Baltimore, MD, 2006: 194-210.

［155］Welderufael, F. T. , Gibson, T. and Jauregi, P. Production of angiotensin-I-converting enzyme inhibitory peptides from $\beta$-lactoglobulin-and casein-derived peptides: an integrative approach, *Biotechnology Progress*, 2012, 28: 746-755.

［156］Weller, R. F. and Bowling, P. J. The importance of nutrient balance, cropping strategy and quality of dairy cow diets in sustainable organic systems, *Journal of the Science of Food and Agriculture*, 2007, 87: 2768-2773.

［157］Wharton, B. and Bishop, N. Rickets, *Lancet*, 2003, 362: 1389-1400.

［158］Whelton, P. K. , He, J. , Cutler, J. A. *et al.* Effects of oral potassium on blood pressure. Meta-analysis of randomized controlled clinical trials, *Journal of the American Medical Association*, 1997, 277: 1624-1632.

［159］White, S. L. , Bertrand, J. A. , Wade, M. R. *et al.* Comparison of fatty acid content of milk from Jersey and Holstein cows consuming pasture or a total mixed ration, *Journal of Dairy Science*, 2001, 84: 2295-2301.

［160］Zhu, K. , Devine, A. and Prince, R. L. The effects of high potassium consumption on bone mineral density in a prospective cohort study of elderly postmenopausal women, *Osteoporosis International*, 2009, 20: 335-340.

[161] Zimecki，M. and Kruzel，M. L. Milk-derived proteins and peptides of potential therapeutic and nutritive value，*Journal of Experimental Therapeutics and Oncology*，2007，6：89-106.

[162] Zucht，H. D.，Raida，M.，Adermann，K. *etal.* Casocidin-I：a casein-$\alpha_{s2}$ derived peptide exhibits antibacterial activity，*FEBS Letters*，1995，372：185-188.